化学工业出版社"十四五"普通高等教育规划教材

化妆品生产工艺
与质量控制

李来丙　刘水林　主编

化学工业出版社

·北京·

内 容 简 介

《化妆品生产工艺与质量控制》分为四部分，共9章，将各类化妆品的配方、生产工艺与化妆品质量控制有机结合在一起，介绍了清洁类、护肤类、毛发类、美容类、口腔卫生类和特殊功能化妆品的配方组成及制备方法，化妆品生产设备，乳剂类、液洗类、气溶胶类、水剂类、粉类与牙膏的生产工艺与质量控制方法，以及化妆品的检测与质量评价。

本书可作为高等学校化工类、化妆品类及相关专业教材，也可为从事化妆品领域工业生产、产品开发的专业技术人员提供参考。

图书在版编目（CIP）数据

化妆品生产工艺与质量控制/李来丙，刘水林主编
. —北京：化学工业出版社，2024.4
化学工业出版社"十四五"普通高等教育规划教材
ISBN 978-7-122-45448-5

Ⅰ.①化…　Ⅱ.①李…②刘…　Ⅲ.①化妆品-生产工艺-质量控制-高等学校-教材　Ⅳ.①TQ658

中国国家版本馆CIP数据核字（2024）第075790号

责任编辑：李　琰　朱　理　宋林青	文字编辑：孙倩倩　葛文文	
责任校对：李露洁	装帧设计：韩　飞	

出版发行：化学工业出版社（北京市东城区青年湖南街13号　邮政编码100011）
印　　刷：北京云浩印刷有限责任公司
装　　订：三河市振勇印装有限公司
787mm×1092mm　1/16　印张18¼　字数449千字　2024年8月北京第1版第1次印刷

购书咨询：010-64518888　　　　　　　　售后服务：010-64518899
网　　址：http://www.cip.com.cn
凡购买本书，如有缺损质量问题，本社销售中心负责调换。

定　　价：49.80元

《化妆品生产工艺与质量控制》编写人员名单

主　　编：李来丙　刘水林

副 主 编：龚必珍　李爱阳　龚升高

参编人员：李来丙　刘水林　龚必珍　李爱阳
　　　　　龚升高　刘　宁　刘立超　王　庆
　　　　　伍素云　孙爱明　王津津

前　言

随着物质文化生活水平的提高，人们对化妆品的需求越来越大，我国化妆品工业得到了迅猛发展，在新品种、新原料、新工艺、新设备和新技术方面都有较大的突破。为适应我国化妆品工业的发展，满足培养专门人才的需要，教育部分别在2018年和2019年审批公布了化妆品技术与工程、化妆品科学与技术两个新增专业。在这个大背景下，编写组在前人的基础上，参考了一些专业期刊、教材等文献资料，结合化妆品课程理论教学和实验教学的经验，编写成本书。

本书共分为四部分。第一部分主要介绍清洁类、护肤类、毛发类、美容类、口腔卫生类和特殊功能化妆品的配方组成及制备方法。第二部分详细介绍了化妆品生产设备，主要为膏霜、乳液和粉类产品的生产设备和灭菌设备及充填灌装设备等。第三部分分别介绍了乳剂类、液洗类、气溶胶类、水剂类、粉类化妆品与牙膏的生产工艺与质量控制方法。第四部分介绍了化妆品的检测与质量评价，详细介绍了化妆品中微生物、重金属的检测方法以及化妆品安全性评价和质量评价。

本书由湖南工学院李来丙教授和刘水林博士担任主编，湖南工学院龚必珍、李爱阳、龚升高任副主编，其他编写人员还有湖南理工学院刘立超，湖南工学院刘宁、王庆、伍素云、孙爱明、王津津等。在此向参编教材的所有人员表示感谢！在教材编写过程中，还参考了大量的专业书籍和文献资料，均列于书后，在此表示衷心的感谢！

本教材的出版由湖南工学院化学工程与工艺专业——湖南省一流本科专业建设点（DS2002）项目提供赞助，在此表示特别感谢！

由于编者水平和经验有限，书中难免有不妥之处，恳请读者批评指正。

编者

2024年1月

目 录

绪 论

一、化妆品

化妆品是用以清洁和美化人体皮肤、面部、毛发或牙齿等部位而使用的日常用品。它能充分改善人体的外观，修饰容貌，增加魅力，有益于人们的健康。希腊文中"化妆"一词的含义即"装饰的技巧"，是把人体自身的优点多加发扬，而把缺陷加以弥补。

根据 2007 年 8 月 27 日国家质量监督检验检疫总局公布的《化妆品标识管理规定》，化妆品是指以涂抹、喷洒或者其他类似方法，散布于人体表面的任何部位，如皮肤、毛发、指趾甲、唇齿等，以达到清洁、保养、美容、修饰和改变外观，或者修正人体气味，保持良好状态为目的的化学工业品或精细化工产品。

化妆品的使用对象为人体的表面皮肤及其衍生的附属器官（毛发、指甲等）。化妆品的主要作用包括：

（1）清洁作用，可温和的清除皮肤及毛发上的污垢；

（2）保护作用，可保护皮肤使之光滑、柔润，防燥防裂，可保护毛发使之光泽、柔顺、防枯防断；营养作用，可维系皮肤水分平衡，补充营养物及清除衰老因子，延缓衰老；

（3）美容作用，可美化面部皮肤（包括口、唇、眼周）及毛发（包括眉毛、睫毛）和指（趾）甲，使之色彩耀人，富有立体感；

（4）特殊功能作用，具有育发、染发、烫发、脱毛、健美、除臭、祛斑、防晒等作用。

近几十年来，国内外化妆品工业发展迅速，化妆品已不再是诞生之初时只供少数人使用的奢侈品，现在已成为人们日常生活的必需品。有关化妆品的科学理论也逐步建立起来，和其他各类学科一样，化妆品科学也逐渐形成一门新兴的独立学科。

二、化妆品学

化妆品工业是综合性较强的技术密集型工业，它涉及的面很广，不仅与物理化学、表面化学、胶体化学、有机化学、染料化学、香料化学、化学工程等有关，还和微生物学、皮肤科学、毛发科学、生理学、营养学、医药学、美容学、心理学等密切相关。这就要求多门学科知识相互配合，并综合运用，才能生产出优质、高效的化妆品。

化妆品学是研究化妆品的配方组成、工艺制造、性能评价、安全使用和科学管理的一门综合性学科。其涉及面较广，与各个学科关系密切，比如：无机化学、有机化学、高分子化学、物理化学、胶体化学、表面化学、化工原理、化工机械与设备、生物化学、分析化学及现代仪器分析和高分子流变学等等。

现代化妆品是在化学知识的基础上研制出的产品。

（1）如对配方组成的研究与确定，需要了解每一种原料的化学成分及化学性质，就必须有无机化学、有机化学、高分子化学的知识。

（2）生产工艺的研究与确定中，尽管几乎不经过化学反应过程，而是各类物料的混合，不但要使每种物料能发挥各自特性，又让其在配伍后赋予产品良好的功能并保持性能稳定，就需要物理化学、胶体化学、表面化学、化工原理、化工机械与设备等方面的知识。

（3）化妆品性能及质量的检测，就会应用到生物化学、分析化学及现代仪器分析和高分子流变学等方面的知识，因此，化妆品科学的发展是建立在化学学科基础上的。

此外，皮肤科学、药理学、营养学、毒理学、微生物学、心理学、管理学等均与化妆品学的发展有着密不可分的关系。

三、化妆品的分类

化妆品的分类方法较多，可以按功能分类、按使用部位分类、按生产工艺和配方特点分类，还可以按年龄和性别进行分类。

（1）根据化妆品的功能，化妆品可分为清洁化妆品（如清洁霜）、毛发的化妆品（洗发香波）、基础化妆品（如各种面霜）、美容化妆品（如胭脂）和疗效化妆品（如除臭剂）等。

（2）按使用部位，化妆品可分为皮肤用化妆品（如雪花膏）、发用化妆品（如护发素）、面部美容产品（如唇膏）和特殊功能化妆品（如添加了药物的化妆品）。

（3）按产品生产工艺和配方特点，化妆品可以分为膏霜类（如清洁霜）、乳液类（如香粉蜜）、液体状化妆品（如香水）、油状化妆品（如防晒油）、粉状化妆品（如香粉）、膏状化妆品（如剃须膏）、凝胶状化妆品（如防晒凝胶）、块状化妆品（如粉饼）、锭状化妆品（如眼影膏）、笔状化妆品（如唇线笔）、气雾状化妆品（如摩丝）、纸状化妆品（如香粉纸）。

（4）按使用年龄和性别化妆品可分为婴儿用化妆品、少年用化妆品、男用化妆品、孕妇化妆品等等。

第一章

清洁类化妆品

皮肤是人体的一个重要器官，对人体的健康和健美起着重要作用。皮肤具有保持细胞水分、抵御外来刺激、排出体内废物、调节体温等多种功能。使用在皮肤上的化妆品的主要功能是清洁皮肤，调节与补充皮肤的油脂，使皮肤表面保持适量的水分，并通过皮肤表面吸收适量的滋补剂和治疗剂，保护皮肤，营养皮肤，促进皮肤的新陈代谢。

根据产品的用途，用于皮肤上的化妆品可分为清洁用化妆品、保护用化妆品、营养化妆品等。随着科技的进步，有的化妆品同时兼有两种或更多作用。比如营养化妆品往往同时具有补充皮肤所需的营养及修复老化或损伤的作用，防晒化妆品同时具有保持皮肤水分、营养皮肤、防紫外线、减缓老化等作用。

皮肤表面由皮脂腺分泌的皮脂覆盖，形成天然的保护膜。但由于体内的分泌物与外界环境的接触，皮肤容易受到污染和刺激。皮肤分泌出的皮脂会与空气中的尘埃混合而形成污垢，甚至被氧化而产生异味，产生新的污染物。人体表皮角质层剥离脱落产生的"死皮"和皮肤上残留的化妆品等都是微生物繁殖的温床，如不及时清除，就会堵塞皮脂腺、汗腺通道，影响皮肤的正常新陈代谢，甚至引起多种皮肤病，危害身体健康。清洁类化妆品就是一类能够去除污垢、洁净皮肤而又不刺激皮肤的化妆品。目前，清洁类化妆品已成为人类生活中不可缺少的生活必需品。

清洁类化妆品应具备的性能包括：外观悦目，无不良气味，结构细致，稳定性良好，使用方便；在使用时能软化皮肤，容易涂抹，无拖滞感；用后无紧绷、干燥或油腻感；能迅速除去皮肤表面和毛孔的污垢。

清洁类化妆品品种繁多，主要有各类清洁霜、清洁乳液、磨面膏、去死皮膏、面膜、沐浴用品、剃须类化妆品、化妆水、洗手液等等，下面分别介绍。

第一节　清洁霜与清洁乳液

一、清洁霜

（一）清洁霜概述

清洁霜是一种半固体膏状的洁肤化妆品，洁肤效果优于肥皂和水，并具有护肤功能，主要作用是帮助去除积聚在皮肤上的异物，如油污、皮屑、化妆品残留等，特别适用于干性皮肤。在使用清洁霜时，将其涂抹在皮肤上，随着皮肤温度升高，皮肤上的油性污垢和化妆品残留油渍等被溶解，略加按摩后，用软纸将其擦去，达到清洁皮肤的作用。它不仅可以清除皮肤上的一般污垢，还可以清除毛孔中积聚的油脂、皮屑、浓妆残留物等。

清洁霜一方面利用表面活性剂的润湿、渗透、乳化作用进行去污，另一方面利用产品中的油性成分，对皮肤上的污垢、油彩、色素等进行渗透和溶解，对深藏于毛孔深处的污垢有良好的去除作用。清洁霜具有去除油污迅速、刺激性小、使用方便等特点，用后还有利于生成保护膜而起到保护、滋润皮肤的作用。

优质的清洁霜应具备以下特点：具有良好的外观和质感；使用后皮肤感觉舒适、柔软、无油腻感；能借助体温液化，黏度适中，易于涂抹；在皮肤上易于分散，能迅速经由皮肤表面渗入毛孔，清除毛孔污垢；水分蒸发后，残留物不应变黏；含有足够的油分，对唇膏、香粉和其他油污有优异的溶解和去除的功效；使用后应在皮肤上留下一层薄的护肤膜，不会造成脱脂；不含有刺激性的成分，不会引起刺激，无致敏作用，能长期安全使用等。

（二）原料组成

清洁霜含有水相、油相和乳化剂三种基础原料。

（1）水相

水相作溶剂，调节洗净作用及使用感，除去汗腺的分泌物和水溶性物质，如水、保湿剂等。常见保湿剂有甘油、山梨糖醇、丙二醇等。

（2）油相

油相作清洁剂或溶剂，对油污的溶解性能很好，如白油、凡士林等油、脂、蜡类物质。其中白油可除去油溶性污垢，异构烷烃含量高的白油可提高清洁皮肤的能力，羊毛脂、植物油具有润肤作用，并具溶剂的作用。

（3）乳化剂

乳化剂主要是多种表面活性剂。肥皂等表面活性剂能使油污在水中乳化而被去除，但必须用大量的水才能洗净，而且脱脂力强，对皮肤刺激性较大。可以使用脂肪酸甘油酯、聚氧乙烯脱水山梨醇单油酸酯（吐温-80，Tween-80）等多组分体系。

其他原料还有抗氧剂、香精、防腐剂等。

（三）产品配方与制备工艺

目前的清洁霜多以乳化型为主，此外还有无水溶剂型。乳化型清洁霜又可分为O/W（水包油）型和W/O（油包水）型两类，但无论哪类，清洁霜都是一类含油量较高的洁肤化妆品。对于油性化妆品，必须使化妆油料完全溶解，并从皮肤表面脱离。但对于淡妆时，则使用洗净力稍差但洗后感觉爽快的O/W型清洁霜。在现代化妆品中，清洁霜大多为O/W型。

（1）O/W型清洁霜

O/W型清洁霜是一类含油量中等的洁肤制品，近年来较为流行。

表1-1是蜂蜡-硼砂体系O/W型清洁霜的配方。这一体系中蜂蜡可用作乳化剂，用量一般小于10％，它常常与其他乳化剂配合使用。有时为了降低油腻感、增加其稳定性，可添加少量的水溶性聚合物来调节其黏稠度和触变性。

表 1-1 蜂蜡-硼砂体系 O/W 型清洁霜的配方

组分	质量分数/%	组分	质量分数/%
蜂蜡	6.0	吐温-20	2.0
凡士林	20.0	硼砂	0.2
白油	29.0	甘油	4.0
十六醇	1.0	防腐剂、香精	适量
单硬脂酸甘油酯	2.0	去离子水	加至100

蜂蜡-硼砂型清洁霜的制备工艺：先将油相、乳化剂、防腐剂混合，加热溶解并在 $65\sim$ 70℃保温，另将水相、保湿剂等混合加热至相同温度，再将油相加入水相进行乳化，均质、冷却后再加入香精。也可采用转相乳化法制备 O/W 型清洁霜。比如将水相加入已熔化的油相中，随着水分的增加而发生相的逆转，从而制得 O/W 型清洁霜。

（2）W/O 型清洁霜

W/O 型清洁霜也可采用蜂蜡-硼砂体系，主要利用蜂蜡的乳化作用和稠度调节作用。蜂蜡中的蜡酸与硼砂反应，生成的蜡酸皂作为主要的乳化剂，游离蜡酸和羟基棕榈酸蜡醇酯作为辅助乳化剂，构成完整的乳化体系。蜂蜡能使皮肤柔软和富有弹性，很少会使皮肤产生过敏。但蜂蜡有两方面的缺点：具有特别的气味，需要用香精掩盖；作为一种天然产物，蜂蜡的质量和组分不稳定，但目前已有所改进。

近年来，使用化妆品的人越来越多，强亲油性的乳化型清洁霜得以迅速发展。

（3）无水清洁霜

无水清洁霜是一类全部由油性组分混合制成的产品，主要含有白油、凡士林、羊毛脂、植物油和一些酯类等，可去除面部或颈部的防水性美容化妆品和油溶性污垢，其缺点是不容易清洗、外观较差。

近年来，常在无水清洁霜中添加中等含量至高含量的酯类和温和的油溶性表面活性剂。精制的酯类，尤其是一些带支链的酯类，具有透气性好、溶解力强、熔点低、润滑性好、不油腻的特点，与油溶性表面活性剂共同使用可以减少制品的油腻性，使肤感舒适，并较易清洗，逐渐用于高档无水清洁霜类制品的配制中。有时，也将产品制成凝胶型，使其易于分散和擦除。无水清洁霜的配方如表 1-2 所示。

表 1-2 无水清洁霜的配方

组分	质量分数/%		组分	质量分数/%	
	1#	2#		1#	2#
石蜡	10.0	15.0	肉豆蔻酸异丙酯	6.0	
凡士林	20.0	30.0	二甲基硅氧烷		2.0
微晶蜡		8.0	防腐剂	适量	适量
鲸蜡醇(十六醇)	6.0		香精	适量	适量
白油	58.0	45.0			

无水油型清洁霜的制法相对简单：先混合除香精以外的蜡、凡士林等各种油性成分，加热溶解（约 95℃），搅拌冷却后加香精（约 45℃），混合均匀后即可包装。但值得注意的是，在制备过程中，冷却时的搅拌方式对膏体的性能影响较大。

二、清洁乳液

清洁乳液是指洗面奶、洁面露、洁面凝胶等这一类洁面产品，其去污原理与清洁霜类同，但洗面奶配方中油性组分含量要比清洁霜少许多，洗面奶中油性组分一般占 10%～35%。洗面奶一般是 O/W 型乳液，洗面后感觉光滑、滋润、无紧绷感。

根据皮肤清洁剂的化学组成、去污机理和亲水-亲油性质，洁面产品大体可分为三种类型：一是以皂基等为主体的表面活性剂型，该类型脱脂力较强，适用于油性和中性皮肤；二是以油性成分、保湿剂、乙醇和水等溶剂为主的溶剂型，适用于干性皮肤；三是介于前两种类型之间的水包油乳化型，兼具有护肤的功能，其去污作用除了少量表面活性剂的作用，还可利用油性成分作为溶剂，溶解皮肤上的脏物，适用于中干性皮肤。

洁面乳的功能是清洁脸部皮肤，同时具有一定的滋养作用，在配方结构上和沐浴露大同小异。理想的洁面乳品质要求：具有良好的清洁作用，对皮肤温和；通过 24h 的耐寒和耐热试验而无明显外观变化；具有适度的流变性；室温涂抹性好。根据配方及性能，洁面乳又分为皂基型和非皂基表面活性剂型两种。

目前，在此类化妆品中还添加了各种营养组分，如蜂蜜、甲壳素、水解蛋白、胶原蛋白、黄瓜汁、柠檬汁、果酸及维生素 C 的衍生物等天然动植物提取物和生物活性组分，使其在洗面按摩的同时，还具有深层洁肤和养肤的作用。

（一）皂基型洁面乳

皂基型洁面乳呈碱性，pH 为 8.5～9.5，脱脂力强，适用于油性和中性皮肤，对于过敏肤质、青春痘化脓肤质、对碱性过敏者不适用。其最大的特点是能产生丰富的泡沫和优良的洗涤力，使用后没有紧绷感，加入适量软化剂和保湿剂后，皮肤具有良好的润湿感。

（1）原料组成

皂基型洁面乳单独使用时泡沫粗、缺乏奶油感，大量配用时要注意刺激性等安全问题，棕榈酸盐、硬脂酸盐等高级脂肪酸盐有利于产生细致的泡沫和奶油感，若脂肪酸组成中这类物质占的比例高的话，有产生珠光色的倾向。主要原料有：脂肪酸皂、碱类、其他表面活性剂、润肤剂、保湿剂和其他辅助成分。

① 脂肪酸皂

脂肪酸皂由高级脂肪酸与碱发生酯化反应制得，具有较强的去污性和丰富的泡沫，其中月桂酸盐发泡性最好。高级脂肪酸可选用 C_{12}～C_{18} 脂肪酸、油酸、异硬脂酸、12-羟基脂肪酸和动植物油脂中的脂肪酸。其中二十二酸用来调节洁面乳稠度、泡沫性及刺激性；棕榈酸钾与碳链较短的月桂酸钾、肉豆蔻酸钾相比，对经常残留的角质细胞脂质的洗净性、皮肤的吸着性以及洗脸后的使用感等都要好。脂肪酸的配用量以 30%～45% 为宜，生产中皂的分散剂可以选用甘油、1,3-丁二醇、聚乙二醇等。

② 碱类

可用来酯化的碱类有氢氧化钠、氢氧化钾和三乙醇胺。单独使用氢氧化钾或与氢氧化钠合用容易得到膏霜状产品。当以三乙醇胺作为碱剂时，通过控制脂肪酸、润肤剂的组成和用量，可制得透明凝胶状的制品。为了易于形成膏霜状，保持适当硬度，并考虑安全性和无残存游离碱时，碱剂的用量必须控制，其用量要比所用脂肪酸的用量少。

③ 其他表面活性剂

为改善洁肤效果和助乳化效果，可在配方加入其他表面活性剂。主要可选择的品种为氨基酸类表面活性剂、甘油脂肪酸酯、单烷基磷酸酯（MAP）、聚氧乙烯（POE）烷基醚、POE 烷基醚磷酸盐和 N-酰基-N-甲基牛磺酸盐等。

④ 润肤剂

又叫软化剂，可将皮肤和毛孔中的污垢乳化或溶解，并起到营养皮肤的作用，同时洁肤后在皮肤上形成一层薄的护肤膜，防止皮肤过分脱脂。软化剂可选用脂肪酸、高级醇、羊毛脂衍生物、蜂蜡、橄榄油、椰子油和霍霍巴油等。

⑤ 保湿剂

保湿剂的作用是使皮肤保湿、柔软、润滑，一般选用多种复配，常用的是甘油、丙二醇等。

⑥ 其他辅助成分

可根据设计需要加入其他辅助成分，如美白洁面乳可加入美白成分，去粉刺洁面乳可加入杀菌剂、抑菌剂等。另外还加入金属离子螯合剂乙二胺四乙酸（EDTA）及其盐、六偏磷酸钠以及防腐剂、香精等。

（2）产品配方与制备方法

皂基型洁面乳中脂肪酸和碱类是构成洁面乳体系的骨架，产品的稳定性以及清洁能力、泡沫效果、珠光外观、刺激性等都取决于脂肪酸和碱类的选择和配比。脂肪酸所产生的泡沫随着分子量的增大而减小，同时泡沫也越来越稳定，但是泡沫生成的难度也越来越大。其中十二酸产生的泡沫最大，也最易消失，十八酸产生的泡沫细小而持久。因此，在化妆品配方中往往同时使用十二酸、十四酸、十六酸、十八酸等，一般以十四酸或十八酸为主体，其他酸为辅助成分进行复配，不同成分和配比的产品有不同的泡沫性质和使用感。

皂基型洁面乳中使用大量的多元醇，其在洁面乳的配方中起到分散或溶解脂肪酸皂的作用。例如甘油对皂的作用表现为分散，如果体系中单独使用甘油，用量一般应该在20%以上。丙二醇和1,3-丁二醇对皂的作用表现为溶解，因此这两者如果单独使用的话，用量可以少一些，在14%以上。皂基型洁面乳的配方见表1-3～表1-5。

表 1-3　硬脂酸皂基型洁面乳配方

组分	质量分数/%	组分	质量分数/%
硬脂酸	12.0	单硬脂酸甘油酯	2.0
氢氧化钾	4.5	N-酰基-N-甲基牛磺酸盐	2.0
棕榈酸	9.0	EDTA 二钠	适量
羊毛脂	1.0	香精	适量
椰子油	1.5	防腐剂	适量
甘油	10.0	去离子水	加至100

表 1-3 所示产品的制备方法：在水相罐中用去离子水溶解氢氧化钾，备用；在油相罐中加入硬脂酸、棕榈酸、羊毛脂、椰子油、甘油及防腐剂等油性成分，加热搅拌至70℃；经过滤抽至乳化罐中并保持其温度在70℃；再将溶解了氢氧化钾的去离子水，经过滤抽至上述乳化罐中，并保持70℃进行中和反应；最后加入其他原料，搅拌混合、抽真空、脱泡、冷却，并根据产品要求的硬度选择冷却条件，最终出料得到产品。

表 1-4　双硬脂酸皂基型洁面乳配方

相	组分	质量分数/%	相	组分	质量分数/%
A	十四酸	13.0	C	Aculyn 22	3.0
	十八酸	6.0		蒸馏水	16.5
	丙二醇二硬脂酸酯	1.0	D	PEG-6000 双硬脂酸酯	0.2
	甘油	10.0		月桂酰肌氨酸钾（30%）	10.0
B	氢氧化钾（分析纯）	4.3		PEG-6 辛酸/癸酸甘油酯	1.0
	蒸馏水	32.0		十二烷基二乙醇酰胺	3.0
			E	香精、防腐剂	适量

表 1-4 所示产品的制备方法：分别将 A 相与 B 相加热到 75℃，在搅拌下将 B 相慢慢加入 A 相中，恒温皂化 30min，再按顺序慢慢加入 C 相和 D 相，搅拌均匀后，降温到 40℃加入 E 相，搅拌均匀。此配方是利用 Aculyn 22 与聚乙二醇 6000（PEG-6000）双硬脂酸酯实现增稠的皂基体系。

表 1-5 为硬脂酸-棕榈酸皂基型洁面乳配方，以配方 1♯为例制备方法为：在油相罐中加入硬脂酸、棕榈酸、羊毛脂、椰子油、甘油及防腐剂，加热搅拌至 70℃，过滤后抽至乳化罐中并保持其温度在 70℃；将预先在水相罐中溶解了氢氧化钾的去离子水，过滤抽至乳化罐中，并保持 70℃反应 1h；再降温至 45℃，加入其他原料，搅拌混匀，抽真空、脱泡、冷却至室温后检测，合格后出料。

表 1-5　硬脂酸-棕榈酸皂基型洁面乳配方

组分	质量分数/%		组分	质量分数/%	
	1♯	2♯		1♯	2♯
硬脂酸	10.0		N-酰基-N-甲基牛磺酸钠	2.0	
棕榈酸	10.0		氢氧化钾	4.0	5.0
羊毛脂	2.0	1.0	氢氧化钠		3.5
椰子油	2.0	15.0	EDTA 二钠	0.4	
牛脂		40.0	甘油	10.0	
十六醇		2.0	防腐剂	0.3	0.3
没食子酸丙酯		0.1	香精	0.3	0.3
单硬脂酸甘油酯		2.0	去离子水	57.3	32.8

（3）生产工艺流程

各种皂基型洁面乳的生产工艺基本相同，工艺流程参见图 1-1。此类产品所用主要设备有：油相混合罐、水相混合罐、真空乳化罐、过滤罐和充填机等等。

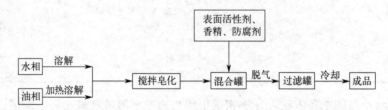

图 1-1　皂基型洁面乳生产工艺流程方框图

与皂化体系不同，皂基型洁面乳的皂化方法采用的是水相加入油相的方法。其中水相有碱、多元醇、表面活性剂、水，油相有酸、乳化剂、润肤剂以及其他油脂类成分。

操作方法：将氢氧化钾加入冷水中，溶解，然后加入多元醇，加热至 75℃；将酸、乳化剂、润肤剂以及其他油脂类成分混合，加热至 75℃；先将油相放入乳化罐内，开启搅拌，然后将水相快速加入油相中；水相添加完成后，在保持体系温度不低于 80℃的情况下，保温皂化 30～60min；皂化结束后加入表面活性剂，此时应注意避免因搅拌而使体系产生气泡；降温至 50℃左右时加入香精和防腐剂；降温至 40～45℃，保持温度不变，搅拌 30min以上，搅拌结束后可以出料。

此类生产操作中的注意事项如下：

① 皂化前水相和油相的温度一般控制在 75℃以内，不能过高。因为皂化反应是一个强烈的放热反应，皂化反应可以使体系的温度升高 10～20℃。

② 甘油和 1,3-丁二醇等多元醇类先单独加热，再作为油相加入加热后的酸溶液中。如果添加了大量的表面活性剂，也可以把甘油和丙二醇作为水相和 KOH 放在一起。

③ 皂化开始后，生产过程中应避免加热和抽真空，否则产生的气泡无法消除。

④ 表面活性剂应该选择在水相添加结束，皂块完全溶解后添加，也可以在皂化结束后添加，但添加时的温度不低于 60℃，以免体系的温度降低、黏度增大而使由表面活性剂带入体系内的气泡无法浮出体系。

⑤ 皂基型洁面乳降温后要继续低速搅拌 30～60min。一方面皂的分布更加均匀，体系的硬度比较低，另一方面也有利于加快珠光的结晶析出。如以十八酸为主体的洁面乳体系，经过这样长时间的低速保温搅拌，珠光可以在乳化生产结束后马上产生，而且搅拌的时间越长，珠光效果越明显。

（二）非皂基表面活性剂型洁面乳

非皂基表面活性剂型洁面乳是以非皂基表面活性剂为主原料配制而成的洁面产品，所选表面活性剂应具有良好的发泡性、低刺激性和抗硬水性，产品特性随表面活性剂种类不同而异。

（1）原料组成

① 表面活性剂

表面活性剂起到洁肤、起泡的作用，同时能将水相与油相乳化成乳化体。常用的表面活性剂有烷基磷酸酯及其盐类、N-酰基谷氨酸、N-酰基肌氨酸、N-酰基-N-甲基牛磺酸盐、烷基糖苷、椰油酰两性基乙酸钠、椰油酰两性基丙酸钠等。

此类洁面乳配方中的主表面活性剂是洁面产品配方中的最主要成分，它直接决定了配方的温和性和起泡能力，也决定了洁面乳的好坏，因此选择哪种主表面活性剂是非常重要的。

在洁面乳中使用的主表面活性剂品种主要有：

a. 十二烷基硫酸钠（SDS）和月桂醇聚醚硫酸酯钠（SLES）

此类表面活性剂属于脱脂力较强的表面活性剂，对皮肤及眼黏膜的刺激性较大。以 SDS 或 SLES 为主要表面活性剂成分的洗面乳，在偏碱性配方中洗净力良好，丝毫不逊色于皂化配方，对皮肤的刺激度也相近，不过皂化配方的使用触感好些。

b. 酰基磺酸钠

酰基磺酸钠具有优良的洗净力，对皮肤的刺激性低，具有极佳的亲肤性，洗时及洗后的使用感很好，皮肤不会出现干涩感，还使皮肤光滑细嫩，具有弹性。此类原料使用的 pH 值范围为 5～7，适合油性皮肤或喜好无油滑感的人选用。

c. 单烷基磷酸酯（MAP）

MAP 属于温和、有中度脱脂力的表面活性剂，在碱性的环境下有很好的洗净效果。其亲肤性较好，洗时或洗后使用感很好，但对于碱性过敏的皮肤，不建议长期使用。

d. 氨基酸类表面活性剂

用天然成分的原料制造而得，价格较为昂贵，为弱酸性，对皮肤的刺激性很小，亲肤性特别好，安全性高，可以长期使用，对皮肤无伤害，是目前高级洁面乳清洁成分的主流。

② 其他原料

包括辅助表面活性剂、增稠剂、赋脂剂、保湿剂、防腐剂、珠光剂、香精和功能性添加剂等。

（2）产品配方与制备方法

非皂基表面活性剂型洁面乳配方如表1-6～表1-9所示。

表1-6是泡沫洁面乳配方。配方中的月桂醇醚琥珀酸酯磺酸二钠盐和乙酸月桂酯磺酸钠盐是一类复配产品，不需乳化，具有良好的发泡性，性能温和。制备时只需将它与椰油酰胺丙基甜菜碱、椰子油二乙醇酰胺及水混合，经搅拌至乳液均匀，用柠檬酸调节pH值到6.0～6.5，加入香精和防腐剂即可，黏度用氯化钠调节。

表1-7是烷基糖苷型洁面乳的配方。制备方法为：分别将A和B混合均匀，在70℃下将B加入A中，搅拌均匀，边搅拌边加入C，冷却到40℃加入D，搅拌均匀。在配方中，Carbopol 2020是聚丙烯酸的改性聚合物，对于非皂基体系效果很好。本配方中是利用Carbopol 2020增稠，以烷基聚葡萄糖苷作为主表面活性剂的泡沫型洁面乳。但是上述的聚丙烯酸的改性聚合物对于复配皂基体系，增稠效果比较差。

表1-6　泡沫洁面乳配方

组分	质量分数/%	组分	质量分数/%
月桂醇醚琥珀酸酯磺酸二钠盐	25.0	柠檬酸	适量
乙酸月桂酯磺酸钠盐	20.0	防腐剂	适量
椰油酰胺丙基甜菜碱	4.0	香精	适量
椰子油二乙醇酰胺	3.0	去离子水	48.0
氯化钠	适量		

表1-7　烷基糖苷型洁面乳配方

相	组分	质量分数/%	相	组分	质量分数/%
A	C$_8$～C$_{10}$烷基聚葡萄糖苷	20.0	A	甘油	20.0
	椰油酰胺丙基甜菜碱	10.0	B	Carbopol 2020	0.8
	十二烷基二乙醇酰胺	3.0		蒸馏水	加至100
	丙二醇二硬脂酸酯	1.0	C	三乙醇胺	1.0
	PEG-6辛酸/癸酸甘油酯	1.0	D	香精、防腐剂	适量

表1-8是POE(15)油醇型洁面乳配方和三乙醇胶型洁面乳配方。

产品的制法为（以配方1♯为例）：在水相罐中加入保湿剂（甘油、山梨醇）溶解，加入PEG-10甲基葡萄糖苷，溶解过程应缓慢进行，避免产生较多气泡，然后在水相中加入EDTA二钠，加热至70℃搅拌溶解；在油相罐中加入霍霍巴油、羊毛脂醇、N-酰基-N-甲基牛磺酸钠、聚氧乙烯-聚氧丙烯（POE-POP）嵌段共聚物、POE(15)油醇醚，加热搅拌；分别将水相、油相经过滤抽至乳化罐，搅拌均匀，降温至45℃加入香精和防腐剂，充分混合后降至室温，检测，合格后出料。

表1-8　表面活性剂型洁面乳配方

表面活性剂型洁面乳配方	质量分数/%		表面活性剂型洁面乳配方	质量分数/%	
	1♯	2♯		1♯	2♯
N-酰基-N-甲基牛磺酸钠	5.0		十二烷酰基肌氨酸三乙醇胶		19.0
POE-POP嵌段共聚物	5.0		羟丙基纤维素		1.5
POE(15)油醇醚	21.0		EDTA二钠	0.1	0.2
PEG-10甲基葡萄糖苷	12.0		甘油	8.0	
霍霍巴油	2.0		山梨醇	3.0	
羊毛脂醇	1.0		防腐剂	0.3	0.3
聚氧乙烯(9)月桂醇醚		1.0	香精	0.3	0.3
水杨酸		1.0	去离子水	42.3	76.7

　　表 1-9 是一种洁面凝胶的配方，配方中的 Carbopol 934 是丙烯酸聚合物，常见的还有 Carbopol 940 等。制备方法是：先将 Carbopol 934 树脂均匀分散于去离子水中（可加入色素同时分散），加入三乙醇胺进行中和，再加热到 70℃，同时将单硬脂酸聚乙二醇（600）酯及三异丙醇胺混合加热至 70℃，使其混熔，然后加至树脂溶液中，进行剧烈搅拌，待混合均匀后，冷却至 50℃，加入香精，冷却至室温即得产品。

表 1-9　洁面凝胶的配方

组分	质量分数/%	组分	质量分数/%
白油	25.0	三乙醇胺	0.5
单硬脂酸聚乙二醇(600)酯	10.0	防腐剂	适量
三异丙醇胺	1.0	香精	适量
Carbopol 934	0.5	去离子水	63.0

　　（3）生产工艺流程

　　非皂基表面活性剂型洁面乳的制备方法与沐浴露相似，整个工艺相对简单，采用冷混法或热混法。其工艺流程方框图参见图 1-2。

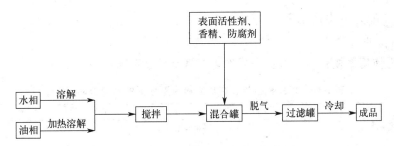

图 1-2　非皂基洁面乳工艺流程方框图

　　生产工艺流程：将保湿剂、表面活性剂等水溶性成分缓慢加入水中溶解，以防止产生大的不溶块；然后在水相中加入螯合剂，加热至 60～65℃搅拌溶解；在油相罐中加入赋脂剂、调理剂、油溶性表面活性剂等油性成分和防腐剂，加热、搅拌；分别将水相、油相经过滤后抽至乳化罐，搅拌混合，加入香精，充分混合后，脱气、降温，得产品。

第二节　磨面膏和去死皮膏

一、磨面膏

　　磨面膏又称磨砂膏或磨面砂。它是在清洁护肤用品的基础配方中添加了某些极微细的砂质粉粒的 O/W 型乳液或浆状物，加入的砂质粉粒称为磨砂剂。使用化妆品时，通过微细颗粒与皮肤表面的摩擦作用，去除皮肤表面的老化角质，有效除去毛孔中的污垢，使用后明显有清洁感。同时，按摩作用增强了毛细血管的微循环，促进皮肤的新陈代谢，舒展皮肤的细小皱纹，增进皮肤对营养成分的吸收，使皮肤健美；皮肤中过多的皮脂从毛孔中排挤出来，使毛孔疏通，具有预防粉刺的作用。

　　一般来说，磨面膏适宜皮肤粗糙者使用。油性皮肤皮脂分泌旺盛，可每周使用磨面膏 2～3 次，每次 10min 左右；对于中性皮肤，每周可使用 1 次，每次约 8min；而对于干性皮肤，每月使用1次即可。每次使用磨面膏后，应用清水将皮肤冲洗干净，擦干后可涂抹润肤膏霜或乳液。但当皮肤损伤或有炎症或过敏性皮肤，不能使用磨面制品。

（一）主要组成原料

磨面膏的原料由膏霜或乳液的基质原料和磨砂剂组成。磨面膏的成分除水相、油相及乳化剂等外，最主要的是添加的磨砂剂。一般要求磨砂剂粒度在100～1000nm，最佳粒度为250～500nm，形状为球形，硬度应适中，且必须具有安全性、稳定性和有效性。

磨面膏的有效性检测：一是检测其物理性清洁功能，取定量膏体使用后，测量彩色美容化妆品的存留量；二是测定角质细胞的剥离情况，用具有黏度的载玻片或透明胶带，剥离用磨砂膏前后脱落的角质细胞，再将细胞进行染色，在显微镜下观察并比较其有效性。

常用磨砂剂有天然磨砂剂、天然矿物粉末和合成磨砂剂三类。常用的天然磨砂剂有植物果核的精细颗粒，如橄榄核粉、杏仁壳粉、桃核粉等；天然矿物粉末有硅石、方解石、磷酸三钙、二氧化钛粉、滑石粉等；合成磨砂剂有聚乙烯、聚苯乙烯、聚酰胺树脂、尼龙、石英等的精细颗粒。

（二）产品配方及生产工艺

（1）磨面膏的配方

表1-10为使用橄榄核粉、杏仁壳粉作为磨砂剂的磨面膏配方。

表 1-10　以橄榄核粉、杏仁壳粉为磨砂剂的磨面膏的配方

组分	质量分数/%	组分	质量分数/%
十六十八醇硫酸酯钠盐	15.0	硅酸铝镁	1.0
单硬脂酸甘油酯	6.0	乳酸	适量
十六十八醇、PEG-20硬脂酸酯	1.0	橄榄核粉和杏仁壳粉	10.0～15.0
玉米油	2.0	防腐剂	适量
椰油酰胺丙基甜菜碱	5.0	香精	适量
羊毛脂醇-3	2.0	去离子水	加至100
羊毛油	0.5		

表1-11所示配方中的微孔磨砂剂为弹性微球状（60～80目）的多孔高分子聚合物，可将维生素、氨基酸等营养物质或药剂吸附其中，洁面时通过与皮肤的摩擦接触，在将皮肤污物及代谢物吸附去除的同时，可释放出其孔穴中的内容物使皮肤吸收。

表 1-11　以高分子聚合物为磨砂剂的磨面膏的配方

组分	质量分数/%	组分	质量分数/%
白油	9.0	三乙醇胺	1.0
硅油	4.0	甘油	4.0
乙酰化羊毛脂	2.5	微孔磨砂剂	3.0
十六醇	2.5	防腐剂	适量
硬脂酸	5.0	香精	适量
单硬脂酸甘油酯	1.0	去离子水	66.5
脱水山梨醇单硬脂酸酯（司盘-60）	1.5		

（2）生产工艺

磨面膏的制备并不是简单地将磨砂剂加入膏霜中，应根据磨面膏产品的要求和特性进行精心的设计和试验，使磨砂剂均匀、稳定地存在于基质之中。在研制过程中，应特别注意制品的稳定性，要进行耐热、耐寒试验，生产操作时特别要注意以下几点：

① 应选择相对密度较小（0.92～0.96）、形状规则、粒径均匀的球形磨砂剂，颗粒在高倍显微镜下呈圆形或椭圆形，绝不可以有棱角。

② 在产品使用时，磨砂颗粒应呈滚动式，要有舒适感，对皮肤刺激小；在产品试制时，要测试其稳定性，如耐热、耐寒试验以及离心试验。

③ 离心试验要求在转速为 2500～3000 r/min 离心 30min 后，观察磨面膏有无分层现象及磨砂剂有无析出现象，用显微镜观察膏体，考察磨砂剂颗粒分布情况，进行磨砂剂的选择。

（三）磨面乳

磨面乳也称磨面奶，其作用与磨面膏相同，此处不再介绍。但磨面乳稠度较低，如何保证磨砂剂均匀、稳定地分散在体系中，形成均匀、稳定的乳液，是配制磨面奶的关键。在磨面奶配方中，常加入水溶性高分子化合物如 Carbopol 980、Carbopol 981、Sepigel 501、Sepigel 502、Sepiplus 400、Simulgel EG 等，并要进行耐热、耐寒、高速离心试验，以确保其稳定性。

二、去死皮膏

死皮是指皮肤表面上积存的死亡角质细胞。死皮的存在与皮肤角质化不正常有关，会使皮肤黯淡无光、形成细小皱纹、角质层增厚等，引起许多皮肤疾病。去死皮膏是清除皮肤表面死亡角质层细胞的化妆品，它可快速去除皮肤表面的角化细胞，使新生细胞更快到达表层，可以清除过剩的油脂，改善皮肤的呼吸，有利于皮肤吸收养分，加速皮肤新陈代谢，有利于汗腺、皮脂腺的分泌，预防粉刺的滋生，增强皮肤的光泽和弹性，令皮肤柔软、光滑。

去死皮膏与磨面膏有相同的作用和功效，不同之处在于：磨面膏是机械性的磨面作用，而去死皮膏的作用机理还包含化学作用和生物作用。此外，它们是针对不同肤质而设计的，磨面膏多适用于油性皮肤，而去死皮膏适用于中性皮肤及不敏感的任何皮肤。使用方法：将膏体轻轻摩擦皮肤，5～10min 后，可以用手或软纸将死皮、污垢与膏体残余物一起除去，再用清水冲洗，之后再涂抹护肤膏霜或乳液。

（一）主要组成原料

去死皮膏的原料除了膏霜的润肤剂、乳化剂、保湿剂、增稠剂等基质原料，还添加了磨砂剂和去角质剂等。其中磨砂剂与磨砂膏的一致，此处不再介绍。去角质剂是一些具有软化角质蛋白、促进角质层更新的化学组分和生物活性组分，如果酸、维甲酸、尿囊素、溶角蛋白酶等。

去角质剂中，果酸具有加快表皮死细胞脱落、促进表皮细胞更新、清洁皮肤毛孔等作用；维甲酸可抑制毛囊角化、增强细胞活力等；尿囊素具有软化角质蛋白的作用，有利于去除皮肤上的死皮；溶角蛋白酶可促进角质层更新；海藻胶具有生物分解作用，可有效去除角质层老化死皮。

（二）产品配方与生产工艺

表 1-12 为海藻胶类去死皮膏的配方。

表 1-12　海藻胶类去死皮膏的配方

组分	质量分数/%	组分	质量分数/%
鲸蜡醇	1.0	吐温-60	1.5
硬脂酸	1.0	丙二醇	4.0
白油	3.0	羊毛脂醇聚氧乙烯醚	0.5
霍霍巴油	0.3	聚乙烯醇(15%)	10.0
肉豆蔻酸异丙酯	2.5	海藻胶	3.0
单硬脂酸甘油酯	2.5	防腐剂	适量
硬脂酸乙二醇酯	1.5	香精	适量
司盘-60	0.5	去离子水	68.7

　　表 1-12 配方中的海藻胶为天然提取物，具有快速的生物分解作用，可有效去除角质层老化死皮。去死皮膏的制法与磨面膏的制法基本相同，此处不再介绍。但也要注意，在配制过程中同样要注意制品的稳定性，必须进行相应的耐热、耐寒和高速离心试验。在配方中，可添加水溶性高分子化合物，以改善制品的稳定性。

　　其他常见去死皮膏产品的配方见表 1-13。

表 1-13　去死皮膏产品配方

组分	质量分数/%			组分	质量分数/%		
	1#	2#	3#		1#	2#	3#
硬脂酸	7.0		1.5	丙二醇	2.0		5.0
白油	2.0	2.0	3.0	薄荷脑		0.05	
十六醇	2.5		1.5	溶角蛋白酶	3.5		
石蜡	1.0			核桃壳细粉			3.0
羊毛脂醇聚氧乙烯醚			0.5	聚乙烯粉末	8.0		
二甲基硅油	3.5			聚甲基丙烯酸甲酯		5.0	
霍霍巴油		5.0	0.5	滑石粉	1.0		
肉豆蔻酸异丙酯		3.0	2.5	藻胶			3.0
单硬脂酸甘油酯	1.5		1.5	尿囊素		1.0	
硬脂酸乙二醇酯			1.5	Carbopol 940	1.5		
十六烷基糖苷		5.0		KOH	0.7		
Brij 72		1.0		防腐剂	适量	适量	适量
Brij 721		2.0		香精	适量	适量	适量
Sepigel 305		0.5		去离子水	65.8	78.45	73.5

第三节　面膜

一、面膜概述

　　面膜是清洁、护理、营养面部皮肤的一类化妆品。面膜的用法是将其均匀涂敷于面部皮肤上，经过一定时间（待涂层干燥）后，在皮肤表面逐渐形成一层膜状物，然后将该层薄膜揭掉（洗掉），即可达到洁肤、护肤、养肤和美容的效果。

（一）面膜的基本功能

　　面膜的基本功能是先在面部皮肤上形成不透气的薄膜，将皮肤与外界隔绝，使皮肤温度上升，毛孔大量出汗，皮肤的分泌活动旺盛。在剥离或洗去面膜时，把皮肤的分泌物、皮屑、污物等挤出，使毛孔清洁。同时，将面膜中的其他成分，如维生素、水解蛋白以及其他营养物质有效渗入皮肤里，起到增进皮肤机能的作用。具体有以下几个方面。

（1）洁肤作用

由于面膜对皮肤的吸附和黏结作用，尤其是剥离型面膜，在剥离或洗去面膜时，可使皮肤上的分泌物、皮屑和污垢等随面膜一起被去除，给人洁净的感觉，具有洁肤作用。

（2）保湿作用

在涂敷中，面部水分由于面膜的密封性而得以保留，使皮肤角质层柔软，增加的水分能长时间继续保持，对皮肤具有保湿作用。

（3）护肤和营养作用

面膜覆盖在面部皮肤表面，能抑制水分的蒸发，软化角质层，扩张毛孔与汗腺口，同时使皮肤表面温度上升，加快血液循环。在涂敷、覆膜时，面膜中的有效成分渗入表皮角质层中，使皮肤有效地吸收面膜中的活性营养成分，具有护肤和营养作用。

（4）美容效果

随着面膜的敷用和干燥，面膜的收缩张力使松弛的皮肤绷紧，这样有助于减少和消除面部的皱纹，从而产生美容的效果。

因此，面膜是对面部皮肤具有洁肤、护肤、养肤和美容等功能的化妆品，受到女士的普遍欢迎。

对面膜产品的要求包括：敷用后应和皮肤密合；有足够的吸收性以达到清洁的效果；敷用和转移方便；干燥时间和固化时间不可过长；对皮肤无刺激性。

（二）面膜的类型

面膜的种类很多，根据其外观性状可分为剥离类（薄膜）、粉类、成型类、泡沫类、膏状类、浆泥状面膜等。但目前市场上主要是剥离类面膜和成型类面膜。

（1）剥离类面膜

剥离类面膜的主要成分为水溶性高分子、保湿剂、醇类等。主要特点：外观呈透明或半透明膏状或凝胶，可形成剥离膜，具有保湿、清洁、促进血液循环等作用。

（2）粉类面膜

粉类面膜的主要成分为陶土、滑石粉等粉体以及油分、保湿剂、营养剂等。特点：使用时要用等量水将其调均匀涂于面部，干燥后可水洗或剥离，可达到紧肤效果，对粉刺有效。

（3）成型类面膜

成型类面膜的主要成分为无纺布或胶原等薄片及面膜液等。特点：将浸含保湿剂溶液的无纺布或添加有活性成分的胶原薄片贴在面部，保湿性优良。

（4）泡沫类面膜

泡沫类面膜的主要成分为油分、保湿剂、发泡剂及其他添加剂等。特点：气雾型（或气溶胶型）面膜，具有保湿效果。

（5）膏状类面膜

膏状类面膜的主要成分为油分、保湿剂、黏土类及其他添加剂等。特点：粉体可吸附皮肤上的过剩油脂，经冲洗除去，脱脂力强，对粉刺有效。

（6）浆泥状面膜

浆泥状面膜主要含有果菜汁、粉末等，特点是个性化，自制面膜，效果独特。

二、面膜的种类

（一）粉类面膜

粉类面膜，包括黏土类面膜，是一种均匀、细腻、无杂质的混合粉末状物质，对皮肤无刺激，安全性高。使用时将其用水调成糊状，涂敷于面部10～20min。这时，皮肤内血液循环加快，温度升高，面膜中的水分蒸发，面膜中的成膜糊状物逐渐干燥，形成一层胶性软膜或干粉状膜，此时可再停留2～3min，然后将其剥离（胶性软膜），或用水洗干净（干粉状膜）。

粉类面膜的主要原料有基质粉类原料、胶凝剂、粉末状添加剂、抗菌防腐剂、香精等。

（1）基质粉类原料

基质粉类原料是具有吸附和润滑作用的粉末，包括胶性黏土、高岭土、钛白粉、氧化锌、滑石粉和无水硅酸盐等。

（2）胶凝剂

胶凝剂是指可形成胶性软膜的天然和合成胶质类物质，如淀粉、硅胶粉、海藻酸钠等。

（3）粉末状添加剂

粉末状添加剂是指具有多种功效的从天然动植物中提取的营养剂及中草药粉，使面膜具有养肤美容作用。

粉类面膜具有较好的吸收性，能除去皮脂和汗液，适用于正常皮肤和油性皮肤的人群。使用时为了避免干燥，可配入适量油剂。粉类面膜配方见表1-14、表1-15。

表 1-14　粉类面膜的一般配方

组分	质量分数/%	组分	质量分数/%
陶土	7.0	聚氧乙烯(20)脱水山梨醇单油酸酯	2.0
滑石粉	7.0	防腐剂	适量
二氧化钛	2.0	香精	适量
液体石蜡	9.0	去离子水	71.5
脱水山梨醇单硬脂酸酯	1.5		

表 1-15　干粉面膜与胶性面膜的配方

组分	质量分数/%		组分	质量分数/%	
	干粉状膜	胶性软膜		干粉状膜	胶性软膜
高岭土	40.0	30.0	胶凝剂		5.0
滑石粉	25.0	30.0	中药粉	3.0	12.0
氧化锌	25.0		山梨醇	7.0	
淀粉		5.0	防腐剂	适量	适量
海藻酸钠		18.0	香精	适量	适量

粉类面膜的制备方法：先将粉类原料研细、混合，后将脂类物质等缓慢喷洒于其中，充分搅拌成均匀粉末过筛后即得。粉类面膜的制备、包装运输和使用都很方便。粉类面膜都是现调现用，如表1-14所示的面膜可以直接使用，已经与水调成浆状。此外，在调制时可加入一些天然营养物，如新鲜果汁、蔬菜汁、蜂蜜、蛋清等，以增强其护肤养肤效果。也可单独用新鲜果汁、蔬菜汁、蜂蜜、蛋清等制成天然浆泥状面膜，不但新鲜，而且不加任何防腐剂、香精等，是纯天然面膜。但要注意的是这些天然营养面膜要一次用完，不能久存，以免受到污染。

（二）剥离类面膜

剥离类面膜可制成膏状或透明状，使用时将其涂抹在面部，经 10～20min，水分蒸发后就逐渐形成一层薄膜，然后用手揭下（剥离）整个面膜，皮肤上的污垢、皮屑等黏附在薄膜上一同被除去。

剥离类面膜的原料包括成膜剂、保湿剂、粉类原料、溶剂、增稠剂、活性成分等。其中最关键的原料是水溶性高分子成膜剂，不仅要具有良好的成膜性，还要具有增稠、提高乳化及分散性的作用，对含有无机粉末的基质具有稳定作用，还具有一定的保湿作用。

常用的水溶性高分子化合物有聚乙烯醇（PVA）、聚乙烯吡咯烷酮（PVP）、丙烯酸聚合物（Carbopol）、聚氧乙烯、羧甲基纤维素等。明胶及胶质原料也可作为成膜剂。

此外，剥离类面膜所用的保湿剂有甘油、丙二醇、透明质酸（HA）等，吸附剂有氧化锌、钛白粉、高岭土等，溶剂有乙醇、丙二醇、1,3-丁二醇和去离子水等，活性物质有水解蛋白、植物精华素、中草药提取液、维生素、生物制剂等。

剥离类面膜使用简便，是面膜中最重要的种类之一。但剥离类面膜的用量不宜过多、膜不宜过厚，以免水分不容易挥发，难以形成均匀的薄膜，但用量太少则容易使膜裂开而影响效果。

剥离类面膜的配方如表 1-16、表 1-17 所示。

表 1-16 的配方是剥离类面膜的基本配方，其制法是：在溶解聚乙烯醇时，首先应在乙醇中充分润湿，再溶解于热水，然后将丙二醇等组分也溶解于热水中，搅拌成均匀透明的黏性溶液，再另将香精、防腐剂等溶于余下的乙醇中，待透明黏液温度降至 50℃时加入香精溶液，继续降温，降至 35℃即可包装。

表 1-16　剥离类面膜的基本配方

组分	质量分数/%	组分	质量分数/%
聚乙烯醇	15.0	尼泊金甲酯	0.1
乙醇	10.0	香精	适量
丙二醇	5.0	去离子水	加至 100.0

表 1-17　凝胶状剥离面膜和膏状剥离面膜的配方

组分	质量分数/% 凝胶状	质量分数/% 膏状	组分	质量分数/% 凝胶状	质量分数/% 膏状
聚乙烯醇	10.0	15.0	乙醇	20.0	
聚乙烯吡咯烷酮		5.0	三异丙醇胺	0.6	
Carbopol 941	0.5		1,3-丁二醇		5.0
Sepigel 305		1.0	水解蛋白	5.0	
钛白粉		2.0	防腐剂	适量	适量
氧化锌		2.0	香精	适量	适量
丙二醇	5.0		去离子水	58.9	70.0

凝胶状剥离面膜的制备工艺：先将聚乙烯醇、Carbopol 941 等粉状水溶性高分子用保湿剂或乙醇润湿，然后加入去离子水，加热下搅拌使其溶解均匀；香精、防腐剂等用余下的乙醇或保湿剂溶解，待温度降至 50℃时加入搅匀，冷却至 35℃即可。

膏状剥离面膜的制法与凝胶状剥离面膜的制法基本相同，在加入香精的同时加入粉类原料搅匀即可。

（三）成型类面膜

成型类面膜主要有湿布型和可溶性成型面膜。湿布型面膜的基体通常为非织造布，是将无纺布类纤维织物剪裁成人体面部形状，放入包装物中，再灌入面膜液将包装物密封，这种浸渍了面膜液的无纺布即为成型类面膜。成型类面膜液的主要成分是保湿剂、润肤剂、活性物质、表皮生长因子（EGF）等。

不同类型的皮肤，使用的成型类面膜的成分不同，如表 1-18 所示。

表 1-18　不同皮肤用的面膜和保湿面膜的配方

组分	质量分数/%			组分	质量分数/%		
	干性皮肤用面膜	油性皮肤用面膜	保湿面膜		干性皮肤用面膜	油性皮肤用面膜	保湿面膜
Arlamol HD	40.0			表皮生长因子		适量	
橄榄油	27.0			珍珠水解液		1.0	
羊毛油	25.0			烷基糖苷	适量	3.5	
沙棘油	8.0			防腐剂	适量	适量	适量
甘油			15.0	香精		适量	适量
丙二醇			4.0	去离子水		95.5	80.9
透明质酸			0.1				

近年来出现了一类新型面膜——可溶性成型类面膜，是以葡萄糖天然纤维素衍生物为主要成分，并添加了多种天然植物萃取物生物活性物质和维生素等，制成的一种干膜状成型面膜。使用时将其直接敷于润湿的面部，面膜即均匀紧贴在面部，经过 15~20min，面膜溶解液逐渐被吸收和干燥，然后用清水洗净即可。

它具有良好的水溶性，因此可使其中的多种成分在溶解状态下最大限度地被皮肤快速吸收，使各种成分充分发挥功效，具有极佳的护肤、养肤效果。

（四）膏状类面膜

膏状类面膜一般不能成膜剥离，需要用吸水海绵擦洗掉。膏状类面膜大都含有较多的黏土成分，如高岭土、硅藻土等，以及润肤剂油性成分，还常添加各种护肤营养物质，如海藻胶、甲壳素、火山灰、深海泥、中草药粉等。使用膏状面膜在面部涂的一般都比剥离类面膜厚一些，以使面膜的营养成分被皮肤充分吸收。其不足之处是清洗方式比剥离类烦琐，但若在配方中加入适当的胶凝剂，则可在清除面膜前喷洒或涂上固化液，稍经数分钟，即可将固化膜揭下。膏状类面膜的基本配方如表 1-19 所示。

表 1-19　膏状类面膜的基本配方

组分	质量分数/%	组分	质量分数/%
甘油	10.0	甲壳素	5.0
乳化硅油	5.0	增稠剂	5.0
橄榄油	2.0	三乙醇胺	适量
山梨醇	5.0	防腐剂	适量
高岭土	30.0	香精	适量
氧化锌	8.0	去离子水	30.0

膏状类面膜的生产中要注意以下几点：

① 选用真空乳化设备，出料时能自动提升锅盖并能倾斜倒出来。

② 配方中的三乙醇胺是用来调节体系 pH 值的，要求控制在 6.5~7.0 之间。

③ 先将粉质原料用甘油、山梨醇和部分去离子水在混合器中混合均匀，然后加入油脂、增稠剂和营养物质等。

④ 当温度下降到 45℃以后再加入防腐剂、香精、pH 调节剂等。

（五）泡沫类面膜

泡沫类面膜是装在喷雾容器内的，使用时喷射在皮肤上，数分钟后清洁干净即可。其优点是使用方便，皮肤接触泡沫时感觉舒适，可以使皮肤洁净、细腻和光滑，还可以提高皮肤的湿度，促进皮肤的血液循环。泡沫类面膜的基本配方分 A、B 两部分，其中 A 为原液部分，B 为发泡剂。

表 1-20　泡沫类面膜的（原液）配方（A 组分）

组分	质量分数/%	组分	质量分数/%
硬脂酸	5.0	甘油	5.0
十六醇、十八醇混合物	1.0	三乙醇胺	1.0
山嵛酸	4.0	防腐剂	适量
脱水山梨醇单硬脂酸酯	1.0	香精	适量
聚氧乙烯(40)脱水山梨醇单硬脂酸酯	1.0	去离子水	81.0
霍霍巴油	1.0		

表 1-20 是泡沫类面膜的原液配方，其质量总量为 100，将油性组分混合均匀，再将水相组分混合均匀，于 70℃下将两者混合乳化，得到原液 A。

B 部分为液化石油气，是使用时的发泡剂。A 和 B 混合时，取 97g 制得的原液 A，填充于容器内，再加入 3g 发泡剂 B，填充于同一容器内，包装即可。

（六）其他面膜

除上述五种面膜之外，还有片状面膜、蜡状类面膜、塑胶类面膜、浆泥类面膜和石膏面膜等。片状面膜的配方如表 1-21 所示。

表 1-21　片状面膜的基本配方

组分	质量分数/%	组分	质量分数/%
甘油	10.0	防腐剂	适量
丙二醇	3.0	去离子水	76.9
透明质酸	0.1	化妆水（片状面膜的浸渍剂）	10.0

片状面膜的制法是：化妆水和其他组分混匀，静置后过滤，形成片状面膜，与片材压制成型，灌装备用，浸渍涂布，包装即可。为了防止涂布时的液料滴流，配方时，还需注意化妆水的黏度对片材的密合性。

蜡状类面膜外观呈蜡状，使用时先将蜡状面膜加热至 42～45℃，成为液状，再用毛刷敷在脸上，冷却固化，因使用时需加热，故比用其他面膜复杂。

塑胶类面膜是以薄膜类面膜为基础发展起来的，使用时先将两种面膜液剂混合，然后涂敷在皮肤上，5～10min 后，固化成塑胶，比剥离类面膜固化时间短，使用方便。缺点是两种物质一经混合，必须全部用完，否则硬化后就不能再使用了。

浆泥状面膜通常由消费者自制，用水果泥、蔬菜泥、蛋清等制成浆泥状面膜，直接敷面，随用随做，不但新鲜而且不用添加任何防腐剂、香精，甚至粉体基料，一般强调于化妆品的安全可靠。

石膏面膜是一种固化剥离型面膜，使用前主要是在熟石灰粉末中添加其他营养物质及植物、中草药成分，使用时用水调和成糊状，敷于面部后，由于熟石膏与水发生水合作用，产生热量，并逐渐固化，经过一段时间后，将固化了的面膜剥离除去。这种面膜在使用过程中产生的热量具有促进皮肤微循环和新陈代谢等作用，对皮肤具有美容功效，是美容院常使用的一种面膜。

第四节　沐浴用品

沐浴用品是指人们在沐浴时使用的化妆品，主要用于清洁全身皮肤的化妆品。沐浴用品的作用如下：

① 清洁皮肤。通过软化角质层，溶解并除去皮屑，洗净皮脂和污垢，去除身体气味。

② 保湿和护肤。通过加入具有润肤作用和其他活性作用的物质，促进血液循环和末梢循环，提高新陈代谢，加速体内废弃物的排泄。

③ 对皮肤疾患的治疗。加入疗效性的物质，起到抑菌、软化角质层等作用，对角化异常症、干癣及其他慢性皮肤病产生疗效。

④ 放松神经、缓解疲劳。芳香剂及色素的加入，使沐浴者心情舒畅、精神安宁。

沐浴用品的种类包括适用于淋浴和盆浴的产品，前者主要有沐浴露和沐浴凝胶，而后者主要包括泡沫浴剂、浴油和浴盐等。

一、沐浴露

沐浴露，是人体在洗浴时所使用的沐浴制品，主要是以各种表面活性剂为活性物并加入滋润剂、保湿剂和一些具有清凉止痒效果的添加剂而制成的清洁身体、保护皮肤的黏稠状液体。在洗浴时直接涂敷于身上或借助毛巾涂擦于身上，经揉搓达到去除污垢的目的，此类产品是沐浴制品中产量和品种增长较快的一类，未来的发展潜力较大。

随着表面活性剂工业的发展，目前的浴液产品主要有两类，一类是易冲洗的以皂基表面活性剂为主体的浴液，另一类是呈微酸性的以各种合成表面活性剂为主体的浴液。

（一）原料组成

沐浴露的配方组成主要由表面活性剂、润肤剂（赋脂剂）、保湿剂、调理剂、增稠（黏）剂、活性物质、pH 调节剂、螯合剂、珠光剂、防腐剂、抗氧剂、香精、色素等构成。

沐浴露的主要成分是表面活性剂，它具有发泡性，对肤、发均有洗涤能力，常常加入对皮肤具有滋润、保湿和清凉止痒作用的添加剂成分，更进一步可以添加美白、嫩肤和去角质成分，使之成为功能性沐浴护肤用品。

（1）表面活性剂

表面活性剂是沐浴露的主要成分，它的基本功能是产生泡沫、润湿皮肤，对污垢和油污有乳化效果。要求该类表面活性剂具有泡沫性能良好、无毒、刺激性低、与皮肤相容性好、温和的特性。

（2）润肤剂（赋脂剂）与调理剂

在使用沐浴露去污过程中无论是表面活性剂，还是皂基，都会同时对皮肤产生脱脂作用，因此配方中必须添加润肤剂或赋脂剂。常用的润肤剂有植物油脂（鳄梨油、霍霍巴油等）、羊毛脂类、聚烷基硅氧烷类及脂肪酸酯类。

调理剂多为阳离子聚合物，它们对蛋白质基层具有附着性，使皮肤表面有如丝一般光滑的舒适感，有的还可以作为抗静电剂和柔软剂，对皮肤进行调理。常用的有季铵化羟乙基纤维素、季铵化羟丙基瓜尔胶、季铵化水解角蛋白、季铵化二甲基硅氧烷、聚乙烯吡啶季铵盐等等。

（3）保湿剂

保湿剂起保护皮肤作用和润肤作用，它们形成一层保护膜覆盖在皮肤上，阻止或减缓内部水分的流失，能保持皮肤的湿润。常用甘油、乙二醇、山梨醇、丙二醇、烷基糖苷等。

（4）增稠（黏）剂

增稠剂亦叫黏度调节剂，它不但提高感官效果，使用方便，还可以增加产品的稳定性，使产品不容易分层。常用的有聚乙二醇双硬脂酸酯（如 PEG-6000DS）、丙烯酸聚合物、纤维素衍生物、阳离子瓜尔胶、汉生胶（又称黄原胶）、甲壳素、羟乙基纤维素等。另外，氯化钠、氯化铵、硫酸钠等也可作增稠剂。

（5）pH 调节剂与螯合剂

沐浴露是轻垢型的液体洗涤剂，一般为中性，也有的为弱酸性。因此，在生产时应把沐浴露的 pH 调节至适宜的范围内。常用的 pH 调节剂有柠檬酸、酒石酸、乳酸、磷酸和硫酸等，加入量根据原料及产品所需控制的 pH 范围而定。

为保证沐浴露的洗涤效果，控制水的硬度是十分重要。在沐浴露中常用的螯合剂为 EDTA，它可以与高价金属离子反应，保障沐浴露的洗涤有效性。

（6）防腐剂与抗氧剂

防腐剂主要是防止和抑制细菌的生长，保证产品不会腐败变质，应选择无毒、无刺激、色浅、价廉，以及配伍性好的杀菌防腐剂。目前常用的有尼泊金酯类（对羟基苯甲酸酯类）、咪唑烷基脲类、凯松（Kathon）、Dowicil 200、2,4-二氯苄醇等。

抗氧剂主要是防止油脂酸败引起化妆品变质。大部分为苯酚系、醌系、胺系、有机酸、酯类以及无机酸及其盐类，如二丁基羟基甲苯（BHT）、丁基羟基茴香醚（BHA）、五倍子酸丙酯、维生素 E、磷脂等。

除上述主要原料外，根据需要，可以加入活性物质（如芦荟、沙棘、海藻、乳酸薄荷酯等）、珠光剂（如乙二醇硬脂酸酯）、香精和色素。

（二）生产工艺流程

沐浴露是以表面活性剂为主的均匀水溶液，制备工艺很简单。

在实验室中，沐浴露最简单的制备方式就是用烧杯、玻璃棒和搅拌器合成，按一定顺序将物料依次加入烧杯，搅拌混合均匀即可，有时需加热。

工业上，沐浴露的生产工艺流程如图 1-3 所示。

沐浴露的生产工艺一般分为间歇式和连续式两种。

间歇式工艺中，通过调整装置的操作条件，能适应不同类型沐浴露的生产要求。主要设备为具有加热或冷却装置的釜式混合器，中和过程可在这个混合器中进行，中和温度为 40～50℃，pH 为 7～9。中和及混合各种物料时，需要选择适当的搅拌器，如推进式、折叶涡轮式、平直叶圆盘涡轮式，还有将桨叶前端改成双折叶小桨的多层折叶式和锯齿圆盘式等。

在连续式工艺中，生产沐浴露时使用的计量装置一般为活塞式定量泵，在原料储槽与计量泵间、计量泵与混合器间的连接采用四氟乙烯软管，在进入混合设备前装有单向阀，各种

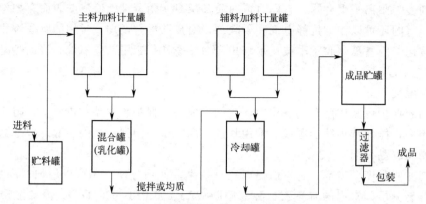

图 1-3　沐浴露的生产工艺流程示意图

物料在在线静态混合器中进行混合，靠不断改变物料在管内的流动方向，使物料得到充分混合，最后经老化器和储槽后，进行包装。连续式中，混合物料流出时需要连续检测，并控制温度、pH、黏度和流量等等。

沐浴露的生产一般采用间歇式批量化生产工艺，而不宜采用管道化连续生产工艺。

（三）配方设计与操作步骤

（1）皂基类沐浴露

皂基类沐浴露以皂类即脂肪酸与碱剂的反应产物为主要表面活性剂，再配合较少量的非皂基表面活性剂作为辅助活性剂，这种辅助活性剂起到增加黏度、改善肤感及降低对皮肤的刺激性等作用。

常用的脂肪酸有月桂酸、肉豆蔻酸、硬脂酸、油酸、椰子油酸等，而碱剂以氢氧化钾、乙醇胺为主。辅助活性剂有 α-烯基磺酸盐、烷基磷酸盐、氨基酸类、咪唑啉类、甜菜碱类、氧化胺、烷醇酰胺、烷基糖苷等等。在沐浴露中，传统的皂类以硬脂酸碱皂为主，钠皂较粗，三乙醇胺皂易变色。

① 传统皂基沐浴露

传统皂基沐浴露的配方如表 1-22 所示，配方使用月桂酸、肉豆蔻酸、棕榈酸和油酸的钾皂作为主要活性物，脱脂力低、皮肤润滑性好。同时，可加入非离子表面活性剂 6501，增加泡沫和皂类的分散性，减少皂垢。甘油起润肤保水作用，羟乙基纤维素作增稠剂使用，兼作皮肤润滑剂。在产品的配方中，KOH 用量要根据各类脂肪酸用量及皂化价等计算求出，皂化时要避免较多的游离碱含量，从而减少碱对皮肤的刺激。

表 1-22　传统皂基沐浴露的基本配方

组分	质量分数/%	组分	质量分数/%
月桂酸	2.5	甘油	20.0
肉豆蔻酸	7.5	羟乙基纤维素	适量
棕榈酸	2.5	香精、色素、防腐剂、EDTA	适量
油酸	2.5	KOH	计算量
6501	5	去离子水	加至100

操作工艺：在常温下将羟乙基纤维素溶解在部分去离子水中，备用；以此部分水溶液将氢氧化钾于常温下溶解成碱性水溶液；将月桂酸、肉豆蔻酸、棕榈酸和油酸用其余的去离子水分散，加热到75℃熔化成为液态，在搅拌下加入氢氧化钾水溶液，使其与脂肪酸水溶液

进行皂化反应；然后再加入 6501、EDTA，保持在 60℃ 以上搅拌溶解；缓慢降温到常温加入防腐剂、香精即得产品。

② 改进型皂基沐浴露

表 1-23 是改进型皂基沐浴露的配方。本配方使用月桂酸、油酸的三乙醇胺皂作为主要活性物，其脱脂力低、皮肤润滑性好，添加低刺激性的椰油酰胺丙基甜菜碱（CAB-35），增加泡沫、减少皂垢，并用甘油保湿，用硼酸辅助治疗皮肤炎症，用羟乙基纤维素作增稠剂和皮肤润滑剂。

表 1-23　改进型皂基沐浴露的配方

组分	质量分数/%	组分	质量分数/%
月桂酸	7.0	甘油	2.0
油酸	9.0	羟乙基纤维素	0.2
三乙醇胺	5.0	珠光片	2.0
CAB-35	16.0	香精、防腐剂、色素	适量
硼酸	0.1	去离子水	加至100

产品中加入珠光片可制成珠光型产品，从而掩盖皂基透明度差的缺点。配方中的三乙醇胺要适当过量，作用为增加皂基的溶解度，并调节 pH 到偏碱性，增加产品稳定性。

操作工艺：羟乙基纤维素溶解速度缓慢，用部分去离子水预先将其浸泡溶胀备用；将月桂酸、油酸和珠光片混合，加热到 75℃ 熔化成为液态，在搅拌下加入三乙醇胺中和；然后加入去离子水和其余物料，保持在 60℃ 以上搅拌溶解；缓慢降温到 40℃ 加香精、色素和防腐剂，继续缓慢降温到室温；静置 24h 以上，使产品消泡，得珠光型产品。

（2）非皂基表面活性剂类沐浴露

非皂基表面活性剂类沐浴露以合成的阴离子表面活性剂为主要表面活性剂，配合两性离子表面活性剂和非离子表面活性剂，以调节黏度、改善肤感及降低对皮肤的刺激性。

常用的表面活性剂有：脂肪醇硫酸盐、脂肪醇聚氧乙烯醚硫酸盐、α-烯基磺酸盐、烷基磷酸盐、烷基磺化琥珀酸盐、氨基酸类活性剂、咪唑啉衍生物、甜菜碱衍生物、氧化胺、烷醇酰胺、烷基糖苷。

① 润肤型沐浴露

表 1-24 是具有调理性的润肤型浴液配方。配方中加入具有润肤作用的水溶性羊毛脂和杏仁油作为赋脂剂，减少产品对皮肤的脱脂力；加入与主表面活性剂脂肪醇聚氧乙烯醚硫酸盐配伍性好的聚季铵盐-10 作为调理剂，改善浴液对皮肤及黏膜的刺激性，具有良好的润肤作用。

操作步骤与皂基沐浴露的操作基本相同。

表 1-24　润肤型沐浴露的配方

组分	质量分数/%	组分	质量分数/%
脂肪醇聚氧乙烯醚硫酸盐	25.0	聚季铵盐-10	0.3
椰油酰胺丙基甜菜碱	8.0	防腐剂	适量
水溶性羊毛脂	2.0	香精	适量
甘油	4.0	色素	适量
杏仁油	0.5	去离子水	加至100

② 敏感性肌肤沐浴露

表 1-25 是适用于敏感性皮肤的浴液配方。

表 1-25　敏感性肌肤沐浴露的配方

组分	质量分数/%
聚乙二醇(5)柠檬酸十二醇酯磺基琥珀酸二钠	5.0
聚乙二醇(200)软脂酸甘油酯	1.0
聚乙二醇(7)单月桂酸甘油酯	1.0
月桂醇聚氧乙烯醚硫酸钠	5.0
月桂酰两性基二醋酸二钠	4.5
己二醇	2.5
水溶性硅油	1.0
去离子水	80.0

在表 1-25 的配方中，除了都使用极温和的阴离子表面活性剂和两性离子表面活性剂，也没有加入防腐剂和香精，因防腐剂和香精可能致敏。因此，要让产品不易变质，配方中还必须加入具有轻微杀菌功能的原料，如单月桂酸甘油酯，可使产品具有抗菌性。

还需指出，在配制不含防腐剂的化妆品时，应特别注意，在配制过程中不能让适合微生物生长的条件存在。这类产品的操作步骤与一般沐浴露大体相同。

③ 温和清洁型沐浴露

表 1-26 是清洁作用极佳的温和型沐浴露配方，配方中的主表面活性剂是温和的月桂基两性醋酸钠，辅助表面活性剂是极温和的聚乙二醇（5）柠檬酸十二醇酯磺基琥珀酸二钠、聚乙二醇（7）单月桂酸甘油酯及聚乙二醇（200）软脂酸甘油酯。这些辅助表面活性剂具有降低产品对皮肤的刺激性、改善浴液对皮肤及黏膜相容性的作用，还具有良好的增稠作用、润肤作用，并添加了各种植物精华素，使产品具有良好的护肤作用。

表 1-26　温和清洁型沐浴露的配方

组分	质量分数/%
月桂基两性醋酸钠	25.0
聚乙二醇(5)柠檬酸十二醇酯磺基琥珀酸二钠	7.0
聚乙二醇(7)单月桂酸甘油酯	4.0
聚乙二醇(200)软脂酸甘油酯	3.0
植物精华素	适量
防腐剂、香精、色素	适量
去离子水	61.0

④ 杀菌型沐浴露

表 1-27 是具有杀菌作用的温和浴液配方，配方中加入的氯化铵和椰油酰肌氨酸钠具有杀菌作用。配方中的两性离子表面活性剂椰油酰胺丙基甜菜碱与阴离子表面活性剂 α-烯烃磺酸盐以及氯化铵配伍性良好，也具有温和的杀菌作用。此外，阴离子表面活性剂椰油酰肌氨酸钠还具有较好的柔软作用，在皮肤表面能形成保护膜，降低浴液对皮肤的刺激性。

表 1-27　杀菌型沐浴露的配方

组分	质量分数/%	组分	质量分数/%
椰油酰胺丙基甜菜碱	20.0	尼泊金甲酯	0.2
α-烯烃磺酸盐(40%)	3.0	柠檬酸	适量
椰油酰肌氨酸钠(30%)	2.0	香精	适量
氯化铵	10.0	去离子水	加至 100

（3）珠光沐浴露

① 典型珠光沐浴露

　　珠光沐浴露的种类很多，表1-28为珠光沐浴露的典型配方，配制方法一般为热混法，工艺流程图如图1-4所示。

表1-28　珠光沐浴露的典型配方

组分	质量分数/%	组分	质量分数/%
月桂醇聚氧乙烯醚硫酸酯钠盐	16.0	氯化钠	1.0
月桂醇硫酸酯三乙醇胺盐	22.0	柠檬酸(调节pH至6~7)	0.2
羊毛脂	2.0	香精	1.0
椰油酰胺丙基甜菜碱	6.0	防腐剂、色素	适量
珠光剂	4.0	去离子水	47.8

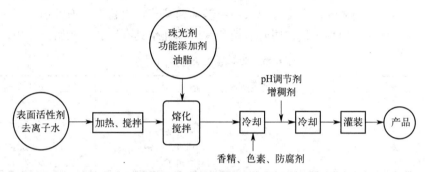

图1-4　珠光沐浴露的生产工艺流程图

　　珠光沐浴露的配制过程：先将表面活性剂组分椰油酰胺丙基甜菜碱、月桂醇硫酸酯三乙醇胺盐和月桂醇聚氧乙烯醚硫酸酯钠盐等溶于去离子水中，在不断搅拌下加热至70℃，加入珠光剂和羊毛脂等蜡类固体原料，使其熔化；继续慢慢搅拌，溶液逐渐呈半透明状，将其冷却，注意控制冷却速度，不要冷却太快，否则影响珠光效果；冷却至40℃时加入香精、防腐剂和色素，最后用柠檬酸调节pH，冷却至室温即得产品。

　　② 复配型珠光沐浴露

　　复配型珠光沐浴露的配方如表1-29所示。此配方设计要点：配方使用脂肪醇聚氧乙烯醚硫酸钠（AES）、月桂醇硫酸钠（K_{12}）和CAB-35等三种表面活性剂组合，泡沫丰富，去污力强。配合使用6501，使产品黏稠度较高，不容易分层，稳定性好。利用甘油保湿，硼酸杀菌消毒，防治某些皮肤炎症。EDTA二钠软化硬水，保证产品的稳定性。

表1-29　复配型珠光沐浴露的配方

组分	质量分数/%	组分	质量分数/%
AES(70%)	11.0	珠光浆	3.5
K_{12}	3.0	硼酸	0.1
6501	4.0	EDTA二钠	0.1
CAB-35	6.0	香精、防腐剂	适量
甘油	2.0	去离子水	加至100

　　本配方直接使用珠光浆简化配制工艺，但要控制好加入时的温度。可以采用搅拌冷配工艺配制。操作步骤：将去离子水放入搅拌桶内，加入K_{12}和AES，在常温下长时间搅拌至完全溶解成透明溶液；再加入除6501和香精外的其他成分，搅拌溶解均匀；最后加入香精，然后再次加6501增稠，静置24h以上使产品消泡，灌装得成品。在室温很低或者希望提高配制速度的情况下，可以使用热配工艺，此时珠光浆和香精应该在40℃以下加入。

（4）透明沐浴露

透明沐浴露的类型分为皂基型和非皂基型两种。制备透明的皂基沐浴露，一般以十二酸、十四酸皂为主。用三乙醇胺中和得到的皂也能较好抑制不溶皂结晶，同时可以使用椰油酰两性醋酸钠破坏不溶性皂结晶，降低 krafft 点（离子型表面活性剂达到临界胶束浓度的温度）。而制备透明非皂基型沐浴露，对配方体系中的赋脂、调理成分有一定要求，要求其具有良好的水溶性。

① 非皂基型透明沐浴露

表1-30是非皂基型沐浴露的配方。在配方中，脂肪醇聚氧乙烯醚硫酸盐为主表面活性剂，椰油酰两性基二乙酸二钠（50%）为辅助表面活性剂，加入少量椰油酰胺丙基甜菜碱以减缓主表面活性剂的刺激性。本配方中采用甲基葡萄糖苷衍生物作为增稠剂，不易产生"果冻"现象，具有良好的增稠效果。同时使用的水溶性硅蜡具有润肤、赋脂等作用。

表 1-30　非皂基型沐浴露的配方

组分	质量分数/%	组分	质量分数/%
脂肪醇聚氧乙烯醚硫酸盐（70%）	12.0	柠檬酸	适量
水溶性硅蜡	1.0	香精、色素	适量
椰油酰两性基二乙酸二钠（50%）	10.0	防腐剂	适量
椰油酰胺丙基甜菜碱	5.0	EDTA 二钠	0.1
甲基葡萄糖苷衍生物	0.4	去离子水	71.6

非皂基型透明沐浴露的制备工艺：将水加热至70℃，加入脂肪醇聚氧乙烯醚硫酸盐、椰油酰两性基二酸二钠（50%）和椰油酰胺丙基甜菜碱，同时加入 EDTA 二钠和去离子水，充分搅拌均匀；然后加入柠檬酸，再次充分搅拌，并将 pH 调节至6.5；最后冷却至40℃，加水溶性防腐剂、香精，搅拌均匀，出料得产品。

② 复配型透明氨基酸沐浴露

表1-31是透明氨基酸沐浴露配方，由多种表面活性剂复配而成。其中，月桂醇聚氧乙烯醚硫酸钠具有温和、优异的起泡性；椰油酰基谷氨酯盐安全性高、洗涤力强，抗硬水，具有与皮肤相同的弱酸性，使皮肤触感舒适、柔润；椰油酰基甘氨酸钾，具有优良的起泡力，使用后使皮肤触感柔润；肉豆蔻基氢化牛脂二醇为非离子增稠剂，对 pH、温度变化影响小，非常适用于沐浴露、洗发水、洗面奶体系中；聚甘油-2异硬脂酸酯是二甘油与支链甲基硬脂酸形成的单酯，为淡黄色或黄色、几乎无气味的黏性液态油，是亲油性非离子表面活性剂。

表 1-31　复配型透明氨基酸沐浴露的配方

相	组分	质量分数/%	相	组分	质量分数/%
A	月桂醇聚氧乙烯醚硫酸钠	10.0	A	椰油酰胺二乙醇胺	1.0
	椰油酰基谷氨酯盐（30%）	16.0		二丙二醇	1.2
	椰油酰基甘氨酸钾（30%）	12.0	B	聚甘油-2异硬脂酸酯	1.2
	肉豆蔻基氢化牛脂二醇	3.0		香精	适量
	去离子水	46	C	柠檬酸（pH 调节剂）	2.0
	蜂蜜提取物	7.0		氯化钠	0.6

③ 海藻美白型透明沐浴露

此类透明沐浴露是由三种以上的表面活性剂组合而成的非皂基表面活性剂型沐浴露，配方如表1-32所示。

表 1-32　海藻美白型透明沐浴露的配方

组分	质量分数/%	组分	质量分数/%
AESA(70%)	10.0	海藻提取液	2.0
K$_{12}$A(70%)	16.0	硼酸	0.1
月桂基二甲基氧化胺	12.0	羟乙基纤维素	0.2
CAB-35	2.5	香精、防腐剂	适量
甘油	45.85	去离子水	加至100
EDTA 二钠	7.0		

　　使用脂肪醇聚氧乙烯醚硫酸铵（AESA）、K$_{12}$A、CAB-35 三种表面活性剂组合，配合使用月桂基二甲基氧化胺，泡沫丰富，去污力强，对皮肤刺激性不大，此四种表面活性剂在水中的溶解性都很好，产品保持透明；海藻提取液和甘油具有美白润肤功能，防止沐浴后皮肤干燥开裂；硼酸可以杀菌消毒；EDTA 能螯合高价金属钙镁离子，保证产品的透明性；羟乙基纤维素既作为产品增稠剂，又能增强皮肤的润滑感。

　　海藻美白型透明沐浴露的配制工艺：采用搅拌热法工艺配制。将去离子水放入夹套加热桶内加热升温到 70～80℃，加入 K$_{12}$A、AESA 和羟乙基纤维素，搅拌至完全溶解成透明溶液；然后降温到 60℃，加入其他成分，搅拌均匀；最后降到 40℃ 以下加香精搅拌均匀。静置 24h 以上使产品稳定，过滤除去固体杂质，灌装得成品。

　　除上面所介绍的产品之外，还有许多种沐浴露，比如清凉型、滑爽型、易冲洗型等等，配方如表 1-33 所示。浴液的配制方法基本相同，首先将各种表面活性剂混合，加入去离子水，在搅拌下加热至 70℃ 左右，混合均匀后，加入润肤剂、保湿剂、增稠剂等，降温至 50℃ 时加入香精，冷却至室温即可灌装。

表 1-33　各种类型的沐浴露的配方

组分	质量分数/%			组分	质量分数/%		
	清凉型	滑爽型	易冲洗型		清凉型	滑爽型	易冲洗型
脂肪醇硫酸酯盐(70%)	15.0	13.0		增稠剂			1.5
十二烷基磷酸酯(30%)			38.0	EDTA 二钠			0.1
月桂酸			11.0	丙二醇	4.0		
脂肪醇琥珀酸酯磺酸钠(35%)	6.0			薄荷脑	1.0		
N-月桂酰肌氨酸钠(30%)		8.0		KOH			3.2
羟磺基甜菜碱(30%)	4.0		8.0	防腐剂	适量	适量	适量
椰油酰胺丙基甜菜碱(30%)		9.0		香精	适量	适量	适量
聚乙二醇(200)硬脂酸甘油酯	3.0			色素	适量	适量	适量
聚季铵盐-10		0.2		乳酸(调 pH 值)		适量	
乙二醇双硬脂酸酯			3.0	去离子水	67.0	69.8	35.2

二、泡沫浴液

　　泡沫浴液是适用于盆浴的一种泡沫很丰富的沐浴用品，具有宜人的香气，性质温和，对皮肤和眼睛无刺激，很适合休闲洗浴。泡沫浴剂适用于各种水质，以液状产品为主。

　　泡沫浴液与沐浴露的不同之处在于泡沫浴液的泡沫很多。因此，除选用发泡力很强的表面活性剂为原料外，其他成分基本与浴液相同。泡沫浴液选用起泡性强、泡沫力好的表面活性剂，尤以复配型表面活性剂为主。泡沫浴液可制成粉状、块状、颗粒状、液状等，其中以液状最为普遍。

　　泡沫浴液的配制方法与沐浴露基本相同，配方举例见表 1-34。

表 1-34　各类泡沫浴液的配方

组分	质量分数/%		组分	质量分数/%	
	1	2		1	2
月桂醇醚硫酸钠(85%)	35.0	35.0	霍霍巴油	1.0	2.0
椰油酰胺丙基甜菜碱(35%)	10.0		柠檬酸	适量	适量
羟磺基甜菜碱(35%)		10.0	防腐剂、香精	适量	适量
烷基糖苷	5.0	10.0	去离子水	47.5	43.0
椰油酸单乙醇酰胺	1.5				

三、浴盐

浴盐是一种适用于浴盆或浴池的沐浴制品。浴盐并不是普通的盐，而是用天然无机矿物盐、营养素及某些天然提取物经加工而成的粉状或颗粒状物质。浴盐一般都具有保温和杀菌作用，沐浴后具有清洁皮肤和软化角质层的作用并促进血液循环，消除和缓解疲劳。

浴盐的主要成分是无机矿物盐、香精、色素等，也可以根据需要加入保湿剂增加保湿和滋润效果，或加入粉状月桂醇硫酸钠、烯基磺酸盐等表面活性剂制成泡沫浴型浴盐。

泡沫浴型浴盐通过发泡作用给人以特别的休闲享受；温热型浴盐可提高温热浴效果，促进血液循环，调节皮肤状态；清凉浴型浴盐可去除汗水的黏湿感，使肌肤浴后清凉干爽。

浴盐配方中使用的无机盐主要有氯化钠、氯化钾、硫酸钠、硫酸镁等，它们具有保温、促进血液循环等作用；使用碳酸氢钠、碳酸钠、倍半碳酸钠等，具有清洁作用；使用磷酸盐具有软化硬水、降低表面张力和增强清洁效果的作用。浴盐配方举例见表 1-35。

表 1-35　各类浴盐的配方

组分	质量分数/%		组分	质量分数/%	
	清凉型	泡沫型		清凉型	泡沫型
硫酸钠	40.0	15.0	六偏磷酸钠	5.0	10.0
氯化钠	10.0		月桂醇硫酸钠	5.0	10.0
碳酸氢钠	40.0	25.0	薄荷脑	适量	适量
碳酸钠		15.0	香精	适量	适量
酒石酸		25.0	色素	适量	适量

浴盐配制简单，首先将粉类原料放入混合机拌和均匀，然后加入香精、色素拌均匀即可。

四、其他类沐浴用品

浴油是油状沐浴品，可溶解或分散于水中，其作用是在浴后的皮肤表面形成类似皮脂膜的油膜，防止水分蒸发和干燥，使皮肤柔软、光滑。

浴油的主要成分是液体的动植物油、碳水化合物、高级醇及具有分散和乳化作用的表面活性剂。为避免油腻感，加入的油性原料不宜过多。油分在水中的状态可以是多样的，如油滴分散于水中、溶解于水中，或油膜漂浮于水面、油膜在水中分散等。其中以分散型浴油为主，这类制品需要加入一定的分散剂，如聚氧乙烯油醇醚。

不同类型的浴油的配方如表 1-36 所示。

表 1-36　不同类型的浴油的配方

组分	质量分数/%		组分	质量分数/%	
	飘浮型	乳化型		飘浮型	乳化型
白矿油	71.0	24.0	香精	4.0	
肉豆蔻酸异丙酯	24.0		羊毛脂		1.0
丙二醇硬脂酸酯（自乳化）		6.5	三乙醇胺		1.5
异硬脂酸		3.0	去离子水		加至100
月桂醇聚醚-3-苯甲酸酯	1.0				

沐浴凝胶是呈无色或有色透明凝胶状的沐浴产品，因外观诱人、使用方便而受到消费者的欢迎，其洗涤原料与沐浴液的基本相同，沐浴凝胶的配方如表 1-37 所示。

表 1-37　沐浴凝胶的配方

组分	质量分数/%	组分	质量分数/%
月桂醇醚硫酸钠（28%）	40.0	聚季铵盐-44	5.0
月桂醇聚氧乙烯醚磺基琥珀酸单酯二钠	2.5	EDTA 二钠	适量
椰油酸二乙醇酰胺	6.0	香精、色素、防腐剂	适量
月桂醇聚氧乙烯（7）醚	4.0	去离子水	42.5

第五节　剃须类化妆品

剃须类化妆品主要是为软化、膨胀须发，清洁皮肤以及减少剃须过程中的摩擦和疼痛，提高剃须速度，提供剃须后皮肤舒适感而使用的化妆品。主要作用是使须毛柔软便于剃除，减轻皮肤和剃须刀之间的机械摩擦，使表皮免受损伤；消除剃须后面部紧绷及不舒服感，防止细菌感染，同时散发出令人愉快舒适的香气。

综合来看，对剃须类化妆品的性能要求有：

① 具有良好的润湿须发和润滑皮肤作用，能够软化须发并使剃须过程平缓进行；

② 具有较宽温度范围内的稳定性；

③ 对皮肤无刺激性以及对金属制品无腐蚀性等。

剃须类化妆品的主要品种有剃须膏、气雾型剃须剂、剃须水和须后水。剃须膏可以分为泡沫剃须膏和无泡剃须膏。使用无泡剃须膏时不会产生泡沫，不需用刷子，因此又称免刷剃须膏。

一、剃须膏

（一）泡沫剃须膏

泡沫剃须膏是柔软均匀的 O/W 型乳化型膏体，有适宜的稠度，使用时产生丰富的泡沫，附着在皮肤上不易干皮，剃须后易于清洗，因效果明显、使用方便而受到欢迎，较为流行。

绝大多数的泡沫剃须膏采用软管包装，容易从软管内挤出，能产生丰富的泡沫，并且能保持持久润湿。由于膏体中不含游离碱，对皮肤无刺激性，不会引起过敏反应。在生产时要注意控制好分离、结块、变硬和腐蚀等问题。

1. 原料组成

泡沫剃须膏的主要原料有三压硬脂酸、氢氧化钾（钠）、甘油（或丙二醇、山梨醇）、羊毛脂、凡士林、单硬脂酸甘油酯等润肤剂以及香精、杀菌剂、色素等等。

三压硬脂酸的钾皂和钠皂的混合物是泡沫剃须膏中最重要的原料，也可采用三乙醇胺皂。钾皂制成的膏体稀软，钠皂则用来调节膏体的稠度。硬脂酸质量的好坏对制品的影响是很大的，色泽白、气味正常是必需的条件，质量差的硬脂酸很易酸败。在现代的剃须膏中常加入一定量的合成表面活性剂，如月桂醇硫酸钠、羊毛脂聚氧乙烯醚等，改善泡沫性能和对胡须的润湿、柔软效果。椰子油及椰子油脂肪酸对皮肤的刺激性比较大，对较敏感的皮肤容易引起反应，因此它的用量应该作适当的控制。

中和脂肪酸的碱常用氢氧化钾或氢氧化钠，或两者并用（比例为 5：1），其用量以使得游离脂肪酸含量在 3%～5% 为宜。

加入甘油、丙二醇、山梨醇等保湿剂，不仅可以防止剃须膏在使用过程中干涸，而且有助于对胡须的滋润柔软。保湿剂主要选用甘油或丙二醇，除提供保湿作用外，还对膏体的稠度和光泽有影响，某些多元醇被用来代替甘油，但有些性能不如甘油。保湿剂加入量为10%～15%，在气雾剂泡沫制品中含量稍低。

为减轻皂基的碱性对皮肤的刺激，还加有少量羊毛脂、鲸蜡醇、单硬脂酸甘油酯等脂肪性物质，用以增加产品的滋润性，并增加膏体的稠度和稳定性。润肤剂主要选择羊毛脂、凡士林、单硬脂酸甘油酯等，这些润肤剂都有很好的滋润性，并有助于乳化和稳定的作用。

在泡沫剃须膏所用香精中常加入薄荷脑，或直接在配方中加入薄荷脑，不仅可以赋予清凉的感觉，减轻剃须时所引起的刺激，而且还有收敛、麻醉和杀菌防腐的作用。

另外，在剃须膏中加入各种杀菌剂，对剃须时可能引起的表皮及毛囊等损伤起防止细菌感染的作用。

2. 产品配方与配制方法

泡沫剃须膏的配方例如表 1-38、表 1-39 所示。

表 1-38　泡沫剃须膏的配方（1）

组分	质量分数/%	组分	质量分数/%
硬脂酸	30.0	三乙醇胺	0.8
椰子油脂肪酸	12.0	杀菌剂	0.1
丙二醇	21.0	薄荷脑	0.3
氢氧化钾	7.0	香精	适量
氢氧化钠	1.0	去离子水	加至 100

表 1-38 所示的泡沫剃须膏的配制过程与膏霜类化妆品基本相同：将油相成分加热熔化，水相成分加热溶解，然后将水溶液缓慢倒入油相中并低速搅拌，保温继续搅拌，再将薄荷脑溶于香精中，待冷却至室温后加入，搅拌均匀，经陈化后装罐即可。

表 1-39　泡沫剃须膏的配方（2）

组分	质量分数/%				组分	质量分数/%			
	1#	2#	3#	4#		1#	2#	3#	4#
硬脂酸	4.0	32.0	25.0	33.0	丙二醇	5.0			20.0
肉豆蔻酸	3.0	5.7	5.0		羊毛脂		0.5		
椰子油			10.0	10.0	白油	1.0			
棕榈酸			5.0		杀菌剂				0.2
羊毛脂聚氧乙烯醚	5.0				防腐剂	0.3		0.2	
KOH		6.2	7.0	7.2	薄荷脑	0.2	0.2	0.2	0.2
NaOH		1.3	1.5	0.8	香精	0.8	0.5	0.5	0.8
三乙醇胺	3.5			0.7	去离子水	77.2	38.6	35.6	27.1
甘油		15.0	10.0						

表 1-39 所示的泡沫剃须膏的制作方法：将水相和油相分别加热到 80～85℃，充分溶解、熔化，然后将水相加入油相，在搅拌下加热至沸腾使其皂化完全，搅拌冷却至 40℃时加入薄荷脑、香精，再冷却至室温时停止搅拌，静置 3～6 天后灌装。

（二）无泡剃须膏

无泡剃须膏又称免刷剃须膏，是一种 O/W 型乳液，因具有许多优点而成为很受欢迎的产品。其特点是使用方便，可以不用刷子涂敷；膏体含有滋润性物质，能更有效地防止皮肤受刺激，在使用后无须洗去，可对皮肤提供滋润作用。

1. 原料组成

与泡沫剃须膏一样，无泡剃须膏的原料品种也很多，只是选用的表面活性剂产生泡沫很少或者是不产生泡沫。其配方与一般的雪花膏配方基本相同，但在配方中添加了大量的滋润性物质、润滑剂和浸湿剂。主要原料有硬脂酸、碱、表面活性剂、保湿剂、润肤剂、香精、杀菌剂和色素等等。

一般来说，无泡剃须膏中硬脂酸的用量在 10%～30% 之间，部分的脂肪酸用碱皂化，多余的游离脂肪酸增加膏体的滋润性，并使膏体产生珠光。不同类型的碱，对膏体稠度的影响很大。用三乙醇胺制成的膏体光泽好但太软，往往和其他碱类如硼砂或氢氧化钾混合使用；KOH 用于最普通的剃须膏的皂化，制成的膏体稠度适中，光泽好；NaOH 一般不单独使用，因为制成的膏体太硬，光泽差。也可以将硬脂酸皂与其他表面活性剂复配，改善膏体在乳化、润湿、渗透等方面的性能，常用的表面活性剂有月桂醇硫酸钠、烷基磺酸钠、多元醇脂肪酸酯硫酸钠、脂肪酸聚氧乙烯酯等。

无泡剃须膏使用的保湿剂主要是甘油和丙二醇，甘油可以用山梨醇代替，但是对膏体的性能有些影响；可以加入一些增稠剂，以稳定乳化和保持膏体的水分，如黄蓍树胶粉、爱尔兰苔浸膏、海藻酸钠和羟甲基纤维素钠等。

无泡剃须膏最优良的特点是滋润性好，通常选用羊毛脂与其他滋润性物质（如鲸蜡醇、脂蜡醇、磷脂、甾醇、鲸蜡和单硬脂酸甘油酯等）相配合。

香精的加入与泡沫剃须膏相同，具有赋予清凉感、减少剃须刀的刺激的作用。常加入薄荷脑，可以防止可能的创伤而引起的细菌感染。另外，还可以加入其他杀菌剂，防止细菌感染。

2. 产品配方与配制方法

无泡剃须膏的基础配方如表 1-40 所示。

表 1-40　无泡剃须膏的基础配方

组分	质量分数/%		组分	质量分数/%	
	1#	2#		1#	2#
硬脂酸	2.0	18.0	甘油	3.0	4.0
硬脂酸甘油酯	10.0		三乙醇胺		1.2
白矿油	3.0		氢氧化钾	0.1	
羊毛脂	5.0	3.0	香精	0.2	0.2
单硬脂酸甘油酯		4.0	去离子水	加至100	加至100
肉豆蔻酸异丙酯		4.0			

配方 1# 的制法：油性成分与水溶性成分分别混合均匀后，将水相缓慢加入油相中，搅拌均匀，待膏体变稠后冷却至室温，加香精并搅拌均匀，陈化后包装。

配方 2# 的制法：将硬脂酸、羊毛脂、单硬脂酸甘油酯和肉豆蔻酸异丙酯在适当的容器内加热至 80℃，将去离子水及甘油在另一容器内加热至同样的温度，再加入三乙醇胺，充分混合后倒入油溶液中，并不断地搅拌至膏体逐渐变厚，当冷却至 50℃ 时加入香精，搅拌均匀，静置过夜后再搅拌几分钟即可灌装。

二、气雾型剃须剂

气雾型剃须剂是近年来较为流行的剃须产品。其作用原理及喷射剂的选择与其他气溶胶化妆品类型均一致。气雾型剃须剂的成分与泡沫剃须膏的成分基本相同，只是用量不同，且加有喷射剂。在包装方面，采用气压容器包装。在压力作用下液化的喷射剂液滴成为乳液的油相成分。当乳液喷射出时，被分散的喷射剂液滴蒸发，形成被水溶性表面活性剂包围的喷射剂气泡组成的泡沫。这种剃须剂使用方便，泡沫丰富，使用时只要用手一按，即可喷在皮肤上，剃须时水分保持能力好。为了使剃须剂易于喷出，剃须剂不能过分稠厚，一般采用三乙醇胺皂或其他非离子表面活性剂作乳化剂，脂肪酸及其他脂肪性滋润剂的加入量也较少。其他原料同前述两种剃须膏。

气雾型剃须剂由 A 组分和 B 组分组成，A 组分的参考配方见表 1-41。制作方法：将 A 组分配方中的物质分别溶解、熔化成水相和油相，于 75℃、搅拌条件下将水相加入油相，搅拌反应 30min，冷却至 35℃ 时加入香精，然后灌装、压盖。取 7g A 组分，再充入 93g 喷射剂即得产品。

表 1-41　气雾剂剃须剂 A 组分的参考配方

组分	质量分数/%	组分	质量分数/%
硬脂酸	7.0	氢化淀粉水解产物	3.0
精制椰子油脂肪酸	1.0	椰油酰胺丙基胺氧化物	3.0
十六醇	0.5	三乙醇胺	3.5
肉豆蔻酸丙酸酯	1.0	防腐剂	适量
脱水山梨醇硬脂酸酯	0.5	去离子水	76
吐温-60	4.5		

三、其他剃须类化妆品

（一）剃须水

剃须水可用于剃须前或剃须后，其具有滋润、消毒作用，并可提供清凉感以缓和剃须时对皮肤的刺激，防止细菌感染，提供舒适的香味。配方举例如表 1-42 所示。

表 1-42　剃须水的参考配方

组分	质量分数/%		组分	质量分数/%	
	1#	2#		1#	2#
乙醇	22.0	24.0	聚氧乙烯脱水山梨醇单月桂酸酯		2.0
山梨醇(70%)	3.0		薄荷脑	0.1	0.2
丙二醇		2.0	香精	适量	适量
盐酸羟甲唑啉	4.0		色素	适量	适量
对氨基苯甲酸乙酯		0.2	去离子水	加至 100	加至 100

剃须水的配制方法和一般化妆水相同。将醇溶性物质溶解于乙醇中，水溶性物质溶解于去离子水中，然后两者混合均匀，继续搅拌至成为透明的溶液，陈化和过滤后即得产品。剃须水一般配成绿色，色泽的深浅可随消费者的爱好而定。

（二）须后水

剃须后面部皮肤有紧绷及不舒服的感觉，常常使用须后水类化妆品来保养面部皮肤。须后水具有滋润、清凉、杀菌、消毒等作用，可以消除剃须后紧绷感，防止细菌感染，同时散发出令人愉快舒适的香味。须后水所用的主要原料有保湿剂、溶剂、增溶剂、香精、pH 调节剂、杀菌剂等等。

为防止皮肤干燥，加入保湿剂，用量一般不超过 3%。乙醇作为溶剂和收敛剂使用，可以溶解各类香精，用量通常在 40%～60% 之间，加入量过大则刺激性较大，太少则香精等不能溶解，产生浑浊现象。当加入增溶剂如聚氧乙烯（15）月桂醇醚、聚氧乙烯（20）脱水山梨醇单月桂酸酯时，可以减少乙醇用量。

须后水的香精一般采用馥奇香型、薰衣草香型、古龙香型等。适当的乙醇用量能产生缓和的收敛作用及提神的凉爽感觉；加入少量薄荷脑（0.05%～0.2%）则更为显著。使用剃须剂后，脸上皮肤需较长时间才能恢复正常 pH 值，所以配方中常加入少量的硼酸、乳酸、安息香酸（苯甲酸）等作为 pH 调节剂，使其很快恢复皮肤的正常 pH 值。常用的杀菌剂有十六烷基三甲基溴化铵、十二烷基二甲基苄基氯化铵等，用量不超过 0.1%，预防剃须出血后引起发炎。

须后水的配方如表 1-43 所示。制法：将保湿剂、收敛剂、紫外线吸收剂溶解于去离子水中；另将除色素外的其他成分溶解于乙醇中，然后将两者混合均匀，调色、过滤后即可灌装。

表 1-43　须后水的参考配方

组分	质量分数/%			组分	质量分数/%		
	1#	2#	3#		1#	2#	3#
乙醇	44.0	24.0	50.0	聚氧乙烯(20)硬化蓖麻油	0.4		
丙二醇		2.0		聚氧乙烯(20)脱水山梨醇单月桂酸酯		2.0	
一缩二丙二醇	0.8			薄荷脑		0.2	0.1
山梨醇			2.5	杀菌剂、色素	适量	适量	适量
对氨基苯甲酸乙酯		0.2		紫外线吸收剂	适量	适量	适量
苯酚磺酸锌	0.16			香精	0.5	0.5	0.5
硼酸		2.0		去离子水	54.14	71.1	44.9

第六节　其他清洁化妆品

一、化妆水

将不溶于水的物质增溶后形成的热力学相对稳定、外观透明的液体产品称为化妆水，它是一种黏度低、流动性好的液体，一般在洁肤洗面之后使用。主要作用是给洗净后的皮肤补充水分，柔软角质层，另外，还具有抑菌、收敛、清洁、营养等作用。

随着化妆品工业的发展，化妆水的种类和功能也不断地扩展。在化妆水中添加滋润剂和各种营养成分，使其具有良好的润肤和养肤作用，并具有美白、调节油脂分泌、活肤等功效。化妆水已成为人们日常护理常用的产品，尤其在夏季必不可少。目前，化妆水在市场上有较好的占有率，是一类很有发展前景的化妆品。

（一）主要原料

化妆水的主要成分是保湿剂、收敛剂、水和乙醇，有时加入具有增溶作用的表面活性剂，以降低乙醇用量，或制备无醇化妆水。制备化妆水时一般不需要经过乳化。

（1）保湿剂

具有吸湿、保湿作用，改善使用感。主要原料有乳酸钠、吡咯烷酮羧酸钠、1,3-丁二醇、透明质酸钠、可溶性胶原蛋白、甘油、丙二醇、二丙二醇、聚乙二醇（200、400、1000、1500、4000）等多元醇、氨基酸类、酸性黏多糖，用量最高可达40%。

（2）表面活性剂

具有增溶、乳化、洗净作用。主要原料有聚醚、聚氧乙烯硬化蓖麻油、聚氧乙烯脱水山梨醇脂肪酸酯等水溶性非离子表面活性剂，使用量≤2.0%。

（3）柔软滋润剂

具有润滑、柔软作用，可以改善使用感，防止水分蒸发。主要原料有脂油、植物油、高级脂肪醇，如角鲨烷、羊毛脂、高级脂肪醇、胆甾醇、霍霍巴油、水溶性硅油等。

（4）胶质

具有成膜、增黏和保温作用，改善使用感及产品外观。常用的主要有纤维素衍生物、海藻酸钠、羧乙烯聚合物、黄蓍树胶等，用量≤1.5%。

（5）醇类与缓冲剂

醇类有乙醇、异丙醇，起清凉杀菌、溶解作用。缓冲剂有柠檬酸、乳酸、氨基酸类，用以调节制品pH值，保持与皮肤的平衡。去离子水作为稀释剂，含量可以从30%至95%。

（6）其他

增稠剂有藻酸盐、纤维素衍生物、丙烯酸类聚合物、支链淀粉；收敛性药剂有苯酚磺酸锌、硫化锌、氯化锌；杀菌剂有新洁尔灭盐酸盐；营养剂有维生素、氨基酸衍生物。还有防晒剂、香料、防腐剂、金属离子螯合剂及特殊添加剂等等。

（二）化妆水的配方

化妆水种类繁多，其目的和功能各不相同。根据不同的分类方法，可获得不同类型的化妆水。按其外观形态，可分为透明型、乳化型和多层型三种。

透明型有增溶型和赋香型，这种较为流行。乳化型含油最多，润肤效果好，又称为乳白润肤水。此类化妆水中的粒子微细，粒径一般小于150nm，为灰-青白色半透明液体。多层型是粉底与化妆水相结合的产物，既具有化妆水的性质，又具有粉底的特征，除具有保湿、收敛功效外，还有遮盖、吸收皮脂、易分散的特点，尤其在夏季使用具有清爽、不油腻的效果，又能抗水、防紫外线，提高美容效果。

目前较为流行的是按其使用目的和功能进行分类，可分为清洁类化妆水、收敛性化妆水、柔软性化妆水、多层式化妆水及其他类型的化妆水，各类化妆水的配方见表1-44。

表 1-44　各类化妆水的配方

组分	质量分数/%				
	1#（清洁类）	2#（收敛性）	3#（柔软性）	4#（多层式）	5#（平衡性）
甘油	3.0	2.0	5.0	1.0	
山梨醇(70%)	2.0			1.0	
苯酚磺酸锌	0.2				
柠檬酸	0.1				
聚氧乙烯(20)油醇醚	1.0				
乙醇	15.0	15.0	10.0	10.0	
丙二醇		6.0	4.0		5.0
一缩二丙二醇		2.0			
聚氧乙烯聚丙二醇		1.0			
吐温-80		2.0			
聚乙二醇(600)					5.0
水溶性硅油					4.0
乳酸钠(60%)					5.0
聚乙烯吡咯烷酮					2.0
聚氧乙烯(20)脱水山梨醇单硬脂酸酯			1.5		
聚氧乙烯(20)月桂醇醚			0.5		
油醇			0.1		
角鲨烷				8.0	
聚氧乙烯(20)脱水山梨醇四油酸酯				0.2	
乳酸(调节 pH 值)	适量	适量	适量	适量	适量
香精、防腐剂、色素	适量	适量	适量	适量	适量
去离子水	加至 100	加至 100	加至 100	加至 100	加至 100

（1）清洁类化妆水

清洁类化妆水是以清洁皮肤为目的的化妆水，除具有洗净作用外，还具有柔软和保湿功效，主要用于卸淡妆或化妆前的擦净，一般呈微碱性，含有大量的水、多元醇、酯类以及增溶剂等，常添加一些对皮肤作用温和的表面活性剂，以提高洗净力。

此类化妆水配方中乙醇和表面活性剂的用量较多，如表 1-44 中的 1# 配方所示。产品大多呈弱碱性，一般选用温和的非离子型、两性及高分子类表面活性剂，这些物质即使残留在皮肤上也不会对皮肤造成损伤，配方举例如表 1-45 所示。

表 1-45　清洁类化妆水的配方

组分	质量分数/%			组分	质量分数/%		
	1#	2#	3#		1#	2#	3#
甘油	2.0		10.0	聚氧乙烯(15)油醇醚		1.0	2.0
丙二醇	6.0	8.0		氢氧化钾		0.05	
聚乙二醇(1500)		5.0	2.0	乙醇	15.0	20.0	20.0
一缩二丙二醇	2.0			香精	0.1	0.2	0.5
羟乙基纤维素		0.1		色素	适量	适量	适量
聚氧乙烯聚丙二醇	1.0			防腐剂	适量	适量	适量
聚氧乙烯(20)脱水山梨醇单油酸酯	2.0			去离子水	71.9	65.65	65.65

制作方法：先将保湿剂、增稠剂、氢氧化钾等加入去离子水中，室温下溶解；另将增溶剂、防腐剂、香精加入乙醇中，室温下溶解后加入水溶液中，搅拌使其混合溶化均匀，过滤后即可灌装。

（2）收敛性化妆水

收敛性化妆水又称为收缩水、紧肤水，为透明或半透明液体，呈微酸性，接近皮肤的pH值，适合油性皮肤和毛孔粗大的人群使用。收敛水作用于皮肤上的毛孔、汗孔，能使皮肤蛋白质短时间收敛，抑制皮脂和汗液的分泌，使皮肤显得细腻，防止粉刺形成。

收敛性化妆水的配方中含有收敛剂、乙醇、水、保湿剂、增溶剂和香精等，其配方的关键是收敛剂。锌盐及铝盐等具有较强烈的收敛性，可用于收敛效果要求较高的配方中。在收敛效果要求不高的配方中，可选用其他较温和的收敛剂。

常用的收敛剂可分为两种：一是阳离子型收敛剂，如苯酚磺酸锌、氯化锌、明矾、氯化铅、碱式氯化铅等金属盐；二是阴离子型收敛剂，如单宁酸、柠檬酸、乳酸、酒石酸、琥珀酸等有机酸。

从化学角度讲，收敛作用是由具有凝固蛋白质作用的酸性物质表现出来的特性，即这种物质作用于蛋白质而发挥其收敛功效。

从物理因素来看，冷水及乙醇的蒸发导致皮肤暂时降温，也有一定的收敛作用。因此，收敛性化妆水配方中乙醇用量较大，表1-44中的2#配方是典型的收敛性化妆水配方，一般情况下呈弱酸性。收敛性化妆水配方举例如表1-46所示。

表 1-46　收敛性化妆水的配方

组分	质量分数/%			组分	质量分数/%		
	1#	2#	3#		1#	2#	3#
硼酸	4.0			聚氧乙烯(20)油醇醚			1.0
柠檬酸			0.1	聚氧乙烯(20)脱水山梨醇单月桂酸酯	3.0		
苯酚磺酸锌	1.0		0.2	乙醇	13.5	20.0	15.0
硼砂		2.0		香精	0.5	0.5	0.2
硫酸锌		0.5		薄荷脑		0.1	
山梨醇			2.0	去离子水	68	66.9	78.5
甘油	10.0	10.0	3.0				

制作方法：先将收敛剂、保湿剂溶于去离子水中；另把增溶剂、香精等溶解于乙醇中，再加入水溶液中，充分混合溶化，经过滤后即可灌装。

（3）柔软性化妆水

柔软性化妆水是给皮肤角质层补充适度水分，使皮肤柔软、保持光滑润湿的产品。因此，保湿和柔软效果是产品的关键。柔软性化妆水能给角质层补充足够的水分、少量润肤油分，具有保湿效果，因此也称营养水。该产品一般呈微碱性，适用于干性皮肤。

柔软性化妆水的主要成分是滋润剂（如角鲨烷、霍霍巴油、羊毛脂等）、适量的保湿剂（如甘油、丙二醇、丁二醇、山梨醇等）和天然保湿因子（如吡咯烷酮羧酸钠、氨基酸和多糖类等水溶性保湿成分），也可加入少量表面活性剂作为增溶剂，少量天然胶质、水溶性高分子化合物作为增稠剂，有时还添加少量有抑菌作用的温和杀菌剂。

加入各种水溶性的高分子化合物，能提高制品的稳定性和保湿性能，能改善产品的使用性。但由于胶质易受污染，因此必须加入防腐剂。加入螯合剂可去除金属离子。此外，pH值对皮肤的柔软性也有影响。一般认为弱碱性对角质层的柔软效果好，适用皮脂分泌较少的中老年人，也可在秋冬季节使用。配方如表1-47所示。

表 1-47　柔软性化妆水配方

组分	质量分数/%		组分	质量分数/%	
	弱酸性	弱碱性		弱酸性	弱碱性
甘油	5.0	5.0	乙醇	10.0	15.0
丙二醇	4.0	5.0	氢氧化钾		0.03
聚乙二醇(1500)		2.0	香精	0.1	0.2
油醇	0.1		紫外线吸收剂	适量	适量
聚氧乙烯(20)脱水山梨醇单月桂酸酯	1.5		色素、防腐剂	适量	适量
聚氧乙烯(15)油醇醚		2.0	去离子水	78.8	70.77
聚氧乙烯(20)月桂醇醚	0.5				

制作方法：在室温下将丙二醇、甘油、聚乙二醇及氢氧化钾溶解于去离子水中；另把香精、防腐剂、油醇、表面活性剂等在室温下溶解于乙醇中；再将乙醇溶液加入水溶液中，搅拌使其溶化均匀后调色，过滤后即可灌装。

（4）多层式化妆水

一种外观不同的多层式化妆水，是由油-水层或水-粉末层的两层构成的，可以在摇匀后使用，表现出各种乳液状、粉末分散液的特异使用性和外观的别致性，如洋红化妆水，见表1-44中的4♯配方。

这类化妆水从外表看是分层的，是有油层、水层的液-液体系产品，还有水层、粉体的液-固体系的产品。使用前需摇动混合均匀。液-液体系中配以少量表面活性剂，使用时成为乳液状态，对皮肤柔和，使用范围广。固相中有炉甘石、氧化锌及膨润土，与酚类及樟脑等共同使用。液-固型的洋红化妆水，可以消除日晒引起的皮肤灼烧感，一般在夏季使用。

其他类化妆水，如平衡水，见表1-44中5♯配方，其主要成分是保湿剂（如甘油、聚乙二醇、透明质酸、乳酸钠等），并加入调节皮肤酸碱性的缓冲剂（如乳酸盐类），主要作用是调节皮肤水分、平衡皮肤pH值，是美容化妆中常用的一种液状化妆品。

（三）产品配制工艺

化妆水的制法较简单，一般采用间歇制备法，具体是先将水溶性好的甘油类保湿剂等溶入水相，再将难以直接溶于水的表面活性剂、防腐剂、香料、增溶剂等溶于乙醇中，在室温下使其溶解混合均匀。在室温下，将醇溶成分加入水相混合体系中，不断搅拌、混合、增溶，使其完全溶解，然后加入色素调色，调节体系pH值。注意：为了防止温度变化引起溶解度较低的组分沉淀析出，过滤前将体系经过-5～0℃冷冻，平衡一段时间后（若组分溶解度较大，则不必冷却操作），再过滤即可得到清澈透明、耐温度变化的化妆水。

过滤时，过滤材料可用素陶、滤纸等，并注意室温生产，还要特别小心细菌污染，滤渣太多说明溶解不完全，要重新考虑配方及工艺。

化妆水配方中，水的含量占一半以上，可高达90%之多，制备又通常在常温下进行，因此，对水质的要求至关重要，需避免微生物的污染和选用适宜的防腐剂。由于化妆水的制备一般使用离子交换水，已除去活性氯，较易被细菌污染，为此，制备化妆水时，水的灭菌工序必不可少。

灭菌的有效方法有：加热法、超精密过滤法、紫外线照射法。对化妆水，多数不采用加热工序，通常采用后两种方法。实际上，纯水装备备有灭菌机构，其清洗和操作条件与维持灭菌效果密切相关。

二、洗手液

洗手液又称作洗手皂或液体皂，属于皮肤清洁剂，主要目的是清洁手部皮肤，再加上杀菌消毒。洗手液与沐浴在原料选择、配方设计、产品性能要求等方面有许多相似的地方，此处不再进行专门论述。洗手液的制备工艺也与沐浴露相似，这里也不再复述。

（一）主要原料

（1）主表面活性剂

洗手液的主表面活性剂一般使用皂基或阴离子表面活性剂，洗手液的清洁功能由这两个组分决定，很多配方使用的是二者的复配混合物。

（2）辅助表面活性剂

辅助表面活性剂根据配方要求确定，主要作用是改善泡沫状况，降低产品的刺激性。

（3）保湿剂、赋脂剂与赋形剂

保湿剂主要是为了洗后保持润湿，不至于太干燥。表面活性剂或皂基，都有脱脂力，配方中必须加入赋脂剂（如长碳链的烷醇）。赋形剂的主要作用是调整稠度、外观、颜色、香味等。

（4）杀菌剂

产品中加入杀菌剂是洗手液与沐浴露最主要的区别。当然也有少数品种的沐浴露添加了杀菌剂，但不如洗手液使用普遍。

（二）配方举例

各类洗手液的配方见表1-48、表1-49。

表1-48　简单皂基洗手液的配方

组分	质量分数/%		组分	质量分数/%	
	1#	2#		1#	2#
椰油酸	6.5		仲烷基磺酸盐		10.0
低浓度油酸	6.5		杀菌剂		0.2
KOH(100%)	3.0		防腐剂、香精		适量
椰油酰基水解蛋白氨基酸		3.0	去离子水	加至100	加至100

表1-48所示1#配方的制法：将KOH溶解到一定量的去离子水中，加热至50~55℃，慢慢加入脂肪酸，中速搅拌直到皂化完成；再在皂化的最后阶段将混合物加热至65~70℃，调整pH得产品。

表1-48所示2#是杀菌型洗手液配方，配方中采用仲烷基磺酸盐作为主表面活性剂，配以椰油酰基水解蛋白氨基酸为辅助表面活性剂，体系中加入杀菌剂，使产品具有杀菌作用。

表1-49　护肤型洗手液的配方

组分	质量分数/%	组分	质量分数/%
十二烷基硫酸钠	30.0	尼泊金甲酯	0.2
椰油酰胺磺基甜菜碱	15.0	尼泊金丙酯	0.1
乙二醇双硬脂酸酯	0.5	香精	适量
椰油酸二乙醇酰胺	1.0	色素	适量
水解动物蛋白	1.0	去离子水	加至100

表1-49所示是护肤型洗手液配方，配方中采用十二烷基硫酸钠为主表面活性剂，配以椰油酰胺磺基甜菜碱为辅助表面活性剂，使产品对手部皮肤具有保护作用。

第二章

护肤类化妆品

护肤化妆品一般是在皮肤清洁后使用。使用方法是：在洗净的皮肤上涂抹，使其均匀展布在皮肤上，并适当地轻轻揉擦，使护肤品在皮肤表面形成一层与皮脂膜相似的薄膜，该膜可持续地对皮肤进行渗透，给皮肤补充水分和营养，并可防止皮肤角质层水分挥发，对皮肤实施护理。

正常健康皮肤的角质层中，水分含量为 $10\% \sim 30\%$，以维护皮肤的滋润、柔软性和弹性。然而年龄及温度、湿度、风等外界环境因素会使角质层含水量降低。当水分低于 10% 时，皮肤呈干燥状态，皮肤将失去弹性、起皱、老化等。因此，通过给皮肤补充水分，以保持皮肤中水分的含量和皮肤保湿因子的正常代谢，从而恢复和保持皮肤的滋润和弹性，维持皮肤健康，延缓皮肤老化，是护肤化妆品的主要作用。

膏霜类化妆品是最早广泛使用的一种护肤用品，是香油类化妆品的进一步发展，主要是由油、脂、蜡和不相溶的水用表面活性剂在一定的乳化工艺下制成的乳化体。

第一节　概述

早期的护肤化妆品大都直接选用对皮肤有很好滋润作用的油、脂、蜡类等作为原料，加入香精等配制而成。随着表面活性剂工业的发展，乳化型的护肤化妆品已逐渐成为主流。近年来，随着对皮肤生理学研究的深入和精细化学品工业的发展，一些功能独特的活性物和营养成分以及优异的表面活性剂被开发利用，结合胶体科学和流变学的进展，已有外观诱人、使用性能卓越，且稳定性良好的膏霜和乳液类制品进入人类的生活。

护肤化妆品根据使用者的年龄、性别、皮肤类型及使用时间等的不同而有着多种品种和剂型，包括雪花膏、冷霜、蜜类、早晚霜、按摩霜及精华素等。

一、润肤机理

皮肤滋润性不足或衰退是由水分减少而引起的。因此，为了保持皮肤滋润性，就必须提高皮肤表面的保湿效果，使皮肤表面光滑，在减少摩擦阻力的同时，软化角质层，也赋予皮肤弹性。

可见，护肤化妆品的润肤机理可以认为是：均匀涂抹在皮肤上，形成一层薄膜封闭毛孔，抑制水分蒸发，并对皮肤进行渗透，补充水分和营养成分等，防止水分从皮肤角质层挥发。

二、护肤品的功能

护肤品是指以保持皮肤最外面的角质层中适度水分为目的而使用的化妆品，特别是指能抵御环境（风沙、寒冷、潮湿、干燥等）对皮肤侵袭的一类化妆品。特点是：能保持皮肤水分的平衡，能补充重要的油性成分、亲水性保湿成分和水分，并能作为活性成分和药剂的载体，使之被皮肤吸收，达到调理和营养皮肤的目的，并且产品使用范围很广。

（一）护肤品的功能

护肤化妆品的具体作用包括以下几点：

① 最主要的作用是补充皮肤的水分和油分。基础类化妆品有 W/O 型和 O/W 型之分，内含油脂，润肤功能好，涂敷后使用感明显，从而延缓皮肤衰老。当角质层中的水分含量降到 10% 以下时，皮肤干燥、失去弹性并出现皱纹，加速了皮肤的衰老。护肤化妆品能给皮肤补充水分、保湿剂和脂质，保持皮肤中的水分含量，保持皮肤的润湿性，使皮肤健康，延缓老化。

② 具有软化皮肤、阻延水分损耗、保持湿度的作用。皮肤的柔软度与水分含量成正比，护肤化妆品能在皮肤表面形成一层薄膜，达到一定的保湿效果，使皮肤尽可能长久地保持柔软、弹性状态。

③ 输送活性成分，补充皮肤营养。配方中的特效添加成分，通过表皮吸收，发挥功效。

④ 具有一定的清洁作用。涂抹面部，揉进皮肤，通过配方中的溶剂和乳化剂，对污垢有洗净作用。

⑤ 能够抵御环境的侵袭，保护皮肤不受户外空气和冷暖温差、湿度的刺激，并且不妨害皮肤的生理作用。

（二）护肤化妆品的特性

一般来说，护肤化妆品有以下特性：

① 外观洁白美观，或带浅色的天然色调，富有光泽，质地细腻。

② 手感良好，体质均匀，黏度合适，膏霜易于挑出，乳液易于倾出或挤出。

③ 易于在皮肤上铺展和分散，肤感润滑。

④ 擦在皮肤上具有亲和性，易于均匀分散。

⑤ 使用后能保持一段时间持续湿润，而无黏腻感。

⑥ 具有清新怡人的香气。

第二节 护肤品用原料

护肤品的原料种类很多，主要包括柔软剂体系、吸湿剂体系、乳化剂体系、增稠剂体系、营养活性成分、香精和防腐剂等，具体来说主要有润肤剂、乳化剂、保湿剂、增稠剂、营养成分、香精、防腐抗氧剂等。

（1）柔软剂体系

选用的原料包括油脂类、脂肪酸酯类、脂肪醇类、吸收基质类（羊毛脂及衍生物）、脂肪酸类以及蜡类等，主要的功能是阻隔水分，输送油分和水分，达到改良触感的理想效果。

（2）吸湿剂体系

吸湿剂多选用多元醇类，这是因为多元醇有助于护肤产品的整体触感和湿润作用，能降低冰点，阻止水分蒸发。这类原料常常掺合在乳化剂水溶液中，与柔软剂体系结合，形成皮肤护理体系，有助于塑化和柔化皮肤。

（3）乳化剂体系

乳化剂包括皂类、非离子表面活性剂、非皂类阴离子表面活性剂、阳离子表面活性剂、辅助乳化剂和稳定剂（羊毛脂醇、脂肪醇、多元醇酯类）等。护肤化妆品的柔软和吸湿效能很大程度上取决于良好的乳化剂的选择。乳化剂不仅提供物化性能，还可以起到调节作用，使其他添加体系发挥最佳效能。

（4）增稠剂体系

增稠体系可选用矿物增稠剂、各种改性纤维素、金属氧化物及肥皂等。这一体系为悬浮乳状化妆品的重要组分，有助于膏霜赋形，改善黏度和稳定性。

（5）营养活性成分

营养活性成分常常指能影响到配方的主要性质及美容效果的原料。

此外，护肤化妆品的原料还包括香精和防腐剂，以赋香和遮盖原料气息，以及控制细菌繁殖。

一、润肤剂

润肤剂是一类性能温和，能使皮肤柔软、柔韧的亲油性物质，它除了有润滑皮肤的作用外，还能使表皮角质层水分蒸发减缓，使水分子从基底组织弥散到角质层，诱导角质层进一步水化，保存皮肤的自身水分，免除皮肤干燥和刺激。

（一）润肤剂的种类

润肤剂可分为两大类，即水溶性润肤剂和油溶性润肤剂。

（1）水溶性润肤剂

水溶性润肤剂主要有多元醇。如甘油、丙二醇、山梨醇、聚氧乙烯脱水山梨醇脂肪酸酯和聚乙二醇等，这些物质常被用于 O/W 型乳化体中作为保湿剂，因为它能阻滞水分的挥发。

（2）油溶性润肤剂

油溶性润肤剂品种比较多，主要有：

① 蜡脂，如羊毛脂、鲸蜡、蜂蜡等。

② 类固醇，如胆甾醇和其他羊毛脂醇等。

③ 脂肪醇，如月桂醇、鲸蜡醇、油醇和脂蜡醇等。

④ 甘油三酯，如各种动植物油脂等。

⑤ 磷脂，如卵磷脂和脑磷脂等。

⑥ 多元醇酯，如乙二醇、二甘醇、聚乙二醇、丙二醇、丙三醇、山梨醇、山梨醇脂肪酸酯、甘露醇、季戊四醇、聚氧乙烯山梨醇和聚氧乙烯山梨醇酐的单脂肪酸酯和双脂肪酸酯等。

⑦ 脂肪醇醚，如鲸蜡醇、脂蜡醇或油醇等的环氧乙烷加成物等。

⑧ 烷基脂肪酸酯，如脂肪酸的甲酯、异丙酯和丁酯等。

⑨ 烷烃类油和蜡，如矿油、凡士林和石蜡等。

⑩ 亲水羊毛脂衍生物，如聚氧乙烯山梨醇羊毛脂和聚氧乙烯羊毛脂衍生物等。

⑪ 亲水蜂蜡衍生物，如聚氧乙烯山梨醇蜂蜡衍生物等。

⑫ 硅酮油，如聚硅氧烷、甲基聚硅氧烷等。

（二）润肤剂的作用

在化妆品中，润肤剂可选用羊毛脂类及其衍生物、高碳脂肪醇、多元醇、角鲨烷、植物油、乳酸等。

（1）羊毛脂

羊毛脂成分与皮脂组分相近，与皮肤有很好的亲和性，还有强吸水性，是润肤霜的一种理想原料，但由于黏度较高，在使用时有不适感，现多选用经过改性的羊毛脂衍生物代替。

（2）酯类油性化合物

酯类油性化合物也是常用的润肤剂类型，尤其新的酯类化合物不断出现，成为新的润肤剂原料的重要来源。磷脂作为含磷酸的天然复合脂质，广泛存在于皮肤和其他生物膜中，在生物体中具有促进新陈代谢的作用，还是具有两亲分子结构的表面活性物质，具有乳化、分散作用。同时，对皮肤具有良好的滋润作用、良好的保湿性和渗透性。

（3）油脂类

油脂类润肤剂的主要作用有：

① 能在皮肤表面形成疏水性薄膜，赋予皮肤柔软、润滑和光泽性，能抑制表皮水分的蒸发，防止皮肤干燥、粗糙以至裂口。

② 防止外部有害物质侵入和抵御来自自然界因素的侵袭，能避免机械和药物引起的刺激，从而起到保护皮肤的作用。

③ 可作为特殊成分的溶剂，促使皮肤吸收药物或有效活性成分，能抑制皮肤炎症，促进剥落层的表皮形成。

④ 可作为脂剂，补充皮肤必要的脂肪，按摩皮肤时减少摩擦，起润滑作用，赋予皮肤柔软和光泽感。

⑤ 蜡类作为固化剂可以提高制品的性能和稳定性。

实际上，油性原料主要包括动植物油脂、蜡，矿物油脂、蜡，半合成油脂、蜡及合成油脂、蜡。

二、乳化剂

乳化剂通常为表面活性剂。乳化产品性能的好坏，取决于油类原料使用的乳化剂性能的好坏，其中能否形成均匀、稳定的乳化体系，完全取决于乳化剂的性能。

因此，乳化剂也是一类重要的化妆品原料，其在某些配方中甚至高达 10%，当水分挥发后，留下的油-蜡-乳化剂膜层提供了主要的滋润皮肤作用。作为乳化剂不但要具备优异的乳化性能，使油和水形成均匀、稳定的乳化体系，而且乳化剂本身还要具有调节作用，使其他护肤剂的效能最大发挥出来。因此，选择不同的乳化剂可以配制成适用于不同类型皮肤的护肤化妆品。

护肤化妆品中所用的乳化剂主要包括脂肪醇类、脂肪醇醚类、多元醇酯类等。没有滋润作用的乳化剂只有皂类、烷基硫酸盐类和烷基苯磺酸盐类，这些乳化剂不用于护肤类化妆品中。

护肤化妆品中乳化剂的选择，主要考虑以下几个方面。

（1）乳化剂与其他成分的相容性

选择乳化剂首先应考虑它和产品中其他成分的相容性及总的稳定性。实际上，非离子型乳化剂的适用性最广，能和各类产品相容，但会对细菌污染的防腐造成困难，也会严重减弱杀菌剂的活性。阴离子型乳化剂的用途也很广泛，但阳离子型乳化剂则不常用。

（2）HLB 值相等或相近

选择乳化剂时，要考虑亲水亲油平衡值（HLB 值）相等或相近。也就是说，选择的乳化剂的 HLB 值要与油相乳化所需要的 HLB 值相同或非常接近，才能获取最佳的乳化效果，这是制得稳定乳化体的关键。对于两种乳化类型来说，当所用的表面活性剂的 HLB 值低时形成 W/O 型乳化体，HLB 值高时形成 O/W 型乳化体。

目前，对许多新型乳化剂来说，只要控制混合乳化剂的 HLB 值在 3～6 或 8～18 的范围内，即可制得 W/O 型或 O/W 型的稳定乳化体，而不必考虑油相所需的 HLB 值。如 Brij 72 和 Brij 721，无论是以 1∶4 还是以 2∶3 复配均可制得稳定的 O/W 型乳化体。

乳化剂的用量，应根据油相的用量、膏体的性能和是否添加高分子化合物等确定。通常为了减少涂敷发白的现象，除减少固态油脂、蜡的用量外，应适当减少乳化剂的用量，并添加高分子化合物增稠，以保证膏体的稳定。

三、保湿剂

保湿是化妆品的重要功能之一，因此在化妆品中需添加保湿剂。皮肤保湿机理主要有两点：其一是吸湿；其二是防止内部水分的散发，控制其转移的屏障层（防御层）。

保湿剂在化妆品中有三方面的作用：对化妆品本身的水分起保留剂的作用，以免化妆品干燥、开裂；对化妆品膏体有一定的防冻作用；涂敷于皮肤后，可保持适宜的水分含量，使皮肤湿润、柔软，不致开裂、粗糙等。

在护肤化妆品中，保湿剂品种主要有多元醇类、氨基酸类和高分子类。常用于化妆品的主要品种有：甘油、丙二醇、山梨醇、乳酸钠、吡咯烷酮羧酸盐、透明质酸等。此外，透明质酸、吡咯烷酮羧酸及其钠盐都是很好的调湿剂。乳酸和它的钠盐的调湿作用仅次于吡咯烷酮羧酸钠，而且乳酸是皮肤的酸性覆盖物，能使干燥皮肤润湿和减少皮屑，现在高级润肤霜中使用较多。

四、流变调节剂

一般来说，适宜的黏度是保证乳化体稳定，并具有良好使用性能的主要因素之一。特别是乳液类制品，通常是黏度越高（特别是连续相的黏度），乳液越稳定。但黏度太高，不易倒出，同时也不能形成乳液；而黏度过低，使用不方便且易于分层。为保证膏体的良好外观、流变性和涂敷性能，配方中油相的用量要相对减少，特别是固态油脂、蜡的用量。为保证产品适宜的黏度，通常在 O/W 型产品中加入适量水溶性高分子化合物作为增稠剂。

简单地说，增稠剂就是提高配方产品黏度或稠度的一类物质，增稠剂加入量不大，但是能够大幅提高产品的黏度或稠度。增稠剂可在水中溶胀形成凝胶，通过与表面活性剂形成棒状胶束、与水作用形成三维水化网络结构或利用自身的大分子长链结构等达到使体系增稠的目的。

目前市场上可选用的增稠剂品种很多，主要有无机增稠剂、纤维素类增稠剂、聚丙烯酸酯增稠剂和缔合型聚氨酯增稠剂四类。

五、活性物质

活性物质，是指护肤霜类产品所使用的营养活性物质，在制品中主要具有防皱、恢复皮肤弹性、延缓皮肤衰老的作用。主要品种有水溶性珍珠粉、珍珠水解液、水解动物蛋白液、天然丝素肽、当归提取液、人参提取液、灵芝提取液等。另外，还有新型延缓衰老活性成分、神经酰胺、维生素 E 等，增白剂、收敛剂、抗粉刺剂等。

从活性物质的来源看，其主要可分为植物活性物质、动物活性物质、生化活性物质等。植物活性物质包括从各种植物体中提取出的营养成分及功效性物质，主要有人参浸取液、芦荟、能果苷类、海藻类、谷蛋白类等。另外，常见的还有水果汁、沙棘提取物、花粉等，均具有良好的抗皱、美白、营养等功效。

动物活性物质是指从动物体中提取的具有生理活性的物质。主要有蜂王浆、鹿茸提取物、（蚕）丝蛋白等，它们均可用于化妆品中，以提供营养、美容、延缓衰老等功能。

生化活性物质是指能参与生物代谢或有生殖作用的物质类型。这些物质对人体生命活动起着很重要的生理作用，能通过食物等吸收，也可以添加到化妆品中通过皮肤渗入吸收，提供保湿、润肤、消炎、抑菌、再生等功效，以及消除过剩的氧自由基，起到延缓衰老的作用。添加型生化活性物质主要包括各种维生素、胶原蛋白、超氧化物歧化酶（SOD）、表皮生长因子、果酸等。

第三节　护肤品的配方与生产工艺

一、传统的护肤膏霜

雪花膏和冷霜是两种比较古老的润肤膏霜。传统的雪花膏是典型的 O/W 型乳化体膏霜，而冷霜则是典型的 W/O 型乳化体膏霜。

（一）冷霜

冷霜也叫香脂或护肤脂，是一种 W/O 型乳化体。冷霜涂敷在皮肤上，有水分离出来，水分蒸发而带走热量，使皮肤有清凉的感觉，所以叫冷霜。人们对配方进行了改进，用硼砂皂化蜂蜡中的游离脂肪酸，生成的钠皂是很好的乳化剂，制成 W/O 型冷霜，乳化体的稳定度有了很大提高。

冷霜的原料主要有蜂蜡、白油、水分、硼砂、香精和防腐剂等。蜂蜡和硼砂作用形成 W/O 型乳化体是冷霜的典型配方结构，根据不同的要求，蜂蜡在冷霜配方中的用量可以高达 15%。硼砂的用量则要根据蜂蜡的酸值而确定，例如，所用蜂蜡经化学分析酸值是 20，按硼砂的计量关系计算，每克蜂蜡需要 0.068g 硼砂。

如果配方中没有其他脂肪酸或乳化剂存在，理想的乳化体应是蜂蜡中 50% 的游离脂肪酸被中和。在实际配方中由于单硬脂酸甘油酯、棕榈酸异丙酯中有游离酸的存在（含量很少，也必须考虑），蜂蜡与硼砂的配比在（10：1～16：1）之内。当硼砂的用量不足以中和蜂蜡的游离脂肪酸时，则所得的皂类乳化剂含量太低，乳化体粗糙且不够细腻，乳化不稳定而容易分水；如果硼砂用量过多，则会有针状结晶析出，出现这些现象都不符合产品的质量要求。

另外，冷霜配方中水分的含量是一重要因素，一般水分含量要低于油相的含量，目的是使乳化体稳定，即油相和水相的比例一般是 2：1 左右。蜂蜡-硼砂体系的基础配方中水分不能超过 45%。含水量低于 45% 能形成稳定的 W/O 型乳化体，含水量高于 45% 会形成不稳定的 O/W 型乳化体。冷霜的基础配方见表 2-1。

表 2-1　冷霜的基础配方

组分	质量分数/%	组分	质量分数/%
液体石蜡	50.0	去离子水	34.0
蜂蜡	15.0	香精	适量
硼砂	1.0	防腐剂	适量

冷霜由于其包装容器不同，配方和操作也有很大区别，大致可分为瓶装冷霜和铁盒装冷霜两种类型。

（1）瓶装冷霜

在 35℃ 条件下不发生油水分层现象，乳化体较软，油润性好等。由于瓶装冷霜耐热温度不高，故所选用的原料及乳化剂的范围可以更加广泛，其组成如表 2-2 所示。

表 2-2　瓶装冷霜的配方

组分	质量分数/%			组分	质量分数/%		
	1#	2#	3#		1#	2#	3#
蜂蜡	10.0	10.0	8.0	单硬脂酸甘油酯			1.0
白凡士林	5.0		10.0	脱水山梨醇单硬脂酸酯			2.0
白油 18#	48.0	35.0	40.0	去离子水	36.4	37.3	37.0
鲸蜡		4.0	2.0	硼砂	0.6	0.7	
杏仁油		8.0		香精	适量	适量	适量
棕榈酸异丙酯		5.0		防腐剂、抗氧剂	适量	适量	适量

生产工艺：将油相类原料加热到约 70℃（略高于油相类原料的熔点），将硼砂溶解于去离子水中并加热至 90℃，维持 20min 灭菌，然后冷却到 72℃，然后将水相慢慢加入油相中；油和水开始乳化时应保持较低的温度，一般在 70℃，开始时搅拌可剧烈一些，但当水溶液加完后，应改为缓慢搅拌，较高的乳化温度或过分剧烈搅拌都有可能制成 O/W 型冷霜；冷却到 45℃ 时加入香料，40℃ 时停止搅拌，静置过夜再经三辊研磨机或胶体磨研磨后装瓶。

选用亲水性较强的乳化剂，可以制成 O/W 型冷霜，此类产品的优点是：

① 涂抹于皮肤上使皮肤爽滑而油润，减少了黏腻程度；

② 乳化体的耐热耐寒稳定性较好，尤其是耐热性能好，能在 49℃ 经一周不渗油，为 W/O 型冷霜所不及；

③ 乳化体颗粒较小，颜色洁白；

④ 在制造时不需要经过胶体磨或三辊研磨机研磨，因此设备简单。

由于上述优点，在瓶装冷霜中有向 O/W 型乳化体发展的趋势，但要注意所选用的乳化剂不能对皮肤有脱脂或刺激作用。

（2）铁盒装冷霜

铁盒装冷霜能随身携带，使用方便，所以很受欢迎。其主要要求是质地柔软，受冷不变硬、不渗水，受热（40℃）不渗油，所以铁盒装冷霜的稠度比瓶装冷霜要大一些，也就是熔点要高一些，选用原料配方、设备和操作方法都有区别。凡是铁盒装的冷霜都是属于 W/O 型乳化体，如果制成 O/W 型乳化体将会使铁盒生锈，如果用铝盒包装，由于密封不好，很容易干缩，所以乳化剂主要是硬脂酸钙皂和硬脂酸铝皂。

冷霜多在秋、冬两季使用，它不仅能保护和润滑皮肤，还可防止皮肤干燥冻裂，也能当作粉底霜使用，其组成如表 2-3 所示。

表 2-3　铁盒装冷霜的配方

组分	质量分数/%	组分	质量分数/%
三压硬脂酸	1.2	单硬脂酸丙二醇酯	47.0
蜂蜡	1.2	氢氧化钙	0.1
天然地蜡	7.0	去离子水	41.0
白油 18#	1.0	香精	适量
双硬脂酸铝	1.5	防腐剂、抗氧剂	适量

生产工艺：先将粉末状双硬脂酸铝投入白油中，搅拌均匀，然后将油相加热至 110℃ 熔化，等双硬脂酸铝完全熔化后，经过滤流入夹套搅拌锅内，维持油相温度 80℃；将氢氧化钙投入 80℃ 热水中，再将水相投入油相中，同时启动框式搅拌浆；用回流冷却水冷却到 28℃，经研磨，真空脱气，40℃ 耐热试验合格后即可包装。

（二）雪花膏

雪花膏，顾名思义，颜色洁白，遇热容易"消失"。雪花膏在皮肤上涂开后有立即"消失"的现象，此种现象类似雪花，故命名为雪花膏，一般是以硬脂酸和碱类溶液作用生成的皂类阴离子型乳化剂为基础的 O/W 型非油腻乳化体，其成分中绝大多数是水，油相一般占 10%～30%。雪花膏的膏体洁白细密，主要用作润肤、打粉底前和剃须后化妆品。当水分挥发后会留下一层硬脂酸、硬脂酸皂以及保湿剂等所组成的薄膜，能节制表皮水分过量地挥发，减少外界刺激的影响，保护皮肤不致粗糙干裂，不刺激皮肤，气味宜人，并使皮肤白皙留香，也可防治皮肤因干燥而引起的痛痒。

（1）原料与配方

雪花膏是硬脂酸和硬脂酸化合物分散在水中的乳化体，雪花膏膏体的稠度和硬脂酸皂化的程度、所用碱的种类以及配方中的各种成分有关，一般成分的配比为硬脂酸 10%～20%、保湿剂 2%～20%、滋润性物质 1%～4%、碱类 0.5%～2%，主要原料是硬脂酸、碱类、多元醇、水及其他。传统雪花膏是水和硬脂酸在碱的作用下乳化的产物。最简单的雪花膏配方有四种基本原料，即硬脂酸、碱、多元醇和水。

① 硬脂酸

一般采用三压硬脂酸，其中含有 45% 硬脂酸和 55% 棕榈酸，油酸 0%～2%，控制碘价在 2 以下。碘价高，油酸含量高，雪花膏质量差、颜色泛黄、容易酸败等。

② 碱类

碱类和硬脂酸中和生成阴离子乳化剂硬脂酸皂，起乳化作用。该乳化剂对皮肤都有一定的刺激作用。乳化剂过多时雪花膏黏度过大，配方中硬脂酸的含量一般为 15%～25%，其中 15%～30% 被碱中和。所用碱类有 KOH、NaOH、碳酸钠、硼砂、三异丙醇胺等。一般采用 KOH，为提高乳化体稠度，可辅加少量 NaOH，在设计配方时首先确定硬脂酸的量，然后计算出碱的用量。

③ 多元醇

多元醇具有亲水作用，主要用作保湿剂，常用甘油、山梨醇、丙二醇、二甘醇乙醚、1，3-丁二醇和聚乙二醇等。

④ 水

在雪花膏中有 60%～80% 是水，因此水的质量对膏体质量也会有很大影响，一般采用蒸馏水或去离子水。硬水含盐量较高，会影响膏体稳定性。

⑤ 其他

除传统反应式皂基乳化体系外，配方中常常加入非离子表面活性剂，制得混合乳化体系，从而减少碱的用量，降低对皮肤的刺激性，增进膏体的稳定性。配方中常选用单硬脂酸甘油酯、聚氧乙烯脱水山梨醇脂肪酸酯等。

单硬脂酸甘油酯用作辅助乳化剂，用量 1%～2%，使得制成的膏体比较细腻、润滑、稳定，光泽度也较好，搅动后不致变薄，冰冻后水分不易离析。尼泊金酯类作为防腐剂，羊毛脂类作为滋润皮肤的保护剂。十六醇或十八醇与单硬脂酸甘油酯混合使用更为理想，其用量一般为 1%～3%。白油用量为 1%～2%，也具有避免起白条的效果。

生产工艺：将硬脂酸和羊毛脂混合加热至 80℃，制成油相；将三乙醇胺和甘油加于水，加热至 80℃，搅拌 1h，制成水相；将水相注入油相，冷却至 60℃ 时添加防腐剂，继续搅拌，冷却至 50℃ 时加入香精，静置冷却至 30～40℃ 时包装。

雪花膏的配制可以不用碱，全部采用非离子表面活性剂复配，制得的雪花膏质地细腻、稳定性好，不受电解质影响，也不受气温变化影响。制品的 pH 值呈中性或微碱性，接近皮肤的正常 pH 值，对皮肤刺激性小，配方结构与润肤霜类同。传统雪花膏配方见表 2-4，羊毛脂类雪花膏配方见表 2-5，表 2-6 是混合型雪花膏的配方。

表 2-4　传统雪花膏配方

组分	质量分数/%	组分	质量分数/%
硬脂酸	18.0	蒸馏水	75.6
甘油	2.4	香精	适量
三乙醇胺	1.0	防腐剂	适量
羊毛脂	2.0		

表 2-5　羊毛脂类雪花膏配方

相	组分	质量分数/%	相	组分	质量分数/%
A	羊毛脂	5.0	B	精制水	55.4
	硬脂酸	15.0		三乙醇胺	1.0
	单硬脂酸甘油酯	2.0		对羟基苯甲酸酯	0.1
	肉豆蔻醇	0.5		丙二醇	10.0
	矿物油	8.0	C	香精、防腐剂	适量
	棕榈酸异丙酯	3.0			

表 2-5 所示配方的生产工艺：分别将 A 和 B 加热至 78℃，搅拌下将 A 加到 B 中，搅拌冷却至 50℃，加色素、加香精，搅拌冷却至 32℃，装袋。

表 2-6 混合型雪花膏配方

类别	组分	质量分数/%	类别	组分	质量分数/%
油相	硬脂酸	8.0	碱	氢氧化钾	0.4
	硬脂醇	4.0	其他	抗氧剂	适量
	硬脂酸丁酯	6.0		香料	适量
保湿剂	丙二醇	5.0		防腐剂	适量
乳化剂	单硬脂酸甘油酯	2.0		精制水	加至100

表 2-6 是一种混合型雪花膏配方。生产工艺：先将保湿剂、碱类加入精制水中，加热至70℃溶解，再将表面活性剂、防腐剂、抗氧剂、香料加入油相中，在70℃下熔化。将熔化的油相加入水相进行预乳化，再用均质搅拌机将乳化粒子均质、脱气、过滤、冷却。

（2）制备工序

① 原料加热

油类原料加热：甘油、硬脂酸和单硬脂酸甘油酯等投入设有蒸汽夹套的不锈钢加热锅内，投入油类物质的总体积应占不锈钢加热锅有效容积的70%～80%；油脂类原料加热至90～95℃，加热温度不超过110℃，灭菌30min。

去离子水加热：将去离子水和防腐剂尼泊金酯类置于另一不锈钢夹套锅内，加热至90～95℃；搅拌溶解尼泊金酯类，保持30min灭菌，再将氢氧化钾溶液（质量分数为8%～12%）加入乳化搅拌锅。水溶液中尼泊金酯类与稀释的碱水接触，使之在短时间内不会被水解。

② 乳化过程

乳化搅拌的主要装置是有夹套蒸汽加热和温水循环回流系统的乳化搅拌锅。将乳化搅拌锅预热保温，保持规定范围的温度；用油脂加热锅加热油脂，开启锅底阀门，油脂流入乳化搅拌锅后关闭放油阀门；先启动搅拌机，再开启水加热锅底部的放水阀门，使水经过与油脂共用的过滤器流入乳化搅拌锅，稀释的碱溶液放完后关闭放水阀门；在乳化搅拌叶桨转动下进行乳化。

硬脂酸极易起皂化反应，无论加料次序如何，均可以进行皂化反应。乳化锅有夹套蒸汽加热和温水循环回流系统，500L乳化锅搅拌器的转速设为50r/min较为适宜。密闭的500L乳化锅中使用无菌压缩空气，用于压出雪花膏。

③ 搅拌冷却

在乳化搅拌过程中，产生的气泡浮在液面，并在搅拌中消失后，进行温水循环回流冷却。当乳液冷却至70～80℃，液面空气泡基本消失，夹套中通入60℃温水使乳液逐渐冷却，控制回流水在1.5h内由60℃逐渐下降至40℃，相应控制雪花膏停止搅拌的温度为55～57℃，整个冷却时间约2h。

值得注意的是，冷却中如果温差过大，骤然冷却，会使雪花膏变粗；温差过小，势必延长冷却时间，所以在每一阶段均需要控制好温度。利用触点温度计加以调节，找到最适宜温水的温度范围和维持此温度范围的最佳条件，然后固定操作，采用这种操作方法使雪花膏的细度和稠度比较稳定。

④ 静止冷却

乳化搅拌锅中停止搅拌以后，用无菌压缩空气将锅内制成的雪花膏由锅底压出。化验合格后，在30～40℃下包装较为理想。如瓶装时温度过高，冷却后体积会收缩；温度过低，则膏体会变稀薄。一般以隔一天包装为宜。也有制成后的雪花膏在35～45℃时即进行热灌装，雪花膏装入瓶中刮平后覆盖塑料薄片，然后将盖子旋紧。

⑤ 包装与贮存

雪花膏是 O/W 型乳剂，含水量 70％左右，水分很容易挥发而发生干缩现象，因此加强长期密封程度是雪花膏包装方面的关键问题，也是延长保质期的主要因素之一。防止雪花膏干缩，主要是瓶盖和瓶口要精密吻合，沿瓶口刮平后盖以硬质塑料薄膜，内衬有弹性的厚塑片或纸塑片，将盖子旋紧，在盖子内衬垫塑片上应留有整圆形的瓶口凹。包装容器密闭效果要好，同时包装设备、容器必须要注意灭菌。

二、润肤霜和润肤乳液

（一）润肤霜

润肤霜的主要作用是恢复和维持皮肤的滋润、柔软和弹性，保持皮肤的健康和美观。皮肤的健康与水分和润肤物质密切相关。水是保持表皮角质层的滋润、柔软和弹性所必不可少的物质。角质层中水分保持量在 10％～20％时，皮肤紧致富有弹性，因此保持适宜的水分含量是保持皮肤滋润、柔软和弹性，防止皮肤老化的关键。润肤物质可减少或阻止水分散失，促使角质层再水合，且对皮肤有润滑作用，弥补皮肤中天然存在的游离脂肪酸、胆固醇、油脂的不足，也就是补充皮肤中的脂类物质，使皮肤中的水分保持平衡。

润肤霜是介于弱油性和油性之间的膏霜，油性成分含量一般可从 10％至 70％，主要指非皂化的膏状体系，有 O/W 型、W/O 型、W/O/W 型，目前以 O/W 型膏体占主导地位。润肤霜所含的油性成分介于雪花膏和香脂之间，可在一定油水比例的范围内配制成各种适合不同类型皮肤的产品。因此，润肤霜产品多种多样，目前绝大多数护肤膏霜产品都属于此类产品。

润肤霜一年四季都可使用，对于 W/O 型膏体，含油、脂、蜡类成分较多，对皮肤有较好的滋润作用，宜干性皮肤使用；而 O/W 型膏体，清爽而不油腻，不刺激皮肤，宜油性皮肤使用。

润肤霜是含有润肤剂和大量水的膏霜，pH 一般为 4.0～6.5，和皮肤的 pH 相近。在使用时应该涂敷容易，但不过分滑溜，有滋润感而不油腻。当涂敷于干裂疼痛的皮肤时，有立即润滑和解除干燥的感觉，经常使用能保持皮肤的滋润。

（1）原料组成与配方设计要求

润肤霜的原料来源非常广泛，常常加入润肤剂、调湿剂和柔软剂等，如羊毛脂衍生物、高碳醇、多元醇等。最近又有人提出：将吡咯烷酮羧酸盐作为天然保湿因子（NMF）组分之一加入产品中。

① 主要原料

目前生产润肤霜的主要原料包括润肤剂和乳化剂。润肤剂又可分为油溶性和水溶性两类。常见的油溶性润肤剂包括蜡酯、类固醇、脂肪醇、甘油三酯、磷脂、多元醇酯、脂肪醇醚、烷基脂肪酸酯等。常见的水溶性润肤剂具有保湿作用，如甘油、丙二醇、山梨醇、聚氧乙烯脱水山梨醇脂肪酸酯和聚乙二醇等多元醇。

润肤霜的乳化剂及其他原料与传统护肤膏霜相同。

② 润肤霜的配方设计要求

理想的润肤产品应是与皮肤中的皮脂和天然保湿因子组分相似的物质，因此润肤物质可分为油溶性和水溶性两类，又分别称为润肤剂和调湿剂。在设计润肤霜配方时，要根据人类表皮角质层脂肪的组成，选用有效的润肤剂和调湿剂，还要考虑制品的乳化类型及皮肤的pH 值等因素。

（2）配方实例与制备工艺

O/W 型润肤霜的制备与雪花膏有许多相似之处，也包括原料加热、加料、乳化等步骤，不同的是雪花膏涉及金属皂的生成反应，因此对工艺过程中温度的要求更加严格。O/W 型润肤霜的生产技术适用于润肤霜、清洁霜、晚霜、保湿霜、按摩霜等产品。

虽然润肤霜的原料品种较多，但其制备工艺、制备设备和环境等与雪花膏基本类似。这里主要介绍 O/W 型乳化剂的制备。

① 乳化加料方法

乳化时不同的配方原料，加料方法有所不同，下面是制备化妆品时常用的几种方法。

a. 初生皂法。把脂肪酸溶于油脂，碱溶于水中，然后两相搅拌乳化，如雪花膏的制备。

b. 乳化剂分别溶解法。水溶性乳化剂溶于水中，油溶性乳化剂溶于油中，然后两相混合乳化。此法水量少时为 W/O 型乳液，但加水量多时变为 O/W 型乳液，这种方法所得内相油脂的颗粒较小。

c. 乳化剂溶于油法。将乳化剂溶于油中，然后将水加入油中乳化，此法得到的内相油脂颗粒也比较小。

d. 交替加液法。在乳化锅内先加入乳化剂，然后边搅拌边交替加入油和水。

② 制备方法

制备 O/W 型乳化剂大致有四种方法：均质刮板搅拌机制备法、管型刮板搅拌机半连续法、乳化锅连续生产法和低能乳化法。目前大多采用均质刮板搅拌机制备法，适用于小批量和中批量生产，管型刮板搅拌机半连续法适用于大批量生产。各种乳化设备详见第七章第一节。润肤霜的生产工艺流程示意图如图 2-1 所示。

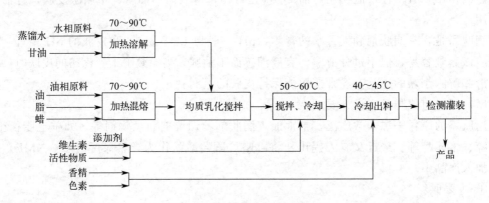

图 2-1　润肤霜的生产工艺流程示意图

③ 配方实例

下面列举出各类润肤霜的配方，如表 2-7～表 2-11 所示。

表 2-7 所示为典型润肤霜的配方。制备工艺为：将 A 相混合加热至 75℃；将 B 相（除香精外）混合，加热至 75℃；在搅拌下，将 A 相缓缓地加入 B 相中，进行乳化，待温度降至 40℃加香精，搅拌均匀即成。

　　表 2-8 所示的角鲨烷类润肤霜的制法：将 A 相混合，加热至 75℃；将 B 相（除香精外）混合，加热至 75℃；其他步骤与上述典型润肤霜的制法相同。

表 2-7　润肤霜的典型配方

相	组分	质量分数/%	相	组分	质量分数/%
A	杏仁油	8.0	A	尼泊金丙酯	适量
	白油	8.0		抗氧剂	适量
	鲸蜡	5.0	B	甘油	5.0
	羊毛脂醇	2.0		尼泊金甲酯	0.4
	羊毛脂	2.0		蒸馏水	56.0
	单硬脂酸甘油酯	14.0		香精	适量

表 2-8　角鲨烷类润肤霜配方

相	组分	质量分数/%	相	组分	质量分数/%
A	蜂蜡	2.0	A	尼泊金甲酯	0.2
	硬脂酸	5.0		角鲨烷	15.0
	十八醇	3.0		吐温-60	3.0
	加氢羊毛脂	2.0	B	2-十二烯二酸（保湿剂）	0.5
	2-十二烯二酸钠	0.5		蒸馏水	加至 100
	丙二醇	5.0		香精	适量

表 2-9　含矿物油类润肤霜配方

相	组分	质量分数/%	相	组分	质量分数/%
A	羊毛脂油	12.0	B	三乙醇胺（99%）	1.5
	鲸蜡醇	5.0		蒸馏水	64.3
	合成蜂蜡	4.0	C	季铵盐-15	0.2
	硬脂酸	3.0	D	含有矿物油的多孔聚合物	5.0
B	丙二醇	5.0	E	香精	适量

　　表 2-9 所示的含矿物油类润肤霜的制备方法：将 A 相混合，加热至 80℃；将 B 相混合，加热至 80℃；在搅拌下将 A 相加入 B 相中，混合搅拌 10min，待冷却至 45℃加入成分 C，继续搅拌冷却至 40℃后，喷洒入含有矿物油的多孔聚合物，混合均匀后温度降至 35℃，再加入香精，混合均匀冷却至 30℃，灌装。该类产品的特性：能在皮肤上迅速展开，并被吸收，产生蜡样感，具有良好的保护皮肤的功能。

表 2-10　防水类润肤霜配方

油相组分	质量分数/%		水相组分	质量分数/%	
	1#	2#		1#	2#
石蜡	25.00		三乙醇胺	1.70	
软蜡	11.75		氢氧化钠		0.60
白油	3.50	10.00	山梨醇（70%溶液）		18.3
二甲基硅油			精制水	加至 100	加至 100
十六醇、十八醇混合物	5.00	15.00	防腐剂	适量	适量
硬脂酸	1.80				

　　表 2-10 为防水类润肤霜的配方。其制法为：水相和油相分别加热至 80℃左右，两相原料在搅拌下混合，经乳化、均质化、冷却而成。该类产品的特性：含有高碳烷烃或憎水性强的有机硅油，涂抹在皮肤上，能形成一层防水膜，防止水湿性污物刺激皮肤，也防止角质层膨胀和皮脂损失。

表 2-11 营养润肤霜配方

相	组分	质量分数/%	相	组分	质量分数/%
A	三压硬脂酸	4.0	B	羧乙烯聚合物	10.0
	单硬脂酸甘油酯	1.0		蔗糖谷氨酸酯	1.0
	异硬脂酸异丙酯	4.0		尼泊金甲酯	0.2
	麦芽糖甘油酯	0.1		吐温-20	0.15
	十八醇	1.0		蒸馏水	加至100
	尼泊金丙酯	0.1	C	三乙醇胺(10%水溶液)	7.0
	丁基化羟基甲苯	0.1	D	香精	适量

表 2-11 所示的营养润肤霜的制法:除麦芽糖甘油酯外,将 A 相组分混合;除蔗糖谷氨酸酯外,将 B 相组分混合;将 A 与 B 都加热至 70~75℃后,再将麦芽糖甘油酯、蔗糖谷氨酸酯分别加于 A、B 中;在中等搅拌速度下,将 A 相组分混合液加到 B 相组分混合液中,保温混合均匀后,缓缓加入 C 组分,产品变稠,适当加快搅拌 10~15min,待温度降至45~50℃时加入香精,包装。产品特性:膏体细腻,润肤理想,便于搽用,特别适用于非常干燥的皮肤。

不同类型乳化体的润肤霜配方如表 2-12 所示。

表 2-12 不同类型乳化体的润肤霜配方

组分	质量分数/%				组分	质量分数/%			
	$(O/W)_1$	$(O/W)_2$	$(W/O)_1$	$(W/O)_2$		$(O/W)_1$	$(O/W)_2$	$(W/O)_1$	$(W/O)_2$
杏仁油		8.0	16.0		羊毛脂	3.0	2.0		10.0
可可脂			5.0		Arlacel P 135			4.0	
肉豆蔻酸异丙酯		2.0			Arlacel 165		5.0		
白油	10.0	6.0	20.0	25.0	司盘-80	1.5			
凡士林			24.0	10.0	吐温-80	3.5			
石蜡	3.0				硼砂				0.7
蜂蜡			5.0	12.0	甘油		5.0		
硬脂酸	3.0				防腐剂	适量	适量	适量	适量
鲸蜡		5.0			抗氧剂、香精	适量	适量	适量	适量
鲸蜡醇		2.0		10.0	去离子水	76.0	65.0	26.0	加至100

(二)润肤乳液

润肤乳液又叫润肤奶液或润肤蜜。由于是乳液,其流动性好、易涂抹、铺展性好、不油腻、用后感觉舒适、滑爽,尤其适合夏季使用。润肤乳液的组成与润肤霜的组成基本相同,是由滋润剂、保湿剂及乳化剂和其他添加剂等组成,但因乳液为流体状,故润肤乳液中的固体油相组分要比膏霜中的含量低。由于乳液的黏度低,分散相小液珠的布朗运动剧烈,其稳定性比膏霜差,因此在设计乳液的配方及制备时,需特别注意产品的稳定性。为使分散相与分散介质的密度尽量接近,常常加入增稠剂,如水溶性胶质原料和水溶性高分子化合物。

因此,润肤乳液在配制生产时,采用优质的均质乳化机,使得分散液滴较小,提高乳液的稳定性。另外,在实际配制和生产时,影响乳液稳定性的因素较多,需不断试验和总结,找出最佳生产工艺。

(1)润肤乳液的作用

在化妆品中,润肤乳液被作为一种不错的载体,可用来达到以下目的:保持皮肤的滋润感(保湿剂),作为皮肤柔软剂,具有吸湿性(滋润剂);延缓皮肤水分流失(赋脂剂),把活性成分分散到皮肤表面,这些活性成分包括抗汗剂、防晒剂、清除自由基的成分、消毒剂、香精、防腐剂、色粉或色素以及毛发调理成分。

（2）配方与制备工艺

润肤乳液可分为 O/W 型和 W/O 型乳化体，实际产品主要为含油量低的 O/W 型乳液，其含油量小于 15%，低于雪花膏和香脂。乳液制品使用感好，较舒适滑爽，易涂抹，延展性好，无油腻感，它可弥补角质层的水分。表 2-13 所示为 O/W 型润肤乳液的配方。

表 2-13　O/W 型润肤乳液的配方

相	组分	质量分数/%		相	组分	质量分数/%	
		1#	2#			1#	2#
A	羊毛脂	3	2.5	B	三乙醇胺	1.5	
	凡士林		2.5		防腐剂	适量	适量
	白油	7	10.0		抗氧剂	适量	适量
	油酸	3			蒸馏水	85.5	84
	十八烷基二甲基苄基氯化铵		1.0		香精	适量	适量

表 2-13 所示润肤乳液的制法很简单：油相和水相（香精除外）分别混合加热，然后两相混合乳化；两相混合时，将油相慢慢加入水相中；均质化后冷却，加入香精即得。产品在 -10℃ 和 40℃ 条件下放置 24h，再恢复至室温不得发生油水分离；在 3000r/min 转速下离心 30min，仅允许有微小的油水分离。对皮肤无刺激，乳液细腻，极易涂抹，使用感好。

产品特性：这种 O/W 型护肤乳液主要用于滋润皮肤，温暖季节和日间常用。很容易在皮肤上均匀地涂敷成一层膜，使用方便，油腻感很小，感觉舒服。

表 2-14 是 O/W 型护肤乳液配方。

表 2-14　O/W 型护肤乳液的配方

相	组分	质量分数/%	相	组分	质量分数/%
A	混合醇	2.0	B	甘油	8.0
	白油	8.0		乳化剂 P	1.2
	羊毛脂	0.7		去离子水	加至100
	乙二醇单硬脂酸甘油酯	1.0		防腐剂、香精	适量

表 2-14 所示护肤乳液的制法：在水相罐中加入 B 相中的去离子水、甘油、乳化剂 P，搅拌加热至 90~95℃，维持 20min 灭菌；在油相罐中加入相 A 中的白油、混合醇、乙二醇单硬脂酸甘油酯、羊毛脂，搅拌、加热，使其熔化均匀；将水相、油相分别经过滤器抽至乳化罐中，维持温度 70℃，均质乳化（2200r/min），同时，刮边搅拌（30r/min），均质 7min；停止均质，通冷却水冷却；脱气、降温至 40℃，加入防腐剂和香精。

表 2-15 所示配方是 W/O 型润肤乳液。其制法：分别加热 A、B 至 75℃，强力搅拌下慢慢将 B 相加入 A 相中，均质 1min，继续快速搅拌并冷却至室温。

表 2-15　W/O 型润肤乳液的配方

相	组分	质量分数/%	相	组分	质量分数/%
A	Arlacel P 135	2.0	B	甘油	3.0
	Arlamol HD	10.0		水合硫酸镁	0.7
	液体石蜡	4.0		乳酸（90%溶液）	0.02
	棕榈酸异丙酯	3.0		乳酸钠（50%溶液）	0.3
	硬脂酸镁	0.3		防腐剂	适量
	维生素 E 乙酸酯	1.0		去离子水	75.68

表 2-16 所示配方为婴儿润肤乳液的配方，制法如下：

① 在带有搅拌器的容器中加入凡士林、白油、十六醇、硅酮，加热至 90~100℃，使各物料熔融，搅拌均匀。

② 在另一带有搅拌器的容器中，加入配方中其他物料（香精除外），加热至 70~80℃。

③ 在搅拌下将步骤②所得液体加至步骤①所得液体中，边搅拌边冷却至 50℃ 左右时加入香精，继续搅拌至室温时即可出料包装。

婴儿润肤乳液是由两种或两种以上互不相溶的液体所形成的分散体系，是由凡士林、白油、硅酮及表面活性剂等配制而成的不透明乳液，能使婴儿皮肤光滑舒适，并能产生带有柔滑感的一层保护膜，能有效地增加皮肤的光滑性及弹性。

表 2-16　婴儿润肤乳液的配方

组分	质量分数/%	组分	质量分数/%
凡士林	3.0	脱水山梨醇单硬脂酸酯	3.0
白油	16.0	尼泊金甲酯	0.1
十六醇	4.0	香精	适量
硅酮	4.0	蒸馏水	加至 100
吐温-60	7.0		

除上述产品外，根据润肤乳液的用途和使用环境不同，可制成专用润肤霜，如日霜、晚霜等。

日霜也称隔离霜，是日间室内外工作或外出活动时所用的一种润肤霜。由于白天尤其是户外工作，皮肤最易受日光、天气等的伤害，皮肤易干燥、粗糙，日霜的作用是阻止和减少这些外界因素对皮肤的损伤，保护皮肤，对皮肤起到滋润、保湿和一定的防晒作用。为防止太阳光线对皮肤的作用和对涂抹于皮肤上的化妆品的作用，配方中可不加或少加营养成分，不用或少用不饱和成分，适量加入抗氧剂和防晒剂。日霜有 O/W 型、W/O 型和 W/O/W 型，但以 O/W 型为主。

晚霜是一种晚上入睡前专门使用的润肤霜。晚上休眠期间，皮肤细胞分裂加快，正是给皮肤补充脂质、水分和营养的极好时机，要求晚霜对皮肤无刺激、作用温和，有良好的滋润、保湿和营养作用。在选料上可加入适量营养成分。晚霜有 O/W 型、W/O 型和 W/O/W 型，但以 W/O 型为主。日霜和晚霜的配方见表 2-17。

表 2-17　日霜、晚霜的配方

组分	质量分数/%		组分	质量分数/%	
	日霜	晚霜		日霜	晚霜
鲸蜡醇	2.0	1.0	二苯甲酮-4	0.1	
白油	2.0	16.0	丙二醇	2.0	7.0
异硬脂酸异丙酯		5.0	甘油	1.5	
葵花籽油		2.5	白柠檬花提取物		1.0
鳄梨油		2.5	芦荟浓缩液	2.0	
硬脂酸	2.0	6.0	防腐剂	适量	适量
Arlacel 165	4.0		香精	适量	适量
Arlacel P 135		5.0	去离子水	加至 100	加至 100

三、护手霜和护手乳液

护手霜和护手乳液的主要功能是保护手上皮肤的健康，使其柔软润滑。在日常生活中，手上的皮肤最易受到损伤。手经常和水及洗涤剂接触，特别是在严寒的天气，皮肤往往会变得粗糙、干燥和开裂。

护手霜和护手乳液一般呈白色或粉红色，具有适宜的稠度，便于使用，特别是护手乳液的黏度，要便于从瓶中倒出。涂敷后使手感到柔软、润滑，不产生白沫，无湿黏感，具有快干的性质，在拿瓷器、玻璃皿和纸等时，不会留下手印，不影响正常手汗的挥发，有消毒作用，且具有舒适的气味。护手霜和护手乳液可分为 W/O 型和 O/W 型两种乳化体。市场上主要是 O/W 型乳化体，熔点高于 37℃，油相浓度较低，包括乳化剂在内。护手霜的油相浓度占总量的 10%～25%，而护手乳液的油相浓度只有 5%～15%。

（一）配方组成

（1）基本原料

护手霜和护手乳液的油相成分主要是蜡类物质，熔点高于 37℃，如鲸蜡醇、硬脂酸和单硬脂酸甘油酯等，同时加入少量矿油或肉豆蔻酸异丙酯使其塑化，加入少量羊毛脂或羊毛脂衍生物作为滋润剂，加入极少量的硅酮油可改善皮肤的最终感觉。

硬脂酸三乙醇胺皂目前仍是护手霜最常用的乳化剂。在制造中性及酸性膏霜中，脂肪酸脱水山梨醇酯与其聚氧乙烯醚复配，作为混合乳化剂应用非常广泛。

保湿剂一般使用甘油、丙二醇、山梨醇等。配方中的用量可达 10%。例如使用 4%～5% 的甘油在传统护手乳液中增加了滋润性。增稠剂以亲水胶体为主，可以增加黏度，提高乳液和膏霜的稳定性，这种增加黏度的方式，比调节乳化剂混合物得到合适的黏度要方便快捷，比如羧基聚甲烯类增稠剂。防腐剂可用多种尼泊金酯类，其混合物对以皂类乳化的膏霜有很好的防腐作用。但由于溶解较为困难，一般用少量甘油或丙二醇溶解尼泊金酯类。

（2）愈合剂

为了使表皮粗糙开裂的皮肤能较快地愈合，可在护手霜和护手乳液中加入一类特殊物质——愈合剂。愈合剂的作用是促进健康肉芽组织的生长。尿素和尿囊素是两种常用愈合剂，尿囊素是尿酸的衍生物。护手霜中加入 0.01%～0.10% 的尿囊素可明显增强愈合效果。尿素、尿囊素、尿酸的结构式如图 2-2 所示。

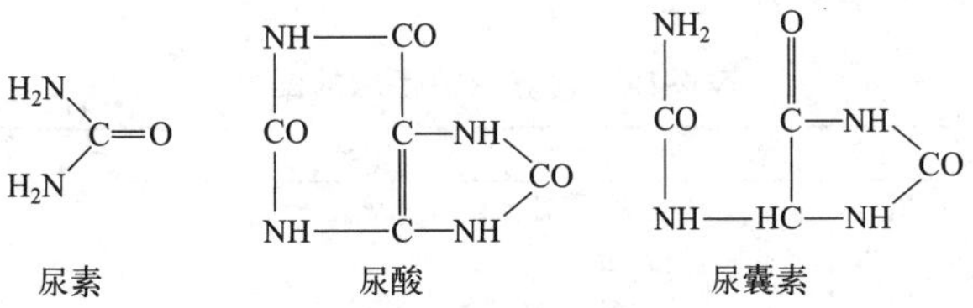

图 2-2 尿素、尿囊素、尿酸的结构式

尿囊素对皮肤的愈合作用可归纳为下面几点：

① 尿囊素能促使组织产生天然的修复作用，清除坏死细胞，并能促进细胞增殖，迅速使肉芽组织成长，缩短愈合时间。

② 敷用尿囊素后不产生痛感，事实上可以减少创痛。使用的浓度极小，不会引起干燥或结块，能和创面密切接触。

③ 可制成溶液、乳化体或油膏形式，单独或与其他药剂配合使用。向许多化妆制品，如护手霜和护手乳液、肥皂及剃须膏等，加入 0.01%～0.1% 就可增强愈合效果。

膏霜和乳液中使用尿素时，对轻度湿疹和皮肤开裂同样有效，有促进伤口愈合、防止皮肤感染的作用，在配方中的用量为 3%～5%。

（3）其他原料

除上述原料外，还常添加对手部有特殊护理效果的原料，如乳木果油、硅油和水解角蛋白等。硅油在水或油介质中能保护皮肤不受化学品的刺激，具有抗水性，可以让水汽通过，适当避免出汗，具有滋润作用。营养物质水解角蛋白则能够渗入皮肤，增强皮肤的湿度和保护作用，改善手掌皮肤的干燥情况，增强手掌皮肤的弹性，保护指甲不被有机溶液损伤，为手掌皮肤提供保护层，保护手部不会因暴露于清洁剂等损伤，具有清除有害的自由基的功效。

（二）配方设计

护手霜和护手乳液的配方是根据使用要求而设计的，一般的要求是：手感柔软，涂布容易、快速，无黏腻感，不影响手汗的正常挥发，有消毒作用，具有舒适的气味，具有稳定的膏体和悦目的色彩。在具体配制时可按照下面各点逐一考虑。

① 采用 1～2 种能柔软皮肤的滋润剂。O/W 型较 W/O 型乳化体易涂布，少量的乙醇能帮助护手乳液达到快干。

② 注意选择好油、脂、蜡混合物和保湿剂，控制护手霜和护手乳液在敷用时的黏腻情况。适当选用固体成分，可帮助防止过分的封闭性，不致影响汗液的分泌。

③ 消毒剂的选用要根据乳化剂的性质决定。例如季铵盐类消毒剂和阴离子型乳化剂相遇后失去活性，故选择阴离子乳化剂时不能选择季铵盐类消毒剂。

④ 香精的选用时要注意和乳化体的相容性。香气要清雅舒适，不能掩盖主要化妆品的香气。另外，选择稳定的色素，也要注意乳化体的类型、pH 值、还原剂和光的影响等因素。

（三）制备工艺

（1）护手霜的制备工艺

表 2-18 为营养型护手霜配方。

表 2-18　营养型护手霜的配方

组分	质量分数/%	组分	质量分数/%
白凡士林	20.0	单硬脂酸甘油酯	2.5
石蜡油	5.0	微晶蜡	3.0
杏仁油	15.0	脂肪酸镁	0.5
油酸癸酯	8.0	脂肪醇、季戊四醇、柠檬酸、脂肪酸混合物	4
甘油	3.0	香料	适量
七水硫酸镁	0.3	去离子水	加至100

制备方法：先制备乳化剂，单硬脂酸甘油酯、微晶蜡、脂肪酸镁和脂肪醇、季戊四醇、柠檬酸、脂肪酸混合物混合后，搅拌均匀，制得乳化剂；将油相和水相分别混合，并加热至 80℃，再于搅拌下将水相加至油相中，乳化均匀，冷却至 35℃ 加入香料，即制得成品。

表 2-19 不同皮肤用护手霜的配方

相	组分	质量分数/% 正常皮肤	质量分数/% 干性皮肤	相	组分	质量分数/% 正常皮肤	质量分数/% 干性皮肤
A	硬脂醇	15.0		A	聚乙二醇(600)单硬脂酸酯	2.1	
	十八醇		6.0	B	十六烷基二甲基氧化胺	1.0	4.0
	单硬脂酸甘油酯		10.0		十二烷基硫酸钠		3.3
	凡士林		15.0		蒸馏水	加至100	加至100
	硅酮(0.35Pa·s)	14.0	10.0	C	防腐剂	适量	适量
	甘油	4.0			香精	适量	适量
	牛脂胺聚氧乙烯(15)醚	4.0					

表 2-19 所示配方适用于不同类型皮肤,其制备方法与一般护手霜相同。将 A 相混合,加热至70℃。将 B 相混合加热至70℃。在搅拌下将 A 相加入 B 相进行乳化,待冷却至40℃加入 C 相,用水调节蒸发损失。

（2）护手乳液的制备工艺

护手乳液又称为护手蜜,其原料与护手霜的原料组成基本相同,主要不同在于固体的比例含量下降,流动性较好。护手乳液配方中含有大量的水分,主要是考虑了乳化体的稳定性和流动状态,因此,护手乳液应该具有一定的黏度,能顺利地从瓶口流出,但是护手乳液往往有胶凝的倾向,因此,在配方设计时要预测1～2年内乳化体黏度的变化。虽然目前还无法做到,但是在配方设计时,可以采取相关预防措施,防止或阻滞胶凝。如控制多元醇脂肪酸酯和脂肪醇的用量,一般在硬脂酸皂乳化的护手蜜中,用量不超过0.5%,在含有乙醇的产品中,用量最好不要超过1%;采用高浓度矿油（10%）塑化分散的蜡类;在配方中加入少量烷基硫酸盐（0.1%～0.5%）,如月桂醇硫酸钠等。

不同类型乳化剂的护手乳液的配方如表 2-20 所示。

表 2-20 不同类型乳化剂的护手乳液的配方

相	组分	硬脂酸皂阴离子型	非皂阴离子型	非离子型	硬脂酸皂阴离子型+胶质	非离子型+阴离子型	非离子型+阳离子型	阳离子型+阴离子型
A	鲸蜡醇	0.5			0.5			1.5
	单硬脂酸甘油酯		1.0	1.0		4.0	1.0	
	棕榈酸异丙酯		4.0				3.0	
	羊毛脂	1.0					1.0	
	羊毛脂吸收基					1.0		
	矿油							3.0
	聚乙二醇(400)二硬脂酸酯		2.0					
	乙二醇单硬脂酸酯			4.0				
	羊毛蜡醇			7.0				
	硬脂酸	3.0			5.0	1.5		2.0
B	甘油	2.0	10.0		2.0	3.0	5.0	7.0
	尼泊金甲酯	0.1	0.1	0.1	0.1	0.1	0.1	0.1
	N-月桂酰胆胺甲酰甲基吡啶氯盐							1.5
	乙二醇			3.0				
	海藻酸钠				0.3			
	鲸蜡硬脂醇硫酸酯钠		5.0					
	月桂醇硫酸钠				1.0			

续表

相	组分	质量分数/%						
		硬脂酸皂阴离子型	非皂阴离子型	非离子型	硬脂酸皂阴离子型＋胶质	非离子型＋阴离子型	非离子型＋阳离子型	阳离子型＋阴离子型
B	N-脂蜡酰胆胺甲酰甲基吡啶氯盐						1.5	
	三乙醇胺	0.75			0.5			
	去离子水	92.65	77.9	84.9	86.6	89.4	88.4	84.9
	乙醇				5.0			
	香料及色素	适量	适量	适量	适量	适量	适量	适量

护手乳液的生产工艺与护手霜的生产工艺基本相同，其制备工艺的注意事项如下：

① 在生产中操作时可以快速冷却，可以用冷冻水冷却，并冷却到 5～10℃，低于乳化体的胶凝点。冷却的效率影响搅拌的时间，影响乳液的黏度，所以冷却的效率要求愈高愈好。

② 将油相加热后倒入加热后的水相，加入的程序、速率和时间对乳化体的稳定性有重要影响，因此每批都要保持一致。

③ 生产护手乳液一般采用快速搅拌。当适宜和足够的乳化剂存在时，以螺旋桨搅拌可以得到比均质器或胶体磨更细的颗粒，搅拌的速率可用电阻器控制。

④ 在低于 50℃时加入香料和乙醇，室温放置过夜再灌装。灌装采用自重法，也可用低真空灌装，但要防止产生泡沫。灌装的温度一般为 25～30℃。在灌装之前一般是将护手乳液在室温或略高于室温的情况下放置过夜，让混入的气泡全部逸出。

⑤ 为了防止二次污染，制造霜和乳液的设备都使用不锈钢或搪瓷玻璃，应绝对避免采用铜、铁和锡的器皿。

四、粉底霜

粉底霜顾名思义，主要就是在敷粉及使用其他美容化妆品前涂抹在皮肤上，预先打下光滑而有润肤作用的基底。因此，粉底霜是供化妆时打底用的，兼有雪花膏和香粉的使用效果。粉底霜的作用是使香粉能更好地附着在皮肤上，也作为皮肤保护剂，可防止环境因素（如日光或风）所引起的伤害作用。

粉底霜有两种：一种不含粉质，配方结构和雪花膏相似，以雪花膏为基体，适用于中性和油性皮肤，遮盖力较差；另一种是以润肤霜为基体，含有较多油脂和其他护肤成分，适用于中性和干性皮肤。加入钛白粉及二氧化锌、二氧化钛或氧化铁等粉质原料，有较好的遮盖力，能掩盖面部皮肤表面的某些缺陷，还有一定的抗水和抗汗能力。

粉底霜采用的一般是 O/W 型乳化体系。为了适应干性皮肤的需要，也可制成 W/O 型制品。以水为连续相的粉底霜，油相的含量为 20%～35%。

另外还有粉底乳液，由普通乳液和香粉组成，其稳定性低于乳液。粉底乳液种类很多，其均匀，使用方便，便于快速化妆。粉底乳液所用主要乳化剂为非离子表面活性剂，常常与阴离子型乳化剂复配，非离子型乳化剂特别适宜于含有颜料的配方。

（一）配方组成

含粉质的粉底霜是由粉料、油脂、水三相经乳化剂乳化而成的。一般粉底膏霜的粉料含量占 10%～15%，颜料和粉料大都分散在水相中。所用的基质粉体和颜料包括二氧化钛、滑石粉、高岭土、氧化铁类，粉料的细度一般要求在 10μm 以下。

为使粉体均匀地分散和悬浮并使膏体具有较好的触变性，常添加少量的悬浮剂，如纤维素衍生物、卡拉胶（又称角叉菜胶）、聚丙烯酸类聚合物、硅酸镁钠、硅酸铝镁等，这些悬浮剂具有增稠、分散作用等，其他辅料的选择参见护肤霜。常见配方如表 2-21 和表 2-22 所示。

表 2-21 阴离子型粉底霜的配方

相	组分	质量分数/%			相	组分	质量分数/%		
		普通型	雪花膏型	含颜料型			普通型	雪花膏型	含颜料型
A	矿油			25.0	B	山梨醇(70%)	7.0		
	硬脂酸		18.0	4.0		三乙醇胺			1.5
	鲸蜡醇		0.5	2.0		氢氧化钾		0.52	
	硬脂酸丁酯	3.0				氢氧化钠		0.18	
	羊毛脂	3.0				钛白粉		3.0	
	单硬脂酸甘油酯	15.0		2.5		粉基			10.0
B	去离子水	72.0	59.8	55.0		香料、色素	适量	适量	适量
	甘油		18.0			防腐剂	适量	适量	适量

表 2-22 非离子型粉底霜的配方

油相组分	质量分数/%			水相组分	质量分数/%		
	普通型	雪花膏型	含颜料型		普通型	雪花膏型	含颜料型
棕榈酸异丙酯或肉豆蔻酸异丙酯			1.0	去离子水	66.0	71.0	58.0
矿油	10.0			甘油		8.0	
硬脂酸			12.0	山梨醇(70%)	5.0		3.0
鲸蜡醇	10.0			聚乙二醇			12.0
羊毛脂	5.0	2.0		钛白粉		3.0	2.0
凡士林		2.0		滑石粉			8.0
聚氧乙烯脂肪醇醚	4.0	14.0		氧化铁			1.0
脱水山梨醇单硬脂酸酯			2.0	香料、色素	适量	适量	适量
聚氧乙烯脱水山梨醇单硬脂酸酯			1.0	防腐剂	适量	适量	适量

（二）制备工艺

粉底霜的制备过程可参照雪花膏的操作。将粉料先加入多元醇中搅拌混合，用小型搅拌机调和成糊状，经 200 目筛子过筛或胶体磨研磨均匀，备用。当雪花膏基体或润肤霜基体在 70～80℃时，将粉料加入正在搅拌的乳液中，使之搅拌均匀。

由于粉料是第三相，加入后有增稠现象，所以制备时应延长搅拌时间、降低停止搅拌的温度。对于以雪花膏为基体制成的粉底霜，停止搅拌的温度为 50～53℃，能得到稠度较为适宜和光泽较好的制品。

表 2-23 所示的 1♯ 配方为硅油类粉底霜，2♯ 配方为低黏度粉底乳液。

表 2-23 中 1♯ 配方为硅油类粉底霜，其以硅油作为外相，具有稳定性好、不油腻、使用清爽的感觉，妆面可长久保持，属近年来开发的较新品种。2♯ 配方是一种低黏度的乳化型粉底，具有易铺展、无油腻、清爽的使用效果。

另外，市场出现了在配方中添加具有润肤、防晒或油分控制等作用的原料，形成的多功能型乳液粉底制品。表 2-24 所示为羊毛脂类粉底霜的配方。

表 2-23　各类粉底霜的配方

组分	质量分数/%		组分	质量分数/%	
	1#	2#		1#	2#
钛白粉	9.0	7.0	环甲基硅氧烷基二甲基硅氧烷聚醚共聚物(硅油)	12.0	
高岭土	4.0		聚苯基甲基硅氧烷	4.0	
膨润土	5.0		1,3-丁二醇	5.0	
色素	1.5		无机色素		1.0
滑石粉		7.0	对羟基苯甲酸甲酯		0.15
白油	5.0	10.0	羧甲基纤维素钠		0.25
硬脂酸		2.0	对羟基苯甲酸丙酯		0.1
羊毛脂		1.0	单硬脂酸甘油酯		2.0
三乙醇胺		1.0	香精、防腐剂	适量	
丙二醇		3.0	去离子水	54.5	65.5

表 2-24　羊毛脂类粉底霜的配方

相	组分	质量分数/%	相	组分	质量分数/%
A	固体石蜡	3.0	B	钛白粉	20.0
	羊毛脂	10.0		红色氧化铁	0.27
	液体石蜡	27.0		黄色氧化铁	0.38
	单硬脂酸甘油酯	5.0		蒸馏水	15.35
B	滑石粉	15.0	C	香精	适量
	高岭土	4.0			

表 2-24 所示粉底霜的制备方法：将粉料与少量油料混合，经捏合、分散后与油相成分混合，加热熔化；将水相成分加热混合均匀；再将水相加于油相进行乳化，均质后，加入香精，搅拌冷却，包装。产品特点：颗粒均匀，贮存稳定。

此外，在粉底乳液中加入丝素、丝肽，可制得一种乳液状粉底乳液，该产品使用方便，适合化妆前眼圈皮肤打粉底时使用。它比 O/W 型乳化剂更易被皮肤吸收，加入丝素，有利于加强化妆品与皮肤的附着力，预防因流汗、皮肤牵动而破坏妆容，减弱油彩对面部及眼部皮肤的刺激作用。

丝素粉底乳液配方如表 2-25 所示。

表 2-25　丝素粉底乳液的配方

组分	质量分数/%	组分	质量分数/%
丝素＋丝肽	3.0＋3.0	透明质酸(2%)	4.0
聚乙二醇	3.0	卡波树脂	0.1
白油	4.0	硬脂酸锌	0.7
三乙醇胺	0.2	脂肪醇聚氧乙烯(10)醚	3.0
烷基酚聚氧乙烯(10)醚	2.0	香精	适量
尼泊金甲酯	0.15	蒸馏水	加至100

表 2-25 所示丝素粉底乳液的制备方法：

① 在带有搅拌器的容器中，加入纯水，升温至 70℃后，分别加入透明质酸、卡波树脂及聚乙二醇，混合均匀；

② 在另一容器中加入白油、硬脂酸锌、脂肪醇聚氧乙烯（10）醚、烷基酚聚氧乙烯（10）醚、尼泊金甲酯及三乙醇胺，并加热至 70～75℃，混合均匀；

③ 在搅拌下将①制得的溶液慢慢加入②制得溶液中，搅拌均匀；

④ 将③制得的溶液冷却至 40～45℃，再加入丝素、丝肽和香精，继续搅拌均匀，搅拌

冷却至 $25\sim30{}^\circ\!C$ 即可出料包装。

五、眼霜

眼霜是指可以缓解由紫外线照射、长时间电脑辐射、不良生活习惯等导致的黑眼圈、眼袋、鱼尾纹和脂肪粒等问题的化妆品。人体眼部皮肤非常薄，没有皮脂腺，是脸上最薄、最容易衰老的皮肤。照顾好娇嫩的眼部皮肤，减缓皱纹、眼袋和黑眼圈的出现，以达到紧致、细腻、富有弹性的眼部肌肤状态是眼霜化妆品的主要功能。

在化妆品中，常见的眼霜有啫喱、乳液和乳霜三种。它们的清透度、营养含量各不相同。啫喱质地的眼霜最清透，不含油分，具有舒缓作用，有利于眼部皮肤的微循环，可以淡化黑眼圈、减轻眼部浮肿或缓解眼部干纹。乳液质地的眼霜营养成分比较丰富，质地相对轻薄，功能以增加皮肤弹性、防止老化、缓解细纹为主。乳霜质地的眼霜营养最丰富，质地最厚重，具有很强的滋润和营养作用，可有效减轻眼部皱纹。

目前，市场上的眼霜主要有滋润型、紧实型、抗老化型、抗敏型眼霜几大类。

① 滋润型眼霜

此类眼霜含有较多的滋润成分，保湿功能较强，适宜干燥的秋冬季节使用。

② 紧实型眼霜

富含滋养成分，其油性成分高于滋润型眼霜，适用于黑眼圈和皮肤衰老现象明显的皮肤，以及极干性肤质者。

③ 抗老化型眼霜

能抗皱，适合夏季和电脑操作者使用。

④ 抗敏型眼霜

适宜敏感性肤质的人群使用。

（一）原料选择

眼霜的乳化机理和配方组成与护肤霜相似，原料的选择可以参照护肤霜类化妆品，不同的是要使用刺激性小的原料，此处主要介绍乳化剂、活性物质、增稠剂、防腐剂等。

（1）乳化剂

眼霜用的乳化剂最重要的要求是对皮肤无刺激，主要有糖苷类、脱水山梨醇酯及其聚氧乙烯衍生物等非离子表面活性剂，早期皂类乳化剂已被淘汰。

（2）活性物质

眼霜用的活性物质包括维生素 A、维生素 K、维生素 C 等维生素类，以及 HA、胶原蛋白等效果显著的保湿营养物质。另外甘油、丙二醇等保湿剂，也是较常用的原料。此外，还有一些新型的半乳甘露聚糖以及小麦蛋白等营养物质，与皮肤具有非常好的亲和性，能在皮肤表面成膜，并迅速收紧皮肤，表现出紧实肌肤的效用，具有非常强的除皱效果。

（3）增稠剂

眼霜对增稠剂的要求是肤感轻柔滑爽，不发黏，安全性要好。目前使用的有丙烯酸钠和丙烯酰二甲基牛磺酸钠的共聚物、丙烯酰二甲基牛磺酸铵和乙烯基吡咯烷酮（VP）共聚物等水溶性共聚物。

（4）防腐剂

眼霜配方中使用的防腐剂一定是要具有高安全性的，如 1,2-戊二醇。

（二）配方与制备工艺

表 2-26 是一种具有防晒功能的滋润性眼霜的配方，Tinosorb S 是有效的紫外线隔离剂，能有效防止 UVA 及 UVB 对眼部的损伤，安全保护肌肤，防止晒黑、晒老。以聚丙烯酸钠为体系的增稠剂刺激性小，肤感轻薄。配方中的 Tinocare GL 是保湿修护因子，主要成分为硬葡聚糖，能提高眼部肌肤免疫修护能力，迅速补充肌肤水分。

表 2-26　防晒眼霜的配方

相	组分	质量分数/%	相	组分	质量分数/%
A	十六烷基棕榈酸酯	2.1	A	Tinosorb S	1.0
	硬脂酸甘油酯	2.4		聚氧乙烯(2)硬脂酰醚	1.5
	肉豆蔻酸异丙酯	2.0		聚氧乙烯(21)硬脂酰醚	2.0
	辛酸/癸酸甘油三酯	3.0	B	Tinocare GL	2.0
	二辛酰基磺酸酯	4.0		丙二醇	2.0
	玉洁新 DP300	0.2		去离子水	加至 100
	2-乙基己基-4-甲氧基肉桂酸酯	2.0	C	防腐剂	0.2
	聚丙烯酸钠	0.4		香精	0.1

制备方法：将 A 相与 B 相分别加热至 80℃混合，搅拌下缓慢地将 A 相加入 B 相中，均质 1min 并搅拌，冷却到 60℃时加 C 相并搅拌均匀，降至室温即可。

表 2-27 为除眼角皱纹眼蜜配方，是一种乳化体。配方中玉米胚芽油和小麦胚芽油的主要成分为脂肪、蛋白质、纤维素、γ-谷维素及碳水化合物，活性成分有维生素 B_2、甾醇类化合物、维生素 B_1 及少量矿物质等。胚芽有很强的抗菌性，能抑制细菌内侵，胚芽油中的 γ-谷维素能增强皮肤内分泌系统功能，调节皮脂分泌，促进血液循环。

含胚芽油的化妆品对慢性湿疹、黑斑、皮肤老化等常见皮肤病有明显疗效。本产品以胚芽油、杏仁油及丝肽等原料配制而成，对眼部皮肤有较好的滋润作用，特别是对眼角皱纹有良好的消除作用。

表 2-27　除眼角皱纹眼蜜的配方

组分	质量分数/%	组分	质量分数/%
玉米胚芽油	7.0	十八醇	2.0
小麦胚芽油	6.0	单烷基磷酸酯三乙醇胺盐	1.0
杏仁油	5.0	丝肽	1.0
硬脂酸	0.5	尼泊金甲酯	0.1
甘油	7.0	香料	适量
单硬脂酸甘油酯	1.4	去离子水	加至 100

表 2-27 所示产品的制备工艺：

① 在容器中加入硬脂酸、单硬脂酸甘油酯、十八醇、尼泊金甲酯，在搅拌下加热至 70～80℃。待全部物料混合均匀溶解后，再加入玉米胚芽油、小麦胚芽油及杏仁油，搅匀，制成油相待用。

② 在另一容器中加入去离子水、甘油、烷基磷酸三乙醇胺盐和丝肽，在不断搅拌下加热至 70～80℃，制成水相。

③ 将上述油相、水相同时加至乳化反应罐内，充分搅拌，待温度降至 50℃时加入香料搅匀，冷却至 45℃停止搅拌，降至室温即可包装。

六、护肤凝胶

凝胶化妆品是较新的品种，国内常称为啫喱水，是一种外观透明或半透明的半固体的胶冻物，有弹性和强度等，不具有流动性，性质介于固体与液体之间。呈胶冻状，着色之后，色彩鲜艳，外观晶莹剔透，且有滑爽、不油腻的使用感，受到消费者喜爱。

护肤凝胶分为水溶性凝胶和油溶性凝胶两类。水溶性凝胶含有较多的水分，具有保湿及清爽的效果，适合油性皮肤夏季使用；油溶性凝胶含有较多的油分，对皮肤具有滋润、保湿作用，适合干性皮肤冬季使用。

护肤凝胶包括无水凝胶、水性凝胶或水-醇凝胶、透明乳液等。

（1）无水凝胶

无水凝胶主要由白油或其他油类和非水胶凝剂组成。非水胶凝剂包括硬脂酸金属皂（Al、Ca、Li、Mg、Zn）、三聚羟基硬脂酸铝、聚氧乙烯羊毛脂、硅胶、膨润土和聚酰胺树脂等。无水凝胶产品充装在广口瓶或软管内，这类产品的优点是有很好的光泽，其缺点是油腻和较黏，主要用于无水型油膏、按摩膏和卫生间用香膏等，现今已较少使用。

（2）水性凝胶或水-醇凝胶

水性凝胶或水-醇凝胶产品主要使用水溶性聚合物作为胶凝剂，可用作各类产品的基质，由于具有晶莹剔透的外观、较广范围的可调性，并且原料来源广泛、加工工艺简单，已成为当今最流行的一类凝胶型化妆品。

（3）透明乳液

透明乳液主要是由油、水和复合乳化剂组成的微乳液体系，呈透明状态。与一般乳液比较，透明乳液是利用增溶作用使油相形成很小的油滴分散于水相的，比其他乳液更易被皮肤吸收，因此颇受欢迎。

（一）凝胶的结构

（1）凝胶的内部结构

凝胶的内部结构可以看成是胶体质点或高聚物分子相互联结成的空间网状结构。当温度改变（或加入非溶剂）时，溶胶或高分子溶液的大分子溶解度减小，分子彼此靠近。大分子链很长，在彼此接近时，大分子之间在多处结合，构成空间网络结构。在这种网状结构的孔隙中填满了分散介质（水、油等液体或气体），且介质不能自由移动，构成凝胶。

（2）凝胶产生的原因

高分子物质的大分子形状的不对称是产生凝胶的内在原因，因此，护肤凝胶组分中有胶凝剂，主要为水溶性高分子化合物，如聚甲基丙烯酸甘油酯类、丙烯酸聚合物（Carbopol 941）、丙烯酸衍生物（如 Sepigel 305）和卡拉胶等。凝胶的产生还需要高分子溶液有足够的浓度。分子越不对称，所需的浓度越低。高分子溶液的胶凝通常是通过改变温度或加入非溶剂实现的。此外，高分子溶液中电解质的存在可以引起或抑制胶凝作用。

（二）原料组成及制备工艺

（1）水性或水-醇护肤凝胶

水性或水-醇护肤凝胶的配方组成及其作用见表 2-28。

表 2-28　水性或水-醇护肤凝胶的配方组成及主要作用

配方组成	主要作用	代表性原料	质量分数/%
去离子水	溶解介质,给角质层提供水分	去离子水	60~90
醇类	清凉感,溶解其他成分,杀菌	乙醇、异丙醇	0~30
保湿剂	角质层保温,改善使用感,溶解	甘油、丙二醇、1,3-丁二醇、聚乙二醇、山梨醇、吡咯烷酮羧酸钠	3~10
润肤剂	滋润皮肤,保湿,改善使用感	乙氧基化酯类和精制天然油类	适量
碱类	调节 pH 值,软化角质层	三乙醇胺、2-氨基-2-甲基-1-丙醇、氢氧化钠	适量
增溶剂	使香精和酯类增溶	HLB 值高的表面活性剂,如 PEG-40 蓖麻油、壬基酚聚氧乙烯醚-10、油醇醚-20	0.5~2.5
胶凝剂	形成凝胶,保湿,使产品稳定	水溶性聚合物,如丙烯酸聚合物(Carbopl 系列)、羟乙基纤维素	0.3~2
防腐剂	抑制微生物生长	对羟基苯甲酸甲酯、对羟基苯甲酸丙酯、咪唑烷基脲、苯氧基乙醇	适量
螯合剂	防止褪色,防腐作用增效剂	EDTA 四钠	微量
紫外线吸收剂	防止光致变色或褪色	2-羟基-4-甲氧基二苯甲酮	微量
色素	赋予产品颜色	各种化妆品允许使用的水溶性色素	微量
香精	赋香	各种香精	适量
各种添加剂	赋予产品特定功能	各种水溶性营养成分、活性物、提取物	适量

水性或水-醇护肤凝胶的配制与一般乳液不同,其一般工艺流程如图 2-3 所示。

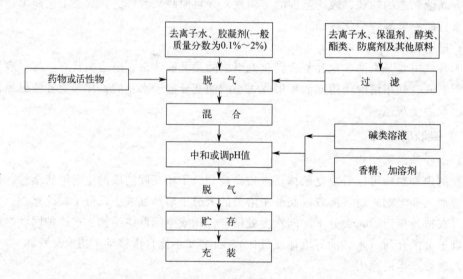

图 2-3　水性或水-醇护肤凝胶的配制工艺流程

水性或水-醇护肤凝胶的配制方法:

制备良好的凝胶制品时,一定要使胶凝剂树脂在液体介质中充分地分散和溶胀,形成胶凝液。混合树脂的最佳方法是先在不溶介质内进行预混合,然后再将分散体加入水相中继续分散和溶胀,也可添加 0.05% 的阴离子或非离子润湿剂(如磺化琥珀酸二辛酯钠盐)实现快速分散。升高温度也可加快树脂的溶胀,但一般不宜长时间加热。

(2) 透明乳液

① 主要原料及作用

原料有水、油性原料、乳化剂、偶合剂、防腐剂、香精、营养剂。

油性原料的作用是滋润皮肤、保湿、改善使用感。常用的有白油、精制天然油、棕榈酸异丙酯、肉豆蔻酸异丙酯、辛酸/癸酸甘油三酯、油酸癸酯、亚油酸异丙酯、异十六醇、己二酸二异丙酯、马来酸化大豆油、异硬脂醇新戊酸酯等。

乳化剂的作用是乳化油相和水相成分，生成微乳液。常用的有油醇醚、月桂醇醚、椰油醇醚、十六醇醚、硬脂醇醚、脂肪醇聚氧乙烯醚磷酸单酯或双酯、聚氧乙烯羊毛脂衍生物、烷基醇酰胺（共乳化剂）等等。

偶合剂能使乳液透明，起稳定乳液作用。常用的有羊毛脂醇、聚甘油酯类、2-乙基-1，3-己二醇、聚乙二醇 600 或 1500、丙二醇、1，3-丁二醇等等。

营养剂能给皮肤提供营养，使皮肤赋活。常用的有维生素 E、氨基酸衍生物等。

② 制备工艺

此类制品在配制时，由于是多组分体系，工艺较为复杂，油相与水相混合时的温度一般为 70～80℃，混合时的加料速度尽量慢，搅拌时既应保证充分混合，又要防止空气的混入，必要时采用真空脱气。此类凝胶配方如表 2-29 所示。

表 2-29　各种凝胶的配方

组分	质量分数/%		组分	质量分数/%	
	1#	2#		1#	2#
Carbopol ETD 2001	0.6	0.9	吐温-20		1.0
甘油	5.0		樟脑(结晶)		0.2
三乙醇胺(99%)	0.5	2.0	二苯甲酮-4	0.05	
PVP(K_{30})	0.1		香精	适量	
EDTA	0.05	0.1	防腐剂、色素	适量	适量
异丙醇		10.0	去离子水	93.7	85.8

表 2-29 的 1# 配方是一种护肤凝胶，使用的胶凝剂是 Carbopol ETD 2001、PVP，将 Carbopol 树脂均匀分散于甘油和大部分水的混合溶液中，另将小部分水与其他原料混合均匀，将后者加入前者，Carbopol ETD 2001 的水分散液与三乙醇胺中和时即生成透明凝胶。因为金属离子和紫外线对凝胶的稳定性有破坏作用，可在配方中加入螯合剂（EDTA）和紫外线吸收剂（二苯甲酮-4）。

表 2-29 的 2# 配方是一种按摩凝胶，配方中的异丙醇作为溶剂，用于溶解活性物质（樟脑）。吐温-20 具有增溶作用，使凝胶变得更加透明。其他组分的作用和产品的配制过程与配方 1# 相同。

七、其他护肤产品

（一）营养霜

营养霜是指在护肤霜中加入各种营养成分，对皮肤产生更好保养效果的膏霜。

一般来说，好的营养霜内不能含有引起皮肤过敏的物质，基质成分能均匀吸收营养成分，有良好的相容性，产品敷用后不影响皮肤正常的 pH 值。

营养霜的原料与护肤膏霜基本相同，此处不再介绍。最大不同是营养霜中使用的营养剂较多。常用的营养剂有激素、水解蛋白、蜂王浆、人参浸取液、珍珠粉水解液、维生素、牛的血清蛋白、酶、柑橘属种子油、貂油、海龟油、红花油等等。

（1）激素

雌激素配制成的膏霜对皮肤有营养作用。一般认为敷用每 100g 含 25000～50000IU（国际单位）的雌激素霜，皮肤的上皮细胞会出现再生的现象。此时，表皮的细胞层增厚，能蓄留较多的水分。

一般来说，雌激素的含量低于 250IU/g 时，使用的效果不明显，高于 500IU/g 则属于药物的范围。有效的膏霜应含雌激素 300IU/g 左右。

（2）维生素类

有水溶性及油溶性两种。用于营养性化妆品的维生素主要是油溶性维生素 A、维生素 D 和维生素 E。

维生素 A 用于化妆品中，可保持表皮细胞正常的角化。维生素 A 遇热易分解，生产中应注意，霜中的用量为 1000～5000IU/g。维生素 D 对治疗皮肤创伤有效，维生素 D_3 的用量为 100～500IU/g。维生素 E 是一种不饱和脂肪酸的衍生物，有加强皮肤吸收其他油脂的功能，如缺少维生素 E，会使皮肤枯干、粗糙，头发失去光泽、易于脱落，指甲变脆易折断。含有维生素 E 的营养霜能促进皮肤的新陈代谢，维生素 E 的用量为 5mg/g。

化妆品中，一般将维生素 A 和维生素 D 合用，另加维生素 E 作为稳定剂。

（3）其他营养剂

牛的血清蛋白是一种皮肤营养物质，一般用量 10％～15％；水解蛋白是一种肽类化合物，分子量低于 10000，用量为 3％～10％；柑橘属种子油中含有抑制皮肤黑色素的还原物质，用量 1％～3％；貂油、海龟油、红花油中都含有维生素 E，容易被皮肤吸收，可以增加皮肤的润滑性，一般用量在 5％以上。

蜂王浆含有多种维生素、微量酶及激素的复合物，用量 0.4％～0.6％；人参浸取液含有抑制黑色素的天然还原性物质和多种营养素，能增加细胞活力，延迟衰老，一般用量为 5％；珍珠粉水解液是将珍珠磨碎加工成粉末用盐酸水解，含有蛋白质、微量稀有金属元素，一般用量 3％～5％；在木瓜中有一种蛋白酶，常被用作营养霜的原料，一般用量 0.1％～2.0％；水果汁中含有维生素 C 及天然营养物质，新鲜水果汁的用量至少为 5％；黄瓜汁中含有维生素 C 等营养物质，一般用量 10％。

另外，营养霜产品中使用的营养剂还有胡萝卜油、蛋黄油、角鲨烷、丙酸睾丸素、维生素 B_1、维生素 B_6、维生素 B_{12}、维生素 C 及酒花油等。

（二）润肤香油

脂肪类物质对皮肤及毛发有滋润、保护和光泽的作用。在古代，人类已采用香油涂敷身体，因此香油类化妆品历史悠久。目前，随着香油类化妆品逐步改进发展，油和水的乳化体型化妆品表现出了优越特性，在现代化妆品领域中，已部分取代了香油类化妆品。但是香油类化妆品的有些特性却是其他类型化妆品所不能代替的，如光泽度方面、亮发作用等，有些香油类化妆品对皮肤滋润的效果很好。

（1）润肤油

润肤油是一些润滑性很好的油类，主要是由重矿物油、蓖麻油、甜杏仁油、橄榄油、棉籽油、芝麻油和豆油等配制成的，也可加入一些多元醇的脂肪酸酯的衍生物。但这些植物油分子中有不饱和键，容易酸败，需加入抗氧剂。润肤油的配方如表 2-30 所示。

制备方法简单，先将抗氧剂溶解于液体油中，加入其余的成分混合均匀，静置数天后过滤，如果配方内有固体脂蜡类物质，可略加热使其熔化后混合均匀。

表 2-30　润肤油的配方

组分	质量分数/%		组分	质量分数/%	
	1#	2#		1#	2#
液体石蜡	45.0		羊毛酸	0.5	
甜杏仁油		34.5	单硬脂酸甘油酯	1.0	
棉籽油	50.0		蓖麻油	3.5	30.0
橄榄油		35.0	香精和抗氧剂	适量	0.5

　　值得一提的是，在配方中将矿物油和植物油适当配合可取得较好的效果。因为植物油易被吸收，有时会使皮肤留有干燥的感觉，而矿物油有滋润皮肤和润滑皮肤的作用，使皮肤柔软和防治皮肤的干裂，保护皮肤，呈现出健康的外表。

　　（2）润肤脂

　　润肤脂是以矿物油、凡士林、石蜡和地蜡等为主的油、脂、蜡混合体，对皮肤有滋润和保护的作用。一种利用蛤蜊的外壳作容器的润肤脂，含有冰片成分，称为蛤蜊油，是人们喜爱的冬季护肤用品。配方如表 2-31 所示。

表 2-31　润肤油的配方

组分	质量分数/%		组分	质量分数/%	
	润肤脂	蛤蜊油		润肤脂	蛤蜊油
液体石蜡	39.0	44.8	单硬脂酸甘油酯	0.5	
凡士林	15.0	15.0	鲸蜡醇	0.5	
石蜡	34.0		羊毛脂	0.5	
地蜡	10.0	36.5	冰片（龙脑）		0.2
硬脂酸		3.0	香精和防腐剂	0.5	0.5

　　制备时，将固体蜡类先行熔化，然后加入液体石蜡等继续加热搅拌熔融，完全混合。在 100℃ 左右加入冰片（冰片是蛤蜊油配方的特征，有刺激血液循环的作用），待熔化后移至另一容器内继续搅拌冷却，至 60℃ 左右调入香精，待完全冷却后，即可包装。

（三）按摩霜

　　按摩可使皮肤的毛细血管扩张，血液流动加快，促进新陈代谢，延缓皮肤衰老；增强皮脂腺和汗腺的分泌功能，使皮肤滋润、光滑、富有弹性；可充分舒展皮肤，减少和预防皱纹的产生。但是按摩时需要润滑剂，否则手与皮肤间的摩擦会损伤皮肤。

　　按摩霜，又称为按摩油，是一种按摩时使用的润滑剂，其主要作用是减少按摩时手与皮肤间的摩擦，同时给皮肤补充水分、脂质和多种营养成分，起到护肤、养肤的作用。这种产品的配制很简便，只要将适当配比的各种油脂成分熔化混合均匀即可。

　　按摩霜的主要成分是油类物质，因此，其油性成分含量较高。与清洁霜的基本原料大致相同，但是按摩霜应具有良好的滋润性、润滑性和延展性，可添加各种对皮肤具有营养作用的成分，如维生素、天然动植物提取物、精油、中草药提取液及生物活性物质等，乳化剂多采用非离子表面活性剂。

　　按摩霜有 W/O 型和 O/W 型，但目前多为 O/W 型。配方如表 2-32 所示。

表 2-32　不同类型的按摩霜的配方

组分	质量分数/%		组分	质量分数/%	
	W/O	O/W		W/O	O/W
微晶蜡	9.0		吐温-20		3.0
石蜡	2.0	5.0	吐温-60	1.0	
蜂蜡	3.0	10.0	1,3-丁二醇	5.0	
凡士林		15.0	甘油		5.0
辛基十二醇		10.0	硼砂		0.5
白油	15.0		防腐剂	适量	适量
肉豆蔻酸异丙酯	10.0		香精	适量	适量
角鲨烷	20.0	10.0	去离子水	31.5	39.5
单硬脂酸甘油酯	3.5	2.0			

（四）万能霜

万能霜是一种在脸、手和身体各个部位都可以涂抹的护肤霜，可以作为润肤霜、清洁霜和粉底霜等，因此是一种多功能膏霜。它可对某些人起到润肤霜的功能，而对另一些人起到粉底霜的功能。例如，对干性皮肤的人适宜作为粉底霜，而对油性皮肤的人却是极好的润肤霜。万能霜有 W/O 型或 O/W 型，主要产品是 W/O 型。油相的含量为 35%～45%，含有滋润性的油相，熔点为 35～45℃。除了保湿剂和防腐剂外，水相中很少含有其他成分。

目前市场上最流行的 W/O 型万能霜以羊毛脂吸收基或非离子型乳化剂（如倍半油酸脱水山梨醇酯）为主要基质原料。生产工艺方面，万能霜与润肤霜的生产工艺完全相同。配方如表 2-33 所示。

表 2-33　万能霜的配方

相	组分	质量分数/%			相	组分	质量分数/%		
		1#	2#	3#			1#	2#	3#
油相	矿油	23.0	14.0	18.0	油相	凡士林		16.0	2.0
	羊毛脂	4.0	3.5	2.0		地蜡			7.0
	蜂蜡	2.0	1.2			石蜡			3.0
	硬脂酸	15.0			水相	去离子水	41.8	58.0	61.3
	羊毛醇(含胆甾醇30%)		3.0			甘油		3.8	5.0
	倍半油酸脱水山梨醇酯			1.5		山聚酯	12.2		
	脱水山梨醇三油酸酯	1.0				硫酸镁		0.2	0.2
	聚氧乙烯脱水山梨醇三油酸酯	1.0				香料和防腐剂	适量	0.3	适量

以上三种配方都是在搅拌下将水相（70℃）加入油相（70℃）。1# 配方冷却至 50℃时加香料，然后灌装。2# 配方和 3# 配方冷却至 45℃加入香料，再搅拌冷却至 35℃，经均质器均化，冷却后出料灌装。

≡ 第三章 ≡

毛发类化妆品

毛发类化妆品是一类以清洁、护理、美化毛发为目的的化妆品，主要产品包括洗发用品（液体香波、膏状香波等）、护发用品（发油、发蜡、发乳、发水、发膏、护发素、焗油等）和美发用品（发胶、摩丝、定型发膏、烫发剂、染发剂等）。其中洗发用品的主要作用是清洁头发，促进毛发正常的新陈代谢；护发用品的作用是润滑毛发，营养毛发；美发用品的作用是改变头发结构和形状，美化头发。

第一节 洗发类化妆品

洗发用品是人们日常生活中不可缺少的必需品。洗发用品主要包括清洗和调理头发的化妆品，其英文名称为 shampoo，音译为香波，现已成为洗发用品的代名词。

一、洗发香波概述

香波是洗发专用的化妆品。它是一种由表面活性剂制成的液体状、乳化状、固体状和粉状的产品。以表面活性剂为主制成的香波种类繁多，按剂型和功能不同主要有透明香波、膏状香波、珠光香波、调理香波、去屑香波、专用香波等。洗发香波能去除头发及头皮表面的油污和皮屑，而对头发、头皮和人身健康无不良影响，而且有良好的梳理效果，使头发光亮、美观和顺滑。

（一）香波的发展历史

香波的发展已有较长的历史。

20 世纪 30 年代前，最早人们只使用肥皂清洁头发，其后用椰子油皂制成液体香波，但这些以皂类为基料的洗发产品不耐硬水，碱性较高，洗后头发发黏、发脆、不易梳理。

进入 20 世纪 30 年代后，以表面活性剂为基料的液体香波问世。这类香波解决了抗硬水性和温和性问题，但其主要功能仍是清洁，基本没有护理功能，在洗发后必须使用护发素，这给人们的使用带来不便。

随着表面活性剂科学的发展，阴阳离子复配技术提高，洗发与护发二合一香波问世。此类香波既有清洁功能又有护理功能，洗发的同时也具有护发的功能。

随着人们生活水平的提高及科学技术的发展，香波又逐渐向洗发、护发、养发等多功能方向发展，各种天然活性添加剂、中草药和植物提取液及由天然油脂加工而成的表面活性剂越来越多地应用在香波中，从而出现了去屑香波、婴儿香波、防晒香波等不同功效的香波产品。

（二）香波的性能要求

由于人们洗发次数的增多，对香波提出了更高的要求。如要求香波脱脂力低、性能温和、有柔发性能、对眼睛无刺痛等，同时还能提供一些其他功能，如去头屑、赋予头发良好的梳理性、使头发具有润滑和柔软的感觉，同时留下怡人的香气。因此，对洗发香波的性质和功能有了新的要求，主要有：

① 具有适当的洗净力和脱脂作用。可除去头发上的沉积物和头皮屑，但不能过分地脱脂，脱脂作用过强，不利于头发和头皮的健康，会造成头发干涩。

② 洗发过程中可产生丰富细密的泡沫，呈奶油状，且泡沫稳定性好，即使在头皮屑和污垢的存在下，也能产生致密和丰富的泡沫。

③ 具有良好的梳理性，有光泽，没有令人不愉快的气味。这是区别于其他洗涤用品的一个特点，包括湿发梳理性和干后头发的梳理性。

④ 洗后的头发应具有光泽、滋润、柔顺，产品本身和使用中及洗后具有悦人的香气。

⑤ 对眼睛、头皮刺激性低，要有高度的安全性，无毒，可放心使用。

⑥ 在常温下洗发效果好，容易从头发上冲洗干净，耐硬水，易洗涤。

⑦ 各种调理剂和添加剂的沉积适度，长期使用不造成过度沉积；产品有良好的稳定性，应保证 2～3 年不变质。

二、香波的原料组成

香波的主要功能是洗净黏附于头发和头皮上的污垢和头屑等，以保持清洁。在香波中具有主要作用的是表面活性剂。最初的香波是用单纯的钾皂表面活性剂制成的，由于肥皂在硬水中易形成不溶性的钙、镁皂，头发洗后会覆盖上一层灰白色薄膜，以至失去光泽。现代的香波中使用的表面活性剂品种日益增多，除了各种阴离子表面活性剂还有非离子、两性离子、阳离子表面活性剂，并发挥了它们之间的协同效应。此外，除了合成的表面活性剂，还开发了天然表面活性剂。根据需要，配方中还加入各种添加剂，使香波的组成日趋复杂化。

总的说来，现代香波的主要成分是表面活性剂、稳泡剂、调理剂、防腐剂和香精等基本成分，其他成分则取决于消费者的需求、配方设计的要求和成本，可作不同的选择。香波的配方组成和各组分的作用如表 3-1 所示。

表 3-1　香波配方的基本组成和各组分的作用

组分	主要功能	代表性原料
主表面活性剂	清洁和起泡作用	AS、AES、AS-NH$_4$、AES-NH$_4$、仲烷基磺酸钠
辅助表面活性剂	稳泡、增加黏度、降低刺激性	CAB、十二烷基二甲基甜菜碱（BS-12）、氧化胺、烷醇酰胺、DOE-120、咪唑啉、MES
调理剂	调理作用（柔软、抗静电、润滑、光泽）	聚季铵盐-10、阳离子瓜尔胶、三鲸蜡基甲基氯化铵、乳化硅油
增黏剂和分散稳定剂	调节黏度、增加稳定性	电解质（如 NaCl、NH$_4$Cl），聚乙二醇双硬脂酸酯、水溶性聚合物
珠光剂	赋予产品珠光效果	乙二醇双硬脂酸酯、乙二醇单硬脂酸酯

续表

组分	主要功能	代表性原料
螯合剂	络合钙、镁和其他金属离子	EDTA 二钠、EDTA 四钠
酸度调节剂	调节 pH	柠檬酸、乳酸
色素	赋予产品颜色	化妆品用色素
香精	赋香	
防腐剂	抑制微生物生长	尼泊金酯类、凯松、DMDMH
功能添加剂（去屑剂、植物提取液等）	赋予各种特定功能（如去头屑、特效、修复等）	吡啶硫酮锌（ZPT）、吡啶酮乙醇胺盐（OCT）、芦荟提取液、金缕梅提取液

下面简要介绍主表面活性剂、辅助表面活性剂、调理剂、黏度调节剂和其他添加剂。

（一）主表面活性剂

主表面活性剂为香波提供了良好的去污力和丰富的泡沫，起清洁和起泡作用，使香波具有极好的清洗作用。这类表面活性剂种类较多，常用的是一些阴离子表面活性剂，主要品种有：脂肪醇硫酸盐（AS）、脂肪醇聚氧乙烯醚硫酸盐（AES）、α-烯基磺酸盐（AOS）等等，目前，在香波中应用最广的是月桂醇聚醚硫酸酯盐（钠盐或铵盐，简称 SLES）和月桂醇硫酸盐（钠盐或铵盐，简称 SDS），有时为两者的混合物。

（二）辅助表面活性剂

辅助表面活性剂是指那些用量较少，能增强主表面活性剂的去污力和泡沫稳定性，改善香波洗涤性和调理性的表面活性剂，其中在洗发香波中，辅助表面活性剂主要具有稳泡、增泡、增加洗净力、增加黏度和降低主表面活性剂的刺激性等作用，也可以增加产品的黏度。辅助表面活性剂主要包括阴离子、非离子、两性离子型表面活性剂。

（1）阴离子表面活性剂

作为辅助表面活性剂的阴离子表面活性剂，主要品种有脂肪酸单甘油酯硫酸盐、N-酰基谷氨酸盐、N-酰基肌氨酸盐、烷基磺化琥珀酸盐等等。

（2）两性离子型表面活性剂

两性离子型表面活性剂具有良好的去污、起泡、杀菌、抑菌和柔软等性能，耐硬水，对酸、碱和各种金属离子都比较稳定，毒性低，对皮肤刺激性低，具有良好的生物降解性，广泛用于洗发香波、沐浴露、婴儿用品等。

在洗发香波中，常用作辅助表面活性剂的两性离子表面活性剂主要有甜菜碱型、咪唑啉型、氧化胺和氨基酸型。椰油酰胺丙基甜菜碱是目前香波配方中应用最广的辅助表面活性剂，除此以外，还有咪唑啉、氧化胺等。

（3）非离子型表面活性剂

根据亲水基的结构不同，非离子型表面活性剂主要有两类：一类是亲水基为环氧乙烷的，又称聚氧乙烯型或聚乙二醇型非离子型表面活性剂；另一类是亲水基为多元醇的，称为多元醇型表面活性剂。

多种非离子型表面活性剂都可在香波中作为辅助表面活性剂使用，如烷醇酰胺常用于香波配方中，不但能很好地稳泡，而且具有优异的增稠性能；烷基糖苷不但具有稳泡、增稠作用，而且可大大降低阴离子表面活性剂的刺激性。

（三）调理剂

调理剂的主要作用是改善洗后头发的手感，使头发光滑、柔软、易于梳理，且洗发梳理后有成型作用。一般来说，香波在洗净头发的同时或多或少地会损伤头发，比如过分地除去由头皮自然分泌的皮脂成分，会使头发缠结而难以梳理等。从化学性质来说，调理剂与其同系物质或其衍生物有着较强的亲和性，因此各种氨基酸、水解胶原蛋白、卵磷脂等，都对头发有一定的调理作用。

根据调理剂的吸附机理，可将调理剂分为三类：

第一类是化学性吸附调理剂，如胶原蛋白加水分解物（多肽）、氨基酸、2-吡咯烷酮-5-羧酸钠、奶酪蛋白、卵清蛋白、卵磷脂（磷脂质）、维生素 B 复合体。

第二类是物理性吸附调理剂，如羊毛脂及其衍生物、角鲨烯、液体石蜡、α-烯烃低聚物、凡士林、脂肪酸、高级脂肪醇、硅油及其衍生物、油类（橄榄油等）、甘油、丙二醇、1,3-丁二醇、山梨糖醇、二甘醇乙基甲基醚、二甘醇乙醚、尿素。

第三类是离子性的吸附调理剂，如阳离子变性纤维素衍生物、聚乙烯吡咯烷酮衍生物的季铵盐、聚酰胺衍生物的季铵盐、烷基化聚乙烯亚胺、聚丙烯酸衍生物的季铵盐、二硬脂基二甲基氯化铵聚合物等。

（1）阳离子类

阳离子表面活性剂与阳离子聚合物是香波中较早使用的调理剂，能吸附在头发上形成吸附膜，可消除静电，润滑头发，使之易于梳理。阳离子表面活性剂主要有十八烷基三甲基氯化铵、十二烷基三甲基氯化铵、十二烷基甜菜碱等。但是，由于阳离子表面活性剂所带电性正好与阴离子表面活性剂相反，配伍时易产生沉淀而失去效能。因此，阳离子表面活性剂已被阳离子聚合物所代替。

阳离子聚合物主要包括聚季铵化羟乙基纤维素（如 JR-400）、季铵化羟丙基瓜尔胶（如 Jaguar C-14S、Jaguar C-162 等）、丙烯酸/二甲基二烯丙基氯化铵共聚物（Polyquaterium-22）、丙烯酰胺/二甲基二烯丙基氯化铵共聚物（Polyquaterium-7）、季铵化二甲基硅氧烷、季铵化水解胶原蛋白、季铵化水解角蛋白、季铵化水解豆蛋白、季铵化丝氨酸等。

现代香波则多采用高分子阳离子调理剂，如阳离子纤维素聚合物、阳离子瓜尔胶、高分子阳离子蛋白肽和二甲基硅氧烷及其衍生物等。下面主要介绍在香波中用作调理剂的阳离子聚合物。

① 聚季铵盐-10

聚季铵盐-10 是由羟乙基纤维素与三甲基氯化铵取代的环氧化合物发生反应而制得的聚合的季铵盐，具有纤维素的骨架，它来源于天然的可再生资源，最常用的原料是棉花与木材。聚季铵盐-10 是在纤维素主链上加入羟基基团来改变结晶结构，使聚合物变成较易分散于水中的产品，通过羟乙基纤维素的季铵化反应，可产生多个阳离子位点，表面活性剂上阴离子的两端可以被吸引到这些位点上，同时这些位点也促进了其在头发表面的吸附。

聚季铵盐-10，在 pH 3~12 范围内对水解作用稳定；所具备的阳离子特性使之易与头发和肌肤亲和，能提供良好的肤感及洗后的润滑感；能赋予头发良好的湿梳性和干梳性，具有抗头发缠结、多次使用不沉积的特性，同时对受损头发有一定的修复作用；原料本身对皮肤、眼睛无刺激性，还可以降低表面活性剂及其他成分对皮肤的刺激性，与表面活性剂有很好的配伍性，能赋予产品非牛顿流体的假塑性特征。

② 聚季铵盐-7

聚季铵盐-7 是二甲基二烯丙基氯化铵和丙烯酰胺共聚物，产品中含有两种防腐剂，结构式如图 3-1 所示。

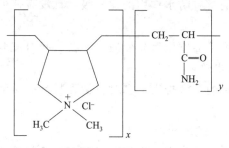

图 3-1　聚季铵盐-7 的结构式

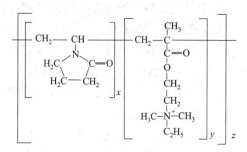

图 3-2　聚季铵盐-11 的结构式

③ 聚季铵盐-11

聚季铵盐-11 是乙烯基吡咯烷酮及甲基丙烯酸二甲氨基乙酯的季铵化共聚物，结构式如图 3-2 所示。它具有阳离子的调理、亲和等特性，在头发表面能形成透明、不黏滞的连续薄膜。聚季铵盐-11 多次使用积聚较少，能赋予头发调理、易梳理、有光泽、滑爽等特性，与非离子、阴离子及两性离子表面活性剂配伍性好。

④ 聚季铵盐-28

聚季铵盐-28 是乙烯基吡咯烷酮与甲基丙烯酰胺丙基三甲基氯化铵的共聚物，结构式如图 3-3 所示。它在头发表面能形成透明、光亮薄膜，有弹性而不黏滞。聚季铵盐-28 为水溶性聚合物，在 pH 3～12 范围内对水解作用稳定；具有阳离子特性，使之易与头发和肌肤亲和，能赋予头发调理性，且多次使用积聚较少；可与非离子、阴离子及两性离子表面活性剂配伍。

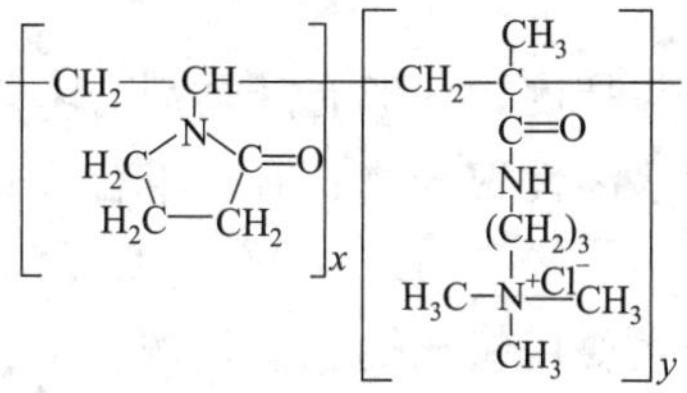

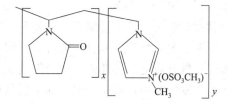

图 3-3　聚季铵盐-28 的结构式

图 3-4　聚季铵盐-44 的结构式

⑤ 聚季铵盐-44

聚季铵盐-44 是支链型的乙烯吡咯烷酮与咪唑啉发生季铵化后的共聚物，结构式如图 3-4 所示。聚季铵盐-44 是可用于透明洗发露的调理聚合物，能赋予头发良好的调理性、良好的干湿梳理性，并且没有积聚。

除上述 5 种以外，聚季铵盐-6、聚季铵盐-22、聚季铵盐-39、聚季铵盐-55 也常常应用于洗发香波类产品。

（2）硅油类

硅油又称有机硅，具有独特的硅氧键结构 Si—O—Si，分子间作用力小，透气性良好，具有突出的耐热性和优异的柔软性，具有极低的表面张力、良好的抗水性能。因为硅氢键（Si—H）具有较大的活性，能在高温和金属盐的作用下发生水解和缩合交联成膜，有机硅的季铵盐的活性基团有抗菌、防霉的功能。因此，有机硅氧烷聚合物具有润滑、柔软、抗水、消泡、抗菌、防霉等特性，适用于个人护理用品中。

含有聚硅氧烷的化妆品主要有以下特性：

① 润滑性能好。涂敷皮肤后能形成一层均匀的具有防水作用的保护膜，且没有任何黏性和油腻的感觉，光泽好。

② 抗紫外线辐射的性能好。它在紫外线照射下不会发生氧化变质，不会引起对皮肤的刺激。抗静电性能好，能消除静电，还有明显的防尘效果。

③ 透气性好。在皮肤上形成硅氧烷膜，但不影响汗液排出。它对香精香料具有缓释定香作用，延长保香期。

④ 稳定性高。具有化学惰性，与化妆品其他成分配伍性好。

⑤ 无毒、无臭、无味，对皮肤不会引起刺激和过敏，安全性高。同时，对某些皮肤病具有一定疗效，如出汗不良性湿疹、神经性皮炎和职业性皮炎等。

硅油是目前应用较广泛的一类调理剂，可制成乳液型。硅油可分为普通硅油与改性硅油。用于化妆品的有机硅产品有：二甲基聚硅氧烷、甲基苯基聚硅氧烷、甲基含氢硅油、聚醚改性硅油、长链烷基改性硅油、环状聚硅氧烷、氨基改性硅油、羧基改性硅油、甲基聚硅氧烷乳液、有机硅蜡、硅树脂及用有机硅处理的粉体等。

此外，羊毛脂醇、单硬脂酸甘油酯、羊毛脂及其衍生物等都可作为调理剂，配合适当的乳化释放体系能有效地吸附在头发上，给头发补充油分，形成油性薄膜，赋予头发湿润感和自然的光泽。洗涤过程中具有加脂、润滑等作用，能抑制香波的脱脂力，使洗后的头发有光泽、易梳理。

另外，甘油、丙二醇和山梨醇等用作保湿剂，对头发具有保留水分和减少水分挥发的功效，加入香波中能使头发保持柔软顺滑。

（四）黏度调节剂

黏度调节剂，又称增稠剂，主要是调节产品的黏度与稠度，一般有降黏剂与增黏剂。用于黏度调节剂的物质主要有：无机盐电解质、有机天然水溶性聚合物、有机半合成水溶性聚合物、有机合成类水溶性聚合物及无机水溶性聚合物等。

在洗发香波中，用作增稠剂的主要品种有：无机盐主要用氯化钠、氯化铵、单乙醇胺氯化物、二乙醇胺氯化物、硫酸钠、磷酸铵、磷酸二钠和三聚磷酸钠等；有机天然水溶性聚合物主要包括汉生胶、瓜尔胶、羧甲基纤维素钠与羟乙基纤维素。此处主要介绍无机水溶性聚合物增稠，它们具有很好的悬浮功能、特有的流变性、良好的温度稳定性以及很大的比表面积。

（1）硅酸镁钠

硅酸镁钠增稠体系主要有以下几点特性：

① 硅酸镁钠在高黏度时形成的胶体为凝胶，低黏度时形成的胶体为溶胶。在25℃的自来水中强烈搅拌，10min后可以完成凝胶的形成过程。这种凝胶靠静电力保持在一起，由单个絮凝晶片形成"纸盒式间格"结构，从而形成凝胶。

② 硅酸镁钠不仅靠黏度来稳定固态粒子，还将固态粒子保持在三维凝胶"纸盒式间格"结构内，使固体粒子稳定地悬浮在体系中，并对所有密度的粒子都具有优异的悬浮作用。

③ 与其他有机类增稠剂比较，硅酸镁钠的剪切变稀性能最突出，即触变性更强。

④ 硅酸镁钠容易分散于冷水和热水中，但在热水中必须有效地混合，防止部分已水合的粒子结团。

⑤ 硅酸镁钠可与大多数含水体系使用的增稠剂配伍，与 CMC 复配有明显的协同增效作用。水的硬度对硅酸镁钠凝胶的形成有一定的影响，主要影响凝胶形成的时间。

（2）硅酸铝镁

硅酸铝镁增稠体系，具有假塑性流体的流变特性和明显的触变性，主要有以下特性：

① 在低浓度时能稳定 O/W 型乳液，同时通过增加内相的黏度，也可稳定 W/O 型乳液。

② 作为悬浮剂，分散效率优于其他有机聚合物胶类，它的水分散液不黏、不油腻。

③ 硅酸铝镁水分散液在 pH 为 3～11 范围内均稳定，但电解质会使硅酸铝镁的分散液出现增稠或絮凝，从而影响其稳定性。

④ 硅酸铝镁的水合程度随混合时间、混合强度及水温度的增加而增强。

⑤ 硅酸铝镁与有机增稠剂复配时有协同增效作用，通过复配获得合适的黏度和塑变值，具有很好的流变特性。如与阴离子聚合物胶类复配，还能与水相混溶的有机溶剂相混合。

此外，还有膨润土和季铵盐-膨润土、锂蒙脱土和季铵盐-锂蒙脱土及二氧化硅等，它们具有很好的悬浮功能、特别的流变性质、良好的温度稳定性、很大的比表面积，对电解质的容忍度也较高，但应用于香波产品较少，此处不再介绍。

（五）其他添加剂

除上述四种主要组分外，在洗发香波中常常根据需要，添加许多添加剂，赋予香波某种特性和效果，如增泡稳泡剂、珠光剂、增溶剂、螯合剂、酸度调节剂、去屑止痒剂等。

（1）增泡稳泡剂

增泡剂是指有助于起泡和改善泡沫稳定性的一类物质。大多数情况下，增泡稳泡作用同时具备，配方中少量使用就能达到较好的效果。代表性的原料有烷醇酰胺、脂肪酸、高级脂肪醇、水溶性高分子物质等。例如用在液体香波中的是烷醇酰胺和氧化胺。烷醇酰胺是目前最有效的稳泡剂，同时还有加速发泡的作用；氧化胺除可作为稳泡剂外，还具有良好的调理性能。

（2）珠光剂

珠光剂是指能使香波产生珠光的一类物质。不论是普通香波，还是多功能香波，在香波中加入蜡状不溶的珠光剂，并分散均匀，则可形成带有闪光与珠光效果的香波，产生悦目的珍珠光泽，使产品显得高雅华贵，深受消费者喜爱。

珠光洗发香波制备时，可把珠光剂稀释至质量分数为 10% 的溶液，再添加至香波中。同时要求香波必须有足够的稠度，确保珠光晶片不发生沉降。

产生珠光效应的方法主要有以下几种：

① 直接将浓缩的珠光产品在室温下添加于体系中，搅拌均匀即可。

② 将选定的珠光剂［最常用乙二醇单（双）硬脂酸酯］加于温度约为 75℃ 的热混合物或基质中，在适当的冷却及搅拌速度下，珠光剂又重新结晶出来，产生珠光效果。

③ 高浓度的液态或半固态的珠光剂，在室温下加入基质中，混合制成产品。使用浓缩珠光浆是经济有效的方法，2%（质量分数）的含量就会有良好的珠光效果。

珠光剂主要有硬脂酸镁、硬脂酸锌、硅酸铝镁、乙二醇硬脂酸酯（单酯具有波纹状珠光，双酯具有乳白状珠光）、聚乙二醇硬脂酸酯等。目前普遍采用乙二醇的单、双硬脂酸酯作为珠光剂，使产品具有珍珠般的外观，采用苯乙烯/丙烯酸乳液作为遮光剂，为产品提供牛奶般的外观。

（3）增溶剂

增溶剂又称为澄清剂，是能提高基料中表面活性剂的溶解度，保持或提高透明液体香波或凝胶香波的透明度的一类物质。在配制透明香波时，加入香精及脂肪类调理剂后，香波会出现不透明现象，这时需要加入一些增溶剂来保持香波的透明度。

常用的增溶剂有乙醇、丙二醇、甘油等醇类，聚氧乙烯脱水山梨醇单月桂酸酯、聚乙二醇脂肪酸酯等非离子型增溶剂以及苯磺酸钠、二甲苯磺酸钠、尿素等。近年来，脂肪醇柠檬酸酯（如SSK-Ⅱ）应用于香波中，是一种新型的具有优良性能的增溶剂。

（4）螯合剂

洗发香波中螯合剂的主要作用有：一是配合或螯合碱土金属离子或重金属离子，避免香波中阴离子表面活性剂与Ca^{2+}、Mg^{2+}发生反应而沉淀，防止重金属离子使防腐剂、酶、蛋白质等活性物失活或使色素变色；二是提高香波的澄清度，或防止肥皂香波产生金属皂而使头发失去光泽。此外，螯合剂还具有稳定泡沫作用。

常用的螯合剂有乙二胺四乙酸衍生物（EDTA类）、三聚磷酸盐、六偏磷酸盐、二羟乙基甘氨酸、柠檬酸、酒石酸、葡萄糖酸等。常用的EDTA及其盐类的用量为$0.05\%\sim0.10\%$。

（5）酸度调节剂

微酸性对头发护理、减少刺激有利。配方中有些组分需在一定的pH条件下才能稳定或发挥作用。如铵盐体系在微酸性下可防止氨挥发，故pH必须小于7；再如用甜菜碱等配制调理香波时，pH低于6调理效果最好；烷醇酰胺加入体系时，会使pH升高；用NaCl、NH_4Cl等无机盐作增稠剂时，在微酸性下的增稠效果较好。因此，在很多情况下需要调节体系pH为偏酸性。常用的酸化剂有柠檬酸、酒石酸、磷酸、有机膦酸、硼酸及乳酸等。

（6）去屑止痒剂

头皮屑是由头皮表层细胞的不完全角化和卵圆糠疹癣菌的寄生而产生的。同时，头皮屑的存在为微生物的生长和繁殖创造了有利条件，加速了表皮细胞的异常增殖。因此抑制细胞角化速度，降低表皮新陈代谢的速度和杀菌是防治头屑的主要途径。

去屑止痒剂是指加在香波中使香波在使用过程中及使用后有清凉感、舒爽感以及止痒去屑效果的一类添加剂，其代表性的物质有薄荷醇、辣椒酊、壬酸香草酰胺、水杨酸甲酯、樟脑、麝香草酚等。目前常用的去屑止痒剂有吡啶硫酮锌、甘宝素、十一碳烯酸衍生物和酮糠唑等。

三、香波的分类与配方设计

（一）香波的分类

香波种类较多，配方结构也是各种各样的。如前所述，洗发香波的主要原料有表面活性剂、辅助表面活性剂、调理剂、黏度调节剂、增泡剂、稳泡剂、珠光剂、增溶剂、螯合剂、稳定剂、酸度调节剂和去屑止痒剂、稀释剂、动植物提取液等其他各种功能添加剂。但并不是香波都必须具有这些成分，可以根据产品要求和消费者需要进行选择。

香波一般可以按照它的物理形态或特殊的成分和性状分类。按其物态可分为膏状、液体、乳化体、粉状以及透明型、乳浊型；依据功效可分为普通香波、调理香波、去屑止痒香波、儿童香波以及洗染香波等；按表面活性剂可分为阴离子型香波、阳离子型香波、非离子型香波和两性离子型香波。目前，无论是液状香波，还是膏状香波都在向洗发、护发、调理、去屑止痒等多功能方向发展。

（二）香波的配方设计

在洗发香波的配方设计中要根据产品提出的要求，确定产品的物理、化学性质，据此选取适合的原料。同时，要根据产品的成本界限确定具体原料，并且要考虑原料的供应等因素。具体来说，要体现温和的洗涤力和良好的发泡性、合适的黏度、一定的 pH 值范围、产品的稳定性和调理性等等。

（1）洗涤力

在研究香波配方时，首先要考虑香波的使用对象，头发分油性、干性、中性，故使用的洗发香波也不同，油性头发用的香波含有较高的洗涤剂比例，干性头发用的则洗涤剂含量相对少些，或通过增减调理剂来加以调节。

① 要求活性物含量为 15％～20％。按香波现行国家标准，有效物含量高于 10％为合格品，高于 15％为一级品和优质品。通常洗发香波的活性物含量为 15％～20％，婴儿香波中的含量可酌量减少。

② 尽量选用低刺激性的表面活性剂。表面活性剂的去污力和脱脂性是成正比变化的。在洗发香波中，表面活性剂的去污力不能太高，在质量上乘或功能性的香波中，都是选用性能温和的低刺激性表面活性剂。

③ 一般选用多种表面活性剂。在考虑配伍性的基础上，可选用多种表面活性剂进行复配。由于表面活性剂的协同作用，配方中一般两种或两种以上的表面活性剂并用。例如微量的脂肪醇对脂肪醇硫酸盐的特性有改进，微量的游离脂肪酸也能改进纯肥皂的性能。

（2）发泡性

发泡性是香波的重要特性之一，从洗涤机理上看，泡沫和洗涤能力并无关系，但在使用和漂洗上是有重要作用的，在香波中必须维持一定量的泡沫。因此，香波配方中可选择发泡能力强的阴离子表面活性剂，如选用发泡力最强的烷基硫酸盐。一般非离子表面活性剂虽然具有优良的洗涤去污力，但由于泡沫少，使用仍然受限。

在香波的配方中还可通过加入增泡、稳泡剂增强体系发泡能力，通过在泡沫表面形成牢固吸附膜等方式，达到稳定泡沫的目的。例如在脂肪醇硫酸盐制成的香波中加入一些月桂酸二乙醇酰胺可以增加泡沫；还有脂肪酸、高级脂肪醇、水溶性高分子、氧化胺等，这是因为混合吸附使表面黏度增加，导致高分子化合物能在泡沫表面形成吸附膜。

（3）黏度

黏度是化妆品的重要性质之一。洗发香波的黏度不能太低，否则，香波的使用量不易控制，黏度太高则香波在使用时不易倒出，因此，在生产中要严格控制好香波的黏度。

香波黏度的高低主要取决于配方中活性物、助洗剂和无机盐的用量。配方中的活性物含量高，则体系黏度相应提高。如配方中加入烷醇酰胺、氧化胺等具有增稠作用的原料，可以提高体系的黏度，但还与用量和其他原料的配伍性有关。

此外，加入少量的氯化钠、氯化铵等无机盐也可增加体系的黏度，但加入量不可过多，一般不超过3%，否则，容易发生盐析而使黏度下降，影响香波的稳定性。一般的增稠剂如黄蓍树胶粉、阿拉伯树胶粉、羟乙基纤维素等已被逐步取代或受到限制，因为它们会生成膜并在头发上沉淀。目前主要使用聚乙烯吡咯烷酮，但若要降低黏度，可以通过加入适量的有机溶剂乙二醇或丙二醇来实现。

（4）润发和保湿性

在香波中加入的润发剂对头发有很好的修饰效果，使头发产生柔软的感觉，这也是香波与其他洗涤剂不同的地方。传统的肥皂型香波中有未皂化的植物油，对头发有润发作用。目前，市场上主要用羊毛脂类及其衍生物以及一些植物油、脂类等原料来实现润发，但会影响泡沫和清洗的作用。如矿物油会留在头发上不易洗去，不建议用，一般使用肉豆蔻酸单乙醇胺或二乙醇胺等作为润发剂，也可以用月桂酰甲胺乙酸钠柔软头发。

除油脂类原料外，常常加入保湿剂，保持头发的水分，防止头发干涩、发脆，使头发柔软光亮而有色泽。

（5）抗硬水性

硬水对洗发香波的使用性影响很大。在配方设计时，硬水中的钙、镁离子与表面活性剂中的脂肪酸反应，生成不溶性钙皂和镁皂，并会附着在头发上，使头发失去光泽。因此，在配方设计时，可加入一定量的EDTA类螯合剂，除去钙、镁和铁的盐类，体现洗发香波的抗硬水能力。

（6）体系pH值

根据消费者的要求，设计不同pH的香波。一般香波的pH值为6~9。pH值过低，会使某些阴离子表面活性剂发生水解，影响产品的安全性；而pH值过高，对头发膨胀作用明显，影响头发的光泽和强度，发生干枯或断裂，甚至出现脱发。

一般用柠檬酸等酸度调节剂调节香波的pH值，并加入一定量的缓冲剂，保证体系具有稳定的pH值，其用量一般为0.1%~0.5%。

（7）香精、色素和防腐剂

香波中用的香精、色素都要在高温、低温及不同的pH值下进行稳定性测试，尤其是色素对紫外光的稳定性，虽然加入量很少，但必须要试验合格才能使用，用量一般为0.005%左右。

为避免微生物的影响，香波中要加入适量的防腐剂。防腐剂种类主要有：甲醛、对羟基安息香酸酯、苯甲醚、单氯水杨酰苯胺。常用的防腐剂为尼泊金甲酯与尼泊金丙酯的配合物，其总的用量可为0.1%~0.2%，不超过0.5%，婴儿香波中更少。

四、香波的制备工艺

随着化妆品行业的发展和人们生活水平的提高，消费者对香波性能的要求也越来越高，一种理想的香波应具有以下特点：

① 泡沫细密丰富、有一定的稳定度，去污力适中，不过分脱脂。

② 使用方便，易于清洗，性能温和，对皮肤和眼睛无刺激。

③ 洗后头发滑爽、柔软而有光泽，不产生静电，易于梳理，能赋予头发自然感和保持良好的发型。

④ 能保护头皮、头发，促进新陈代谢，洗后头发留有芳香，还有去屑、止痒、抑制皮脂过度分泌等功能。

　　与乳液类化妆品相比，香波的配制技术比较简单。它的制备过程以混合为主，一般仅需要带有加热和冷却用的夹套并配有适当的搅拌配料锅。香波的主要成分大多是极易产生泡沫的洗涤剂，因此加料的液面必须没过搅拌桨叶片，以避免过多的空气进入。

　　香波的配制有两种方法：一是冷混法，它适用于配方原料具有良好水溶性的产品；二是热混法，在一定温度下将原料进行混合即得产品。从目前来看，除部分透明香波产品采用冷混法外，其他产品大都采用热混法。下面分别介绍各种洗发香波。

（一）调理香波

　　调理香波是目前最受消费者欢迎的一类香波，二合一香波就是其中的一种，洗发护发一次完成。香波的基础原料都可以作为调理香波的原料，除了基础原料，在调理香波中还添加了调理剂，洗发后可吸附在头发的表面和深入头发纤维内。

　　头发调理剂主要有阳离子表面活性剂及阳离子聚合物，以及疏水型的油脂等，如季铵盐氧化物、聚季铵盐、阳离子瓜尔胶、天然动植物提取物、聚硅氧烷和长链烷基化合物等。详见本章本节。

　　调理香波调理效果的好坏与调理剂的吸附能力以及调理剂的类型有密切关系。其制法与普通香波的制法基本相同。调理剂的性状不同，其加入方式不同：易溶于水的组分，可在低温或混合条件下加入；不易溶解的组分，则需要提前溶解或提供加热等条件。

　　与普通香波比较，调理香波的一般制备步骤是：首先将聚季铵盐与水在搅拌下充分混溶（如不易溶解，可适当加热），另将配方中的其他表面活性剂在加热下混熔，待混合均匀后缓慢降温，在搅拌下加入聚季铵盐溶液及其他原料，如珠光剂、防腐剂等，在45℃时加入香精、色素，最后用柠檬酸调节体系的 pH 值。

　　调理香波在选择调理剂时必须考虑其与体系中其他组分的相容性，同时还应考虑调理剂在头发上的积聚，尤其是多次洗涤。

　　（1）典型的调理营养香波

　　典型的调理营养香波的配方见表 3-2。

表 3-2　典型的调理营养香波配方

相	组分	质量分数/%		相	组分	质量分数/%	
		1#	2#			1#	2#
A	去离子水	加至100	加至100	A	维生素 B$_5$（泛酸）	0.6	0.5
	EDTA 二钠	0.1	0.1		乳化硅油	3.5	3.5
	阳离子瓜尔胶（Jaguar C-14S）	0.5			珠光浆	4.0	3.5
	脂肪醇聚氧乙烯醚硫酸钠（25%）	28.0	32.0		Glydant	0.3	0.3
	脂肪醇硫酸铵（25%）	14.0	12.0	B	柠檬酸（50%溶液）	适量	适量
	椰油酰胺丙基甜菜碱（30%）	3.0	5.0		氯化铵	适量	适量
	椰油酸单乙醇酰胺	1.5			香精	适量	适量
	三鲸腊基甲基氯化铵		0.6				

　　由于调理香波中添加了多种调理剂，其制备工艺因添加原料的性能不同会略有不同，以配方 1#、2# 为例，大致的制法为：将 EDTA 二钠和阳离子瓜尔胶加入去离子水中，搅拌至完全溶解；将体系升温至 70~75℃，依次加入 A 相组分的其他组分，搅拌至溶解；然后体系开始降温，冷却至 40℃后加入 B 相组分，搅拌均匀。以上两个配方为铵盐体系，故产品最终 pH 应控制在 6.5 以下。

（2）含硅氧烷二合一香波

含硅氧烷二合一香波配方如表 3-3 所示。

表 3-3　含硅氧烷二合一香波配方

相	组分	质量分数/%	相	组分	质量分数/%
A	月桂醇硫酸镁(30%)	10.0	C	二甲基聚硅氧烷	0.3
	月桂基硫酸镁(30%)	20.0		牛脂基三甲基氯化铵	0.2
	肉豆蔻醇聚醚硫酸钠(28%)	20.0		壬基酚聚氧乙烯醚-10	0.5
B	精制水	30.5		聚二甲基硅氧烷共聚醇	0.5
	聚乙二醇(120)甲基葡萄糖二油酸酯	2.0	D	乙二醇双硬脂酸酯	1.5
C	椰油酰胺丙基甜菜碱	3.5		聚氧乙烯(4)月桂醇醚	1.0
	月桂酸甘油酯	4.5		椰油酰胺丙基甜菜碱	1.0
	三甲基硅烷基二甲基聚硅氧烷	4.5		防腐剂、香精	适量

制备过程：将 A 相物料混合，将聚乙二醇（120）甲基葡萄糖二油酸酯（DOE-120）溶解于 B 相的精制水中，A、B 两相混合，并加温到 65℃；C 相物料也混合，在均匀慢速搅拌下将 C 相加入 A、B 的混合相内；最后将 D 相加入，搅拌至均匀。

产品特点：此类香波是由硅氧烷衍生物的综合体与性质温和的表面活性剂混合配成的，它能柔和而全面洗净头发，并具有调理性，使头发有光泽。

（3）不含硅氧烷二合一香波

不含硅氧烷的二合一香波的配方如表 3-4 和表 3-5 所示。

表 3-4 产品的制备工艺：将 A 相物料混合，水解小麦蛋白溶解于 B 相水中，可升温溶解，在搅拌下将 B 相物料加入 A 相，直至均匀，冷却后加香精；用柠檬酸调节 pH，用氯化钠提高黏度。该配方是一种含有三种调理剂混合物的珠光香波，能使头发柔和。

表 3-4　正常发质二合一香波配方

相	组分	质量分数/%	相	组分	质量分数/%
A	月桂醇醚硫酸钠(28%)	25.0	A	椰油酸单乙醇酰胺(珠光剂)	适量
	椰油酰胺丙基甜菜碱(30%)	10.0	B	丙烯酸/二甲基二烯丙基氯化铵共聚物	1.0
	聚异丁烯酸甘油酯、丙二醇	3.0		水解小麦蛋白	0.5
	精制水	15		精制水	41
	乙二醇双硬脂酸酯	4.5	C	香精、氯化钠、防腐剂、柠檬酸	适量

表 3-5　受损发质二合一香波配方

相	组分	质量分数/%	相	组分	质量分数/%
A	月桂醇醚硫酸钠(28%)	30.0	B	防腐剂	适量
	椰油酰胺丙基甜菜碱(30%)	8.0	C	乙二醇双硬脂酸酯	1.0
	三鲸蜡基甲基氯化铵	0.6		聚氧乙烯(4)月桂醇醚	1.0
B	精制水	54.4		椰油酰胺丙基甜菜碱	1.0
	聚季铵盐-39	4.0		香精	适量

表 3-5 是适用于烫发或受损头发的不含硅氧烷二合一香波的配方，配方中的阳离子聚合物为三鲸蜡基甲基氯化铵的混合体，使香波具有较强的调理作用。三鲸蜡基甲基氯化铵能直接与头发亲和，特别是能被吸引到受损头发的位置，但并不生成积垢。

（4）珠光调理二合一香波

珠光调理二合一香波的配方如表 3-6 所示。

表 3-6 珠光调理二合一香波配方

组分	质量分数/%	组分	质量分数/%
月桂醇醚硫酸钠(28%)	25.0	椰油酸单乙醇酰胺(珠光剂)	1.0
椰油酰胺丙基甜菜碱(30%)	10.0	水解小麦蛋白	1.0
聚异丁烯酸甘油酯、丙二醇	3.0	香精、防腐剂、无机盐、柠檬酸	适量
丙烯酸/二甲基二烯丙基氯化铵共聚物	0.5	去离子水	56.0
乙二醇双硬脂酸酯	3.5		

表 3-6 是珠光调理香波的配方。配方中的水解小麦蛋白和丙烯酸类共聚物需预先用少量的水溶解（可适当升温）后，在搅拌下缓慢加到其他表面活性剂的水溶液体系中，混合均匀，降温到 40℃后加香精，用柠檬酸调节 pH 值，用无机盐调节黏度。

（5）三合一香波

三合一香波配方如表 3-7、表 3-8 所示。

表 3-7 柔和、防紫外线的三合一香波配方

相	组分	质量分数/%	相	组分	质量分数/%
A	椰油酰两性基二乙酸二钠(30%)	35.0	B	聚季铵盐-39	0.65
	聚多元醇聚二甲基硅氧烷磺基琥珀酸酯二钠	20.0		精制水	22.6
	单硬脂酸甘油酯	3.0	C	聚乙二醇(7)椰油酸甘油酯	2.0
	椰油酰胺丙基甜菜碱(30%)	8.0		聚乙二醇-55	1.0
	N,N-二甲基对氨基苯甲酸辛酯	2.0		丙二醇油酸酯	1.0
B	聚氧乙烯(10)甘油醚羟丙基月桂基甲基二氯化铵	3.75		丙二醇	1.0
				香精、防腐剂	适量

表 3-7 是柔和、防紫外线的三合一香波的配方，配方有三种调理剂混合：一种是多元醇脂肪酸酯；一种是聚氧乙烯（10）甘油醚羟丙基月桂基甲基二氯化铵，它是一种以植物为基质的保湿剂，它能在头发上生成一种单分子层而对头发产生调理作用；而 N,N-二甲基对氨基苯甲酸辛酯是一种防晒剂，被广泛用作保护头发不受阳光晒伤的紫外线过滤剂。

表 3-8 调理、精致、漂洗三合一香波配方

相	组分	质量分数/%	相	组分	质量分数/%
A	月桂醇醚硫酸钠(28%)	30.0	A	防腐剂	适量
	椰油酰胺丙基甜菜碱(30%)	10.0		精制水	24.5
	丙烯酸/二甲基二烯丙基氯化铵共聚物	0.5	B	聚季铵盐	2.0
	乙二醇双硬脂酸酯	1.5		精制水	30.0
	聚氧乙烯(4)月桂醇醚	1.5	C	香精	适量

表 3-8 是调理、精致、漂洗三合一香波的配方，是有两种阳离子聚合物（聚季铵化合物）的调理性香波，特别是聚季铵盐被广泛使用于成型摩丝，洗发后能直接作用于头发，使头发光亮和定型。

（二）液状香波

液状香波是目前市场上流行的主体，其品牌及产量发展极为迅速，在洗发化妆品中的消费量最高，这种产品占洗发用品市场的 60%以上，是最常见的一类洗发化妆品。其具有性能好、使用方便、制备简单、包装美观、深受消费者喜爱等特点。液状香波从外观上分为透明型和乳浊型（或珠光型）两类。

与其他香波一样，液状香波的基本原料有三种类型，即主表面活性剂、辅助表面活性剂

及添加剂。

（1）透明液状香波

透明液状香波具有外观透明、泡沫丰富、易于清洗等特点。但由于要保持香波的透明度，通常以选用浊点较低的原料为原则，以便产品在低温时仍能保持透明清澈，不出现沉淀、分层等现象。

透明液状香波常用的表面活性剂是溶解性好的脂肪醇聚氧乙烯醚硫酸盐（钠盐、铵盐或三乙醇胺盐）、脂肪醇硫酸盐（铵盐或三乙醇胺盐）、醇醚琥珀酸酯磺酸盐、烷醇酰胺等；肥皂基的透明液体香波一般是用钾皂，并加入一些聚磷酸盐或 EDTA 等螯合剂，以防止肥皂在硬水中形成钙、镁皂而沉淀。

① 洗涤型香波

洗涤类香波生产工艺过程中应注意的问题：

a. 要适当控制泡沫的形成，以减轻基质中泡沫的存在及对后续外观检验、转运、分装、净含量控制等环节的不良影响。

b. 温度和时间的协调。过高的温度虽可缩短溶解时间，但也会造成某些成分的分解、冷却时间的延长和能源的浪费；过低的温度会造成溶解不彻底或配制时间的浪费。

c. 如果原料是难溶性原料，要进行适当预处理，这样可提高设备的通用性。

d. 要注意低温添加原料时的微生物状况，注意设备周转中、间歇时间内等的微生物污染。

e. 也需要适度考虑作为化妆品 pH 调节剂的强酸、强碱等，对设备、工具等的腐蚀，进而对化妆品配方的影响以及对配制人员健康的影响，操作风险、操作方便性，可通过分批添加、缓慢添加等方式，降低或避免其腐蚀和危害的风险。

洗涤型香波的配方如表 3-9 所示。产品中所用原料均溶为液体，其主要原料是月桂醇系列表面活性剂，有的复配了非离子表面活性剂吐温-80。此类洗涤型香波产品的洗涤力较强，在水中的分散性较好，制备工艺比较简单，在一定温度下依次将各组分加入去离子水中，搅拌均匀即可。

表 3-9　洗涤型香波的配方

组分	质量分数/%			
	1#	2#	3#	4#
月桂醇聚氧乙烯醚(4)硫酸钠	16.0			15.0
月桂醇硫酸钠			30.0	2.7
月桂醇硫酸三乙醇胺		50.0	20.0	
月桂酸二乙醇酰胺	4.0		5.0	
吐温-80				10.0
聚乙二醇(400)二硬脂酸酯		5.0		
月桂酰甲胺乙酸钠		1.0		
丙二醇	2.0			
EDTA				0.05
防腐剂、色素、香精	适量	适量	适量	适量
精制水	加至 100	加至 100	加至 100	加至 100

② 皂基类香波

皂基类香波是以油脂类与碱作用生成脂肪酸皂为主要表面活性剂的一类洗发香波，其他成分与一般洗发香波相同。配方如表 3-10 所示。

表 3-10　皂基类透明液体香波的配方

组分	质量分数/%		组分	质量分数/%	
	1#	2#		1#	2#
椰子油	7.0		氯化铵	1.6	
椰油酸二乙醇酰胺	10.0		KOH	4.0	
橄榄油	5.0		NaOH	1.6	
棕榈油		30.0	EDTA	0.4	
油酸三乙醇胺皂		10.0	乙醇	3.0	
烷基酚聚氧乙烯醚		8.0	防腐剂、色素、香精	适量	适量
十二烷基二甲基苄基氯化铵	4.0		精制水	加至100	加至100

③ 低刺激性香波

在洗发香波中，使用氧化胺型、甜菜碱型等表面活性剂可代替烷醇酰胺，配制透明液状香波，能显著提高产品的黏度和泡沫稳定性，且具有调理和降低刺激性等作用。透明液体香波的配方及改进配方如表 3-11、表 3-12 所示。

表 3-11　透明液体香波的配方

组分	质量分数/%		组分	质量分数/%	
	1#	2#		1#	2#
月桂醇硫酸三乙醇胺(30%)	45.0		甘油	5.0	
月桂酸二乙醇酰胺	5.0	2.0	氯化钠	0.3	0.7
羟丙基甲基纤维素	1.0		柠檬酸		0.3
EDTA	0.2		尼泊金甲酯	0.2	0.2
月桂醇醚硫酸钠(70%)		14.0	香精	适量	适量
脂肪醇聚氧乙烯醚磺基琥珀酸单酯二钠盐(MES)(28%)		10.0	色素	适量	适量
十二烷基二甲基甜菜碱(30%)		4.5	去离子水	43.5	68.3

表 3-11 所示的 1# 是普通透明香波的配方，配方中添加了羟丙基甲基纤维素，起增稠作用，可减少配方中月桂醇硫酸三乙醇胺的用量；同时，这种纤维素醚类的加入，可以减少无机盐的量甚至不用无机盐，使香波黏度比用盐增稠时更高，且纤维素醚类的非离子性不影响表面活性剂的浊点，故具有良好的透明性和低温稳定性。2# 是低刺激性透明香波的配方，配方中使用了 AES 和 MES 的复配体系，并加入两性离子表面活性剂，使其比单独使用 AES 或 MES 的刺激性低。

表 3-12 是对普通透明香波改进后的 4 种产品的配方。

表 3-12　普通透明液体香波的改进配方

组分	质量分数/%				组分	质量分数/%			
	1#	2#	3#	4#		1#	2#	3#	4#
月桂醇醚硫酸钠(70%)	12.0		10.0	5.0	JR-400				0.5
月桂醇醚硫酸铵(70%)		15.0			EDTA	0.05			
月桂醇硫酸三乙醇胺(30%)		5.0			防腐剂	0.15	适量	0.2	0.2
月桂酸二乙醇酰胺	5.0			4.0	柠檬酸	适量	适量	0.5	1.0
油酸单乙醇酰胺琥珀酸酯磺酸钠(30%)			15.0		氯化钠	适量	适量	1.0	适量
醇醚琥珀酸酯磺酸钠(30%)		10.0	5.0	10.0	香精	0.2	0.2	0.3	0.3
十二烷基甜菜碱(30%)		6.0	6.0	5.0	去离子水	82.6	61.8	62.0	74.0
十二烷基二甲基氧化胺(30%)		2.0							

制作方法：配方 1♯、2♯、3♯将表面活性剂及其他添加剂加入去离子水中，搅拌使其溶解均匀（可加热），冷却至 40℃时加入香精，用柠檬酸调节 pH 值，用 NaCl 调整至适宜黏度即可。配方 4♯将 JR-400 加入去离子水中，30℃下搅拌使其分散溶解均匀，然后加入其他表面活性剂及添加剂，加热溶解均匀，冷却至 40℃时加入香精，用柠檬酸调整 pH 值，用 NaCl 调整黏度。

④ 珠光调理液体香波

珠光调理香波产品的配方如表 3-13 所示。在配方中加入珠光剂，并加入阳离子聚季铵盐（阳离子瓜尔胶），在香波中起到调理作用，也对香波具有良好的增稠作用。

表 3-13　珠光调理液体香波的配方

组分	质量分数/%	组分	质量分数/%
AES-NH$_4$(70%)	15.0	乳化硅油	2.0
椰油酰胺丙基甜菜碱(30%)	10.0	柠檬酸	0.3
尼纳尔	2.0	香精	适量
乙二醇单硬脂酸酯	2.5	防腐剂	适量
阳离子瓜尔胶	0.3	去离子水	67.9

(2) 液状乳浊香波

液状乳浊香波包括乳状香波和珠光香波两种。乳浊香波由于外观呈不透明状，具有遮盖性，原料的选择范围较广，可加入多种对头发、头皮有益的物质，其配方结构可在液体透明香波配方的基础上加入遮光剂，对香波的洗涤性和泡沫性稍有影响，但可改善香波的调理性和润滑性。乳浊香波参考配方如表 3-14 所示。

配方 2♯、3♯、5♯的制作方法：将去离子水加入搅拌锅中，升温至 30℃，将阳离子纤维素聚合物或阳离子瓜尔胶加入去离子水中，搅拌分散溶解均匀，然后依次加入除香精、水解蛋白、芦荟胶、珠光剂以外的其他组分，加热至 75～85℃，搅拌使其溶解均匀，冷却至 70～75℃时加入乙二醇双硬脂酸酯，搅拌冷却至 35℃时加入香精、水解蛋白、芦荟胶，如采用珠光剂也在此时加入，搅匀即可。

配方 1♯和配方 6♯的制作方法：将除香精以外的其他组分加入去离子水中，加热至 70～75℃搅拌使其溶解均匀，搅拌冷却至 35℃时加入香精搅匀即可。

配方 4♯的制作方法：将三乙醇胺和去离子水混合加入搅拌锅中，升温至 90℃左右，搅拌下加入聚丙烯酸，加完后继续搅拌 10min，制成均匀的聚丙烯酸三乙醇胺盐糊状溶液。然后加入除 ZPT 和香精以外的其他组分，搅拌溶解均匀，冷却至 40℃时加入 ZPT 和香精搅匀即可。

表 3-14　乳浊香波的参考配方

组分	质量分数/%					
	1♯	2♯	3♯	4♯	5♯	6♯
月桂醇醚硫酸钠(70%)	20.0	12.0			8.0	15.0
月桂醇硫酸钠					2.0	
月桂醇醚硫酸三乙醇胺(40%)			20.0	40.0		
月桂酸二乙醇酰胺	4.0	4.0	5.0	3.0		5.0
油酸单乙醇酰胺琥珀酸酯磺酸钠(30%)					20.0	
醇醚琥珀酸酯磺酸钠(30%)					15.0	
十二烷基甜菜碱(30%)			6.0	5.0	6.0	
N-酰基谷氨酸钠			5.0	5.0		

续表

组分	质量分数/%					
	1#	2#	3#	4#	5#	6#
阳离子瓜尔胶			1.0			
阳离子纤维素聚合物（JR-400）		1.0			0.5	
硅油调理剂					0.5	
乙二醇双硬脂酸酯		1.0	1.0		1.5	2.0
乙二醇单硬脂酸酯	2.0					
防腐剂	0.2	0.2	0.2		0.1	
丙二醇	1.0					0.2
羊毛脂	1.5					
香精	0.5	0.2	0.2	0.1	0.2	0.2
水解蛋白		0.5				
吡啶硫酮锌（ZPT）				1.0		
十一碳烯酸单乙醇酰胺琥珀酸酯磺酸钠（35%）		3.0	3.0		3.0	
聚丙烯酸				0.3		
三乙醇胺				0.2		
芦荟胶		适量	适量		适量	
去离子水	70.7	66.1	58.6	55.4	43.2	77.6
柠檬酸	0.1	1.0	1.0			

（三）膏状香波

膏状香波，也称洗发膏，是一种质地柔软、状如牙膏的清洁头发的化妆品，多为软管包装产品，是国内开发较早的一种洗发用品，目前仍有生产和使用。它具有携带、使用方便，泡沫适宜，清除头发污垢性能良好的特点，为不透明膏状体，可加入多种对头发有滋润作用的物质。

现代洗发膏也从单一洗发功能向洗发、护发、养发、去屑止痒等多功能方向发展，如市场上销售的"羊毛脂洗头膏""去屑止痒洗头膏"等。洗发膏活性物的含量一般比液体香波高，去污力强，特别适用于油性头发及污垢较多的男性消费者。

（1）主要原料

普通洗发膏常用硬脂酸皂为增稠剂，月桂醇硫酸钠为洗涤发泡剂，高碳醇、羊毛脂等为滋润剂，三聚磷酸钠、EDTA 为螯合剂，甘油、丙二醇为保湿剂，再加入防腐剂、香精、色素等配制而成，目前已被液体香波替代。

（2）配制工艺

洗发膏的配制主要采用热混法。

① 反应型乳化体的主要制备过程：将脂肪酸加热至 90℃，加入碱类进行皂化后，在搅拌下加入十二烷基硫酸钠等原料，降温至 45℃时加入香精，冷却至常温，即得。

② 非反应型乳化体的制备过程：先将水溶性表面活性剂与水混合加热，在 50～60℃时保温，加入 EDTA、防腐剂，在搅拌下加入各类原料，形成胶状软膏体并加入已熔化的羊毛脂等油性原料，降温至 45℃，加入香精，冷却至室温即得。

（3）产品配方实例

皂基洗发膏的配方如表 3-15 所示。

表 3-15 所示 1# 配方的产品属反应型皂基洗发膏，制备方法是：将硬脂酸熔化后加入已加热至 90℃的 KOH、K$_{12}$ 和去离子水的混合液中，搅拌皂化，再加入 6501、三聚磷酸钠，

继续搅拌，体系为液体，加入碳酸氢钠、防腐剂等成膏，降温至45℃加香精，搅拌均匀出料。2#配方的产品属于非反应型皂基洗发膏，体系中加入羊毛脂和蛋白质衍生物使其具有调理作用，其制备方法与反应型皂基香波基本相同。

表 3-15　皂基洗发膏的参考配方

组分	质量分数/%		组分	质量分数/%	
	1#	2#		1#	2#
硬脂酸	3.0		月桂酸二乙醇酰胺		2.0
羊毛脂	1.0	1.0	三聚磷酸钠	8.0	
KOH(8%)	5.0		碳酸氢钠	12.0	
月桂醇硫酸钠(K_{12})	20.0	5.0	蛋白质衍生物		3.0
烷基醇酰胺(6501)	3.0		香精、色素	适量	适量
十二烷基聚氧乙烯(3)醚硫酸钠		10.0	防腐剂	适量	适量
乙二醇单硬脂酸酯		3.0	去离子水	48.0	76.0

膏状香波也可配成透明的冻胶状，其配方结构是在普通液体透明香波的基础上加入适量的水溶性高分子纤维素如CMC、羟乙基纤维素、羟丙基甲基纤维素等，电解质氯化钠、硫酸钠等，或其他增稠剂复配而成。

表3-16为不透明膏状香波和透明胶冻状香波的配方。

表 3-16　不同类型洗发膏的配方

组分	质量分数/%				组分	质量分数/%			
	1#	2#	3#	4#		1#	2#	3#	4#
月桂醇硫酸钠	20.0	25.0	20.0		三聚磷酸钠	5.0	8.0		
月桂醇硫酸三乙醇胺盐(40%)				25.0	碳酸氢钠		10.0		
月桂酸二乙醇酰胺		3.0	1.0	10.0	甘油	3.0			
咪唑啉(40%)				15.0	防腐剂	0.2	0.2	0.2	0.2
硬脂酸	5.0	3.0	5.0		色素	适量	适量	适量	适量
单硬脂酸甘油酯			2.0		香精	0.2	0.5	0.5	0.3
羊毛脂	1.0	2.0			去离子水	64.6	47.9	70.3	48.5
NaOH(100%)	1.0	0.4	1.0		羟丙基甲基纤维素				1.0

表3-16中1#、2#、3#均为不透明洗发膏配方。制作方法：将月桂醇硫酸钠、NaOH加入去离子水中，加热到90℃，搅拌使其溶解均匀，再加入熔化好的硬脂酸、单硬脂酸甘油酯、羊毛脂的混合物，搅拌均匀，然后按不同配方的要求依次加入月桂酸二乙醇酰胺、三聚磷酸钠、碳酸氢钠、甘油、防腐剂、色素等搅拌均匀，冷却至45℃时加入香精搅匀即可。

4#为透明胶冻状洗发膏配方。首先将羟丙基甲基纤维素加入去离子水中，使其分散溶解均匀，然后依次加入各类原料，搅拌溶解均匀，最后加入香精搅匀即可。

（四）去屑香波

（1）头皮屑的产生

头皮屑是新陈代谢的产物。头皮屑的产生主要是由于头皮功能失调，其主要原因包括外部因素和个人生理或其他内部原因。

外部因素包括微生物（细菌）影响、光照影响、空气氧化产生的脂肪酸或过氧化脂质等刺激性物质的影响，以及周围环境刺激性物质的影响。这些会促使污垢和头皮分泌的皮脂混在一起，干后成为皮屑，会使表皮细胞角化过程加速，造成头皮表层细胞的不完全角化和卵圆糠疹癣菌的寄生，细菌滋生，产生脂溢性皮炎，从而头皮屑增多。

当身体营养不良、皮脂分泌激素过多、头皮角质细胞异常增生、新陈代谢旺盛、神经系统紧张、药物和化妆品引起炎症时，都可能会产生头皮屑。另外，头皮屑与年龄有关，青春期前很少有头皮屑，一般 20 多岁时达到最高峰，中年和老年时下降。

（2）去屑的机理

去屑主要从三方面入手：

① 抑制细胞角化的速度，从而降低表皮新陈代谢的速度。

② 阻止将要脱落的细胞积聚成肉眼看得见的块状鳞片，使块状鳞片分散成肉眼不易察觉的细小粉末。

③ 杀菌，防止细菌滋生。

因此，要想减少头皮微生物的生长，有效控制头皮屑，可以在洗发香波中加入有效的止痒去屑剂。常用去头皮屑剂有 ZPT、OCT、甘宝素、十一碳烯酸衍生物、酮糠唑等。

（3）产品配方与制备工艺

早期的去头屑产品主要以杀菌为主。常用的有硫黄、水杨酸等，但去屑效果差，只有杀菌作用。第一代的去屑产品使用二硫化锌、二硫化硒和吡啶硫酮锌等，去屑效果较好，但溶解性很差，只能用来生产粉状或悬浮状的产品。

第二代去屑产品中含有二吡啶硫酮硫酸镁盐、活性甘宝素、十一碳烯酸单乙醇酰胺的单磺基琥珀酸钠盐等，此类产品去头屑效果很好，溶解性也好，能与其他香波原料复配，不会发生沉淀或分层现象，刺激性低，不会引起脱发、断发。表 3-17～表 3-19 为不同去屑香波配方。

表 3-17 典型的去屑香波配方

相	组分	质量分数/% 1#	质量分数/% 2#	相	组分	质量分数/% 1#	质量分数/% 2#
A	去离子水	加至 100	加至 100	B	乳化硅油	3.0	3.5
	EDTA 二钠	0.1	0.1		OCT		0.3
	Aculyn 33	0.5			吡啶硫酮锌(50%)	2.0	
	脂肪醇聚氧乙烯醚硫酸钠铵(25%)	33.6	50.0		珠光浆	4.0	3.5
	脂肪醇硫酸铵(25%)	16.8			防腐剂	适量	适量
	椰油酰胺丙基甜菜碱(30%)	5.0	7.0		柠檬酸	适量	适量
	阳离子瓜尔胶(Jaguar C-14S)	0.4			氯化铵	适量	适量
B	三乙醇胺	适量	4.0		香精	适量	适量

表 3-17 所示的是典型的去屑香波配方，制备方法如下：

① 将 EDTA 二钠、阳离子瓜尔胶和 Aculyn 33 加入去离子水中，搅拌至溶解；

② 将体系升温至 70～75℃，依次加入 A 相的其他组分，搅拌至溶解；

③ 体系降温至 40℃，用三乙醇胺中和至 pH 为 7 左右，加入 B 相其他组分，搅拌均匀。

在去屑香波配方中，ZPT 难以被稳定悬浮在体系中，必须考虑加入悬浮剂，否则容易分层，而且含 ZPT 的配方对设备要求较高，少量重金属离子就会使产品变色。

吡啶硫酮锌乳状香波配方见表 3-18。

表 3-18 所示配方以吡啶硫酮锌为去屑剂，产品为乳状香波。其制备过程为：先将水和去屑剂混合，在搅拌下加热到 70℃，数分钟后加入氯化钠和其他水溶性添加剂，搅拌均匀后加入表面活性剂，加热搅拌，待体系均匀后，降温至 40℃加入香精。

表 3-18　吡啶硫酮锌乳状去屑香波配方

组分	质量分数/%	组分	质量分数/%
月桂醇硫酸酯铵盐(30%)	15.0	吡啶硫酸锌(7.7μm)	1.0
月桂基硫酸酯盐(30%)	3.2	十六醇	0.5
乙二醇双硬脂酸酯	3.0	硬脂酸	0.2
椰油酸单乙醇酰胺	2.6	氯化钠	适量
聚乙二醇(PEG, $M_r=546$)	2.0	香精、色素	适量
聚二甲基硅氧烷胶	0.5	防腐剂	适量
液态二甲基硅氧烷	0.5	去离子水	加至 100

表 3-19　甘宝素去屑香波配方

组分	质量分数/%	组分	质量分数/%
月桂基硫酸酯铵盐(70%)	40.0	氯化钠	0.1
聚季铵盐-11	0.6	香精、色素	适量
椰油酰胺丙基甜菜碱	12.0	防腐剂	适量
甘宝素	0.5	去离子水	46.8

表 3-19 是甘宝素去屑香波的配方。配方以甘宝素作为去屑止痒剂，其制备过程是：将甘宝素和表面活性剂混合加热至 70～75℃，成为透明液体，加入防腐剂、去离子水等，然后用氯化钠调节黏度。

（五）其他香波

（1）防晒香波

头发长期暴露于太阳光下，当其受到紫外线的辐射后，会发生一些光化学反应，对头发的物理和化学性能都有很大的影响。其危害主要表现在：

① 头发褪色；

② 吸着特性发生变化，在碱中溶解度增大，头发中胱氨酸含量减少，半胱氨酸含量增加；

③ 头发的拉伸强度下降。

适用于头发防晒保护的防晒剂包括：二苯甲酰甲烷衍生物、N,N-二甲基对氨基苯甲酸辛酯、甲氧基肉桂酸辛酯、亚苄基樟脑硫酸铵、5-苯甲酰基-4-羟基-2-甲氧基苯磺酸基异苯甲酮等。典型的防晒香波配方见表 3-20。

在生产工艺中，防晒剂的加入对工艺影响不大。表 3-20 中配方 1♯、2♯ 的制备工艺如下：

① 首先将 EDTA 二钠加入去离子水中，搅拌至溶解；

② 将体系升温至 60℃左右，依次加入 A 相的其他组分，搅拌至溶解；

③ 等体系降温至 40℃后，加入 B 相中各组分，搅拌均匀即可。

表 3-20　典型防晒香波的配方

相	组分	质量分数/%		相	组分	质量分数/%	
		1♯	2♯			1♯	2♯
A	去离子水	加至 100	加至 100	A	聚季铵盐-44		2.0
	EDTA 二钠	0.1	0.1		N,N-二甲基对氨基苯甲酸辛酯	0.3	0.3
	脂肪醇聚氧乙烯醚硫酸钠(27%)	40.0	40.0		二苯甲酮-4	0.3	0.3
	椰油酰胺丙基甜菜碱(30%)	6.0	6.0		Kathon CG	0.1	0.1
	椰油酸二乙醇酰胺	3.0	3.0	B	柠檬酸、氯化钠	适量	适量
	聚季铵盐-7	3.0			香精	适量	适量

（2）婴儿香波

婴儿香波是专为儿童设计的低刺激、作用温和的香波产品，强调产品的安全性和低刺激性以及温和性，所用原料类型必须满足这些要求，同时其活性物含量相对较低。此外，产品的外观设计也突出柔和、纯净、清澈的特点，以满足儿童心理需求。

婴儿香波的原料中，表面活性剂选用低刺激性的非离子表面活性剂、两性离子表面活性剂和部分阴离子表面活性剂（刺激小且泡沫丰富的品种），原料口服毒性越低越好，以免误服引起中毒。配方中少加或不加香精和色素，减少刺激性，也不用无机盐增稠。

选用的表面活性剂主要有磺基琥珀酸酯类、氨基酸类阴离子表面活性剂、甲基葡萄糖苷和聚氧乙烯单（双）脂肪酸甘油酯等。

① 磺基琥珀酸酯

磺基琥珀酸酯对皮肤、眼睛黏膜等有优良的相容性，且其生物降解性良好，非常适合用于温和的婴儿香波中。主要有磺基琥珀酸单酯或二酯的钠盐及其乙氧基化产物，如脂肪醇聚氧乙烯醚磺基琥珀酸单酯二钠盐（MES）。

MES 是一种对皮肤和眼睛的刺激性很小，或者无刺激的阴离子表面活性剂，且作为辅助表面活性剂，MES 能降低原料中主表面活性剂的刺激性，特别是对 AES，当磺基琥珀酸单酯钠盐代替 1/3 的 AES 时，可使产品对眼睛的刺激性减少 2/3。

目前，在此类原料中，以聚乙二醇（5）十二烷基柠檬酸酯磺基琥珀酸酯二钠盐的性能最为温和，且有极好的表面活化性能，应用于婴儿香波中。

② 氨基酸类阴离子表面活性剂

氨基酸类阴离子表面活性剂是一类性质温和、无刺激性的表面活性剂，是以脂肪酸与氨基酸、多肽（水解蛋白）为原料制得的脂肪酰-肽缩合物，属脂肪酸盐改性品种。用于婴儿香波中的主要是 N-酰基谷氨酸盐（AGA）。

③ 甲基葡萄糖苷

甲基葡萄糖苷的乙氧基衍生物，性质温和、刺激性低，与其他表面活性剂有良好的配伍性并可降低其刺激性，很适合作为婴儿香波的原料。

④ 聚氧乙烯单（双）脂肪酸甘油酯

它是一类具有良好的增稠、增溶、改善表面活性剂与皮肤和黏膜相容性的非离子表面活性剂，具有非常好的增稠效果。婴儿香波的配方见表 3-21。

表 3-21　婴儿香波的配方

组分	质量分数/%	组分	质量分数/%
十二醇醚磺基琥珀酸酯盐（30%）	5.0	香精	适量
椰油酰胺丙基甜菜碱	5.0	防腐剂	适量
咪唑啉型甜菜碱	7.0	去离子水	82.0
水解胶原蛋白	1.0		

婴儿香波的制法与成人香波相同，但制备过程中的卫生和安全性要求较高。

第二节　护发类化妆品

人体头皮上皮脂腺分泌的油脂较身体其他部位分泌多，油性较强。头发角质层上有一层薄的油膜，能维持头发的水分平衡，使头发保持光亮，同时还保护着头发和头皮，减轻风、雨、阳光和温度等对头发的影响。如因洗发、染发等原因导致头发变得枯燥、发脆、易断等等，需要适当地补充水分和油分，以恢复头发的光泽和弹性。

因此，头发要保持天然、健康和美观的外表，光亮而不油腻，柔软而有生机，在洗发、染发、烫发等处理后需要涂敷一些护发类化妆品来保护、修饰头发。

为了达到良好的修饰效果，要求护发化妆品的内聚力和黏着力必须平衡，此外还应具有一定的润滑性、梳理性。护发化妆品的主要作用是弥补头发油分和水分的不足，同时还可减轻或消除头发或头皮的不正常现象（如头皮屑过多等），达到滋润和保护头发、修饰头发、保持头发光泽而有弹性的目的。

常用的护发用品有发油、发蜡、发乳、护发素、焗油、透明发膏等等。

一、发油

发油是一类古老的化妆品，呈无色或淡黄色透明的油性液体外观，有适度香味，是由动植物油和矿物油混合而成的透明油状液体，其主要作用是弥补头发油分的不足和增加头发的光泽，有一定的修饰和固定发型的作用。

发油含油量高，不含乙醇和水，是重油型的护发品。使用发油修饰头发可使头发有光泽，恢复柔软性，还可防止头发及头皮过分干燥，以及头发断裂、脱落，起到滋润和保养头发的作用。发油类产品的价格不高，具有良好的润滑作用，但使用后有油腻的感觉，因此，许多使用者选择发乳类产品代替。

（一）原料组成

发油的主要原料是动植物油和（或）矿物油，再辅以其他油脂类原料如聚二甲基硅氧烷及其衍生物、香精、色素、抗氧剂等配制而成，不含乙醇和水。因此所用油的质量和性能，将直接影响发油的质量和性能。

油类的黏度大小关系到发油对头发修饰的效果和敷用性能，通常采用中等黏度或低黏度的油类为主要原料，配制出的发油是一种流动性很好的透明液体。黏度不宜过高，高黏度的油虽然修饰效果较好，但不易分布均匀，有黏滞感，但也不能太低，黏度低虽然有利于喷敷，易于在头发上均匀分布，但流动性太好不利于修饰头发，使用量也不易控制。

发油原料中使用的动植物油和矿物油，一般多为凝固点较低的纯净植物油或精制矿物油。

（1）动植物油脂

动植物油脂与人体皮脂组成相似，对皮肤有良好的渗透性，能被部分吸收。但润滑性不如矿物油，且易酸败。动植物油脂中含有大量不饱和键，油脂精炼时去除了抗氧剂，所以为了防止酸败，必须再次加入抗氧剂，如对羟基安息香酸丙酯、二氢愈创木脂酸和二叔丁基对甲酚等，一般用量在 $0.01\% \sim 0.10\%$。在植物油中加入 10% 矿物油亦有阻滞酸败的效果。

植物油中采用的是不干性或半干性油，如橄榄油、蓖麻油、花生油、豆油及杏仁油等。实际上，一般采用两种或两种以上的这种油脂相互配合，使润滑性、黏着力等都能达到使用的需要。但是动植物油脂制成的发油在使用时有黏滞感，所以目前已被矿物油替代。

（2）矿物油

在洗发类产品的原料中，往往用两种或更多的油脂复合使用，以增加产品的润滑性和黏附性。矿物油有良好的润滑性，不易酸败和变味，但不能被头发吸收，常用的矿物油有白油、凡士林等。

矿物油与人体皮脂组成不同，属于"异物"，不被头发吸收。由于其低黏度和渗透的特性会在头发上形成一层薄的保护膜，重油对头发的修饰效果较轻油为佳，而轻油在分布均匀方面却又胜过重油，但是矿物油不会酸败和变味的性能是显著优越的，因此目前市场上的发油很多是采用矿物油配制成的。

白油不易酸败和变味，用于头发润滑性好，能形成一层薄的保护膜，对头发的光泽和修饰能起到良好的作用，且价格较动植物油便宜。因此，配制发油所用的矿物油，通常是精炼的白油。一般选用异构烷烃含量高的白油，因为异构烷烃有良好的透气性，且润滑性能好，正构烷烃透气性差，在头皮表面形成不透气薄膜，影响头皮的正常呼吸作用。

在只用矿物油配制成的发油中，许多芳香物质的溶解度较低，树脂类及结晶体是不溶解的，或者会产生沉淀。由于要求发油完全透明清澈，且要试验光、热和贮存对产品的影响，因此应选用在白油中溶解度好的香料调制而成的香精，同时加入少量的植物油、脂肪醇、脂肪酸酯或某些非离子表面活性剂，来改善香料在白油中的溶解性能。

（3）其他成分

除上述主要成分外，发油使用的原料还有羊毛脂衍生物、脂肪酸酯类、有机硅油、偶合剂、防晒剂、防腐剂、香精和色素等。

发油中加入一些羊毛脂衍生物以及一些脂肪酸酯类等与植物油和矿物油完全相溶的原料，以改善油品性质、抗酸败和增加吸收性。

① 羊毛脂类对头发也有保护作用，它能渗进头皮，增加头发的光泽，还可以防止油脂酸败。但是羊毛脂在矿物油中溶解性不佳，呈浑浊状态，通常选用在白油中溶解性较好的羊毛脂衍生物，如乙酸羊毛脂、羊毛酸异丙酯等。

② 发油中常加入肉豆蔻酸异丙酯和棕榈酸异丙酯，这类脂肪酸酯能和植物油或矿物油完全混合，改善它们的性质，阻滞酸败，并能被毛发吸收，既使毛发有光泽又有滋润毛发的功效，是性能良好的合成油性原料。还能偶合羊毛脂和矿物油，使羊毛脂类能大量地溶于矿物油。

③ 有些发油中加有一些防晒剂以减轻日光中紫外线对头发的损害。此外，矿物油也具有相似的保护作用，它能反射日光中部分紫外线。

④ 有机硅衍生物被广泛应用于发油产品中，具有良好的伸展性、防水性和润滑性，可以均匀地覆盖在头发表面，形成一层薄薄的疏水性保护膜，并减少头发间的摩擦。主要品种详见本章第一节。

⑤ 加入偶合剂可使油液保持透明，例如少量的植物油、脂肪醇、脂肪酸酯或某些非离子型表面活性剂可使香料溶解。

另外，品质再优良的发油，储存太久后也会产生异味，因此必须加入抗氧剂，根据需要还可适量加入油溶性色素和少量的油溶性香精，赋予制品艳丽的外观和令人愉悦的香气。

（二）配方与生产工艺

发油应具有良好的外观，清澈、透明、无异物，无异味，有良好的使用性能。发油在生产、储存和使用过程中，如果出现透明度差，可能有三个方面的原因：

① 发油中含有微量水分，在选料和生产过程中应避免水分混入；

② 香精的溶解度差或用量过多，以微小颗粒分散于发油中，时间久了会有香精析出，

应选用溶解性好的香精，或减少香精用量；

③ 所用油类或香精中含有少量蜡质成分，温度低时会产生浑浊或以沉淀析出，应选用高质量的油类和香精。

发油的基础配方如表 3-22 所示。

表 3-22 发油的基础配方

组分	质量分数/%	组分	质量分数/%
蓖麻油	10.0	香精	适量
杏仁油	10.0	色素	适量
矿物油	80.0	防腐剂	适量

发油的配制较为简单，通常在常温下，将全部油脂原料混合溶解，加入香精、抗氧剂。含有白油时，由于白油对香精的溶解度较差，可以将白油加温到 40℃ 左右，使香精溶解于白油中，待全部原料溶解后，静置贮存，经过滤即得。

各类发油的配方见表 3-23。

表 3-23 各类发油的配方

组分	质量分数/%					组分	质量分数/%				
	1#	2#	3#	4#	5#		1#	2#	3#	4#	5#
白油	80.0	20.0		38.5	80.0	乙酰化羊毛脂	20.0				
蓖麻油		60.0	70.0	38.5	10.0	肉豆蔻酸异丙酯				23.0	
花生油			20.0			抗氧剂	适量	适量	适量	适量	适量
杏仁油		20.0	10.0		10.0	香精、色素	适量	适量	适量	适量	适量

生产工艺：在装有搅拌器的夹套加热锅中，按配方加入白油及其他油类，升温同时开启搅拌，加热温度视香精的溶解情况而定，通常为 40～60℃；加热至所需温度后加入香精、抗氧剂、色素等，搅拌使其充分溶解至发油清澈透明为止（约 10min），开夹套冷却水或自然冷却至室温；然后过滤或静置过夜，除去杂质经化验合格后即可包装。

二、发蜡

发蜡是一种半固体的油、脂、蜡混合物，含油量高，常呈不透明状，属重油型护发化妆品，以大口瓶或软管作包装容器。发蜡的主要作用是修饰和固定发型，增加头发的光泽度。用油和蜡类成分来滋润头发，使头发具有光泽并保持一定的发型。发蜡多为男性用品，润滑性较差，使其在头发上分布均匀，对头发修饰的效果却很好，一般是不透明的，透明度随着蜡的含量增加而下降。

发蜡主要有两种类型，一种是由植物油和蜡制成，另一种是由矿脂制成。矿脂发蜡无油臭味，光泽性、整发效果、赋香性比植物油发蜡强，但由于黏性较高、油性较大、易粘灰尘、清洗较为困难等不足，已逐渐被新型的护发和定发制品代替。植物油发蜡易于清洗，被人所喜爱。

（一）原料组成

发蜡的原料主要有矿物油、固体石蜡、凡士林、蓖麻油、松香等动植物油脂及矿脂，另外还有香精、色素、抗氧剂等。

① 矿物油和石蜡的混合物是最简单的配方。但石蜡会有结晶的趋向和引起分油，在冷

天容易收缩而出现脱壳现象，使发蜡离开瓶壁，常常加入一些凡士林进行改善。为了防止矿物油分油，常常加入地蜡、鲸蜡和精制地蜡代替固体石蜡，或采用石蜡与它们的混合物。

② 松脂也常常用于制作发蜡，有增加光泽和固定头发的效果，最高用量可达25%。实际上，发蜡大多以凡士林为原料，因此黏性较高，可以使头发梳理成型，头发光泽度也可保持数天。缺点是黏稠、不易洗净。可在配方中加入适量的植物油和白油，以降低制品的黏度，增加滑爽的感觉。因此，植物油也可以用于发蜡中，如蓖麻油、杏仁油等。

③ 合成蜡类和某些高分子量的聚氧乙烯衍生物，也可用于发蜡中以改善发蜡的性能得到优良的效果，但要注意它们相溶的性能，许多新的物质，外表为油蜡状，但却是憎油的。常用的有十六醇聚氧乙烯（14）醚、聚乙二醇（400）单硬脂酸酯、乙酰化羊毛脂等。

④ 发蜡对香精的要求不像发油那么苛刻，这是因为发蜡为不透明的半固体状态，即使发蜡在气温低时略有浑浊，也不致影响发蜡的质量，且长时间存放也不致有香精析出。发蜡的香精用量要比发油高一些，因为在黏稠的物质中香精较不易挥发，且搽用发蜡的量一般比发油少，所以发蜡中香精的用量一般为0.5%～1.0%。

为了保证发蜡在使用过程中不致氧化酸败，应加入抗氧剂。另外发蜡可根据需要制成不同的色泽，选用油溶性色素即可。

（二）配方与生产工艺

植物性发蜡和矿物性发蜡的配方见表 3-24。

表 3-24 植物性发蜡和矿物性发蜡的配方

植物性发蜡	质量分数/%	矿物性发蜡	质量分数/%
蓖麻油	88.0	固体石蜡	6.0
精制木蜡	10.0	凡士林	52.0
香料	2.0	橄榄油	30.0
色素、抗氧剂	适量	液体石蜡	9.0
		香料	3.0
		色素、抗氧剂	适量

表 3-24 所示的两种类型发蜡的制备过程基本相同，但在具体操作条件上，两者略有区别。配制发蜡的容器一般为装有搅拌器的不锈钢夹套加热锅。具体的操作步骤如下。

① 原料熔化

植物性发蜡的配制：把蓖麻油等植物油加热至40～50℃，温度不能太高，防止氧化；将蜡类原料加热至60～70℃备用。矿脂发蜡的配制：熔化原料温度较高，凡士林需加热至80～100℃，并抽真空，通入干燥氮气，吹去水分和矿物油气味后备用。

② 混合、加香

植物性发蜡配制中是把已熔化备用的油脂混合，同时加入色素、香精、抗氧剂，开动搅拌器，使之搅拌均匀，并维持60～65℃，通过过滤器过滤即可装瓶。矿物发蜡的配制是把熔化备用的凡士林等加入混合锅，并加入其他配料，如石蜡、色素等，冷却至60～70℃，加入香精，搅拌均匀，即可过滤装瓶。

③ 装瓶、冷却

将植物性发蜡装瓶后，应放入-10℃专用的工作台面上，快速冷却，这样结晶较细，可增加透明度。而矿物性发蜡装瓶后，把整盘装瓶的发蜡放入30℃的恒温室内，使之慢慢冷却，以防发蜡与包装容器之间产生孔隙。

表 3-25 有 6 个发蜡的配方，其生产工艺为：将全部油、脂、蜡成分在一起熔化，温度一般控制在尽可能低的范围，香精在凝结前加入，灌装于保温在 40℃ 左右的大口瓶中，使其缓慢冷却。

表 3-25 发蜡的配方

组分	质量分数/%					
	1#	2#	3#	4#	5#	6#
液体石蜡	30.0			67.0	38.0	70.0
硬脂酸						20.0
凡士林	35.0				45.0	10.0
石蜡	15.0				17.0	
地蜡	15.0	20.0		11.0		
鲸蜡			15.0	11.0		
羊毛脂				11.0		
蓖麻油			40.0			
甜杏仁油			40.0			
可可脂			5.0			
椰子油		75.0				
蜂蜡		5.0				
松香	5.0					
香精及色素	适量	适量	适量	适量	适量	适量

必须注意不要在发蜡已部分凝固时进行搅拌或灌装，这样会使气泡不易逃逸。发蜡除了大口瓶包装，也可采用软管包装。

（三）生产质量控制

发蜡在生产、储存和使用过程中常出现的质量问题如下所述。

① 脱壳现象

导致发蜡脱壳的主要原因，一方面可能是发蜡装瓶后，冷却速度过快，导致发蜡收缩；另一方面是发蜡中高熔点的蜡类含量过高，发蜡过硬导致脱壳。可适当降低高熔点蜡的含量，或适量增加液态油白油的用量，降低发蜡的熔点，同时应缓慢冷却。

② 发汗现象

气温较高时，发蜡表面渗出汗珠状油滴的现象，称为"发汗"。可能是由于白油等液态油用量多，发蜡熔点低，或凡士林质量不好。应减少白油用量，适当提高发蜡的熔点，选用高质量凡士林，或加入吸油性好的蜡，如地蜡，但固态蜡加入量应适宜，避免脱壳现象的发生。

三、发乳

发油、发蜡等虽然能增加头发的光泽，补充头发上的油分，但要保持头发光滑、柔软、有光泽，还必须补充水分。发乳就是这样一类产品。

从外观看，发乳是一种光亮、均匀、稠度适宜、洁白的乳化体，具有很好的流动性，使用时易于均匀分布，能在头发上留下一层很薄的油膜。发乳为油-水体系的乳化制品，属于轻油型护发化妆品，主要作用是弥补头发油分和水分的不足，使头发光亮、柔软，并有适度的整发效果，使用时头发不发黏、感觉滑爽。还可根据需要，制成具有去屑、止痒、防止脱发等功效的药性发乳。

发乳可以制成 O/W 型或 W/O 型两种类型，以 O/W 型为主。O/W 型发乳能使头发变软，且具有可塑性，能帮助梳理成型。当部分水分被头发吸收后油脂覆盖于头发上，减缓头发水分的挥发，避免头发枯燥和断裂。油脂残留于头发上，延长了头发的定型时间，保持自然光泽，而且易于清洗。O/W 型发乳配方中用 30%～70% 的水分替代油分，使得发乳在成本上较低廉，且携带和使用方便，成为消费者喜爱的护发、定型化妆品，已替代了发油、发蜡的大部分市场。

（一）原料组成

目前市场上大多数发乳是 O/W 型，此处主要介绍 O/W 型发乳的主要成分。O/W 型发乳的原料主要是油相类原料、水相原料、乳化剂，另外还有香精、防腐剂及其他添加剂。

（1）油相类原料

油相类原料主要有蜂蜡、凡士林、白油、橄榄油、蓖麻油、羊毛脂及其衍生物、角鲨烷、硅油、高级脂肪酸酯、高级醇等，以白油、凡士林、鲸蜡、蜂蜡、十六～十八混合醇等为主。

油类成分对头发的滋润和光泽有巨大的影响，低黏度和中黏度的矿物油常被用作主体。为提高发乳的稠度，增加乳化体的稳定性，增进修饰头发的效果，可适量加入凡士林、高碳醇以及各种固态蜡类。

配方中选用的油脂应能保持头发光亮而不油腻，用量也应适当。如果用量过高，会使发乳过稠，另外会因熔点差过大而造成发乳不稳定，再者使用后会使头发产生白霜。用量太低，在使用时易产生泡沫，在头发上形成一层白膜，这种白膜和因过多的硬脂酸或其他蜡类所形成的白色沉渣不同，是由细小的空气泡聚集而成的。羊毛脂及其衍生物和其他动植物油的加入，或代替矿物油的加入，可以改进油腻的感觉，增进头发的吸收。

（2）水相原料

水相原料除去离子水外，还有保湿剂。保湿剂是发乳最重要的成分之一，保湿剂的主要品种有甘油、丙二醇、1,3-丁二醇、山梨糖醇、二甘醇乙基甲基醚、二甘醇乙醚、尿素。

（3）乳化剂

发乳应具有使头发光亮滋润、保持一定的形状，促进头发的生长和减少头屑等作用。因此，要形成细致和稳定的乳化体，必须注意乳化剂的选择、油相和水相的比例、两相的黏度、胶质类原料的加入等等。

乳化剂的种类很多，对于 O/W 型发乳，有的采用阴离子型乳化剂，如硬脂酸、三乙醇胺、氢氧化钾；也有采用非离子型乳化剂，如单硬脂酸甘油酯、单硬脂酸乙二醇酯、司盘及吐温系列等；也可阴离子型、非离子型乳化剂混合使用，其中以三乙醇胺皂最为普遍，此外有多元醇的单脂酸酯、脂肪醇硫酸盐及聚氧乙烯衍生物等。事实上，两种或两种以上的乳化剂配合使用，可以得到更为稳定的乳化体。

（4）其他添加剂

其他添加剂主要指胶质类原料、防腐剂、营养添加剂、去屑止痒剂、色素及香精等。加入胶质类原料如黄蓍树胶粉、聚乙烯吡咯烷酮等，不仅可以增加发乳的黏度，有利于乳化体的稳定，同时可以改进发乳固定发型的效果。

由于发乳是油和水的乳化体，水的存在易导致油脂酸败，同时由于其中含有动植物油脂和其他各种添加剂，构成了微生物生长和繁殖的营养源，因此在生产中要加入防腐杀菌剂和抗氧剂。

在发乳配方中，为了补充头发营养和修复受损头发，可添加水解蛋白、人参提取物、当归提取物等营养添加剂。为了具有消炎、杀菌、去屑、止痒等功效，可以加入金丝桃等中草药提取液以及其他去屑止痒剂，制成药性发乳。

发乳可加入一些色素，以调整色泽，使具有鲜艳的色彩。由于发乳是由油、水和足够的乳化剂配制而成的乳化体，因此对香精的要求不高，与发油、发蜡要求油溶性香精不同，通常的化妆品香精均可使用。常用香型为薰衣草型、果香型或混合型。

（二）配方与生产工艺

O/W 型发乳的基础配方如表 3-26 所示，各种类型发乳的配方如表 3-27 所示。

表 3-26　O/W 型发乳的基础配方

组分	质量分数/%	组分	质量分数/%
液体石蜡	15.0	丙二醇	4.0
硬脂酸	5.0	香精	0.4
无水羊毛脂	2.0	防腐剂	0.5
三乙醇胺	1.8	抗氧剂	0.2
黄蓍树胶粉	0.7	去离子水	70.4

表 3-27　不同类型发乳的配方

组分	质量分数/%				组分	质量分数/%			
	O/W 型 1#	O/W 型 2#	W/O 型 1#	W/O 型 2#		O/W 型 1#	O/W 型 2#	W/O 型 1#	W/O 型 2#
白油	33.0	15.0	53.4	56.4	硼砂	0.2		0.6	0.6
地蜡			2.0	2.0	三乙醇胺	1.5	1.8		
蜂蜡	3.0		5.0	5.0	黄蓍树胶粉		0.7		
十六醇	1.3				甘油		4.0		
硬脂酸	1.0	5.0			防腐剂	适量	0.2	适量	适量
羊毛酸异丙酯			3.0	2.0	香精、抗氧剂	适量	适量	适量	适量
羊毛脂			2.0		去离子水	60.0	71.3	34.0	34.0
肉豆蔻酸异丙酯				2.0					

O/W 型发乳的制备工艺与润肤霜类化妆品相似，其配制过程采用乳化锅连续乳化法。

① 首先在乳化锅内分别加入已预热的油相和水相，开动均质搅拌机 5～10min，启动刮壁式搅拌机，并进行冷却，冷至 40～42℃时加入香精等原料。

② 生产完毕后，在规定温度 38℃下取出 10g 发乳样品，经过 10min 离心分析乳化稳定性，离心机转速为 3000r/min，如果 10g 试样在离心试管底部析出的水分小于 0.3mL，就可认为乳化已稳定。

③ 在乳化锅内加无菌压缩空气，由管道将发乳输送到包装工段进行热灌装，经过管道的发乳已降温至 30～33℃。待乳化锅内样品包装完毕，已生产完毕的另一乳化锅内物料等待包装，两个乳化锅交替生产，可以进行连续热灌装包装。

乳化锅连续法生产和包装的优点很多，乳剂用管道输送，不需要盛料桶和运输，减少了被杂菌污染的机会，操作简单，劳动生产率高。热灌装工艺使乳剂不会因间隔时间稍长或包装时再搅动的剪切作用，而黏度降低。

一般发乳的生产工艺与乳剂类护肤化妆品相同，其生产操作过程如下：

① 在带有搅拌器的加热反应锅中，按配方称取油、脂、蜡类以及其他油溶性原料，加

热到略高于蜡的熔点（75～80℃），使其充分熔化制得油相，并维持温度在75～80℃待用。

② 在另一搅拌溶解锅中，按配方称取去离子水、防腐剂以及其他水溶性原料，加热至90～95℃，搅拌使其溶解均匀，并维持20min杀菌，制得水相，降温并维持温度在80℃左右待用。

③ 将油相经过滤器放入乳化锅中，维持温度75～80℃，然后在快速搅拌条件下，将水相缓缓加入油相中，料加完后继续快速搅拌5～10min。然后换慢速搅拌，并通冷却水快速冷却，降至40～45℃时加入香精，继续搅拌均匀至30℃左右时停止搅拌送去包装。

四、护发素

（一）概述

护发素也称头发护理剂（或头发调理剂），是一种洗发后使用的护发用品，是继香波后出现的以阳离子表面活性剂（季铵盐类）为主要成分的护发化妆品。一般以水作为主要载体和连续相，以阳离子表面活性剂和脂肪醇为最基本的成分，并加入增加功效用的营养剂和疗效剂，是一种水包油（O/W）型乳化体。

随着化妆品行业的发展，护发素的品种越来越多。从使用方法看，有洗除型及涂抹型；从外观看，有不透明型和透明型。其中涂抹型包括发乳，不过这种发乳多属于O/W型乳化膏体，是一种轻油型护发用品，能在头发表面成膜，具有柔润头发的作用，是洗发、烫发和染发后的必备用品之一。

（1）护发的基本原理

用香波洗发不但会洗去污垢，也会洗去头发表面的油脂，使头发的毛鳞片受到损伤，头发之间的摩擦力增大，使得头发易于缠结，难以梳理，且特别容易产生静电。在烫发、染发的过程中对头发造成的损伤更加严重。

护发素护发的基本原理是将护发成分附着在头发表面，润滑头发表层，减少摩擦力，从而减少因梳理等引起的静电及对头发的损伤。一般认为，头发带有负电荷，当带正电的阳离子表面活性剂吸附在具有负电荷的头发上时，带正电荷极性部分吸附在头发上，而非极性部分即亲油基向外侧排列（即定向吸附），这如同头发上涂上油性物质，在头发表面形成一层油膜。因此，头发被阳离子表面活性剂的亲油基分开，变得滑润起来，降低了头发的运动摩擦因数，从而使头发易于梳理、抗静电、光滑、柔软等。同时，护发成分形成的保护膜可以减缓因空气湿度变化而引起的头发内部水分的变化，防止头发过度吸湿或过度干燥。

（2）护发素的功能

护发素具有保护头发，柔软发质，使洗后头发柔软、蓬松、富有弹性、光亮、易于梳理等作用。按照护发用品护发的基本原理，理想的护发素具有以下性质与功能：

① 使用方便，在头发上易展开；能改善头发的干梳、湿梳性能，使头发不会缠绕。

② 具有抗静电作用，使头发不会飘拂；黏度适中、流动性好，在保质期内黏度无变化。

③ 乳化稳定性好，不分层，不变质；有良好的渗透性；能赋予头发光泽。

④ 能保护头发表面，对皮肤、眼睛刺激性小；用后使头发留有芳香等。

此外，根据不同的需要，护发素还有一些专门的功能，如改善卷发的保持能力（定型作用）、修复受损伤的头发、润湿头发和抑制头屑或皮脂分泌等。

（二）护发素的原料组成

护发素的主要配方包括表面活性剂（调理剂）、保湿剂、乳化剂、阳离子聚合物、赋脂剂、香精、防腐剂、抗氧剂、着色剂和珠光剂、各种活性添加成分。下面分别介绍。

（1）表面活性剂

与其他化妆品类似，护发素的主要组分是表面活性剂，主要是阳离子表面活性剂，主要功能是乳化、调理、抗静电和抑菌，主要品种是季铵盐类。首先，季铵盐含有带正电荷的氮原子，对毛发有很好的亲和性，它能吸附于头发上，形成单分子吸附膜，这种膜赋予头发柔软性及光泽，使头发有弹性，并防止静电产生，梳理方便，是理想的头发调理剂；其次，季铵盐具有很好的稳定性和安全性，性价比最高。

常用的季铵盐阳离子表面活性剂有十六（或十八）烷基三甲基溴化（或氯化）铵、十六（或十八）烷基二甲基苄基溴化（或氯化）铵以及双长链烷基二甲基溴化（或氯化）铵等，用量一般为 $2\%\sim5\%$。另外，还有高分子阳离子表面活性剂（如阳离子瓜尔胶）、二甲基硅氧烷及其衍生物、水溶性高分子化合物（如海藻酸钠、黄蓍树胶粉、阿拉伯树胶粉、聚乙烯吡咯烷酮、聚乙烯醇、丙烯酸聚合物、羟乙基纤维素）等。

（2）保湿剂

保湿剂的加入可大大提高护发素的使用性能。保湿剂主要有甘油、丙二醇、聚乙二醇、山梨醇等，有保湿、调理、调节制品黏度及降低冰点的作用。

（3）乳化剂

乳化剂应选用脱脂力弱、刺激性小以及和其他原料配伍性好的表面活性剂。在护发素中，乳化剂主要选用单硬脂酸甘油酯、棕榈酸异丙酯、脱水山梨醇脂肪酸酯、聚氧乙烯脂肪醇（羊毛醇或油醇等）醚、聚氧乙烯脱水山梨醇脂肪酸酯等。其主要作用是乳化，并可起到护发、护肤、柔滑和滋润作用。

（4）阳离子聚合物

前面内容已提到，头发表面带有一定的电负性，阳离子组分带正电，易吸附于头发表面。因此，阳离子聚合物一方面可以降低头发的静电，另一方面，覆盖于头发表面上，可以减少发丝之间以及发丝和梳子之间的摩擦力，减少对头发的伤害。

阳离子聚合物代表原料有：季铵化羟乙基纤维素（如 JR-400）、季铵化羟丙基瓜尔胶（如 Jaguar C-14S）、丙烯酰胺/二甲基二烯丙基氯化铵共聚物（聚季铵盐-7）等。

（5）赋脂剂

赋脂剂是指油类物质，如白油、植物油、羊毛脂、脂肪酸、高碳醇等油性原料，可弥补脱脂后头发油分之不足，起到护发，改善头发梳理性、柔润性和光泽性的作用，并对产品起增稠作用。

（6）特种添加剂

考虑到护发素的多效性，往往在配方中加入一些具有特殊功效的添加剂，以提高产品的使用价值并扩大应用范围，增强产品的护发、养发、美发效果，改善头发的梳理性、光泽性等。

添加剂的品种很多，可根据要求，有针对性地选择一些特殊添加剂，制出具有多种功效的护发素。

① 水解蛋白和丝肽

水解蛋白的主要成分是人体不可缺少的各种氨基酸，是由明胶、干酪素、鱼粉等原料经酸、碱、酶水解而得到的蛋白质、小分子多肽和氨基酸。它促进头发的生长，改善头发结构，能在头发上形成保护层以修补受损的头发。

丝肽是一种由蚕丝加工的产物，含有丰富的氨基酸和蛋白质，易附着于头发表面，可形成一层透明的保护膜，增加头发弹性、柔软和保湿性能。丝肽能被人体皮肤和毛发直接吸收、吸附，起到护肤、护发的作用。

② 泛酸和维生素 E

泛酸属于水溶性维生素 B，能促进毛发再生，防止发痒和脱发，具有防止皮肤粗糙、消除细小皱纹的效果。

维生素 E 能扩张毛细血管，促进血液循环，促进毛发生长。它能有效地调整皮脂的分泌，且具有抗氧化作用，能有效地防止产品中不饱和成分的氧化变质。

③ 水貂油、胚芽油和霍霍巴油

水貂油含有多种营养成分，理化性能与人体脂肪极为相似，渗透性好，易被皮肤吸收，可软化皮肤，尤其适宜干性皮肤。水貂油在毛发上有良好的附着性，并能形成具有光泽的皮膜，可调节头发生长，使头发柔软，且富有光泽和弹性。

胚芽油的胚芽中含有脂肪、蛋白质、非氮物质、纤维素，其抗菌力强，可抑制细菌的内侵，以保护皮肤，调节皮肤 pH 等。胚芽油含有丰富的 γ-谷维素、维生素等成分，使其具有促进头发生长、提高头发生长质量、增强头发弹性及易梳理的特性。

霍霍巴油具有良好的保湿性和柔润性，可促进头发再生、抑制头发脱落等，它可用于配制润滑调理护发素。

④ 大豆磷脂

大豆磷脂的主要成分是磷脂酰胆碱、磷脂酰乙醇胺、磷脂酰肌醇、磷脂酸及其他磷脂等。大豆磷脂是一种优异的天然表面活性剂和生理活性物质，由于含有大量亚油酸，用于护发用品，可滋润头发，防止干燥，对毛发起到软化作用，还可防治头皮的脂溢性病变。

⑤ 壳多糖

壳多糖是分子量较高的直链型聚合物，作为固发剂原料，其优点是薄膜硬度适中、不泛黏、无异味、不变色，亦不会使皮肤产生过敏现象，且固发后自然感好。另外还可添加酸性染料或碱性染料，既有固发作用，又有染发效果。

除上述原料外，护发素中还需加入防腐剂、抗氧剂、色素、香精等。

（三）配方与配制

护发素的种类较多，主要有普通调理型、透明型、乳液型和免洗型。

（1）普通调理型护发素

普通调理型护发素种类较多，典型配方如表 3-28 所示。

表 3-28　普通调理型护发素的典型配方

组分	质量分数/%	组分	质量分数/%
十六烷基三甲基溴化铵	1.0	羊毛脂 EO_{75}	1.0
十八醇	3.0	香精、柠檬黄色素	适量
单硬脂酸甘油酯	1.0	去离子水	加至 100

表 3-28 所示产品的制法是：在去离子水中加入羊毛脂 EO_{75}，加热溶解，保持 70℃，将

其他成分混合加热至 70℃溶解，将水相缓慢加入油相，边搅拌边冷却至 45℃，再加香精和色素，搅拌均匀即可出料。

调理型护发素的另一配方如表 3-29 所示。

表 3-29　调理型护发素的配方

组分	质量分数/%	组分	质量分数/%
双硬脂基二甲基氯化铵(75%)	1.2	水解蛋白	1.0
白矿油	1.5	二羟甲基二甲基乙内酰脲	0.1
十六醇醚	0.5	对羟基苯甲酸甲酯	0.15
十六醇～十八醇(混合物)	5.0	柠檬酸(调节 pH 值为 4.5)	适量
维生素 E 乙酸酯	0.4	香精	适量
维生素 A 棕榈酸酯	0.1	色素	适量
硬脂酸	1.0	去离子水	加至 100

（2）透明型护发素

透明护发素外观透明、美观，深受消费者的喜爱，是一种比较流行的护发用品。透明护发素在室温下保持透明，胶体均匀，易在头发上均匀分布，无黏滞感，不会硬化，使用方便，用后可保持良好发型。透明护发素的添加剂种类有很多种，有维生素类、氨基酸类、中草药提取液、动植物提取液、季铵盐类等。透明型护发素配方举例见表 3-30。

表 3-30　透明型护发素配方

相	组分	质量分数/% 1#	质量分数/% 2#	相	组分	质量分数/% 1#	质量分数/% 2#
A	去离子水	加至 100	加至 100	B	香精、色素	适量	适量
	阳离子表面活性剂 1631		2.8	C	甘油	8.0	
	聚季铵盐-7	3.0	0.5		丙二醇		7.0
	PEG-40 氢化蓖麻油	0.6	0.6		吐温-20	1.0	1.0
B	乙醇		13.0		防腐剂	适量	适量

考虑到产品的透明度，要求透明护发素中所加原料在介质中的分散性较好。表 3-30 中产品的制备工艺为：将阳离子表面活性剂 1631（十六烷基三甲基氯化铵）加入去离子水中，搅拌至完全溶解；再将已溶解好香精、色素的乙醇溶液加入上述混合物中；在搅拌下加入其他原料，混合均匀，冷却、出料灌装。

（3）乳化型护发素

乳化型护发素是通过乳化的方法制备而成的不透明的护发素，配方举例见表 3-31。

表 3-31　乳化型护发素配方

相	组分	质量分数/% 1#	质量分数/% 2#	相	组分	质量分数/% 1#	质量分数/% 2#
A	去离子水	加至 100	加至 100	B	聚氨丙基二甲基硅氧烷		2.0
	甘油	5.0	3.0		十八醇		2.0
	聚乙烯醇	1.0			棕榈酸异丙酯		1.0
	聚氧乙烯(20)脱水山梨醇	1.0			单硬脂酸甘油酯	1.0	
B	硬脂基三甲基氯化铵	2.0	12.0	C	聚季铵盐-7		3.0
	十六醇	3.0			聚季铵盐-44		4.0
	PEG-100 硬脂酸酯		1.5	D	香精	适量	适量
	十八烷基二叔丁基-4-羟基氢化肉桂酸酯		0.03		防腐剂	适量	适量

乳液型护发素可加入多种护发、养发成分，可渗透到头发内部，增强头发的生长能力，防止头发老化和脱落，并有止痒去头屑等作用。此类护发素具有较好的使用效果，深受消费者喜爱，目前国内外市场上流行的都是乳化型护发素。

表3-31所示产品的制备过程为：将A相组分混合加热至90℃，溶解；将B相组分各种原料加热熔化，在75℃时将A相加入B相中搅拌乳化；乳化半小时后，将体系冷却至45℃时逐一加入C、D相各组分，搅拌均匀冷却至室温即可灌装。

（4）免洗护发素

随着化妆品行业的发展，免洗护发素已走向市场。此类护发素在使用后不需要用水冲洗，不易沾尘埃，不沾衣领、被褥，防静电、易于梳理成型。若经常使用免洗护发素，头发会更加柔顺、润滑、富有弹性。免洗护发素配方举例见表3-32。

表 3-32　免洗护发素配方

相	组分	质量分数/%		相	组分	质量分数/%	
		1#	2#			1#	2#
A	去离子水	加至100	加至100	B	香精	0.2	适量
	维生素B$_5$	0.1			聚丙烯酸钠和硅油混合物		4.0
	1,3-丁二醇		5.0		挥发性硅油		5.0
	PEG-12聚二甲基硅氧烷	3.0			苯基硅油		2.0
	氯化钠	0.5			维生素E乙酸酯		0.5
	防腐剂	0.5		C	香精		0.5
	蓝色1号染料	适量			防腐剂		0.5
B	二甲基硅氧烷	5.0			黄色5号染料		适量

免洗护发素是全部黏附于头发表面的产品，因此在原料的选择上有一定的限制。表3-32中1#配方的制备工艺为：分别混合A相和B相，将A相加入B相中，搅拌均匀。配方2#的制备工艺：将A相和B相在室温下分别搅拌均匀；缓慢搅拌A相，逐步加入B相，搅拌均匀；逐步加入C相中各组分，搅拌均匀即得产品。

五、焗油

焗油是20世纪90年代初开发上市的护发用品。焗油通过蒸气将油分和各种营养成分渗入发根，起到养发、护发的作用，其效果优于护发素。

焗油的作用原理：一般先用香波将头发洗净、冲净擦干，将焗油涂抹于头发，用热毛巾热敷20~30min，使焗油膏中的营养成分渗透到头发内部补充脂质成分，修复损伤的头发，温度越高，时间越长，效果越好，然后用水漂洗头发即可。

焗油主要由一些渗透性强、不油腻的植物油组成，如霍霍巴油等。通常添加季铵盐、阳离子聚合物、硅油作调理剂，还常加入一些皮肤助渗剂，制成O/W型膏霜，称为焗油膏，其配方与护发素相近。

焗油的功能与普通型护发素相同，具有抗静电作用，增加头发自然光泽，使头发滋润柔软、乌黑光亮、易于梳理，并兼有整发、固发作用，特别是对经常烫发、染发和风吹日晒造成的干枯、无光、变脆等具有特殊的修复发质的功能。因此，焗油的调理作用较强，尤其对烫过的或干性头发有效。目前焗油已逐渐替代了护发素，成为当代美发、护发的高级发用化妆品。参考配方如表3-33、表3-34所示。

表 3-33　干性发质焗油的配方

组分	质量分数/%	组分	质量分数/%
霍霍巴油	3.0	环状聚二甲基硅氧烷	25.0
辛酸/癸酸甘油三酯	30.0	香精	0.5
丙二醇二壬酸酯	41.5		

表 3-34　焗油膏的配方

组分	质量分数/%		组分	质量分数/%	
	普通型	免蒸型		普通型	免蒸型
丙二醇	2.0		苯基甲基硅油		2.0
聚乙二醇-75 羊毛脂	1.0		环二甲基硅氧烷/二甲基硅油		15.0
羟乙基纤维素	0.5		霍霍巴油	2.0	
聚季铵盐-10	1.0		水解胶原蛋白	0.5	
油酸醚(2)单乙醇酰胺	1.0		氨基硅油/二甲基硅油		
椰油基三甲基氯化铵	6.0		柠檬酸、香精	适量	5.0
二甲基硅油		40.0	色素、防腐剂	适量	适量
硬脂酸异十六醇酯		38.0	去离子水	86.0	适量

　　焗油膏的配制与一般膏霜的制法类似。免蒸焗油膏中加入了助渗剂，不需加热，配制过程与发油相似。

六、透明发膏

　　近年来出现了多种透明膏体化妆品，透明发膏也是比较流行的一种。发膏和发乳是性质基本相同的产品，也是一种护发用的乳化体。发膏在稠度上较发乳厚，呈不易流动的半固体状。在发乳的配方内增加一些乳化剂和固体蜡类，发乳的配方就变为发膏的配方。透明发膏主要有无水透明发膏和乳化型透明发膏两种类型。

（一）无水透明发膏

（1）原料组成与配方

　　无水透明发膏主要由油脂和胶凝剂组成。油脂通常采用液体石蜡，因为液体石蜡是一种烷烃，一般不会氧化酸败。胶凝剂有脂肪酸金属皂、羊毛脂衍生物、二氧化硅、聚酰胺树脂等。

　　无水透明发膏在室温下保持透明，胶体均匀，无收缩现象，使用时无拉丝或发脆现象。无水透明发膏的制备比较简单，加热所有原料至 $100\sim110℃$，搅拌使其完全溶解均匀，冷却至 $60℃$ 时加入香精，即可灌装。产品配方如表 3-35 所示。

表 3-35　无水透明发膏的配方

组分	质量分数/%			组分	质量分数/%		
	1#	2#	3#		1#	2#	3#
聚氧乙烯硬脂酸铝(50%液体石蜡溶液)	5.0			油酸	0.5	1.0	
三硬脂酸铝		7.0	7.0	单月桂酸甘油酯			5.0
三压硬脂酸	1.5			液体石蜡	93.0	89.0	84.0
12-羟基硬脂酸			2.0	香精、抗氧剂和色素	适量	适量	适量
异硬脂酸		3.0	2.0				

（2）配方设计

在表 3-35 所示的产品配方中，三硬脂酸铝和异硬脂酸所组成的膏体透明度很好，但膏体有脆性而易收缩。12-羟基硬脂酸能改进配方结构，和异硬脂酸二者等量混合所组成的膏体，可得到较佳的效果。单月桂酸甘油酯可以克服膏体脆性问题。胶凝剂用量过高，则膏体偏硬而且容易渗油。

用聚酰胺树脂能制成各种不同膏体，如软膏状或固体膏状，原料组合如下：

① 以分子量在 5000～8000 的聚酰胺树脂作为胶凝剂，用量为 5％左右；

② 液体石蜡在配方中的质量分数很大，一般采用低黏度的效果较佳；

③ 偶合剂有油酸和月桂酸丙二醇酯、乳酸月桂醇酯、油醇类等，可以单独或混合使用；

④ 长链脂肪醇酰胺被用作膏体稳定剂，使发膏在贮存过程不致干缩，配方中用量约为 6％。

配制方法：将液体石蜡和偶合剂加热，当温度略高于聚酰胺树脂的熔点时加入树脂，搅拌使其熔化均匀，降温至 100℃以下，然后加入其他原料；55℃时灌瓶，在 37℃保温一周，可减少收缩现象。

（二）乳化型透明发膏

乳化型透明发膏是较新的润发产品，可以制成不同性能和稠度的膏体。乳化型透明发膏的外观悦人，在密封条件下膏体稳定，目前有相当不错的销售量。

（1）配方设计

乳化型透明膏体与一般乳化体不同，因为需要制成一种透明的乳化体，所以在设计配方时，应注意下列几个问题：

① 油相的含量一般为 20％～25％，可以选用中等及低黏度的液体石蜡或合成酯类。

② 乳化剂大多使用聚氧乙烯脂肪醇醚或它的磷酸酯，一般至少用两种乳化剂复配。两种乳化剂的总用量为 10％～25％。

③ 选择偶合剂要求既能溶于水中，也能溶于油中，要含两个以上的羟基，包括各种多元醇类，用量在 2.5％～6.0％。另外成分有去离子水、香精、防腐剂和抗氧剂等。

④ 制备出来的产品必须经过稳定性试验，有足够的透明度，经过豚鼠皮肤过敏试验和产品包装后的失水质量、黏度、色泽和 pH 值等的变化的测试。

⑤ 应加适当的防腐剂和抗氧剂。防腐剂如脱氢醋酸和山梨酸等，抗氧剂一般用二叔丁基对甲酚。

（2）原料的选择

乳化型透明发膏配方所用原料与其他乳化型护发产品一样，主要有乳化剂（如脂肪醇的环氧乙烷加成物、脂肪醇聚氧乙烯醚磷酸酯、聚氧乙烯羊毛脂醇醚、脂肪醇酰胺等）、偶合剂［如甘油、丙二醇、2-乙基-1,3-己二醇、聚乙二醇（600）、甲基葡萄糖苷衍生物等］、油类（如液体石蜡、合成酯类、植物油或脂肪醇等）等等。

优良的乳化型透明发膏的性质：在 6～43℃的温度范围内能保持透明，凝结温度在 43～55℃，轻轻敲击，产品有特殊的音叉振动感觉，在贮存期能持久保持透明。

（3）配方与生产工艺

乳化型透明发膏的配方如表 3-36 所示。

表 3-36　乳化型透明发膏的配方

相	组分	质量分数/%	相	组分	质量分数/%
A	液体石蜡	21.0	B	蒸馏水	50.0
	聚氧乙烯(20)羊毛脂醇醚	15.0		尼泊金甲酯	适量
	聚氧乙烯(20)油醇醚	10.0		色素	适量
B	聚乙二醇(600)	2.0	C	香精	适量
	2-乙基-1,3-己二醇	2.0			

制备工艺与乳化体基本相同：将乳化剂、抗氧剂加入油相中，加热至 75～80℃，混合均匀；偶合剂、多元醇、防腐剂和色素加入蒸馏水中，加热到 95℃，充分溶解，保持高温 20min 灭菌，再冷却至 80℃；将水相缓慢地加入油相中，同时搅拌，搅拌速度不宜过快，防止气泡的混入；继续冷却，在胶凝成膏体前，冷却到 10℃时加入香精搅拌均匀，膏体凝结后停止搅拌，即可包装或第二天再灌装。

如果采用软管包装，则必须冷却后进行，以防止软管因膏体收缩而变形。

第三节　美发类化妆品

美发类化妆品包括整发类化妆品（如喷发胶、摩丝、定型发膏等）、烫发类化妆品和染发类化妆品等，本节主要介绍整发类、烫发类和染发类化妆品的原料、配方及制法。

一、整发化妆品

整发化妆品（整发剂）也称为定发化妆品，或者称为固发剂，是固定头发的化妆品，是在头发修饰过程中最后使用的化妆品类型的统称。整发化妆品除了整理发式、保持定型的产品，还包括以给予头发光泽、阻延湿度丧失为目的的产品。整发化妆品种类较多，功能各不相同，物理形态也不相同。目前常用的品种主要有喷发胶、摩丝、定型发膏（发用凝胶）等。一种好的整发剂应具备如下性能：

① 用后能保持好的发型，且不受温度、湿度等变化的影响；

② 良好的使用性能，在头发上铺展性好，没有黏滞感；

③ 用后头发具有光泽，易于梳理，且没有油腻的感觉，对头发的修饰应自然；

④ 具有一定的护发、养发效果，具有令人愉快舒适的香气；

⑤ 对皮肤和眼睛的刺激性低，使用安全，使用后应易于被水或香波洗掉。

（一）喷发胶

喷发胶的作用是定型和修饰头发，以满足各种发型的需要，属气溶胶化妆品类型。喷发胶是喷在头发上，干燥后在头发表面形成一层韧性薄膜，从而保持整个头发形状的定发产品。喷发胶的配制原理是将化妆品原液和喷射剂一同注入耐压的密闭容器中，以喷射剂的压力将化妆品原液均匀地喷射出来，喷射剂气体的突然膨胀使化妆品原液呈雾滴状分散在空气中，从而成为气溶胶状态。喷发胶因具有携带方便、分布均匀、形式新颖等特点而受到欢迎。

对喷发胶的要求包括：喷雾较细，喷射力较温和，在短时间内能分散于较大面积，干燥快，成膜后具有黏附力，有韧性，有光泽，不积聚，易清洗去除。

（1）原料组成

喷发胶主要由四部分组成：喷发胶原液、喷射剂、耐压容器和喷射装置。

喷发胶原液是气溶胶制品的主要成分，其配方中含有成膜剂、少量的油脂和溶剂、中和剂、添加剂以及溶入的喷射剂等。

喷射剂主要包括液化气体和压缩气体。液化气体常使用加压时容易液化的气体。此类气体能提供动力，与喷发胶原液的有效成分混合在一起，成为溶剂。最初的产品使用氟利昂，后因氟利昂涉及环保问题已被禁用，目前主要使用低级烷烃、醚类、氯氟烃等，如丙烷、正丁烷、异丁烷等。压缩气体包括氮气、二氧化碳及氧化亚氮等。这类气体不易燃、不溶解于原液、不与原液反应，并且产生压力起推动作用。

喷发胶必须使用耐压容器，而且要求防腐性好，所使用的材料有金属铝、镀锡铁皮（马口铁）、玻璃和合成树脂等，各类物质的耐压性、密闭性和防腐性能各不相同。

气溶胶制品的喷射装置结构与一般喷雾器的结构相同，由盖、按钮、喷嘴、阀杆、垫圈、弹簧和吸管组成。喷射装置的部件要承受原液和喷射剂气体的压力，材料除封盖和弹簧为金属外，其余皆为特殊塑料制品。喷射装置的质量对气溶胶制品的使用影响较大，一旦喷射装置失灵，则整个气溶胶制品不能再使用。

下面主要介绍喷发胶原液的主要原料。

① 成膜剂

成膜剂是固发剂的重要组分。成膜剂具有固定发型、使头发柔软的作用，有一定的柔曲性。早期选用的成膜剂是天然胶质（如虫胶、松香、树胶等），现多选用合成高分子化合物，常用的有水溶性树脂，如聚乙烯醇、聚乙烯吡咯烷酮及其衍生物、丙烯酸树脂及其共聚物等。这类高分子化合物合成进展很快，不断有新的品种出现，性能各异，但由于树脂柔软性稍差，往往需添加增塑剂，如油脂等，以增强聚合物膜的柔软、自然性。

a. 聚乙烯吡咯烷酮（PVP）

PVP 是第一个用于整发产品的聚合物，由 N-乙烯吡咯烷酮聚合而得。PVP 为白色能流动的非晶形粉末，可溶于水、含氯类的有机溶剂、乙醇、胺、酮以及低分子脂肪酸等，且安全无毒对皮肤无刺激性。由于 PVP 与纤维素衍生物具有良好的相容性，在头发上能形成光滑和有光泽的透明薄膜，还具有稳定泡沫、提高黏度、减少对眼睛的刺激等作用。

b. 聚乙烯吡咯烷酮/醋酸乙烯酯共聚物（PVP/VA 共聚物）

PVP/VA 共聚物是由聚乙烯吡咯烷酮与醋酸乙烯酯聚合而得的产物。与 PVP 相比，可获得更佳的整发效果，对湿度的敏感性较低。这种共聚物能保持所定发型不变和减少黏性，形成的透明薄膜柔软而富有弹性，即使在干燥条件下，其薄膜的脆性也是较小的。通常共聚物随醋酸乙烯酯含量的增加（超过 30％时），在水中的溶解度降低，在选用时应予注意。

c. 乙烯基己内酰胺/PVP/甲基丙烯酸二甲基氨基乙酯共聚物

这种三元共聚物中，乙烯基己内酰胺是乙烯基吡咯烷酮的同系物，带有大于两个的亚甲基基团，使共聚物对水的敏感度降低，并赋予共聚物良好的成膜性能，具有定发和调理双重功能，具有良好的水溶性及在高湿下的强定型能力。因此，在高湿条件下能保持良好的发型，并且易于被香波洗去。

d. N-叔丁基丙烯酰胺/丙烯酸乙酯/丙烯酸共聚物

此共聚物为可自由流动的白色粉末，活性物含量接近 100％，其丙烯酸部分需用碱（可用氨甲基丙醇等）中和。中和度为 70％～90％时，成膜性能最佳，膜硬度适中，易于洗掉，且在潮湿的天气仍能保持发型不变，这种树脂可采用丙烷、丁烷作喷射剂。

e. 丙烯酸酯/丙烯酰胺共聚物

丙烯酸酯/丙烯酰胺共聚物与丙烷、丁烷相容性好，有很好的头发定型作用，即使在潮湿的环境，仍能保持良好的发型和头发的弹性。但这种共聚物所形成的薄膜较硬，且稍有点脆，可加入柠檬酸三乙酯等增塑剂来改善膜的弹性。

f. 乙烯基吡咯烷酮/丙烯酸叔丁酯/甲基丙烯酸共聚物

乙烯基吡咯烷酮/丙烯酸叔丁酯/甲基丙烯酸共聚物是一种用于不含氯氟烃喷发胶中的树脂。该产品为50％乙醇溶液，使用极为方便，其中甲基丙烯酸需用氨甲基丙醇进行中和，中和度以80％～100％为佳，不会使膜发黏。该共聚物形成的膜弹性很强，无须加入增塑剂，与丙烷、丁烷的相容性好，定发效果好。由于其吸湿性低，在潮湿的条件下，仍能保持良好的发型，且使用方便，易于洗去。

此外，用于定发制品的高聚物还有 PVP/丁烯酸/丙酸乙烯酯共聚物、醋酸乙烯酯/巴豆酸/丙酸乙烯酯共聚物、辛基丙烯酰胺/丙烯酸（酯）共聚物等，都具有良好的定发效果。

② 溶剂

溶剂的作用是溶解成膜物，一般是水、醇（乙醇、异丙醇）、丙酮、戊烷等。添加乙醇作为溶剂，用来溶解成膜剂、调理剂、香精等，同时当喷洒在头发上后，能够迅速扩散，便于形成均匀的薄膜。

③ 中和剂

中和剂是中和酸性聚合物的含羧基基团的物质，以提高树脂在水中的溶解性。其中和度要适当，中和度越大，越易从头发上洗脱，但抗湿性就越差，与烃类喷射剂的相容性就越低。常使用的中和剂有氨甲基丙醇、三乙醇胺、三异丙醇胺、二甲基硬脂基胺等。

④ 添加剂

为了增加此类制品的可塑性，在配方中可以加入各种增塑剂，如月桂基吡咯烷酮、C_{12}～C_{15} 醇乳酸酯、己二酸二异丙酯、乳酸鲸蜡酯等。目前较为新型的增塑剂有聚二甲基硅氧烷等，与其他组分调配后，使头发有光泽且有弹性，不互相黏结，容易漂洗，不残留固体物。可添加硅油、蓖麻油等，以赋予头发光泽性。

（2）配方与制备工艺

表 3-37 和表 3-38 分别是无水喷雾发胶和含水喷雾发胶的配方。

表 3-37　无水喷雾发胶的配方

组分	质量分数/%		组分	质量分数/%	
	1#	2#		1#	2#
聚二甲基硅氧烷	2.5		油醇醚-5		1.0
二氧化硅	0.5		PVP/VA 共聚物	2.0	3.0
环状聚二甲基硅氧烷	1.5		无水乙醇	23.3	95.8
十八烷基苄基二甲基季铵盐	0.1		异丁烷（喷射剂）	70.0	
聚氧乙烯羊毛脂		0.2	香精	0.1	

注：2# 配方喷雾发胶原液与喷射剂的比例为1∶1，喷射剂由丙烷与丁烷按4∶6配成。

表 3-38　含水喷雾发胶的配方

组分	质量分数/%		组分	质量分数/%	
	1#	2#		1#	2#
甲基丙烯酸酯共聚物	6.5	7.0	去离子水	59.9	91.7
氨甲基丙醇	0.8	1.0	二甲醚（喷射剂）	32.5	
二辛基磺基琥珀酸钠	0.3	0.3			

表 3-38 中 1♯ 为含水喷雾发胶配方，2♯ 配方是将 1♯ 配方中的喷射剂组分去除，所得产品为手压式（泵式）喷雾发胶。

配制的一般步骤是：先将中和剂溶解于溶剂（如乙醇）中，在良好的搅拌下，缓缓加入成膜剂，使聚合物溶解于其中，继续搅拌至聚合物完全溶解，然后逐一加入其余组分，搅拌均匀，经过滤、灌装和加压即得。对于配方不含中和剂的产品，首先将成膜剂、油脂、表面活性剂、香精等溶于乙醇或水中，然后把溶解液与喷射剂按一定的比例混合密闭于容器中，加压即可。

近年来，这种泵式喷雾器的设计、制造水平有了很大改观，可实现良好的喷雾效果。手压式喷雾制品除用于喷雾发胶外，还可用于多种化妆品中，如喷雾香水、喷雾乳液等。

表 3-39 为气压式喷发胶配方。

表 3-39　气压式喷发胶的配方

组分	质量分数/%					组分	质量分数/%				
	1♯	2♯	3♯	4♯	5♯		1♯	2♯	3♯	4♯	5♯
聚乙烯吡咯烷酮	2.50					蓖麻油		0.25			
漂白脱蜡虫胶		2.50				聚乙二醇月桂酸酯		0.10			
PVP/丙烯酸酯共聚物			10.0		10.0	羊毛脂	0.10	0.10			
丙烯酸酯/丙烯酰胺共聚物				5.00		鲸蜡醇	0.20				
丙烯酸树脂		2.20				聚乙二醇	0.10				
氨甲基丙醇			0.30	0.40	0.50	香精	0.20	0.25	0.25	0.10	0.10
柠檬酸三乙酯					1.00	无水乙醇	41.9	51.8	42.1	43.5	34.4
十六醇			0.05			正丁烷	55.0	25.0	20.0	50.0	55.0
硅油			0.10			二甲醚		20.0	25.0		

制作方法：先将乙醇称量后倒入搅拌锅中，依次加入辅料和高聚物，搅拌使其充分溶解（必要时可稍微加热），然后加入香精，搅匀后经过滤制得原液；按配方将原液充入气压容器内，安装阀门后按配方量充气即可。

（二）摩丝

摩丝是气溶胶类泡沫型润发定发制品，具有护发、定发、调理等多种功能。发用摩丝的特点是能产生丰富的泡沫，能修饰、固定发型，用后头发柔软、富有光泽、易于梳理、抗静电，呈现头发自然、有光泽、健康和美观的外表。对摩丝产品的性能要求与喷雾发胶的基本相同，还要求泡沫致密、丰满和柔软以及初始稳定。

近年来，在摩丝的配方中添加各种功能的添加剂，新品种不断涌现，出现了保湿摩丝、防晒摩丝、含活性物摩丝、发用摩丝、洁面摩丝、剃须泡沫及体用摩丝等。

（1）原料组成

摩丝的配方由水、表面活性剂基质（含醇或不含醇）、聚合物（包括调理剂和成膜剂）和喷射剂（液化气体）组成。一般情况下，摩丝在静置后喷射剂会浮于原液上面而分层，使用前，须摇动瓶子，使内容物从阀门压出，气化的喷射剂膨胀，产生泡沫。表面活性剂混合体系的作用是稳定泡沫，调节表面张力，使喷射剂短暂均匀分散于基质中，待摩丝涂于头发后，均匀地覆盖在头发的表面。

① 成膜剂和调理剂

摩丝中用于定型的高聚物通常与喷发胶差不多，主要是水溶性聚合物。但定型摩丝所用的聚合物与喷雾发胶略有区别。定型摩丝要求具有一定的黏度和调理作用，能稳定泡沫，赋予头发自然光泽和外观，减少静电。

含有叔氨基的聚合物可作摩丝的原料，在头发上形成树脂状光滑的覆盖层；季铵化的聚合物也比较常用，其调理性和抗静电作用较好，但用量不当易引起积聚，不易清洗去除。

另外还有聚季铵盐，此类物质属于阳离子调理性聚合物，可溶于水，与其他表面活性剂的配伍性好，可形成柔韧而不黏滞的透明、光亮薄膜，对头发有良好的固发作用和很少的积聚性，且易于清洗。

聚乙烯甲酰胺也用于摩丝，可溶于水、甘油和乙醇-水溶液，具有较高的抗潮湿能力、较低黏结性，成膜性和定型力都良好，具有非离子特征，也具有与表面活性剂配伍性好的特点，还与聚丙烯酸酯相容。

② 表面活性剂

又称发泡剂，其作用是降低表面张力，具有分散作用，能形成符合要求的泡沫。在配制摩丝时，表面活性剂既要保证泡沫的稳定性，又要体现出柔软性，使梳理时易于分散，还要在涂抹于头发后，使液体均匀分散于头发表面。

摩丝中所用发泡剂通常是 HLB 值为 12～16 的非离子型表面活性剂，如聚氧乙烯油醇醚、聚氧乙烯脱水山梨醇脂肪酸酯、蓖麻油环氧乙烯加成物等。常用的有月桂醇聚醚-23、十六十八醇醚-25、PEG-40 氢化蓖麻油、壬基酚聚氧乙烯醚、乙氧基化的植物油等。另外聚季铵化合物、羟乙基纤维素、羟丙基纤维素等也可作为泡沫基质的组成。要求表面活性剂与树脂有良好的相容性，用量一般为 0.5%～5.0%。

③ 溶剂与喷射剂

与喷发胶不同，摩丝中可用水代替部分乙醇作为溶剂，醇的加入可减少黏性和加快膜的干燥速度。摩丝要求所用的喷射剂挥发膨胀较快，一般选用挥发性较高的物质，主要有液化石油气，有丙烷、丁烷等，最常用的是异丁烷。目前常采用的喷雾剂是二甲醚。

④ 其他添加剂

摩丝比喷雾发胶更强调对头发的护理。因此，摩丝中常添加各种具有亮发、润发、调理作用的添加剂，以改良摩丝中的树脂对头发的作用，使头发更柔软、有光泽，还可有护理作用。

摩丝中可加入多肽类、硅油、羊毛脂衍生物、骨胶水解蛋白、甲基葡萄糖聚氧乙烯（聚氧丙烯）醚等成分，以改善摩丝的润滑性和可塑性，赋予头发良好的触感和光泽性。近年来，配方中还添加了防晒剂、保湿剂等。由于添加剂的加入，还应加入防腐剂。摩丝的品种很多，如以定发功能为主的，有定发和调理双重功能的，也有梳理性、调理性为目的摩丝（不加任何成膜剂）。

各种添加剂的加入量虽然不多，但对摩丝的功能和稳定性都有一定的影响。此外，摩丝中还添加少量的香精，使摩丝具有芬芳的气味。

（2）配方与制备方法

摩丝的配方见表 3-40、表 3-41。

摩丝的配制方法：一般是先将成膜剂加入去离子水中，充分溶解后逐一加入其他成分，搅拌均匀后装罐即得。其配制过程中主要考虑的是如何确保泡沫的结构和稳定性，以满足使用要求。

表 3-40　不同类型摩丝的配方

组分	质量分数/%		组分	质量分数/%	
	调理型摩丝	定型摩丝		调理型摩丝	定型摩丝
甘油	2.0		油醇聚氧乙烯醚		0.5
聚乙烯吡咯烷酮	3.0		乙醇	适量	5.0
季铵化羊毛脂	0.5		香精、防腐剂	适量	适量
十八醇聚氧乙烯醚	0.5		去离子水	加至100	75.5
聚季铵盐-28		5.0	液化石油气	10.0	10.0
聚乙烯吡咯烷酮/醋酸乙烯酯共聚物(PVP/VA)		4.0			

表 3-41　定型摩丝的配方

组分	质量分数/%			组分	质量分数/%		
	1#	2#	3#		1#	2#	3#
PVP/甲基丙烯酸二甲氨基乙酯共聚物	14.0			丁烷	15.0	10.0	15.0
N-叔丁基丙烯酰胺/丙烯酸乙酯/丙烯酸共聚物		3.0		去离子水	55.4	60.3	55.0
无水乙醇	15.0	25.0	25.8	羊毛脂醇			2.5
聚氧乙烯(20)油醇醚	0.5			水解蛋白		0.2	
壬基酚聚乙二醇醚-10		0.5		硅油		0.2	
聚氧乙烯羊毛脂			1.0	甘油		0.3	
脂肪酸甘油酯			0.5	氨甲基丙醇		0.3	
香精	0.1	0.2	0.2	防腐剂		适量	

表 3-41 中 2# 所示产品的制作方法：将乙醇放入搅拌锅中，加氨甲基丙醇，搅拌溶解后，一边搅拌一边慢慢加入高聚物，至完全分散溶解后，再加去离子水及其他原料，当溶液完全均匀后，过滤，加入气压容器内，装上阀门后，按配方压入喷射剂。

（三）啫喱水

啫喱水也称为定型发胶，是含有天然或合成成膜性物质的液状定发制品。主要用于修饰和固定发型，用后头发柔润、有光泽且无油腻感觉。啫喱水的主要原料有成膜剂、溶剂、增塑剂、保湿剂、防腐抗氧剂、香精和其他添加剂等。

啫喱水最常采用的成膜成分是合成树脂，常用的有聚乙烯吡咯烷酮、聚丙烯酸钠、PVP/VA 共聚物、丙烯酸树脂烷醇胺溶液等。其用量可根据各种树脂的性质、啫喱水的黏度以及定发的效果来决定，通常为 1%～3%。

作为啫喱水的定发成分，也可采用天然胶质如黄蓍树胶粉、阿拉伯树胶粉等和合成胶质如羟甲基纤维素、羟乙基纤维素、羟丙基纤维素等，配方组成与采用合成树脂的基本相同。

采用水或稀乙醇作为溶剂和稀释剂，当啫喱水涂敷于头发上以后，由于水或稀乙醇溶液的挥发，在头发表面留下一层均匀而有弹性的树脂薄膜，使发型得以长时间保持。

增塑剂主要使用多元醇、羊毛脂衍生物等，可以增加成膜的可塑性，防止膜的碎裂脱落。多元醇又是保湿剂，保持产品本身的水分不蒸发，有利于头发的保湿和滋润。

在啫喱水产品中还需加入稳定的香精和防腐杀菌剂，还可根据要求加入不同的添加剂，如加入紫外线吸收剂可以赋予制品防晒性能等。啫喱水配方举例如表 3-42 所示。

表 3-42　啫喱水的配方

组分	质量分数/%					组分	质量分数/%				
	1#	2#	3#	4#	5#		1#	2#	3#	4#	5#
聚乙烯吡咯烷酮	3.0		1.0		2.0	甘油			0.5	2.0	2.0
丙烯酸树脂			0.5	3.0		乙醇	10.0	40.0	10.0	30.0	30.0
聚醋酸乙烯酯/巴豆酸共聚物		3.0				三乙醇胺			0.5	0.1	0.4
聚氧乙烯(20)十八醇醚	1.5					聚乙二醇		0.7			
聚氧乙烯(20)羊毛脂醇醚			2.0			香精、色素	适量	适量	适量	适量	适量
聚氧乙烯(24)胆甾醇醚					1.0	防腐剂	适量	适量	适量	适量	适量
丙二醇	2.0					去离子水	83.5	55.8	85.9	64.6	65.0

制作方法：将乙醇倒入搅拌锅中，然后将各种辅料加入锅中，搅拌溶解后，加入高聚物等胶性物质，搅拌使其溶解均匀后，再加入去离子水，最后加入色素混合均匀即可灌装。

(四) 定型发膏

又称发用凝胶、啫喱膏，是一种不具有流动性的凝胶状化妆品，是含有高聚物的膏状体，主要适用于干性毛发。通过涂抹后在头发上形成透明胶膜，赋予头发光泽和弹性，还可赋予头发各种色彩，呈现华丽的外观，也用于修饰固定发型。

发用凝胶的功效与喷雾发胶、发用摩丝相类似，只是其黏着力较弱，较易用水冲洗掉。配方组成与定型啫喱水基本相同，只是不加或少加乙醇使之形成胶状膏体，同时为了增加膏体的稠度，需加入有效的增稠剂，如丙烯酸树脂、羟乙基纤维素等。

(1) 原料组成

发用凝胶的主要原料包括成膜剂、胶凝剂、中和剂、溶剂和添加剂等。

① 成膜剂

喷雾发胶及摩丝中的成膜剂都可作为发用凝胶的成膜剂，此外，还可使用羟乙基纤维素及阳离子纤维素。

② 胶凝剂

主要功能是形成透明的凝胶基质，同时也具有一定的定型固发作用。目前主要是采用丙烯酸聚合物类产品，它们也起增稠作用。此外还有丙烯酸酯与亚甲基丁二酸酯共聚物。由这些胶凝剂制成的产品清澈透明，且具有弹性和良好的定型能力。

③ 中和剂

主要用于使用酸性聚合物成膜剂的体系中。中和剂有三乙醇胺、氢氧化钠及氨甲基丙醇等，其中三乙醇胺最为常用。

④ 溶剂

发用凝胶采用的溶剂是水，其用量较大。

⑤ 添加剂

发用凝胶的添加剂常有增溶剂（非离子表面活性剂类型，溶解聚合物，形成透明体系）、紫外线吸收剂、螯合剂、香精、色素和防腐剂等。

(2) 配方与制作工艺

一般产品的制作方法：在搅拌锅中倒入一半去离子水（配方中），依次加入高聚物、中和用碱、保湿剂、防腐剂、紫外线吸收剂、EDTA 和混入香精的表面活性剂溶液，每次加完料都要搅拌均匀；丙烯酸树脂与另一半去离子水混合均匀，然后在搅拌条件下，将其加入上述混合液中，搅拌到直至形成透明均匀的凝胶状为止。定型发膏配方如表 3-43、表 3-44

所示。

表 3-43　典型发用定型凝胶的配方

组分	质量分数/%	组分	质量分数/%
聚乙烯吡咯烷酮/醋酸乙烯酯共聚物	2.5	氢化蓖麻油	0.6
Carbopol 940	0.5	香精	适量
三乙醇胺	0.9	去离子水	80.5
乙醇	15.0		

表 3-43 是一种典型的发用凝胶的配方，其制备方法与凝胶型香波相近。

表 3-44　定型发膏的配方

组分	质量分数/%			组分	质量分数/%		
	1#	2#	3#		1#	2#	3#
聚乙烯吡咯烷酮	1.0		3.0	EDTA	0.05	0.1	
丙烯酸树脂	0.5	0.6		二苯甲酮-4	0.1	0.1	
PVP/VA 共聚物			1.5	甘油	0.5		
羟乙基纤维素			0.75	丙二醇	1.0		
聚乙二醇水溶液			10.0	防腐剂	0.15	0.3	适量
聚氧乙烯(20)脱水山梨醇酯	0.2			香精、色素	适量	适量	适量
聚氧乙烯(20)羊毛脂醇醚			3.0	乙醇			30.0
三乙醇胺	0.5		0.75	去离子水	96.0	97.15	52.5
NaOH		0.25					

表 3-44 的配方 3# 的制作方法是：将去离子水放入搅拌锅 A 中，在常温下边搅拌边慢慢加入羟乙基纤维素，搅拌均匀后，再加入三乙醇胺搅匀；在另一搅拌锅 B 中加入乙醇，再依次加入高聚物、防腐剂、表面活性剂、香精等，搅匀；将 B 中的物料加入 A 溶液中，边加边搅拌，直至形成凝胶状。

二、染发化妆品

现代染发化妆品始于 19 世纪末，是在有机染料（苯胺）的应用基础上发展起来的。染发化妆品是用来改变头发的颜色，达到美化毛发目的的一类化妆品。它可将灰白色、黄色、红褐色头发染成黑色，或将黑色头发染成棕色、红褐色以及漂成白色等。目前，以苯胺染料为主体的合成氧化染料仍是染发化妆品的主要原料。

目前，染发剂分类方法较多。根据染发目的分为两类：一是将明显的白发染黑，使其呈现出黑颜色的头发；二是将头发染成不同颜色。根据所采用的染料不同又可以分为合成有机染料染发剂、天然有机染料染发剂、无机染料染发剂以及头发漂白剂等。按剂型不同，染发剂可以分成乳膏型、凝胶型、摩丝、粉剂、喷雾剂、染发香波等。根据染发原理又可分为漂白剂、暂时性染发剂、半永久性染发剂和永久性染发剂。

总的来说，不论是哪种分类方法，对染发剂的性能要求必须体现以下几个方面：

① 产品的安全性，不损伤头发和皮肤；

② 较好的稳定性，在头发上不发生明显变色或褪色现象，不受其他发用化妆品的影响；

③ 较长的贮存稳定性，易于涂抹，使用方便等。

此处主要从染发原理角度进行介绍各类染发化妆品。

（一）染发机理与染料

人体毛发的主要成分是角蛋白，其中含有十几种氨基酸。这些氨基酸分子中存在有羧基（—COOH）和氨基（—NH$_2$），因此能和含有极性基团的碱性或酸性化合物形成离子键、氢键等，增加体系的稳定性。

（1）染发机理

染料是一类极性分子，呈酸性或碱性。要对头发形成比较牢固的染色，染料必须对头发有亲和力，能被吸附或渗透到头发当中，不易被水或香波等洗掉，能抗氧化等。要使染料分子进入髓质，就必须透过头发外表皮层，向头发内部扩散。这种扩散速度与染料分子的大小有关。如果染料分子小，能渗透到头发内部，则可形成更为持久的染色。但是通过渗透形成的这种离子键和氢键是不够牢固的，能因多次洗涤而褪色。

H. Wilmsmann 通过研究发现：含有疏水性基团的染料较含有亲水性基团的染料耐洗涤，高分子染料较低分子染料佳；小分子染料比大分子染料容易渗入头发，因此染发用的染料一般使用小分子化合物。Holmes 的研究表明：分子直径小于 6Å（1Å＝10^{-10} m）的染料在用水膨润过的头发上能迅速扩散，但分子直径大于 10Å 的染料的扩散却非常缓慢。经过烫发、脱色等化学处理的受损伤头发，7～8Å 左右的染料也可渗入。

（2）染料的种类

染料的性质对染发剂极为重要，好的染发用染料应该是对人身健康无害，能使头发染色而不影响皮肤，不损害头发的结构，染色迅速，对皮肤无刺激作用，色彩和天然接近而且牢固，能和其他处理如卷发等相和谐。

染料一般可分为天然有机染料、合成有机染料和金属盐染料三种制品。

① 天然有机染料

天然有机染料从植物中提取而得，而至今被采用的只有凤仙花和甘菊两种。

a. 凤仙花

凤仙花的萃取物是一种橘红色的染料，能溶于水、稀碱和稀酸，有时呈现出古铜色和胡萝卜红的颜色，并且凤仙花的萃取物在酸性时显色最好。凤仙花的优点是对人身无害、对皮肤无刺激性，缺点是色泽和头发天然的色泽不是很接近。

凤仙花的使用方法：将凤仙花的叶子浸泡在沸水内，用浸出的染料液对用香波洗涤过的头发进行染色，可使头发浅度的染色。要使深色的头发光彩悦目，则需在这种染料中加入 1％～2％己二酸、柠檬酸或酒石酸等。凤仙花的深红色溶液含有效染料约 1％。如果需要染色较深和较牢固，可将凤仙花的叶子在沸水内制成糊，涂敷于头发上，直至头发被染成需要的色度。另外，凤仙花也可和其他植物的浸液合用，以得到其他的色彩。

b. 甘菊

甘菊的用法和凤仙花相接近，用它沸水浸出的提取物染发。甘菊色素的化学成分是 1，3，4-三羟基黄酮。

含甘菊的染色剂的一般制法：将甘菊磨粉，加一份陶土、两份高岭土，混合后用沸水制成稀浆状染发。染色后的头发色泽和头发的本色及接触的时间有关，光泽和牢固度比冲染的方法要好，不论冲染或浓浆涂敷，都应在加热的情况下进行。

甘菊香波有粉状和液状两种，主要用来洗涤淡色的头发使之更为光彩，一般采用德国甘菊，因为它的色彩较好，且价格也较罗马甘菊便宜。甘菊和凤仙花混合使用比单独的色泽要好，可以以不同比例配制成的浓浆使用。

② 合成有机染料

合成有机染发剂主要是有机胺类、有机酚类以及氨基酚类染料，由于合成有机染料使用方便、作用迅速、色泽自然而又不损伤头发，因此它是目前最常用的染发用品。这类染发剂都是通过氧化剂如过氧化氢等显色，染成深浅不同的色泽。

如前所述，只有小分子的染料才能渗入头发。氧化染料以小分子的染料中间体先渗入头发，然后经过氧化剂的氧化，使在头发中起化学反应，形成有色的大分子。这样不但解决了染料的渗透问题，而且由于形成大分子染料，成为永久性染发。

对苯二胺与过氧化氢可发生氧化反应，可在染发前先混合后使用，这样就有足够的时间渗入头发。对甲苯二胺的性质也是如此，当反应完成后，可以进行进一步的缩合，形成高度共轭的大分子结构。

目前，对苯二胺是主要的有机氧化染发剂，它的优点是使头发染后有良好的光泽和天然的色彩，而其他的有机染料被用来产生不同的颜色。一般常用于染发的染料如下：

a. 对苯二胺 $[C_6H_4(NH_2)_2]$

白色至淡紫色结晶，曝于空气中则氧化成紫色和黑色，熔点 145～147℃，沸点 267℃；微溶于水，可溶于乙醇、氯仿和乙醚。

b. 氨基苯酚 $(C_6H_4NH_2OH)$

有邻位、间位和对位三种，邻氨基苯酚是白色结晶，熔点 170℃；间氨基苯酚是白色结晶，熔点 122℃；对氨基苯酚是白色至棕色的针状或片状结晶，熔点 184℃。氨基苯酚微溶于水、醇及醚，邻位及对位用于染发。

c. 对氨基二苯胺 $(NH_2C_6H_4NHC_6H_5)$

无色针状结晶，熔点 69℃；微溶于水，溶于无水乙醇和乙醚。

d. 对二甲氨基苯胺 $[C_6H_4NH_2N(CH_3)_2]$

无色长针状结晶，颇似石棉，纯物质在空气中极为稳定，不纯时即自行液化。熔点 41℃，沸点 257℃；能溶于水、醇、醚及苯。

③ 金属盐染料

无机金属盐类很早就被应用于染发，古时候人们就用在醋中浸过的铅梳梳发来使头发的色泽变深。目前，金属铜盐被用作染发剂。

用硫酸铜和焦性没食子酸可以染成好看的褐色，如果加入一些氯化铁，可以染成深褐色或黑色。不同量的金属盐可以染成各种深浅的色度，但铜盐一般不用于浅色的染发。铜盐染发，一般涂敷 1～2 次已足够，次数多了使头发粗糙、僵硬和易脆裂。

改进方法是将铜盐和焦性没食子酸以及亚硫酸钠等配制成一种溶液。但当它曝于空气中时颜色变深。因此，此产品必须密封包装，否则会分离成两层，上层绿色液体，下层褐色沉淀。

(二) 头发漂白剂

利用氧化剂对头发黑色素进行氧化作用可使头发褪色，根据接触的时间、漂染的次数可将头发漂成不同的色调，这就是染发的基本原理。黑色或棕色头发经漂白通常按下列颜色变化：黑色（棕黑色）→红棕色→茶褐色→淡茶褐色→灰红色→金灰色→浅灰色。

(1) 过氧化氢

目前应用最多的头发漂白剂是过氧化氢，因为当它放出有效氧以后，留下来的除水以外没有其他物质，对身体无潜伏毒性。用以漂染头发的过氧化氢溶液，浓度为 3%～6%，能产生 10～20 体积的氧气。在使用时，可在 100mL 溶液中加 15～20 滴氨水，增加漂白的活性，加较多的氨水，会使红的色调进一步漂白。因此，加入不同比例的过氧化氢和氨水，以及控制头发与溶液接触的时间，可以漂成各种色度的美丽头发。

在使用过氧化氢和氨水时，要注意三个方面：

第一是过氧化氢浓度不能过高，否则可能损坏头发。

第二是滴加的氨水不能过多，否则会使红的色彩进一步漂白，也会伤害头发。

第三是漂染次数不能太多，否则会使头发因漂染过度受到严重的损伤而形成枯草状的外表。

头发最简单的漂染方法是先用香波洗涤干燥后，再将头发全部浸入过氧化氢溶液中不断绞洗，使头发的色彩变淡，将头发浸透在溶液中的时间愈长，氧化的效力也愈大。用大量热水冲洗可中止漂白作用。

（2）其他漂白剂

漂白剂除了过氧化氢溶液以外还有一些固体的过氧化物产品，如过氧化尿素等。过氧化物易分解，特别是和铁、铜、镁等金属接触分解速度加快，因此，注意勿和金属相接触。这类产品，在配方中应加入非那西丁作稳定剂，加入 EDTA 作金属离子螯合剂，同时由于这类产品贮藏过久容易变质，因此产品需标明有效期限。

除用过氧化氢氧化头发使头发变成金红色或黄色外，也有要求将灰白色的头发漂成纯白色的，这种处理是采用二氧化硫还原的方法。其方法是：将头发洗净干燥，先用高锰酸钾溶液浸透头发再干燥，然后用硫代硫酸钠溶液浸透。硫代硫酸钠溶液在使用前用硫酸调成微酸性，当头发因受高锰酸钾染黄的颜色变淡时，用水冲洗干净，这样重复几次，可使头发变为纯白色。采用这种方法处理头发，两种溶液浓度的控制极为重要，否则头发可能受到严重损坏。

在一般的情况用过氧化氢漂白头发所能得到的最浅的色彩是淡黄色，如要得到银白色，是先将头发用过氧化氢漂至最淡的颜色，然后再用某些淡的染料溶液冲洗，可和留下的黄色中和。甲基紫、亚甲基蓝和苯胺黑等对于这方面都很有效。

（3）产品配方示例

表 3-45 是一种过氧化氢头发漂白剂的配方。

表 3-45　过氧化氢头发漂白剂的配方

组分	质量分数/%	组分	质量分数/%
过氧化氢（3%）	97.1	酒石酸	0.8
季铵类阳离子表面活性剂	1.5	焦磷酸钠	0.6

表 3-45 所示配方中过氧化氢是一种浓度为 3% 的溶液，可加入一种缓和的有机酸，以节制漂白作用，还可加入一些浸湿剂，加强对头发的渗透性。

上述液状产品在使用过程中容易流失，使用不便，可制成奶液状、膏状，配方如表 3-46 所示。

表 3-46　奶液状、膏状头发漂白剂配方

组分	质量分数/%		组分	质量分数/%	
	奶液状	膏状		奶液状	膏状
过氧化氢（35%）	17.1	14.1	聚氧乙烯(15)单硬脂酸甘油酯	2.0	2.0
十六醇	2.5	10.0	去离子水	75.9	71.4
单硬脂酸甘油酯	2.5	2.5	10%磷酸(调节 pH 值至 4)	适量	适量

（三）染发化妆品配方设计

1. 暂时性染发剂

暂时染发剂的种类很多，这些产品都是以物理的方法改变头发的色彩。暂时性染发剂的牢固度很差，不耐洗涤，通常只是暂时黏附在头发表面作为临时性修饰，经一次洗涤就可全部除去。

这主要是因为：暂时性染发剂与阳离子表面活性剂配合生成细小的分散颗粒，这些染料配合物沉积在头发表面形成着色覆盖层，不能透过表皮进入发干的皮质，只与头发表面的最外层接触，只存在界面间的吸附和润湿作用，因此较易清洗出去。

（1）产品的种类

暂时染发剂的产品有粉状产品、笔状产品、冲染剂产品等，它们都很容易从头发上移除而不影响头发的组织和正常的特性，也不会改变头发的组织和结构，较为安全。

① 粉状产品

此类产品目前只局限于戏剧表演等化妆用，它在粉基中混合了各种矿物性颜料和炭黑等。

② 笔状产品

笔状产品主要有色笔，主要用途是遮盖新生头发的颜色，有棒状和块状，是以天然的油、脂、蜡类和肥皂以及各种色素配制而成的。色笔可配制成各种不同的色度，适合各种天然头发的色彩，也能与其他颜料的颜色相调和。产品配方如表 3-47 所示。

表 3-47　暂时染发色笔的配方

组分	质量分数/%	组分	质量分数/%
单月桂酸甘油酯	5.0	阿拉伯树胶	3.0
硬脂酸	13.0	甘油	10.0
蜂蜡	22.0	色素	15.0
三乙醇胺	7.0	精制水	加至100

表 3-47 所示色笔的制备方法：将油、脂、蜡类在 75℃ 熔化，将精制水、甘油和三乙醇胺混合后加热至同一温度时倒入油溶液中，不断搅拌使乳化完全，加入色素拌和后，再研磨均匀，胶质可用适量的水溶解后拌入，将混合物浇模后烘干。

③ 冲染剂

冲染剂产品是以酒石酸、柠檬酸、醋酸和己二酸等几种混合的有机酸和多种水溶性的偶氮染料混合而成的。产品是一种可被装于塑料袋的固体，也有制成片、丸等形状，使用时溶于水制成适宜浓度的溶液，反复地冲洗头发，直至水中的色泽失去而实现头发染色。

（2）原料组成

不同剂型的暂时性染发剂，配方组成各不相同。一般包括色素、溶剂、增稠剂、保湿剂、乳化剂、螯合剂、香精、防腐剂等。

其中，最主要的是色素，主要包括天然染料和合成颜料。天然染料主要有凤仙花、散沫花、苏木精、春黄菊、红花等；合成颜料有炭黑、矿物性颜料、生浓黄土、有机合成颜料等。这些大分子组成的染料（颜料）不能穿过头发的角质层，作用时间短。

另外，溶剂包括异丙醇、乙醇、水、苯甲醇（苄醇）、油脂、蜡等；增稠剂主要有纤维素类、阿拉伯树胶、树脂等。各类剂型的配方组成可参考相应的护肤化妆品和其他发用化妆品的配方组成。

（3）配方举例

暂时性染发剂可以用碱性染料、酸性染料、分散性染料等，如偶氮类、蒽醌类、三苯甲烷等。

暂时性染发剂可利用油脂的附着性进行染发，如膏状染发剂。将染料与水或水-乙醇溶液混合在一起可制成液状产品，为了提高染发效果，可配入有机酸如酒石酸、柠檬酸等；将染料和油、脂、蜡混合可制成棒状、条状或膏状等，可直接涂敷于发上，或者用湿的刷子涂敷于发上。暂时性染发剂也可以利用水溶性聚合物凝胶的吸附性进行染发，如凝胶型染发剂，以及利用高分子树脂的黏结性进行染发，如喷雾染发剂、染发摩丝等。

液状、膏状和棒状暂时性染发剂的配方如表 3-48 所示。

表 3-48 各类暂时性染发剂配方

组分	质量分数/%				组分	质量分数/%			
	液状	膏状	油性棒状	水性棒状		液状	膏状	油性棒状	水性棒状
蜂蜡		22.0	15.0		异丙醇	35.0			
木蜡			10.0		三乙醇胺		7.0		
蓖麻油			加至 100		甲酸	0.7			
硬脂酸		13.0			柠檬酸	1.0			
单硬脂酸甘油酯		5.0			香料			适量	
阿拉伯树胶		3.0		27.5	抗氧剂			3.0	
硬脂酸钠				15.0	炭黑			2.0	
聚氧乙烯(20)山梨醇倍半油酸酯			1.2		色素	0.3	15.0		16.0
甘油		10.0		15.0	去离子水	63.0	25.0		26.5

制备工艺：按表 3-48 中配方制备出基质后，取 70 份，与 30 份喷射剂（液化石油气）混合成暂时性染发喷剂进行染发。产品的制备方法与喷雾发胶的制备相近。

2. 半永久性染发剂

半永久性染发剂是指染料可以浸透到部分头发的皮质和髓质内而沉淀、染色的染发剂。由于离子键的存在，染料能耐 3~12 次香波洗涤而不褪色，其染色牢固度介于暂时性染发剂和永久性染发剂之间，不需经过氧化作用便可使头发染成不同的色泽。此类染料的分子量较小，能透过头发的角质层，保持色泽 1 个月左右。对于分子量较大的染料，利用苄醇等溶剂的载体效应也可以使其容易浸透。但较小分子量的染料透入层较浅，也可能再扩散出来导致此类制品容易被除去，因此被称为半永久性染发剂。

（1）原料组成

半永久性染发剂的剂型有液状、乳液状、凝胶状和膏霜状。染发剂的品种不同，原料组成也有区别，但都包括染料、碱剂、表面活性剂、增稠剂以及香精、水等。其中，染料包括酸性染料、碱性染料、金属盐染料；碱剂一般用烷基醇胺等；表面活性剂用十二烷基硫酸钠、烷基酚聚氧乙烯（9）醚等；增稠剂有羟乙基纤维素、聚丙烯酸酯共聚物等。

使用的酸性染料主要是偶氮类酸性染料，配合苄醇、N-甲基吡咯烷酮等溶剂使用。因此，此类产品在酸性条件下染发较容易，效果也较好，可使用柠檬酸调 pH 值。

当使用金属盐染料时，其在光与空气的作用下，与头发角质层中含硫化合物缓缓反应，生成不溶性的金属硫化物或氧化物，颜色逐渐沉积，这种染发剂又被称为渐进染发剂，但只有少量颜色沉积。碱剂使用烷基醇胺，体系处于碱性时头发膨胀，易于染发。

（2）配方与制备方法

半永久性染发剂配方举例如表 3-49、表 3-50 所示。表 3-49 为半永久性染发凝胶的配方，表 3-50 是以铁盐为染料的染色剂的配方，其中油脂成分较多，属 W/O 型产品。其配制过程与膏霜类化妆品类似：把油相和水相分别加热至 80℃，染料溶于水相中，在搅拌下缓慢加入油相中，均质化后，冷却即得。

表 3-49 半永久性染发凝胶的配方

组分	质量分数/%	组分	质量分数/%
酸性染料	1.0	黄原胶	1.0
苄醇	6.0	柠檬酸	0.3
异丙醇	20.0	去离子水	71.7

表 3-50 矿物金属盐染发膏的配方

组分	质量分数/%	组分	质量分数/%
单硬脂酸甘油酯	4.5	肉豆蔻酸异丙酯	4.5
单硬脂酸乙二醇酯	3.5	十六烷基硫酸钠	1.5
聚氧乙烯脱水山梨醇多硬脂酸酯	1.0	没食子酸	1.0
石蜡	3.0	硫酸亚铁	1.0
液体石蜡	25.0	香精	0.5
凡士林	5.0	还原剂	适量
纯地蜡	2.0	去离子水	47.5

3. 永久性染发剂

永久性染发剂是指着色鲜明、色泽自然、固着性较强、不易褪色的发用化妆品。此类产品不使用染料，而是由一些分子量较低的显色剂和偶合组分组成，经过氧化还原反应生成染料中间体。这种低分子氧化染料中间体（胺类、酚类化合物），可浸透到头发的内部，在过氧化氢的作用下，发生氧化聚合反应生成高分子的色素，这种色素很稳定，沉着到髓质内。由于变成了高分子，这种色素不会扩散出头发，故不易被清洗除去，染料相对具有永久性，染发一般可保持 1～3 个月。

永久性染发剂是染发制品中最重要的一类，也是产量最大的一类。

（1）原料组成

永久性染发剂的剂型有乳液、膏体、凝胶、香波、粉末和喷雾剂型等。由于染发剂中各组分的化学反应通常需 10～15min，显色剂、偶合剂和氧化剂一般在染发前现用现配，并在深入发质内部后发生反应。因此，染发制品一般都为二剂型，即以显色剂和偶合剂为主组成的染发Ⅰ剂（还原组分）和以氧化剂构成的染发Ⅱ剂（氧化组分），配制时Ⅰ剂和Ⅱ剂要分开进行。

永久性染发剂的原料主要包括：染料中间体基质原料、氧化剂等。

① 染料中间体

永久性染发剂所使用的染色原料可分为天然植物染料、金属盐类染料和合成氧化型染料三类。目前，氧化染发剂使用的染料大多是对苯二胺类及其衍生物，偶合剂（成色剂）为对苯二酚、间苯二酚类等，氧化剂（显色剂）为过氧化氢。

② 基质原料

永久性染发剂的基质成分主要包括以下几种：

a. 溶剂和分散剂

主要作为染料中间体的载体，并对水溶性物质起增溶作用。常用的有脂肪酸皂类以及低碳醇、多元醇等。

b. pH 调节剂

染发制品的 pH 值一般在 9～11，一般选用氨水作为 pH 调节剂。

c. 表面活性剂

主要起到分散、渗透、偶合、发泡、调理等作用。在染发剂中，常依据剂型而选择加入阴离子、阳离子或非离子表面活性剂。

d. 增稠剂和调理剂

增稠剂有助于形成一定黏度的膏体，起到增稠、稳定泡沫和增加溶解度的作用。主要包括油醇、乙氧基化脂肪醇、烷醇酰胺、乙氧基化脂肪胺和乙氧基化脂肪胺油酸盐等。

常用的调理剂有水溶性羊毛脂、水解角蛋白、烷基咪唑啉衍生物，还添加一些头发成膜剂，如聚乙烯吡咯烷酮及其衍生物、丙烯酸树脂等。

e. 抗氧剂和螯合剂

抗氧剂常用抗坏血酸、异抗坏血酸及其盐、巯基乙酸盐等。螯合剂选用乙二胺四乙酸的钠盐。

③ 氧化剂

作用是使染料中间体对苯二胺等氧化而形成大分子的染料，进入头发内部而实现染色。氧化剂的成分主要是过氧化物（过氧化氢、过硼酸钠）。它通常配成水溶液使用，也可配制成膏状基质。

（2）配方与制备工艺

永久性染发剂多为液状或膏霜状产品，表 3-51、表 3-52 分别为液状和膏状产品的配方。

表 3-51　二剂型染发液的配方

Ⅰ剂（还原组分）	质量分数/%	Ⅰ剂（还原组分）	质量分数/%	Ⅱ剂（氧化组分）	质量分数/%
对苯二胺	4.0	月桂醇聚醚硫酸铵	1.0	过氧化氢（30%）	10.0
氨水（28%）	2.0	吐温-80	5.0	甘油	3.0
抗氧剂	适量	硅油	2.0	尿素	1.0
去离子水	47.5	乙醇	35.0	香精	适量
对甲苯二胺	1.5	EDTA 二钠	适量	去离子水	86.0
亚硫酸钠	2.0	香精	适量		

表 3-52 所示产品中，在 Ⅰ 剂配制时，先将染料中间体溶解于异丙醇中，另将螯合剂及其他水溶性原料溶于去离子水和氨水中，形成水相，油酸等油溶性原料加热熔化形成油相。将水相和油相混合后，再将染料液加入，混合均匀。然后，用少量氨水调节 pH 值至 9～11，即获得黑色染发膏。

表 3-52　二剂型黑色染发膏的配方

Ⅰ剂（还原组分）	质量分数/%	Ⅰ剂（还原组分）	质量分数/%	Ⅱ剂（氧化组分）	质量分数/%
对苯二胺	3.0	异丙醇	10.0	过氧化氢（30%）	20.0
2,4-二氨基甲氧基苯	1.0	氨水（28%）	10.0	稳定剂	适量
间苯二酚	0.2	抗氧剂	适量	增稠剂	适量
聚氧乙烯(10)油醇醚	15.0	螯合剂	适量	pH 调节剂(pH 调 3.0～4.0)	适量
油酸	20.0	去离子水	40.8	去离子水	80.0

为了改进染发的效果，保护头发免遭染发剂的损伤，常在染发剂中添加护发成分，如油脂蜡、调理剂等，配制成具有护发功能的焗油染发膏，配方见表 3-53。

表 3-53 焗黑染发膏的配方

还原组分	质量分数/%	氧化组分	质量分数/%	还原组分	质量分数/%	氧化组分	质量分数/%
对苯二胺	1.2	白油	10.0	单甘酯	2.0	过氧化氢	6.0
间苯二胺	0.2	硅油	5.0	Arlacel 165	5.0	N-乙酰苯胺	0.5
丙二醇	6.0	十六醇	3.0	1-苯基-3-甲基-吡唑啉酮	0.6	磷酸(调 pH 至 3~4)	适量
异丙醇	4.0	硬脂酸	6.0	防腐剂	适量		
白油	10.0	单甘酯	2.0	亚硫酸钠	0.2		
貂油	5.0	Arlacel 165	5.0	甘油	3.0		
十六醇	3.0	防腐剂	0.2	JR-125	0.4		
硬脂酸	6.0	甘油	3.0	EDTA 二钠	0.2		
羊毛脂	3.0	去离子水	59.3	去离子水	50.2		

在永久性染发剂的配制中，染料中间体的添加温度一般控制在 50~55℃，以防温度偏高而发生中间体的自动氧化。染发剂是一个相当不稳定的产品，生产和贮存条件的变化，都易促使产品发生变化，故在配制时，尽量避免与空气接触。氧化剂本身也是一个不稳定的产品，温度偏高时，极易分解失氧，需控制氧化剂的添加温度，一般在室温下添加氧化剂。

三、烫发化妆品

能改变头发弯曲程度，并维持相对稳定的化妆品，称为烫发化妆品。烫发是改变头发形态的一种手段，应用机械能、热能、化学能使头发的结构发生变化后而达到相对持久的卷曲。过去采用加热的方法使头发卷曲，烫发时用的化学药剂称为烫发剂。

1872 年法国的马尔塞尔哥拉德发明了烫发药剂，需通电加热，即热烫。1905 年，Nessler 将头发卷在预先加热的圆筒上烫成波浪形。

到 20 世纪 30 年代，有学者发现具有—SH 基的药品在常温下对切断胱氨酸结合有效，特别是巯基乙酸盐的出现，为制造冷烫剂提供了可能的条件。1930 年，英国的 Speakman 发明了用亚硫酸钠加热到 40℃左右的烫发方法，确认了所谓冷烫的可能性。1936 年，英国的斯皮克曼教授发明了不用外加热的冷烫，此方法为至今流行于世界的一种烫发方法。此后在世界各国广泛地普及了使用巯基化合物的冷烫法，一直延续至今，成为当今市场上主要的烫发方法之一。

到了 20 世纪 80 年代，韩国发明了陶瓷烫，然后传到日本，再由日本传到中国，陶瓷烫一直流行到 21 世纪初期。

到了 2002 年，人们开始流行 SPA 数码烫，这项技术是由中国的美域公司发明出来的，也是中国在美发行业的一项自主研发技术，打破了西方传统的烫发方式，以 24V 电压（低于人体的 36V 安全电压）为人们头上的卷杠供电，这就使人们在烫发过程中的安全性有了相当大的保障。

（一）烫发的原理

头发主要由角蛋白构成，其中含有胱氨酸等十几种氨基酸，以多肽方式联结形成链，多肽链间起联结作用的有二硫键、离子键和氢键等。各个多肽链与相邻的支链互相交联，使头发具有弹性。因此，不管是使头发曲折或拉伸，只要加的力不超过其弹性界限，当力去除后，它会马上恢复原样。所以正常情况下，头发是不易卷曲的。

在冷烫时，先把头发用含有巯基乙酸根（$HSCH_2COO^-$）的溶液浸湿，它的还原性可把头发中的二硫基打断成两个巯基：

$$2HSCH_2COO^-(aq) + —S—S—(头发) \longrightarrow (SCH_2COO^-)_2(aq) + 2(—SH)(头发)$$

$$(3\text{-}1)$$

失去交联作用的头发变得非常柔软。利用卷发工具把头发卷曲起来，在机械外力作用下，诱发多肽链与多肽链之间发生移位。这时加入固定液，把已经弯曲的头发固定下来。所谓的固定液，实际上是一种具有氧化性的溶液，如过氧化氢、溴酸钾、过硫酸钾的溶液，它的作用是把巯基又氧化成二硫基：

$$2(—SH)(头发) + H_2O_2(aq) \longrightarrow —S—S—(头发) + 2H_2O \qquad (3\text{-}2)$$

由于头发多肽链之间又重新形成了许多过硫基的交联，因此它又恢复了原来的刚韧性，并形成持久的卷曲发型。

一般认为，烫发的基本过程可分为三个过程：软化过程、卷曲过程和定型过程。

(1) 头发的软化过程

烫发首先要使头发软化。软化的过程要使整根头发可以卷曲而尽量不影响其截面的形状，如果软化过度，头发将被分解成胶状物。

头发在水中可被软化、拉伸或弯曲，这主要是由于水切断了头发中的氢键，头发中的氢键伸长至几乎完全失去稳定作用。因此，当头发由于某种物理作用而暂时变形时，可通过润湿或热敷使之恢复原状。

同理，烫发时，氢键存在于一个多肽链的两个相邻部位，羰基和氨基之间，是由头发的多肽螺旋结构和水结合形成的结构，如式(3-3) 所示。

$$(3\text{-}3)$$

这就是头发能在水中膨胀和软化的原因。但是单纯用水，只能起到暂时的卷发作用，当润湿后，多肽中的交叉键并未受到影响，头发会自动恢复到原来的形状。

(2) 头发的卷曲过程

头发软化后将头发卷曲成一定形状的过程也非常重要。卷发时，借助各种式样的卷发器，在头发上施加了复杂的力。如果原来是直的头发，发中的许多键都趋向于这一形式，软化和有规则的拉伸使头发卷曲。

但在烫发前需要用卷发液进行处理，要破坏头发中的离子键、二硫键。强酸或碱可以切断头发中的离子键，使头发变得柔软易于弯曲。但单纯改变 pH 值还不能有效地形成耐久性卷发，当中和或用水冲洗，使头发恢复原有的 pH 值（4～7）后，头发即可恢复原状。

由胱氨酸形成的二硫键比较稳定，常温下不受水或碱的影响，在碱性介质和加热到65℃条件下，可用还原剂亚硫酸钠切断二硫键，使头发变得柔软易于弯曲，反应式如式(3-4) 所示。

$$R—S—S—R' + Na_2SO_3 \longrightarrow R—S—SO_3Na + R'—S—Na \qquad (3\text{-}4)$$

含巯基化合物可在较低的温度下和二硫键反应，其反应式如式(3-5) 所示。

$$R—S—S—R' + 2R''SH \longrightarrow R—SH + R'—SH + R''—S—S—R'' \qquad (3\text{-}5)$$

在碱性条件下，可加快反应速率，因此是较为理想的切断二硫键的方法。目前的冷烫剂主要是采用此类化合物作为烫发的成分。水可使氢键断裂，碱可使离子键断裂，而含巯基化合物（或亚硫酸钠）可使二硫键断裂，所以这三者是烫发剂配方中不可缺少的组成。

通过以上卷发液处理，头发已完全软化，可以卷曲成任意形状，借助各种卷发器可以将头发卷曲成想要的发型。

（3）头发的定型过程

由于上述作用使头发中的氢键、离子键、二硫键均发生断裂，头发变得柔软易于弯曲成型。但当卷曲成型后，这些键若不修复，发型就难以固定下来。同时由于键的断裂，头发的强度降低，易断。因此在卷曲成型后，还必须修复被破坏的键，使卷曲后的发型固定下来，形成持久的卷曲。

实际上，在卷发的全过程中，干燥头发可以使进入氢键中的水分移除，从而恢复氢键，调节头发的 pH 值到 4～7 可使头发中的离子键复原。因此，只需要将破坏的二硫键进行修复，就使卷曲后的发型固定下来。

目前，头发卷曲时二硫键的修复是通过中和氧化剂来完成的。二硫键还原分成的两部分 —CH(CH$_2$SH)— 和 —CH(CH$_2$S—SO$_3$H)—，在碱和氧（空气）的存在下两者重新结合。硫代硫酸盐基团首先被氧化，键的两部分重新结合成二硫化基团，使二硫键修复。但是当氧化剂较强时，两个巯基除被氧化成二硫键外，也可能被氧化成磺酸基 RSO$_3^-$，这种产物不能再还原成巯基。因此，不宜选用过强的氧化剂，氧化剂的浓度也不宜过高，这样有利于形成二硫键，可以避免磺酸基的生成。

在卷发过程中，常用的中和氧化剂有溴酸钾（或钠）、过氧化氢、过硼酸钠、过碳酸钠、过硫酸钾（或钠）等，一般加入 N-乙酰苯胺（CH$_3$CONHC$_6$H$_5$）作为稳定剂。碱金属的溴酸或碘酸盐也被用来作为卷发后的中和氧化剂。它们可制成粉状，包装方便，使用 2%～3% 水溶液时加入磷酸二氢钠，防止产生溴，加入碳酸盐脱水也可防止产生溴。

除了化学药品制成的中和氧化剂外，也可利用空气的氧化作用使还原剂逐渐被氧化，多肽链重新键合，组成新的二硫键，但需要很长时间。

综上所述，烫发的过程为：首先用烫发剂将头发软化，切断氢键、离子键和二硫键，此时头发变得柔软易弯曲；再由卷发器将头发弯曲成各种形状；当头发成型后，干燥头发、调节头发的 pH 值到 4～7，恢复离子键；再涂上中和氧化剂，将已打开的二硫键在新的位置上重新接上，使已经弯曲的发型固定下来，形成持久的卷曲。这就是化学烫发的基本原理。

（二）电烫液

电烫是一种较老的传统方法。电烫液由氨水等碱性物质和亚硫酸钾等还原剂组成。

电烫卷发时先将头发洗净，在卷曲成型时将电烫液均匀地涂于发上，然后利用烫发工具加热至 100℃ 左右，维持 20～40min。加热完毕后，水使氢键断裂，碱可以使离子键断裂，还原剂使二硫键断裂。当用水冲洗药液后，离子键恢复，头发恢复到原来的 pH值。在用电吹风吹干头发的过程中二硫键因空气的氧化而重排，氢键也发生了错位，达到卷发效果。

根据电烫液的形态不同可分为三种，即水剂、粉剂和浆剂。此类烫发由于加热温度高，其头发卷曲波纹的持久性优于冷烫法。但用电就存在危险且使烫发者有高热的难受感。

电烫液的主要成分是亚硫酸盐，另外加有一定量的碱，使药液维持适当的碱性，可以采用的碱有硼砂、碳酸钾、碳酸钠、单乙醇胺、二乙醇胺、三乙醇胺、碳酸铵、氨水等。

早期的产品在头发已受热变形时，仍会继续作用，对头发造成损伤。改进后产品均采用挥发性碱，如氨水、碳酸铵等，缺点是有不良气味和在溶液内过早挥发，加入乙醇胺类有所缓解。随着生活水平提高和冷烫技术的发展，电烫法必将被方便、快速的冷烫法所代替。

卷发的效果与加热温度、作用时间、烫发液的浓度、pH 值等均有关系，通常要求电烫液的 pH 值在 9.5 到 13.5 之间。此外还可加入一些表面活性剂增加润湿性，加一些脂肪物使头发留有光泽、不致干枯，加络合剂使亚硫酸盐稳定。电烫液配方举例见表 3-54。

配方 1♯～4♯在常温下混合各原料即可。配方 5♯的制作方法是将油、脂等，按配方比例称量后加入不锈钢搅拌锅中，加热至 90～95℃使其熔化均匀；停止加热，开动搅拌器，再将另外用去离子水预先溶解好的硼砂、焦磷酸钠等加入锅中，继续搅拌，并依次加入表面活性剂、甘油和亚硫酸钠，搅拌降温至 45℃左右时加入氨水，搅匀后即可包装。

表 3-54　电烫液配方

组分	质量分数/%					组分	质量分数/%				
	1♯	2♯	3♯	4♯	5♯		1♯	2♯	3♯	4♯	5♯
亚硫酸钠(钾)	1.5	2.0	2.5	10.0	3.5	焦磷酸钠					0.3
硼砂	0.5	4.0	0.5	2.0	0.4	凡士林					1.0
碳酸钠	1.5		2.0			棉籽油					2.3
碳酸铵	2.5		2.5	8.0		硬脂酸					0.9
氨水(25%)		14.0		2.0	1.0	羊毛脂					1.0
单乙醇胺			5.0			白油					1.0
三乙醇胺	6.0			1.0		甘油	1.0			1.0	2.0
磺化蓖麻油	1.0		1.0			去离子水	86.0	80.0	86.5	76.0	84.6
椰油酰基甲基牛磺酸钠					2.0						

(三) 冷烫液

冷烫液是冷烫发时使用的烫发剂。由于不需要加热，使用时比较方便和舒适，近年来特别流行。使用时应先将头发洗净，然后在卷曲成型时涂冷烫液，之后维持 20～40min 进行烫发。若使用时用热毛巾热敷保温，温度一般为 50～70℃，在此温度下只需 10min 左右。最后再用水冲洗干净，以氧化剂或者曝于空气中氧化，干燥后即能保持卷曲的发型。

冷烫液分家庭用和美容室用两种。美容室用冷烫液的比家庭用的烫发效果好得多，这主要取决于在配方中加入硫醇类物质和碱的量。但要注意控制好冷烫液与头发接触的时间，否则会有卷发过度的危险，而家庭用的冷烫液效果比较慢，比美容室用得更安全。

(1) 原料组成

冷烫液可制成不同的形态，如粉剂型、乳剂型、水剂型和气溶胶型等。其中水剂型具有生产工艺简单、成本较低、使用方便等特点，是国内市场上最为畅销的剂型。其主要组成有含巯基化合物、碱类、表面活性剂、增稠剂、护发剂、稳定剂等。

① 含巯基化合物

目前，市场上应用最广泛的含巯基化合物是巯基乙酸及其盐类，如铵盐、钠盐、钾盐或有机胺类盐。巯基乙酸还原作用比较强，其用量将直接影响卷发的效果，通常用量为 5%～14%。在实际烫发时，烫发剂在适宜的浓度下，10min 内约有 25%的二硫键被还原。

在氨水存在下，巯基乙酸铵随时间的增加，能使头发膨胀。有研究表明头发的膨胀软化时间一般为 20～30min。以半胱氨酸为还原剂的冷烫液对头发的膨润度较小，卷曲力较弱，但其给头发角蛋白带来的变性也较少，能使损伤的头发形成适当的波形，因此是一种适合损伤头发用的烫发剂。各种含巯基化合物的性能如表 3-55 所示。

表 3-55　其他含巯基化合物的性能

名称	分子式	卷发效果	毒性	稳定性	气味	水中溶解性
硫脲	$CS(NH_2)_2$	无	无	稳定	无	良好
硫代乙酰胺	CH_3CSNH_2	良好	无	稳定	不愉快气味	良好
苯硫酚	C_6H_5SH	良好	有	稳定	恶劣	一般
甲基异硫脲	$CH_3SC(NH_2)=NH$	无	无	稳定	无	一般
硫甘油	$HOCH_2CH(OH)CH_2SH$	良好	无	稳定	稍有	良好
硫代乳酸	$CH_3CH(SH)COOH$	良好	无	稳定	稍有	良好
硫代乙二醇	$HSCH_2CH_2OH$	良好	无	稳定	恶劣	良好

② 碱类

可用于冷烫液的碱类有氨水、二乙醇胺、碳酸氢铵、磷酸氢二铵、NaOH、KOH 等。

巯基乙酸等化合物在碱性下还原作用显著增加，这是由于碱的存在使头发角蛋白膨胀，有利于烫发有效成分的渗入，提高了卷曲的效果，缩短了烫发的操作时间。巯基乙酸铵含量相同时，溶液的 pH 值及游离氨含量不同，其卷发效果也不一样，如表 3-56 所示。

表 3-56　pH 值和游离氨含量对巯基乙酸铵卷发效果的影响

巯基乙酸铵含量/%	pH 值	游离氨含量/%	卷发效果
9.2	7.0	0.05	稍弱
18.4	7.0	0.05	中等卷曲
9.2	8.8	0.24	中等卷曲
9.2	9.2	0.75	良好卷曲
9.2	9.3	1.22	强烈卷曲

以巯基乙酸及其盐类为还原剂的冷烫液，pH 值和游离氨含量越高，卷发效果越好。但要注意，当 pH 值高于 9.5，可能会脱除毛发，不利于烫发。因此一般控制 pH 为 8.5～9.5，游离氨含量控制在大于 0.8%。

③ 表面活性剂

表面活性剂的加入有助于冷烫液在头发表面的铺展，促进头发软化膨胀，有利于冷烫液有效成分渗透到发内，强化卷发效果。同时加入表面活性剂，还起到乳化和分散作用，能改善卷发持久性和梳理性，使烫后头发柔软、光泽。可采用的表面活性剂有阴离子型、阳离子型和非离子型，可以单独使用，也可复配使用。

④ 增稠剂

为了增加冷烫液的稠度，避免在卷发操作时流失、污染皮肤和衣服，可加入羧甲基纤维素和高分子量的聚乙二醇等。

⑤ 护发剂

为防止或减轻烫发对头发的损伤，可添加油性成分、润湿剂等，如甘油、脂肪醇、羊毛脂、矿物油等。目前一般使用能修复损伤头发的半胱氨酸盐酸盐、水解胶原蛋白等。当用氧化剂处理时，其会沉积在头发纤维上或纤维内部，和头发中被还原的巯基作用形成混合的二硫化物，与多肽形成内盐，具有修复损伤头发的作用。如加入 1% 的动物胶柔软卷发，保持更长的卷曲时间，另外，配方中合成树脂类的加入，也可以提高其卷发效果。

⑥ 稳定剂

在烫发剂中，巯基乙酸易被氧化生成亚二硫基二乙酸，铁、铜等金属离子和碱的存在可促进氧化反应的发生。亚二硫基二乙酸遇水产生硫化氢，其反应式如式(3-6) 和式(3-7) 所示。

$$HSCH_2COOH \xrightarrow[Fe]{[O]} \begin{array}{c} S-CH_2-COOH \\ | \\ S-CH_2-COOH \end{array} + H_2O \tag{3-6}$$

$$\begin{array}{c} S-CH_2-COOH \\ | \\ S-CH_2-COOH \end{array} + H_2O \longrightarrow HSCH_2COOH + HOOC-C-H + H_2S \tag{3-7}$$

值得注意的是：即使是少量的巯基乙酸被氧化，也会降低卷发的效果，所以在选料时不要选用含铁、铜等金属离子的原料（如采用去离子水），并且在配方中加入螯合剂如 ED-TA、柠檬酸等和抗氧剂亚硫酸钠等。

冷烫卷液的配制除了主要成分还有香料、乳浊剂、色素和润发剂等添加物。

（2）配方与制备工艺

标准的冷法烫发剂由巯基乙酸组成，用氨水校正其 pH 值。冷烫液配方见表 3-57、表 3-58。

表 3-57　冷烫液的典型配方

组分	质量分数/%			组分	质量分数/%		
	1#	2#	3#		1#	2#	3#
巯基乙酸(75%)	6.0		8.0	硫酸铵		6.6	
巯基乙酸铵		5.0		浸湿剂	0.1		0.1
尿素		15.6		蒸馏水	加至100	加至100	加至100
氨水(28%)	5.5		7.0				

表 3-57 所示三个配方的 pH 可以用氨水调节至 9.3～9.4。配方 1# 和 2# 一般为家用烫发剂，配方 3# 为美容室用的烫发剂。

表 3-58　普通两剂型冷烫液配方

卷发剂组分	质量分数/%	中和剂组分	质量分数/%
巯基乙酸铵水溶液(50%)	10.0	溴酸钠	8.0
氨水(28%)	1.5	柠檬酸	0.05
液体石蜡	1.0	透明质酸钠	0.01
聚氧乙烯(30)油醇醚	2.0	去离子水	加至100
丙二醇	5.0		
EDTA 二钠	适量		
去离子水	80.5		

表 3-58 为两剂型普通冷烫液的配方。配方中的还原液组分在配制时，先将液体石蜡、聚氧乙烯（30）油醇醚溶于去离子水中调匀，加入丙二醇及螯合剂溶解后，加入氨水及巯基乙酸铵，充分混合后即得成品，装瓶密封。

表 3-59 所示的配方中使用了天然氨基酸成分半胱氨酸衍生物，安全性高。一般来说，将半胱氨酸类作为还原剂的冷烫液，制成单剂型产品，其主要通过空气实现氧化作用。

所有含巯基化合物制成的冷烫液，在包装容器中都有被空气氧化的可能性，因此，储久后有减弱卷发效果的缺点，可采用密封的气压式包装克服。气压式冷烫液见表 3-60。

表 3-59　半胱氨酸单剂型冷烫液配方

组分	质量分数/%	组分	质量分数/%
N-乙酰基-L-半胱氨酸	10.0	乳酸钠	适量
单乙醇胺	3.8	EDTA 二钠	适量
十八烷基三甲基氯化铵	0.1	香精	适量
汉生胶	0.3	色素	适量
丙二醇	5.0	去离子水	加至100

表 3-60　气压式冷烫液配方

气压式冷烫液	质量分数/%	气压式冷烫液	质量分数/%
巯基乙酸单乙醇胺	11.2	香精	0.5
单乙醇胺	2.3	去离子水	73.3
聚氧乙烯(23)月桂醇醚	1.0	异丙烷	7.0
肉豆蔻酸异丙酯	4.7		

第四章

美容化妆品

美容化妆品主要是指用于脸部、眼部、唇部及指甲等部位，使各部位和谐、自然，以达到掩盖缺陷、赋予色彩或增加立体感、美化容貌、显现出美感的一类化妆品。

美容化妆品与护肤化妆品的不同之处在于它只提供掩盖、修饰面容及皮肤表面缺陷的作用，化妆后，面容姣好，肤色健美，化妆品不进入毛孔深处，卸妆后又会恢复本来状态，并需要使用护肤化妆品，以达到长期保养皮肤的目的。

根据应用的部位不同，美容类产品一般分为脸（颊）部化妆品（粉底霜、香粉、粉饼、胭脂等）、香水类化妆品（香水、花露水等）、唇部化妆品（唇膏、唇线笔等）、眼部化妆品（眼影粉、眼影膏、眼线笔、睫毛膏、眉笔等）和指甲油类化妆品（指甲油、指甲漂白剂、指甲油脱膜剂等）等。各类美容化妆产品功能不同，种类繁多。

第一节　脸（颊）部化妆品

用于脸部的美容化妆品主要包括香粉类（散粉、粉饼、香粉蜜等）、粉底类（粉底霜和粉底乳液）和胭脂类（胭脂、胭脂膏、胭脂水等）化妆品。此类化妆品的主要原料由粉类构成，而粉类原料具有一些共同特性，即遮盖力、吸收性、滑爽性、黏附性等。

（1）遮盖力

又称覆盖力，是指遮盖皮肤的斑点瑕疵，比如色斑、伤疤、瑕疵、毛孔等，并赋予皮肤柔润自然色泽的能力。香粉涂敷在皮肤上，遮住皮肤的本色、黄褐斑，改善肤色，需要具有良好遮盖力的遮盖剂来实现。

遮盖力是以单位质量物质所能遮盖的黑色表面积来表示的，遮盖力的大小，取决于色素的折射率与生胶折射率之差，差值越大，遮盖力越强。常用的遮盖剂有钛白粉、氧化锌等。

（2）吸收性

吸收性是指粉剂能吸收分泌的皮脂和汗液，消除脸上某些部位的过度光亮的性能，主要是指对油脂、汗液和香精的吸收。用以吸收油脂、汗液和香精的粉类原料有沉淀碳酸钙、碳酸镁、胶态高岭土、淀粉和硅藻土等。

（3）滑爽性

粉体具有滑爽、易流动的性能，才能涂敷均匀，所以粉体类制品的滑爽性极为重要。粉体的滑爽性主要依靠滑石粉的作用，滑石粉的主要成分是硅酸镁（$3MgO \cdot 4SiO_2 \cdot H_2O$）。高质量的滑石粉具有薄层结构，它定向分裂的性质和云母很相似，这种结构使滑石粉具有发光和滑爽的特性。

（4）黏附性

粉类制品敷用于皮肤后不能出现脱落，因此必须具有很好的黏附性，使用时容易黏附在皮肤上。因此，黏附性是使粉体更好地敷在脸上的又一种重要功能。常用的黏附剂有硬脂酸锌、硬脂酸镁和硬脂酸铝等。

（5）颜色

为了调和皮肤的颜色，香粉一般都带有颜色，并要求香粉接近皮肤的本色。适用于香粉的颜料必须有良好的质感，能耐光、耐热、日久不变色，使用时遇水或油以及 pH 值略有变化时不致溶化或变色。一般选用无机颜料如赭石、褐土等，为改善色泽，可加入红色或橘黄色的有机色淀，使色彩鲜艳和谐。

（6）香味

香粉的香味不可过分浓郁，以免掩盖了香水的香味。所用香精在香粉的储存及使用过程中应该保持稳定，不酸败变味，不使香粉变色，不刺激皮肤等。香精的香韵以花香型或百花香型较为理想，使香粉具有甜润、高雅、花香生动而持久的香气感觉。

（7）粉体的其他性质

用于化妆品的粉体除上述性质外，还具有一些其他重要性质，如遮光力、艳丽性、充填性、比表面积和流动性等等。

遮光力：粉剂能抵抗紫外线射入，具有反射作用，预防晒伤，保护皮肤免受伤害。大多数无机粉体都可以，如钛白粉、滑石粉、陶土粉、氧化锌等。粉体的折射率越高，其散射能力越强；粉体越细，散射能力也越强。因此，将目前加入化妆品中的无机粉体制成超细粉体，可以达到理想的遮光效果。

充填性：粉体充填性质，在粉类化妆品中具有重要的意义。常用松密度和空隙率反映充填状态，可用表观密度、比体积和空隙率来表示。

比表面积：单位体积的粉体总表面积，表征粉体中粒子粗细的一种量度，也是表示固体吸附能力的重要参数。可用于计算无孔粒子和高度分散粉末的平均粒径。比表面积对粉体性质有重要意义。

流动性：粉体中有很易松散流动的粉末，也有潮湿后不易流动的粉末。这些流动性的不同是由粒子的吸附凝聚性不同造成的。吸附凝聚性是由粒子之间的范德华力、静电力和粒子上附着的水的表面张力所形成的毛细管力等决定的。为评价流动性，需测定休止角、摩擦因数和流出速度等。

一、香粉类化妆品

香粉类化妆品是化妆品中最流行的一种，是用于面部化妆的化妆品。其主要作用是掩盖面部皮肤表面的缺陷，改变面部皮肤的颜色，柔和脸部曲线，形成光滑柔软的自然感觉，抵抗紫外线的辐射。香粉类化妆品是一种适宜涂敷在脸部皮肤，加有香料和染料，呈浅色或白色的粉状混合物。

根据使用要求，好的香粉类化妆品应该很易涂敷，并能均匀分布；去除脸上油光，遮盖面部某些缺陷；对皮肤无损害刺激，敷用后无不舒适的感觉；色泽应近于自然肤色，不能显现出粉拌的感觉；香气适宜，不要过分强烈。

（一）散粉

香粉主要在美容后使用，可以直接地敷在脸上，亦可在脸上先敷以粉底霜，然后再敷用香粉，起修饰、补妆和色调调节作用，防止油腻的皮肤过分光滑和过黏，显示出无光泽但透明的肤色，抑制汗和皮脂分泌，增强化妆品的连续性，产生柔软绒毛感，去除脸上的油光，遮盖脸部的某些瑕疵。此外，还有一些香粉类制品加入超微粒二氧化硅作为紫外线防护剂，具有一定的防晒效果。

散粉是香粉的一种，是脸部的重要化妆用品，涂敷时使用粉扑。散粉是由粉体原料配制而成的不含油分的粉状制品，现已逐步被粉饼代替。散粉和粉饼的基本功能相同，配方的主要组成也相近。由于剂型不同，在产品使用性能、配方组成和制备工艺上有差别。

（1）原料组成与配方

原料的选择对散粉来说是极为重要的，因为成品的各种性质，如遮盖力、吸收性、黏附性、滑爽性、细度、体积、色泽和香味等完全依靠原料的质量。

散粉的主要成分为体质粉体、着色颜料、白色颜料、防腐剂和香精，有时添加珠光颜料和金属皂，主要功能包括遮盖、黏附、滑爽和吸收等。散粉中使用的原料主要有滑石粉、高岭土、锌白粉（氧化锌）、钛白粉（二氧化钛）、碳酸钙、碳酸镁、硬脂酸金属皂及其他原料。

① 滑石粉

散粉中最重要的原料之一，香粉类化妆品的滑爽性主要依靠滑石粉的作用，其主要成分是硅酸镁（$3MgO \cdot 4SiO_2 \cdot H_2O$）。一般来说，滑石粉必须色泽白、无臭，手指的触觉柔软光滑、细小均匀，98％以上的颗粒能通过 200 目筛网，滑石粉中铁的含量不能太大。

② 高岭土

散粉的基本原料之一，具有高的吸水性和附着性，能吸收汗液，具有良好的遮盖力、优良的防油性能和黏附性能，它的密度较高，为控制粉体密度的有效原料。

③ 碳酸钙和碳酸镁

是散粉中应用得很广的一种原料。散粉中一般采用沉淀碳酸钙，具有吸收汗液和皮脂、去除滑石粉的光泽的作用，它的吸收性是因为颗粒具有许多气孔。

④ 氧化锌和二氧化钛

氧化锌和二氧化钛是散粉中具有良好遮盖力的白色颜料，常被称为遮盖剂。香粉用的钛白粉和氧化锌要求色泽白、颗粒细、质轻、无臭，铅、砷、汞等杂质含量少。工业用钛白粉不宜用于散粉制作。

⑤ 硬脂酸金属皂

硬脂酸金属皂是香粉类化妆品常用的黏附剂。硬脂酸铝盐比较粗糙，硬脂酸钙盐则缺少滑爽性，普遍采用的是硬脂酸镁盐和锌盐。

⑥ 其他原料

除上述原料外，散粉中的组分还有塑胶粉体、聚乙烯粉、淀粉和改性淀粉、香精、色素、云母粉和珠光颜料等。

散粉的配方如表 4-1、表 4-2 所示。

表 4-1　散粉的参考配方

组分	质量分数/%	组分	质量分数/%
滑石粉	45.5	氧化锌	15.0
高岭土	8.0	硬脂酸锌	8.0
碳酸钙	8.0	香精	适量
碳酸镁	15.0	颜料	0.5

表 4-2　散粉的配方

组分	质量分数/%				
	1#	2#	3#	4#	5#
滑石粉	42.0	50.0	45.0	65.0	40.0
高岭土	13.0	16.0	10.0	10.0	15.0
碳酸钙	15.0	5.0	5.0		15.0
碳酸镁	5.0	10.0	10.0	5.0	5.0
钛白粉		5.0	10.0		
氧化锌	15.0	10.0	15.0	15.0	15.0
硬脂酸锌	10.0		3.0	5.0	6.0
硬脂酸镁		4.0	2.0		4.0
香精、色素	适量	适量	适量	适量	适量

散粉除了有不同的香气和色泽的区别外，还可以根据使用要求的不同，分为轻度遮盖力、中等遮盖力、重度遮盖力以及不同吸收性、黏附性等规格的产品。表 4-2 所列出的配方 1# 属于轻度遮盖力、具有很好的黏附性和适宜吸收性的产品；配方 2# 属于中等遮盖力、强吸收性的产品；配方 3# 属于重度遮盖力、强吸收性的产品；配方 4# 属于轻度遮盖力、轻吸收性的产品；配方 5# 属于轻度遮盖力、很好黏附性和适宜吸收性的产品。

（2）生产工艺

散粉的生产工艺比较简单，主要是混合、磨细及过筛，有的是磨细过筛后混合，有的是混合磨细后过筛。使粉变细的方法可分为两种：一种是磨碎，如采用万能磨、球磨和气流磨；另一种是将粗颗粒分开，如采用筛子和空气分细机等。关于这些设备的结构和使用方法，详见第七章。

散粉的制备工艺流程如图 4-1 所示。

$$\boxed{混合} \longrightarrow \boxed{磨细} \longrightarrow \boxed{过筛} \longrightarrow \boxed{加脂} \longrightarrow \boxed{灭菌} \longrightarrow \boxed{包装}$$

图 4-1　散粉的制备工艺流程简图

① 混合

散粉混合设备主要有四种型式：卧式混合机、球磨机、V 形混合机、高速混合机。目前比较广泛使用的是高速混合机，详见第七章第二节。值得注意的是：投入粉料的量只能是混合机容积的 60%，要控制投料量和搅拌时间，以避免过热。不论采用何种方法，必须使散粉中的各种成分混合得十分均匀，如果粉粒的细度要求小于 $76\mu m$，分细必须采用筛子以外的方法，如空气分细机等。

② 磨细

磨细的目的是将粉料再度粉碎，可使加入的颜料分布得更均匀，显出应有的光泽。磨细机主要有球磨机、气流磨、超微粉碎机三种。气流磨、超微粉碎机不论从生产效率、还是从生产周期、或粉料磨细的程度，都要比球磨机好得多，但是球磨机具有结构简单、操作可靠、产品质量稳定的特点。采用空气分细机时，要注意轻的物质易和重的物质分离开来。详见第七章第二节。

③ 过筛

通过球磨机混合、磨细的粉料要通过卧式筛粉机，将粗颗粒分开。若采用气流磨或超微粉碎机，再经过旋风分离器得到的粉料，则不需过筛。

④ 加脂

为了克服一般散粉粉质轻易脱落的缺点，配方中常加入一定量的油分。操作方法是：在通过混合、磨细的粉料中加入含有硬脂酸、蜂蜡、羊毛脂、白油、乳化剂和水的乳剂，充分搅拌均匀；100 份粉料中加入 80 份乙醇搅拌均匀，过滤除去乙醇，在 60～80℃烘箱内烘干，使粉料颗粒表面均匀地涂布脂肪物，经过干燥的粉料含脂肪物 6%～15%，通过筛子过筛就成为香粉制品。

⑤ 灭菌

散粉在生产时也可能在生产设备中受到污染。因为散粉既有一定的摩擦力，又有吸收性，机油的污染是可能遇到的情况之一。粉料的灭菌方式通常有环氧乙烷气体灭菌法、钴60 放射性灭菌法两种。香粉类制品的杂菌数要求是≤1000CFU/g。

⑥ 包装

散粉的包装也是重要的一环。散粉包装盒除要求外观美观外，还要求盒子不能有气味，在正常的条件下放置久了也不会产生气味。不同包装方法对包装质量也有影响。

（二）粉饼

粉饼是第二次世界大战后发展起来的产品，现今，已逐渐取代散粉，为广大女性所欢迎，成为女性外出随身携带，并作为补妆时最常用的美容化妆品之一。

粉饼和散粉的使用目的相同，将香粉制成粉饼的形式，其形状随容器形状而变化，便于携带，使用时不易飞扬，在一般的运输和使用过程中不会破碎，一般粉饼的包装精美，附有粉扑和小镜子等配件，而在使用时易用粉扑涂擦。

粉饼的组成与散粉几乎一样，为了易于结块，通常粉饼中都添加较大量的胶态高岭土、氧化锌和硬脂酸金属盐，以改善其压制加工性能。为便于压制成型，还必须加入足够的胶黏剂，常用的水溶性胶黏剂有黄蓍树胶粉、阿拉伯树胶等天然胶黏剂以及羧甲基纤维素等合成胶黏剂。在配方中的质量分数为 0.1%～3.0%，一般先配制成 5%～10%的溶液，然后与粉体混合。也可加入少量的油溶性胶黏剂，包括单硬脂酸甘油酯、十六醇、十八醇、脂肪酸异丙酯、羊毛脂类及其衍生物、地蜡、白蜡和微晶蜡等，可直接利用油分达到黏结的目的。

（1）原料组成

与散粉一样，粉饼主要成分为体质粉体、着色颜料、白色颜料、防腐剂和香精。

① 体质粉体

主要有无机填充剂、有机填充剂和天然填充剂，具有铺展性、吸收性和填充作用。

无机填充剂主要有滑石粉、高岭土、云母、绢云母、碳酸镁、碳酸钙、硅酸镁、二氧化硅、硫酸钡、硅藻土、膨润土等等。

有机填充剂主要有纤维素微球、尼龙微球、聚乙烯微球、聚四氟乙烯微球、聚甲基丙烯酸酯微球等等。

天然填充剂主要有木粉、纤维素粉、丝素粉、淀粉、改性淀粉等等。

② 白色颜料

白色颜料主要用钛白粉和氧化锌，能提供很好的遮盖力。

③ 着色颜料

着色颜料包括有机颜料、无机颜料和天然颜料，提供粉饼的颜色。

有机颜料包括食品、药品及化妆品用焦油色素。

无机颜料主要有红色氧化铁、黄色氧化铁、黑色氧化铁、锰紫、群青、氧化铬、氢氧化铬、赭石、炭黑等。

天然颜料主要有 β-胡萝卜素、花红素、胭脂红、叶绿素、藻类等等。

此外，粉饼还可含有珠光颜料、金属皂等。常用的珠光颜料主要有鱼鳞箔、氯氧化铋、云母钛、鸟嘌呤、铝粉，主要是赋予粉饼光泽；使用的金属皂包括硬脂酸镁、硬脂酸锌、硬脂酸铝、月桂酸锌、肉豆蔻酸锌，使粉饼有很好的附着性。

（2）配方举例与生产方法

粉饼的种类繁多，配方举例如表 4-3 所示。

表 4-3　普通粉饼的配方

组分	质量分数/%			组分	质量分数/%		
	1#	2#	3#		1#	2#	3#
滑石粉	55.0	45.0	60.0	黄蓍树胶粉		0.1	0.1
氧化锌	18.0	12.0	10.0	单硬脂酸甘油酯			0.3
高岭土	12.0	14.0	8.0	液体石蜡			0.2
硬脂酸锌	5.0			甘油	0.25		
碳酸镁	5.0		7.0	山梨醇			0.25
二氧化钛		5.0		葡萄糖		0.25	
碳酸钙		14.0		精制水	4.7	4.65	4.15
阿拉伯树胶	0.05			香精	适量	适量	适量
淀粉		5.0	10.0	防腐剂	适量	适量	适量

生产方法：将胶黏剂先和适量的粉混合均匀后，经过粗筛（10～25 号）过筛加入其余的粉中，通过最后的加工，在低温的地方放置数天，使香粉内的水分能保持必需的最低限度。如果太干燥了，胶质就会失去黏合的作用，不利于粉饼的压制。

由于粉体表面处理技术的发展，粉饼的生产工艺也有很大的改进。粉饼的生产工艺有两种：湿法和干法。

干法和湿法生产的粉饼的配方示例见表 4-4。表 4-4 所示的配方 1# 和配方 2# 属于干法制备粉饼，干法适于大规模生产，主要是需要使用较大的压力。

干法制备粉饼的生产方法为：

① 将 A 相组分在螺条式混合器中混合约 1h，然后将预先充分混合好的 C 相组分加入混合器中，混合约 2h 后，通过球磨机研磨，过 40～45 目筛。整个操作过程中，物料的温度不允许比室温高出 10℃。

② 冷却后，混合粉料再重新通过球磨机。将筛过的粉料置于螺条式混合机内，边搅拌边喷入预先熔化了的液态的 B 相组分，搅拌 5h，待冷却后喷入香精。

表 4-4 干法和湿法生产的粉饼的配方

相	组分	质量分数/%			相	组分	质量分数/%		
		1#	2#	3#			1#	2#	3#
A （颜料 粉体）	滑石粉	73.0	63.0	40.0	B （基质 组分）	硬脂酸	4.0		
	高岭土			10.0		乙酰化羊毛脂	1.0	1.5	
	氧化锌			10.0		脂肪醇	1.0	1.5	
	硬脂酸锌		11.0			单硬脂酸甘油酯	1.0		6.0
	碳酸镁			5.0		三乙醇胺	0.5		
	沉淀碳酸钙			10.0		白矿油	8.0	5.0	4.0
	淀粉			10.0		山梨醇(70%)			5.0
	二氧化钛	8.0	8.0			甘油		7.5	
	黄色氧化铁	0.8				丙二醇	2.0		
	红色氧化铁	0.3			C	六氯酚		0.2	
	黑色氧化铁	0.2				烷基二甲基苄基氯化铵		0.25	
	月桂醇硫酸钠			0.8		防腐剂	适量	适量	适量
	无机颜料			1.0	D	香精	0.2	适量	适量

③ 通过造粒机造粒，通过球磨机，并通过 25 目筛。冷却后通过 40 目筛。在筛分过程中需确保不发热，不使温度升高，以免造成香精挥发损失。

④ 将制得的粉料填充在容器内，加压成型。一般加压 300kPa 即可使粉末压成粉饼。通常在加压成型前，将制得的粉料在适当的湿度下存放几天，存放的目的是让粉体内部的气泡逸出，使在压制时粉体不会太干。在干燥压制成型的过程中，开始时只加较小的压力，便于将空气挤出，以防止在粉饼内形成气孔。然后再加压至 1000kPa，如果配方合适，粉料加工精良，可直接加压至 4MPa，加压成型。

表 4-4 所示的 3# 属于湿法制备粉饼的配方。湿法生产过程是先将着色颜料与粉类原料研磨混合均匀，然后过筛，再添加胶黏剂溶液或乳液和香精，再充分混合后，通过 60 目筛，所得混合物颗粒在室温下或温热空气中干燥（温度不应超过香精挥发的温度），最后将产品压制成型，放入适当的包装容器内。

（3）生产工艺流程

散粉、粉饼的制备设备基本类似，要经过混合、磨细和过筛，但粉饼要压制成型，必须加入胶质、油分等。粉饼的生产工艺流程如图 4-2 所示。

胶质溶解 ⟶ 混合 ⟶ 粉碎 ⟶ 压制成饼

图 4-2 粉饼的生产工艺流程简图

① 胶质溶解

把胶粉加入去离子水中搅拌均匀，加热至 90℃，加入甘油或丙二醇等保湿剂和防腐剂等，在 90℃灭菌 20min，用沸水补充蒸发的水分后备用。另外，所用的石蜡、羊毛脂等油脂须先溶解，过滤后备用。

② 混合

按配方称取滑石粉、二氧化钛等粉质原料在球磨机中混合 2h，加石蜡、羊毛脂等混合 2h，再加香精继续混合 2h，最后加入胶黏剂混合 15min。在球磨混合过程中，要经常取样检验颜料是否混合均匀，色泽是否与标准样相同。

③ 粉碎

在球磨机中混合好的粉料，筛去石球后，加入超微粉碎机中进行磨细，然后在灭菌器内用环氧乙烷灭菌，将粉料装入清洁的桶内，用桶盖盖好，防止水分挥发，并检查粉料是否有未粉碎的颜料色点等杂质。

④ 压制成型

压粉饼的机器型式有油压泵产生的手动粉末成型机，每次压饼2～4块，也有自动压制粉饼机，每分钟可压制粉饼4～30块，可根据不同生产情况选用。压制前，粉料先要经过60目的筛子，再按规定的质量加入模具内压制，压制要做到平、稳，防止漏粉、压碎，根据配方适当调节压力。压制好的粉饼经外观检查后即可包装。

生产粉饼应该注意：必须很易用粉扑涂擦；对脸部的化妆效果应和散粉相同；在一般的运输及使用过程不可破碎。

（三）香粉蜜

香粉蜜是将粉类悬浮在水和甘油内形成的能流动的浆状物质，使用方便，既有香粉的遮盖力，又有保护滋润皮肤的功效。在涂敷香粉之前也可以作为粉底使用，能增强香粉的遮盖力，但不能起到粉底的全部作用。

香粉蜜的配方中主要含有粉类、甘油、水、胶质等。常用的胶质有黄蓍树胶粉、羧甲基纤维素和胶性黏土等。很多研究证明，胶性黏土是一种悬浮能力很强的胶体。例如以10%氧化锌的水悬浮液和10%氧化锌加3%胶性黏土的水悬浮液的稳定性作比较，后者的稳定性显然好得多，也就是说胶性黏土在悬浮性能方面展示了优越的效果。

表4-5为加入胶性黏土与不加胶性黏土的产品的配方。

表 4-5 香粉蜜的配方

组分	质量分数/%				组分	质量分数/%			
	1#	2#	3#	4#		1#	2#	3#	4#
鲸蜡醇			4.0		乙醇		2.0	2.0	1.5
碳酸钙	2.0				胶性黏土	4.0			
羊毛脂			3.0		丙二醇			5.0	
氧化锌	12.0	2.5		7.0	肉豆蔻酸异丙酯			3.0	
滑石粉		10.0	12.0		月桂醇硫酸三乙醇胺			1.0	
碳酸镁		4.5	3.0		黄蓍树胶粉			0.7	
液体石蜡			2.0		二氧化钛			1.0	
二硬脂酸甘油酯			4.0		尼泊金甲酯			0.15	0.1
二甘醇一乙醚	5.0				香精、颜料	适量	适量	适量	适量
甘油		5.0		50.0	防腐剂	适量	适量	适量	适量
羧甲基纤维素钠(高黏度)		1.5		1.5	精制水	加至100	加至100	加至100	加至100

表4-5中的配方1#是将氧化锌、碳酸钙和胶性黏土等混合，加入适量的精制水，研磨成均匀的糊状。胶性黏土有结成不易分散的小块的倾向，操作时需留意。加入余下的全部液体，搅拌均匀。产品配方中，颜料是采用不溶性的色淀，香精可采用玫瑰水。

配方2#先将香精加入碳酸镁中，置于密封的箱内，使吸收24h以上，然后取出置于拌粉机中，和滑石粉、氧化锌和色淀等拌匀2～4h，将甘油与精制水混合加热至70℃，将羧甲基纤维素钠用乙醇浸湿，再倒入热水并搅拌至胶质全部溶解。待胶水冷却后，加入粉料，搅拌均匀或通过研磨机研细。

配方3#的成分和配方1#和2#有显著不同，是将粉料分散在比较复杂的乳化体中，而配方1#和2#是将粉料分散在单纯的胶水中。配方3#产品的具体制法是：将鲸蜡醇、羊毛脂、液体石蜡、二硬脂酸甘油酯和肉豆蔻酸异丙酯等油性成分，置于容器内加热至80℃熔化；将丙二醇、月桂醇硫酸三乙醇胺、防腐剂等水溶性物质及配方中精制水量的一半置于另一容器内加热至80℃，再将水溶液倾入熔化的油溶液中并不断地搅拌，直至乳化体冷却至室温；将余下的一半精制水加热至70℃，用乙醇浸湿黄蓍树胶粉，加入热水，不断地搅拌使胶质全部溶化，制备成胶水。粉料的制备和配方2♯相同，即将粉料加入胶水中，搅拌或研磨均匀后，再倾入于乳化体中搅拌均匀后，即可灌装。

配方4♯的操作方法和配方2♯基本相同，这一配方的特点是甘油含量较一般的多，因此在保护皮肤干燥开裂方面有较好的效果。另外，氧化锌有轻微杀菌的功能，并且它还是一种两性化合物，能调节皮肤酸碱性。

（四）爽身粉

爽身粉并不用于化妆，主要用于浴后在全身涂敷，能滑爽肌肤，吸收汗液，使皮肤光滑和有凉快的感觉，并且能暂时性吸收潮气，减少痱子的滋生，给人以舒适芳香之感。由于爽身粉表面积很大，能加大热量损失，是男女老幼都适用的夏令卫生用品。

爽身粉的主要成分与散粉基本相同，主要有滑石粉、玉米淀粉、改性淀粉等，其他还有碳酸钙、碳酸镁、高岭土、氧化锌、硬脂酸镁、硬脂酸锌等。滑石粉润滑，有覆盖能力，能黏附于皮肤上，吸收皮肤水分。加入硬脂酸锌可改善黏性，加入氧化锌和二氧化钛可提高白度。爽身粉的原料和生产方法与散粉基本相同，但其对滑爽性要求更突出，对遮盖力并无要求。此外，爽身粉还有一些散粉所没有的成分，如硼酸，它有轻微的杀菌消毒作用。

爽身粉常选用一些薄荷脑等有清凉感觉的香料。婴儿用的爽身粉，最好不要香精，因为香精对皮肤有刺激，婴儿产品中香精用量一般是在 $0.15\%\sim0.25\%$ 之间，最高限量不得超过 0.4%。爽身粉的参考配方如表 4-6 所示。

表 4-6　爽身粉的参考配方

组分	质量分数/%				组分	质量分数/%			
	1♯	2♯	3♯	4♯		1♯	2♯	3♯	4♯
滑石粉	72.0	68.0	75.0	75.0	硬脂酸锌			3.0		4.0
碳酸钙				5.0	氧化锌			3.0	3.0	
碳酸镁	18.5	23.0	7.5		硼酸	4.5	2.0	3.5	5.8
高岭土			8.0	10.0	香精	1.0	1.0	1.0	0.2
硬脂酸镁		4.0	2.0						

二、粉底类化妆品

粉底类化妆品的作用是修饰皮肤色调，使皮肤光滑，形成美容化妆的基底，修正皮肤质感，遮盖肝斑和雀斑等瑕疵。按基质的性质可分为液状粉底、乳化型粉底和凝胶型粉底。

（一）液状粉底

液状粉底分为水基型和油基型两种。水基型液状粉底又称为水粉，是将粉末原料悬浮于甘油、亲水性胶体溶液或低浓度乙醇溶液中制成的流动性的浆状物。因含水分较多，遮盖力较弱，为肤色较好的人敷用，有自然感，适合夏季使用。油基型液状粉底是将粉末原料悬浮于轻质油脂中制成的具有流动性的浆状物，亲油成分含量高，如脂肪酸酯类、挥发性硅油等，易于涂抹，与皮肤亲和性好，不易脱妆，对干性皮肤有用，适合冬季使用。

液状粉底中粉类原料占 $15\%\sim25\%$，主要有滑石粉、钛白粉、氧化锌、高岭土、碳酸钙、氯氧化铋、碱式硝酸铋等；油分占 5%～8%，最高达 30%；亲水性胶质原料占 0.05%～0.1%。此外还可加入润肤剂如水溶性羊毛脂，防晒剂等，也可使用颜料和色淀。

配方实例如表 4-7 所示，1♯为水基型液状粉底配方，2♯为油基型液状粉底配方。

表 4-7　液状粉底的配方

组分	质量分数/%		组分	质量分数/%	
	1♯	2♯		1♯	2♯
高岭土	10.0	10.0	去离子水	65.0	
沉淀碳酸钙	5.0		乙醇	10.0	
二氧化钛	5.0		防腐剂	适量	
甘油	5.0		环状硅油		18.0
滑石粉		7.0	白油		41.0
钛白粉		6.0	色素	适量	适量
棕榈酸异丙酯		18.0	香精	适量	适量

（二）乳化型粉底

乳化型粉底是将粉料均匀分散、悬浮于乳化体（膏霜或乳液）中而得到的粉底化妆品。这类粉底化妆品中加了钛白粉及二氧化锌等粉质原料，有较好的遮盖力，能掩盖面部皮肤表面的某些小瑕疵，还可以适当地加入一些色素或颜料，使其色泽更接近于皮肤的自然色彩。从形态看，此类粉底有硬膏状、软膏状和乳液状；从乳化体类型看有 O/W 型和 W/O 型两种。乳化型粉底，既可修饰肤色，又有护肤润肤的作用，且易卸妆，而且使用肤感柔润、效果自然，很受消费者的欢迎，是目前粉底化妆品的主要品种。

（1）粉底霜（膏）

粉底霜是由粉料、油脂、水三相经乳化剂乳化而成的，与乳化膏霜相比，其稳定性差。因此，乳化型粉底霜的制备技术要求较高。对于以水为连续相的粉底霜，油相的含量为 20%～35%。含粉质的粉底霜，粉料的加入量为 10%～15%，粉料含量越高，稳定性越差。粉料的细度一般要求在 10μm 以下，颜料和粉料都分散在水相中。

粉底霜的粉料与香粉类的原料相似，乳化型粉底所用的基质粉体和颜料包括二氧化钛、滑石粉、高岭土、氧化铁类。有时还添加少量的具有增稠、分散作用的悬浮剂，如纤维素衍生物、角叉菜胶、聚丙烯酸类聚合物、硅酸镁钠、硅酸铝镁等。

乳化型粉底霜的配方如表 4-8 所示。该表 W/O 型配方中以硅油作为外相，具有稳定性好、不油腻、清爽、妆面可长久保持等特点，属于最新开发的品种。

表 4-8　乳化型粉底霜的配方

组分	质量分数/%		组分	质量分数/%	
	O/W 型	W/O 型		O/W 型	W/O 型
钛白粉	8.5	9.0	羊毛脂	3.0	
滑石粉	9.0		单硬脂酸甘油酯	0.6	
着色颜料	2.0	1.5	吐温-60	1.4	
硬脂酸	3.3		1,3-丁二醇	5.0	5.0
十六醇	1.2		三乙醇胺	2.0	
白油	1.5	5.0	香精、防腐剂	适量	适量
肉豆蔻酸异丙酯	3.5		去离子水	59.0	54.5
高岭土		4.0	环甲基硅氧烷基二甲基硅氧烷聚醚共聚物（硅油）		12.0
膨润土		5.0	聚苯基甲基硅氧烷		4.0

目前，市场上的乳化型粉底霜采用阴离子型和非离子型乳化剂，而非离子型乳化剂特别适宜于含有颜料的配方，如表 4-9 所示。

表 4-9　阴离子型、非离子型乳化粉底霜的配方

组分	质量分数/%			组分	质量分数/%		
	O/W 型（雪花膏型）	O/W 型	O/W 型（含颜料）		O/W 型（雪花膏型）	O/W 型	O/W 型（含颜料）
矿油			25.0	山梨醇(70%)		7.0	
硬脂酸			4.0	三乙醇胺			1.5
鲸蜡醇	18.0		2.0	氢氧化钾	0.52		
硬脂酸丁酯	0.5	3.0		氢氧化钠	0.18		
羊毛脂		3.0		钛白粉	3.0		
单硬脂酸甘油酯		15.0	2.5	粉基			10.0
去离子水	59.8	72.0	55.0	香料、色素	适量	适量	适量
甘油	18.0			防腐剂	适量	适量	适量

（2）粉底乳液

粉底乳液又称粉底蜜，是添加了粉料的乳液状化妆品，原料组成与粉底霜的基本相同，但其流动性较好。粉底乳液很易涂敷，少油腻感、清爽，是很常用的一种粉底化妆品，适合于油性皮肤和夏季快速化妆。粉底乳液配方举例见表 4-10。

表 4-10　乳化型粉底乳液的配方

组分	质量分数/%		组分	质量分数/%	
	1#	2#		1#	2#
硬脂酸	2.0	0.5	Carbopol 940		0.05
十六醇	0.3	1.0	矿物凝胶		0.2
白油	12.0	3.0	硅酸铝镁	0.5	
乙酰化羊毛脂		0.5	钛白粉（水分散性）	6.0	3.0
单硬脂酸甘油酯		0.8	高岭土	3.0	
肉豆蔻酸异丙酯		4.0	滑石粉	6.0	2.0
聚氧乙烯(10)油酸酯	1.0		甘油		8.0
司盘-80	1.0		丙二醇	5.0	
吐温-80		1.5	防腐剂	适量	适量
三乙醇胺	1.0		香精	适量	适量
聚乙二醇(400)	5.0		去离子水	57.2	75.45

表 4-10 所示的 1# 和 2# 产品都是低黏度的乳化型粉底乳液，具有易铺展、无油腻感、清爽的使用效果。2# 产品中添加具有润肤、防晒或油分控制等作用的原料，形成多功能型粉底乳液制品。

（三）凝胶型粉底

凝胶型粉底是近年来出现的新品种，具有透明状外观，容易分散铺展在皮肤上。凝胶型粉底可分为水溶性和油溶性凝胶粉底两类。水溶性凝胶粉底主要含有水溶性聚合物、水溶性染料、粉料和乳化剂等，其遮盖力低，但能起调节肤色的作用，使用时有鲜嫩感。油溶性粉底的遮盖力和黏附性都较好。两类产品的配方如表 4-11、表 4-12 所示。

表 4-11　油溶性凝胶粉底的配方

组分	质量分数/%	组分	质量分数/%
白油	40.0	二氧化钛	10.0
二甲基聚硅氧烷	10.0	绢云母	15.0
双硬脂基磷酸铝	1.5	氧化铁	5.0
糊精棕榈酸酯	1.0	云母	7.0
巴西棕榈蜡	2.3	滑石粉	8.0
BHT	0.1	香精	0.1

表 4-12　水溶性凝胶粉底的配方

组分	质量分数/%	组分	质量分数/%
丙二醇	10.0	丙烯酸聚合物	0.8
对羟基苯甲酸甲酯	0.15	EDTA 二钠	0.05
TiO_2 覆盖云母	3.0	色素	0.27
吐温-20	0.5	香精	0.15
三乙醇胺	1.0	去离子水	加至 100

三、胭脂类化妆品

胭脂是涂敷于面颊，使面色显得红润、艳丽、明快、健康的化妆品。胭脂各方面的性质与粉底几乎相同，只是遮盖力较粉底弱，色调较粉底深。胭脂可制成各种形态，有固体、半固体和液体等。与粉饼相似的粉质块状胭脂，称为胭脂；制成膏状的称为胭脂膏；液状可称为胭脂水等。目前，固体粉饼状胭脂是目前市场上最受消费者欢迎的。

(一) 胭脂

胭脂一般是指粉饼状胭脂，是由颜料、粉料、胶黏剂和香料等混合后经压制而成的一种圆形面微凸的饼状粉块，载于金属底盘，然后以金属、塑料或纸盒装盛，一般使用粉扑擦涂。其中粉饼状的胭脂是目前胭脂类中最流行的一种，生产工艺也最复杂。

优质的胭脂应该柔软细腻，不易破碎；色泽鲜明，颜色均匀一致，表面无白点或黑点；容易涂敷，使用粉底霜后敷用胭脂，易混合协调；遮盖力好，易黏附于皮肤；对皮肤无刺激性；香味纯正、清淡；容易卸妆，在皮肤上无残留等。

（1）原料组成与配方

胭脂的原料与香粉的大体相同，除颜料和香料外，其他原料有滑石粉、高岭土、碳酸钙、氧化锌、二氧化钛、硬脂酸锌和镁、淀粉以及胶黏剂和防腐剂等。但是色料用量比香粉多，香精用量比香粉少。国产胭脂以红色系（粉红、桃红等）为主，棕色系（浅棕、深棕）的胭脂也较为常见。为使胭脂压制成块，还必须加入适量胶黏剂。

胶黏剂和粉饼的压制有很大的关系，因此对胶黏剂的选择甚为重要。胶黏剂的种类很多，一般可分为水溶性、抗水性、乳化体和粉状四种类型。

① 水溶性胶黏剂

水溶性胶黏剂包括天然和合成两类，天然的胶黏剂有黄蓍树胶、阿拉伯树胶、刺梧桐树胶、爱尔兰苔浸膏和榲桲子浸膏等。这些胶黏剂有使粉饼变坚硬的倾向，且易酸败，因此，胭脂多采用合成的胶黏剂，如甲基纤维素、羧甲基纤维素、聚乙烯吡咯烷酮等，也有采用淀粉溶液作胶黏剂的。水溶性胶黏剂的用量为 0.1%～3.0%。

② 脂肪性胶黏剂

又称抗水性胶质，是在熔化状态时与胭脂粉混合的物质类型，主要有液体石蜡、矿脂、脂肪酸酯类、羊毛脂类及其衍生物等。此类物质常单独或混合使用，除具有胶黏作用外，还有润滑作用，常常在压制前，加一定水溶性胶黏剂以增加其黏结力，如粉饼压制之前加入约10%水分。脂肪性胶黏剂的用量一般为0.2%～2.0%。

③ 乳化型胶黏剂

由于少量的脂肪胶黏剂与粉质原料很难均匀混合，于是发展了乳化体胶黏剂。采用乳化型胶黏剂将少量的脂肪物和水乳化，使体积增大，油相和水相分布均匀，使压制过程中的油脂和水均匀分布于粉料，防止胭脂中出现小油团。

乳化型胶黏剂通常由硬脂酸、三乙醇胺、水、液体石蜡或单硬脂酸甘油酯、水、液体石蜡配合使用。以肥皂作乳化剂，粉质对皮肤的附着力良好，但对有些使用者会有刺激反应。因此，乳化型胶黏剂中常用单硬脂酸甘油酯或山梨醇酯类作乳化剂。

除上述胶黏剂外，还可采用粉状的金属皂作为胶黏剂。如硬脂酸锌、硬脂酸镁等作胶合剂，制成的胭脂组织细致光滑，对皮肤的附着力好，但会刺激对金属皂的碱性敏感的皮肤，并且在生产中使用这种胶黏剂，需要较大的压力才能制得良好的粉饼。

胭脂的配方如表4-13所示。

表 4-13　粉饼状胭脂的配方

组分	质量分数/%				组分	质量分数/%			
	1#	2#	3#	4#		1#	2#	3#	4#
滑石粉	50.0	45.0	60.0	56.0	羊毛脂				1.1
高岭土	16.0		10.0	10.5	碳酸钙	4.0			
氧化锌		15.0	10.0		淀粉			7.0	
硬脂酸镁		10.0			二氧化钛	7.5			
碳酸镁	6.0	20.0		6.0	色淀	12.0	9.5	6.0	
硬脂酸锌	4.0		6.0	8.0	香精	0.5	0.5	1.0	14.5
白油				1.7	胶黏剂	适量	适量	适量	适量
凡士林				2.2					

（2）制备工艺

质量好的粉饼状胭脂，应具有细致的组织、均匀鲜艳的色彩、良好的遮盖力，敷用方便，黏附性良好，能均匀涂于皮肤上而又容易擦除，并且粉饼有一定的坚实度，不轻易破碎。要制备出质量好的胭脂，必须有适宜的配方组成、恰当的胶黏剂以及严格的操作。

粉饼状胭脂的制备工艺与粉饼制备工艺基本相同，可分为研磨、配色、加胶黏剂、加香和压制等步骤。粉饼状胭脂制备工艺流程如图4-3所示。

图 4-3　粉饼状胭脂制备工艺流程简图

研磨是将粉料与颜料混合后，用球磨机研磨成色泽均匀、颗粒细致的细粉。这一步骤对胭脂的生产很重要。为了使粉料和颜料既能磨细，又能均匀，可选用瓷制的球磨机，以避免金属材质对原料中某些成分的影响。在研磨过程中，每隔一定的时间需取样比较，直至色彩均匀、颗粒细腻，前后两次取出的样品对比不再有区别为止。

粉料和颜料研磨均匀后，加入带式拌和机中不断搅拌，同时将胶黏剂以喷雾器喷入，可使胶黏剂均匀地拌入粉料中。然后再过筛，采用不同类型的胶黏剂则过筛的方法也略有不同，如粉状胶黏剂只需要简单搅拌和过筛，抗水性的胶黏剂是先加油脂拌匀，然后再加水过筛。

过筛后是加香工序。香料的加入根据压制的方法决定，一般有两种压制方法，湿压法香料是在加胶黏剂时加入，干压法是将潮湿的粉料烘干后再混入香料，这样做主要是避免香料受到烘焙。

最后一道工序是压制，采用冲压机，将已加工拌好的粉料制成颗粒，过筛后送进冲压机，用模子压制，在金属盘上成型。

（二）胭脂膏

胭脂膏是用油脂和颜料为主要原料调制而成的，具有组织柔软、外表美观、敷用方便的优点，且具有滋润性，因此很受消费者欢迎。胭脂膏包装于塑料或金属盒内，既可作为胭脂用，也可作为唇膏用，有许多女性将唇膏代替胭脂使用。胭脂膏可分为两种类型，一种是用油、脂、蜡和颜料制成的油膏型；另一种是用油、脂、蜡、颜料和水制成的乳化体，称为霜膏型。

（1）油膏型胭脂膏

以油、脂、蜡类为基料，加上适量颜料和香精配制而成。因此，油、脂、蜡类原料的性能直接影响着产品的稳定性和敷用性能。油膏型产品早期是用矿物油和蜡类配制而成的，近年来的新式产品以棕榈酸异丙酯及类似的酯类为主，基本为低黏度的油状液体，在滑石粉、碳酸钙、高岭土和颜料存在的情况下，用高黏度巴西棕榈蜡等蜡类增加稠度和提供所需硬度。这种油膏型产品能在皮肤上形成舒适的薄膜，如果配方合理，能在50℃条件下保持耐热稳定性。但油膏型胭脂膏有小油珠渗出的倾向，可在配方中适量加入蜂蜡、地蜡、羊毛脂以及植物油等抑制此类现象的发生。此外，还需加入抗氧剂，加入香精以赋予制品良好的香味。油膏型胭脂膏配方如表4-14所示。

表 4-14　油膏型胭脂膏的配方

组分	质量分数/%	组分	质量分数/%
液体石蜡	23.0	滑石粉	4.0
凡士林	20.0	钛白粉	4.2
地蜡	15.0	红色氧化铁	0.5
肉豆蔻酸异丙酯	10.0	橙黄色203号	0.3
羊毛脂酸异丙酯	3.0	香精、抗氧剂	适量
高岭土	20.0		

油膏型胭脂膏制作方法：在一部分液体石蜡中加入高岭土、滑石粉、钛白粉、颜料等，研磨混合均匀；其余成分混合后加热（75℃）熔化，将颜料浆补加于此混合液中，搅拌使之分散均匀，搅拌冷却至50℃时灌装。灌装温度和灌装后的冷却速度对油膏型胭脂膏的外观影响很大。胭脂膏表面的光洁度可通过重熔的方法加以改进，以防止产生颜料沉淀现象。

（2）霜膏型胭脂膏

油膏型胭脂膏的最大的不足是使用时油腻感强，而以乳化体为基础的霜膏型胭脂膏具有无油腻感、易涂敷的优点，因此很快受到消费者的喜爱。

根据配方成分和乳化方式的不同，可分为雪花膏型胭脂膏和冷霜型胭脂膏，即O/W型和W/O型，是在相应类型霜膏配方结构的基础上加入颜料配制而成的。

这两类产品的配方如表4-15所示。

表 4-15　乳化型胭脂膏的配方

组分	质量分数/%						组分	质量分数/%					
	1#	2#	3#	4#	5#	6#		1#	2#	3#	4#	5#	6#
硬脂酸	20.6	19.0	16.0				硼砂				1.0	1.1	
蜂蜡	2.0	3.0	1.0	16.0			甘油				8.0	5.0	5.0
凡士林			1.0	20.0		28.0	氢氧化钾	1.0	1.0				
白油				20.0	20.0	14.0	三乙醇胺				0.5		
微晶蜡				4.0			颜料	8.0	8.0	8.0	6.0	5.2	10.0
地蜡				4.0	4.0	1.0	山梨醇	2.0	4.0				
单硬脂酸甘油酯			4.0			16.5	丙二醇	8.0	6.0				
羊毛脂					25.0	1.0	香精	适量	适量	适量	适量	适量	适量
鲸蜡					4.5	2.0	防腐剂	适量	适量	适量	适量	适量	适量
倍半油酸脱水山梨醇酯						5.0	去离子水	加至100	加至100	加至100	加至100	加至100	加至100

表 4-15 中所示的配方 1#、2#、3# 为雪花膏型胭脂膏。

配方 1# 产品的制备方法：将油相组分加热至约 70℃，然后将水溶物料溶解于去离子水中并加热至约 70℃。将水相缓慢倒入油相，不断搅拌，使之乳化均匀，继续搅拌，冷至 45℃时加入香精。取出适量的膏体与颜料混合研磨后，再加入余下的膏体，搅拌均匀，即得。

配方 2# 产品是将硬脂酸和蜂蜡加热至 70℃，将氢氧化钾、山梨醇及丙二醇溶解于去离子水中，加热至 72℃，将水相倒入油相，不断地搅拌至冷却，香精在 45℃时加入，取出膏料适量，混入颜料经研磨后，返回总的膏料中，搅拌均匀。

配方 3# 产品是将单硬脂酸甘油酯、硬脂酸和防腐剂在一起加热至 75℃熔化，将颜料和甘油混合研匀，将去离子水加热至 77℃，混入三乙醇胺，将水溶液倒入油溶液中不断地搅拌，直至温度下降到 60℃，加入颜料和甘油的混合物，继续搅拌至 45℃时加入香精。

表 4-15 中所示的配方 4#、5#、6# 为冷霜型胭脂膏。

配方 4# 产品的制备方法：将颜料和适量的液体油脂先混合成浆状物，将其余的油溶性物料加热至 70℃混合熔化，再将水溶性物料溶于去离子水中（加热至约 70℃）。将水相缓慢加入油相中，不断搅拌，使之乳化均匀，放置一段时间后，加入预先调制好的颜料浆，当温度降至 45℃时加入香精，搅拌冷却至室温后，经研磨机研磨后灌装即得。

配方 5# 产品是将颜料和适量的白油研和成浆状混合物，将油溶性物质加热至 70℃熔化，将水溶性物质溶于去离子水中（加热至 72℃），将水溶液倒入熔化的油溶液中并不断地搅拌，继续搅拌 15min，加入颜料浆混合均匀，在 45℃加入香料，乳化体最好经研磨后灌装。

配方 6# 产品的生产方法和配方 5# 产品基本相同，油相的组成是山梨醇、羊毛脂、鲸蜡、地蜡、白油和凡士林，水相的组成是甘油和去离子水。

（三）胭脂水

胭脂水是流动的液体状胭脂制品，包括悬浮体和乳化体两种。

（1）悬浮体液状胭脂

悬浮体液状胭脂是将颜料悬浮于水、乙醇、甘油和其他液体中，需要摇匀后才可以使用的胭脂。它的优点是价格低廉，缺点是缺乏化妆品的美观，不能直接使用。

此类胭脂的原料组成除了胭脂的基本组分，还添加了各种悬浮剂，如羧甲基纤维素、聚乙烯吡咯烷酮和聚乙烯醇等。这些悬浮剂可以阻滞粉质基料的沉淀，防止颜料沉淀，能在固体颗粒的周围起保持胶体的作用。另外，在液相中加入研磨后的硬脂酸锌，或较高温度时加入单硬脂酸的甘油酯或丙二醇酯，产生大量微结晶的悬浮体，能阻滞颜料颗粒的下沉。产品配方如表 4-16 所示。

表 4-16 悬浮体液状胭脂的配方

组分	质量分数/%		组分	质量分数/%	
	1#	2#		1#	2#
色素	5.0	3.2	鲸蜡醇	2.0	
甘油	5.0		月桂醇硫酸钠	1.0	
山梨醇(70%)		4.0	氧化锌		4.0
单硬脂酸甘油酯	10.0		香料、防腐剂	0.5	0.4
硬脂酸锌		18.0	精制水	加至100	加至100

悬浮体胭脂水的制法：将粉料、山梨醇及一部分精制水混合成浆状的基剂，经研磨后加入精制水中，搅拌使之分散均匀即可。

(2) 乳化体液状胭脂

乳化体液状胭脂是将合适的颜料悬浮于具有流动性的乳化体中制成的液状胭脂。它的优点是容易混合、外表美观，缺点是乳化体黏度低，不太稳定，易分层，且颜料不易得到。

适宜的颜料是乳化体液状胭脂原料组成中的关键因素之一。只有少数几种有机色淀和色素适用。因为在碱性条件下，色素在光照下会褪色。一般可采用无机颜料调节色彩，通过调节肥皂的加入量调节稠度，或加入榅桲子浸膏、羧甲基纤维素、胶性黏土或其他增稠剂来调节稠度。乳化体液状胭脂配方见表 4-17、表 4-18。

表 4-17 普通乳化体液状胭脂配方

组分	质量分数/%	组分	质量分数/%
颜料	0.5	三乙醇胺	4.0
氧化锌	0.5	钛白粉	0.5
硬脂酸锌	0.5	去离子水	加至100
液体石蜡	40.0	香精	适量
油酸	7.5	防腐剂	适量

表 4-17 所示产品的制作方法：将液体石蜡和油酸在一起加热至 60℃；将干粉（包括颜料）以适量的液体石蜡研和后加入油相内混合；将三乙醇胺和去离子水混合加热至 62℃；将水相倒入油相并不断搅拌冷却至 45℃时加入香精。

表 4-18 乳化体液状胭脂的配方

组分	质量分数/%		组分	质量分数/%	
	1#	2#		1#	2#
液体石蜡	40.0		二氧化钛	0.5	3.0
油酸	7.5		硼酸		2.0
单硬脂酸脱水山梨醇酯		5.0	硬脂酸锌	0.5	1.5
单硬脂酸丙二醇酯		5.0	氧化锌	0.5	
肉豆蔻酸异丙酯		5.0	颜料	0.5	2.0
聚氧乙烯单月桂脱水山梨醇酯		5.0	香精	适量	适量
聚氧乙烯单硬脂酸脱水山梨醇酯		5.0	防腐剂	适量	适量
三乙醇胺	4.0		精制水	加至100	加至100

表 4-18 中的配方 1♯制法：将液体石蜡和油酸在一起加热至 60℃，将干粉（包括颜料）以适当的液体石蜡研和后加入油相内混合，将三乙醇胺和去离子水混合加热至 62℃，倒入油相，并不断搅拌直至冷却，在 45℃时加入香精。

配方 2♯是将单硬脂酸脱水山梨醇酯、单硬脂酸丙二醇酯和肉豆蔻酸异丙酯加热至 60℃，加入干粉研和，将聚氧乙烯醚单月桂酸脱水山梨醇酯、聚氧乙烯醚单硬脂酸脱水山梨醇酯、硼酸和去离子水加热至 60℃后溶化，将水相加入油相搅拌使乳化完全，在 45℃加入香精，继续搅拌至冷却。

第二节　香水类化妆品

香水类化妆品是由香料和溶剂配制而成，具有芬芳、浓郁、持久的香气，用来喷洒于衣襟、手帕及发髻等处，使香气回溢飘逸的一类液体状的芳香类化妆品。

一般根据香水的用途、香精的香型和用量、乙醇的浓度、使用部位等可分为皮肤用香水（如香水、古龙水、花露水、各种化妆水等）和毛发用香水（如奎宁头水、营养性润发水等）。按产品形态可分为乙醇溶液香水、乳化香水和固体香水三种。

按赋香率不同也可区分，如香水赋香率为 15%～25%，有时达 50%，花露水为 5%～10%，古龙水为 3%～5%，奎宁头水为 0.5%～1%，化妆水为 0.05%～0.5%。下面主要介绍乙醇溶液香水、乳化香水和固体香水。

一、乙醇溶液香水

以乙醇为主要溶剂溶解香料或香精而制成的透明液体为乙醇溶液香水。乙醇溶液香水，主要有香水、古龙水及花露水等几种。

香水是指香精的乙醇溶液，或再加适量定香剂制备而成的，具有芳香、浓郁、持久香气的乙醇溶液。其主要作用是喷洒于衣襟、手帕及身体等处，能散发出令人愉悦的香气，是重要的化妆品之一。

古龙水的英文名叫 Cologne，最早由意大利人在德国生产。通常用于手帕、床巾、毛巾、浴室、理发室等处，散发出令人清新愉快的香气。

花露水是一种用于沐浴后，去除汗臭及在公共场所解除一些秽气的夏令卫生用品，且具有杀菌消毒作用，涂于蚊叮、虫咬之处有止痒消肿的功效，涂抹于起痱子的皮肤上，也能止痒且有凉爽舒适之感。

（一）主要原料

乙醇溶液香水的主要原料有香料或香精、乙醇和水等。

（1）香料或香精

香水的主要特点是它的香气优雅芳馥，因此香料的用量达 15%～25%，乙醇含量 75%～85%，还加水 5%，能使香气散发。香水使用的香料也较名贵，往往采用天然的植物净油（如茉莉净油、玫瑰净油等）和天然动物性香料（如麝香、灵猫香、龙涎香等）配制而成。

香精是决定香水香型和质量的关键原料，在高级香水中一般使用茉莉、玫瑰和麝香等天然香料，但供应有限，近年来合成了替代的新品种。香水用香精的香型有多种，有单花香型、多花香型、非花香型，如茉莉香型、玫瑰香型、康乃馨香型和百合香型等等。

古龙水和花露水内香料的含量较香水为低，一般在 2%～8% 之间，香气不如香水浓郁。古龙水在香气上的特点是以香柠檬油和柠檬油为主，还有薰衣草油、橙花油、迷迭香油等。花露水中则以薰衣草油为主的香气较为流行。

（2）乙醇

乙醇是配制香水类产品的主要原料之一。香水内香精含量较高，通常乙醇的浓度为 95%，否则香精不易溶解，溶液就会产生浑浊现象。古龙水和花露水内香精的含量较香水低一些。古龙水的乙醇浓度为 75%～90%，如果香精用量为 2%～5%，则乙醇浓度可为 75%～80%。花露水香精用量一般为 2%～5%，乙醇浓度为 70%～75%。

乙醇对香水、花露水等制品的影响很大，不能带有异味。尤其是香水，杂质容易对香气产生严重的破坏作用。用于香水的乙醇应不含低沸点的乙醛、丙醛和较高沸点的戊醇、杂醇油等杂质。高档的香水采用以葡萄发酵制得的乙醇，一般由甜菜碱和谷粒发酵制得的乙醇比由红薯制得的乙醇要好，不含气味不好的杂醇油。

香水用的乙醇必须要经过精制，一般可在乙醇内加入 1% 氢氧化钠，煮沸回流数小时后，再经一次或多次分馏，收集其香味较纯部分用来配制中低档香水。

如要配制高级香水，除按上述方法对乙醇进行处理外，往往还在乙醇内预先加入少量香料，经过较长时间（一般应放在地下室里陈化一个月左右）的陈化再进行配制。所用香料有秘鲁香脂、吐鲁香脂和安息香树脂等，加入量为 0.1% 左右；赖百当浸膏、橡苔浸膏、鸢尾草净油、防风根油等加入量为 0.05% 左右。

最高级的香水是采用加入天然动物性香料，经陈化处理而得的乙醇来配制的。

用于古龙水和花露水的乙醇也需处理，常用的方法有：

① 乙醇中加入 0.01%～0.05% 的高锰酸钾，充分搅拌，同时通入空气，待有棕色二氧化锰沉淀后，静置一夜，然后过滤得无色澄清液。

② 每升乙醇中加 1～2 滴 30% 浓度的过氧化氢，在 25～30℃ 储存几天。

③ 在乙醇中加入 1% 活性炭，经常搅拌，一周后过滤待用。

（3）去离子水

不同香水类化妆品的含水量有所不同。香水因含香精较多，香精在水中不易溶解，因此，香水中水分只能少量加入或不加，否则会因为香精不溶产生浑浊现象。古龙水和花露水中香精含量较低，可适量加入部分去离子水代替乙醇，降低成本。

（4）其他

为保证香水类产品的质量，一般需加入 0.02% 的 BHT 作为抗氧剂，还可以根据需要，加入一些添加剂如色素等，但应注意，所加色素不应污染衣物等，所以香水通常都不加色素。

（二）配方与制备工艺

（1）香水的配方

香水的成分很复杂，一般由几种香精与乙醇按一定的配比制成，而每种香精都有独立的配方。如茉莉香型香水配方有两部分：香精配方和香水配方。茉莉香型香精配方如表 4-19 所示，茉莉香型香水配方如表 4-20 所示。

表 4-19　茉莉香型香精的配方

组分	质量分数/%	组分	质量分数/%
大花茉莉净油	8.0	乙酸苄酯	13.0
苄醇	9.0	吲哚(10%)	2.0
乙酸对甲酚酯(20%)	1.0	1-戊基桂醛泄馥基	2.0
白兰叶油	3.0	橙花油	4.5
依兰油	3.0	晚香玉香精	1.0
树兰油	1.0	橙叶油	4.5
玫瑰油	1.0	二甲基苄基原醇	1.0
羟基香茅醛	7.0	甲基紫罗兰酮	5.0
苯乙醇	4.0	除萜香柠檬油	4.5
灵猫香膏(10%)	1.0	海狸香浸膏	1.0
麝香105	4.5	环十五烷酮	2.0
十五内酯	3.0	麝香酊(10%)	8.5
水杨酸苄酯	4.5	甲基壬基乙醛(10%)	1.0

　　取按表 4-19 的配方配制的茉莉香型香精 20～25 份，再按照表 4-20 茉莉香型香水的配方，用乙醇溶解茉莉香型香精和表 4-20 中的其他成分，即可以配制出茉莉香型香水。

表 4-20　茉莉香型香水的配方

组分	质量分数/%	组分	质量分数/%
茉莉香型香精	20～25	色素	适量
乙醇(95%)	75～80	EDTA 二钠	0.1
抗氧剂(BHT)	0.1	去离子水	加到100

　　下面列举了一些香水、古龙水、花露水和东方香型香水的配方，见表 4-21 和表 4-22。

表 4-21　紫罗兰香型香水、茉莉香型香水、古龙水和花露水配方

紫罗兰香型香水组分	质量分数/%	茉莉香型香水组分	质量分数/%	古龙水组分	质量分数/%	花露水组分	质量分数/%
紫罗兰净油	14.0	苯乙醇	0.9	香柠檬油	2.0	橙花油	2.0
金合欢净油	0.5	羟基香茅醛	1.1	迷迭香油	0.5	玫瑰香叶油	0.1
玫瑰油	0.1	香叶醇	0.4	薰衣草油	0.2	香柠檬油	1.0
灵猫香净油	0.1	α-戊基肉桂醛	8.0	苦橙花油	0.2	安息香	0.2
麝香酮	0.1	乙酸苄酯	7.2	甜橙油	0.2	乙醇(95%)	75.0
檀香油	0.2	茉莉净油	2.0	乙酸乙酯	0.1	去离子水	21.7
龙涎香酊剂(3%)	3.0	松油醇	0.4	苯甲酸丁酯	0.2		
联香酊剂(3%)	2.0	乙醇(95%)	80.0	甘油	1.0		
乙醇(95%)	80.0			乙醇(95%)	75.0		
				去离子水	20.0		

表 4-22　东方香型香水的配方

组分	质量分数/%	组分	质量分数/%	组分	质量分数/%
橡苔浸膏	6.0	广藿香油	3.0	麝香酮	0.45
香根油	1.5	檀香油	3.0	二甲苯麝香	2.1
香柠檬油	4.5	对羟基苯甲基异丁醚	0.15	抗氧剂	0.1
胡荽油	0.6	醋酸异戊酯	1.5	乙醇(95%)	69.75
黄樟油	0.3	洋茉莉醛	0.6		
异丁子香酚	0.45	苯乙醇	6.0		

　　(2) 制备工艺

　　香水、古龙水、花露水的制造技术基本相似，主要包括准备工作、配料混合、贮存、过

滤、装瓶等工段，香水、花露水的配制工艺流程如图 4-4 所示。

图 4-4 香水、花露水工艺流程方框图

乙醇溶液香水的配制，选择在不锈钢容器内进行，所有的配件和导管也要采用不锈钢。铜、青铜、铅、铁等都要避免和乙醇溶液起反应。乙醇溶液香水，黏度低、易混合，一般采用可移动的不锈钢推进式搅拌桨搅拌，电动机、电灯和开关都应有防爆和防火的装置，因为乙醇是易燃的物质。乙醇溶液香水制造工艺流程如图 4-5 所示。

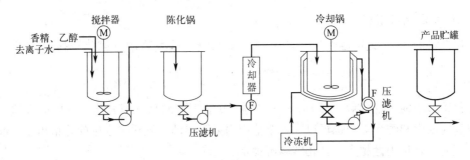

图 4-5 乙醇溶液香水制造工艺流程

在配制过程中，先把乙醇放入配料混合罐中，同时加入香精、定香剂，搅拌溶解，并加入去离子水混合均匀，再加入色素着色，然后把配制好的香水或花露水输送到陈化罐，进行静置储存，储存也就是陈化过程。

当每批香水混合好后，容器要紧盖，不能漏气，要经过一定时期的陈化。陈化期间，容器上要装安全管，以调节因热胀冷缩而引起的容器内压力的变化。在陈化期间，有一些不溶性物质沉淀出来，应过滤除去，一般采取压滤的方法。过滤的程序是先加入硅藻土或碳酸镁等助滤剂，有助于滤去细小胶性悬浮体，这些物质在一般情况下会通过滤布或滤片。在加入助滤剂后，应将香水冷却到 5℃以下，花露水、古龙水在 10℃以下，并在过滤时保持这一温度，这样才能保证制品的清晰度符合指标要求。香水在陈化和冷却下少量沉淀物可被滤去，最后将滤液恢复到室温，再以细孔布过滤一次，以保证产品在贮藏及使用过程能保持清澈透明。

陈化的时间因香料的类型不同而不同。一般认为，香水要陈化 3 个月以上，古龙水和花露水需要半个月以上的陈化期。如果选择较长的陈化期，香水是 6 个月到 1 年，古龙水及花露水是 2 个月到 3 个月。

在陈化过程，乙醇溶液香水的各种成分会发生化学反应。混合香料的成分很复杂，有醇类、酯类、内酯类、醛类、酸类、肟类、胺类等，可能发生的反应包括醇类和酸类酯化，酯类分解、氧化和聚合，醛类和醇类的缩醛和半缩醛反应等等。

香水在最后装瓶时，应先将空瓶用乙醇洗涤后再灌装，并应在瓶颈处空出 4%～7.5% 容积，预防储藏期间瓶内溶液受热膨胀而使瓶子破裂，装瓶宜在室温 20～25℃下操作。

二、乳化香水

由于乙醇溶液香水存在很多缺点，比如主要溶剂是乙醇，对香料在其中的溶解度要求很高；香精香气的某些缺陷极易暴露；乙醇含量较高，难以加入滋润剂，对皮肤的刺激性较高；产品黏度低，对包装容器要求苛刻等。因此，出现了其他类型的香水，比较流行的有乳化香水和固体香水。

乳化香水是一种含有浓香的乳浊液体或半固体的香水。乳化香水在某种程度上克服了乙醇溶液香水的一些缺点，具有留香持久（配方中油蜡类物质有保香作用）、对皮肤有滋润作用、刺激小等特点。虽然是乳化体，但它的使用方法和效果与一般香水、古龙水一样。只是使用部位主要是皮肤，一般不适用于衣服、手帕、发髻等处。

（一）主要原料组成

乳化香水的主要成分是香精、乳化剂、多元醇、蜡类物质（鲸蜡、蜂蜡）以及去离子水。

（1）香精

乳化香水中的香精含量一般为5%～10%。比普通香水低，但乳化香水中的香精用量有时根据香气浓度和香水类型也可以在这个范围内上下浮动。乳化香水中的香精用量一般尽可能要少，因为香精用量越多，乳化体越不稳定。

乳化香水的香精常以天然芳香油为主，由单体香料和合成香料配制而成。高级乳化香水的混合香精含有花香纯油、香树脂和动物类保香剂。乳化香水所用香精应避免采用在水溶液中易变质的成分。芳香族的醇类及醚类在多数情况下是稳定的，可大量选用，而醛类、酮类和酯类在含有乳化剂的碱性水溶液中易分解，选料时应尽量少用或不用。

为防止香料在乳液中变质，除严格挑选原料的品种外，一般制品必须经过6个月的常温陈化，以观察香味是否变坏。

（2）乳化剂

乳化香水的配制中很重要的一点就是形成稳定的乳化体。乳化香水中含有大量的芳香油，它们很容易引起乳化体的不稳定，因此此类产品的制造比其他乳化体难度大。生产稳定乳化香水的关键是选择合适的乳化剂，常用的乳化剂有：阴离子型表面活性剂，如硬脂酸钾（或钠、三乙醇胺）、月桂醇硫酸钠等；非离子型表面活性剂，如单硬脂酸甘油酯、聚氧乙烯硬脂酸酯、脱水山梨醇脂肪酸酯、聚氧乙烯脱水山梨醇脂肪酸酯、聚乙二醇脂肪酸酯等；阳离子表面活性剂，如十六烷基三甲基溴化铵、C_{10}～C_{16}烷基二甲基苄基氯化铵等。

（3）多元醇

多元醇也是乳化香水中的主要原料之一。它一方面可以用作保湿剂，保持乳化香水适宜的水分含量，保证乳化体有一定的稳定性；另一方面降低体系的冻点，防止因为低温天气结冰膨胀使瓶子破裂，同时它又是香精的溶剂。香水类化妆品中使用的多元醇主要有甘油、丙二醇、山梨醇、聚乙二醇、二甘醇乙醚等。

除了稳定性和降低香水的冻点，乳化香水中的多元醇对皮肤无刺激性，并且能够滋润皮肤，因而具有散发香味和护肤双重效果。

（4）其他成分

在使用乳化香水时，要求其没有油腻的感觉，也不留下油污，并应具有化妆品必要的光洁细致。鲸蜡、蜂蜡等油蜡类物质的加入，不仅作为乳化体的油相，使产品在用后有滋润皮肤作用，而且使乳化香水比普通香水具有更持久的保香效果，起到保香剂的作用。但不宜多加，否则油腻性过强。此外，有时也可加入色素改善外观，加入 CMC 等增稠剂增加连续相的黏度，提高乳化体的稳定性；加入防腐剂，防止微生物的生长，对乳化香水的稳定性也是有利的。

(二) 配方与制备工艺

乳化香水的种类比较多，配方成分复杂，特别是香精的配方，有时由几十种香料组成。常见的乳化香水有液状和半固体状，配方如表 4-23、表 4-24 所示。

表 4-23　乳化香水配方

相	液状乳化香水配方组分	质量分数/%	相	半固体状乳化香水配方组分	质量分数/%
A	硬脂酸	2.5	A	蜂蜡	2.0
	鲸蜡醇	0.3		鲸蜡醇	8.0
	单硬脂酸甘油酯	1.5		脂蜡醇	4.5
B	香精	7.0	B	香精	7.0
C	丙二醇	5.0	C	月桂醇硫酸钠	1.2
	三乙醇胺	1.2		丙二醇	6.0
	CMC(低黏度)	0.2		尼泊金甲酯	0.1
	尼泊金甲酯	0.1		色素	适量
	色素	适量		去离子水	71.2
	去离子水	82.2			

液状乳化香水的制作可参照乳液类化妆品的生产工艺，半固体状乳化香水的制作可参照膏霜类化妆品的生产工艺。

表 4-23 所示产品的制作方法：通常先将 A（油相）在不锈钢夹层锅内加热至 65℃（半固体型为 70℃）熔化，在另一搅拌锅中将 C（水相）加热至 65℃，搅拌溶解均匀；然后在搅拌条件下将 A 相倒入 C 相中，继续搅拌待乳化完全后，搅拌冷却至 45℃，再缓缓加入香精，搅拌使其分散均匀后，在夹层内通冷却水，快速冷却至室温，停止搅拌即可灌装。

乳化香水最好经过六个月的稳定性试验，合格后方可投入正式生产。研究表明，乳化香水在 45℃ 烘 24h，再在 -4℃ 冰箱中冰冻 24h，若其性质不变的话，那么在常温下的稳定性是比较可靠的。

表 4-24　半固体香水和液体香水配方

组分	质量分数/%					组分	质量分数/%				
	1#	2#	3#	4#	5#		1#	2#	3#	4#	5#
硬脂酸	16.0			2.0	2.5	甘油	6.0			6.0	
鲸蜡	1.0					山梨醇(70%)			6.5		
蜂蜡	1.5	2.0	10.0	0.5		丙二醇			6.0		5.0
脱水山梨醇单硬脂酸酯			6.0			氢氧化钾	1.2				
聚氧乙烯脱水山梨醇单硬脂酸酯			6.0			硼砂			1.0		
鲸蜡醇		8.0			0.3	三乙醇胺				1.0	1.2
脂蜡醇		4.5				羧甲基纤维素钠					0.2
月桂醇硫酸钠		1.2				尼泊金甲酯	0.1	0.1	0.1	0.1	0.1
聚乙二醇(400)单硬脂酸酯				6.0		香精	5.0	7.0	6.0	5.0	7.0
单硬脂酸甘油酯					1.5	精制水	加至100	加至100	加至100	加至100	加至100

表 4-24 所示的 1♯、2♯、3♯ 都是半固体乳化香水配方，乳化体的稠度可以通过增减蜡的用量而得到调节，三个配方的操作方法是基本相同的。4♯ 和 5♯ 是液体乳化香水配方。

配方 1♯ 的制备方法：将硬脂酸、鲸蜡和蜂蜡在不锈钢夹层蒸汽锅内，加热至 70℃ 熔化，在另一相同的锅内将尼泊金甲酯、氢氧化钾和甘油等溶解于精制水中，加热至 70℃ 并搅拌，将油相缓缓倒入水相，不断地搅拌使乳化完全，继续搅拌冷却至 45℃，缓缓地加入香精，在夹层中通入冷水快速冷却至室温，呈半固态，停止搅拌，即可灌装。

配方 2♯ 和配方 3♯ 中的脱水山梨醇单硬脂酸酯、鲸蜡醇、脂蜡醇等是属于油相的，操作可参考配方 1♯ 的说明。

配方 4♯ 和配方 5♯ 中硬脂酸、蜂蜡、鲸蜡醇、单硬脂酸甘油酯等属于油相，除香精外其他成分属于水相，将两者分别加热至 65℃ 熔化，在这一温度将油相缓缓地倒入水相中并快速搅拌使乳化完全，继续搅拌冷却至 45℃，缓缓地加入香精，继续搅拌，在夹层内以冷水快速冷却至室温。

值得注意的是：乳化一般在 60~80℃ 时进行，香精则在乳化完成后加入。但是在乳化完成后加入某些香精，会使乳化体不稳定，因此，要根据实际情况选择将香精加入油相，然后一起进行乳化，但应注意香精是否会被破坏。

三、固体香水

除了乙醇溶液香水和乳化香水外，还有固体香水。固体香水是将香料溶解在固化剂中，制成棒状并固定在密封较好的管形容器中的一种香水化妆品。其最大的优点是携带和使用方便、香气持久，缺点是不如液状香水幽雅。

（一）主要原料

固体香水的主要原料有香精、固化剂、溶剂、防腐抗氧剂和水等等。下面主要介绍固化剂和溶剂。

（1）固化剂

固体香水生产的关键主要在于固化剂，硬肥皂可以用作固体香水的固化剂。一般选用的是硬脂酸钠，可以由硬脂酸和 NaOH 皂化制得，硬脂酸钠需用三压硬脂酸或用硬化油制成的硬脂酸。或者直接加入硬脂酸钠，但硬脂酸钠溶解时间较长。固体香水的硬度由硬脂酸钠的用量进行控制，硬脂酸钠含量少一些，棕榈酸的含量高一点，灌模时冷却速度慢一些，则制得的固体香水透明度就高一些。

制作固体香水的其他固化剂有蜂蜡、小烛树蜡、松脂皂、果糖二丙酮硫酸钾、醋酸钠、乙基纤维素等。

（2）溶剂

除固化剂以外，固体香水中还需加入一些不挥发的溶剂，如甘油、丙二醇、山梨醇、二甘醇乙醚和聚乙二醇等，这些多元醇可作增塑剂，改善固体香水的可塑性，防止固体香水棒的碎裂，阻止当使用时涂敷在皮肤上的薄膜干燥太快，阻止硬脂酸皂在皮肤上形成白粉层。另外，棕榈酸异丙酯和肉豆蔻酸异丙酯也可被用作溶剂。此外，多元醇还是固化剂的良好溶剂，能提高产品的耐热性。

（3）其他原料

除以上这些原料外，固体香水的配方中还含有少量的水分，主要作用是在生产时溶解氢氧化钠以利于制备硬脂酸钠。一般来说，水的用量低于5%，用量过多，会产生硬脂酸钠和硬脂酸微小结晶，形成白色斑点，影响外观。

值得注意的是，固体香水采用硬脂酸钠作固化剂，呈碱性，所以尽可能选用在碱性条件下稳定的香料来调配香精。

（二）配方与制备方法

固体香水配方如表4-25所示。

表4-25　固体香水配方

组分	质量分数/%			组分	质量分数/%		
	1#	2#	3#		1#	2#	3#
硬脂酸	5.6			石蜡			30.0
硬脂酸钠		6.0		白凡士林			45.0
甘油	6.5			液体石蜡			5.0
丙二醇		4.0		色素	适量	适量	适量
二甘醇乙醚		3.0		去离子水	4.0	5.0	
乙醇	80.0	80.0		香精	3.0	2.0	20.0
氢氧化钠	0.9						

表4-25所示的1#产品是在生产过程中制成硬脂酸钠，操作方法是将乙醇、硬脂酸、甘油等成分加热至70℃，在快速搅拌条件下，将溶解在去离子水中的氢氧化钠缓缓加入，取样分析游离脂肪酸或游离碱，并校正使游离脂肪酸的量约为配方中硬脂酸用量的5%后，加入香精和色素，在65℃时灌模，冷却后即可包装。

2#产品是直接采用硬脂酸钠，操作方法是将除香精以外的所有成分在密封的不锈钢锅内加热，并不停地搅拌至回流的温度。当硬脂酸钠完全溶解后（较长的时间），加入香精和色素，搅拌均匀，冷却至65℃即可灌模（采用铝制模子），缓慢冷却至室温（不能急速冷却，否则会使固体香水棒有凹孔和较大的结晶，也降低了透明度），再包以金属箔，装在密封容器内。

3#产品是不含乙醇的固体香水，其配方类同唇膏，只是香精用量远较唇膏多，其制作方法也与唇膏基本相同。生产固体香水的设备采用不锈钢锅，有蒸汽夹层加热及冷水冷却装置，锅盖装有回流冷凝管、搅拌机、加料口和温度表等。

第三节　唇部化妆品

唇部化妆品是涂在唇部上，赋予唇部色彩、光泽，防止干裂，增加魅力的化妆品。嘴唇是面部皮肤的延伸，内部与口腔黏膜相连。其角质层比一般皮肤薄，且无毛囊、皮脂腺、汗腺等附属器官。由于唇部化妆品直接涂于唇部易进入口中，因此对安全性要求很高，要对人体无毒性，对黏膜无刺激性等。

根据唇部皮肤的特点和唇部化妆品的功能，唇部用品应该具备以下特征：

① 绝对无毒和无刺激性。唇部化妆品容易随着唾液或食物进入体内，因此，应使用食品级原料。

② 具有自然、清新愉快的味道和气味。一般唇膏使用食品香料，令人产生可食的舒适感或清爽感，同时长期使用，也不致有厌恶感。

③ 外观诱人，颜色鲜艳均匀，表面平滑，无气孔和结粒。涂抹时平滑流畅，不发生融合，不与水分发生乳化而脱落，有较好的附着力，能保持相当的时间。

④ 质量稳定，无异味、无发汗现象或失去光泽。在保管和使用时不会折断、变形和软化，能维持其圆柱状，也不会成片状、结块和破碎，有较长的货架寿命。

⑤ 无微生物污染。

唇部化妆品根据其形态可分为棒状唇膏、唇线笔、唇彩以及唇油等。其中应用最为普遍的是棒状唇膏；唇线笔在配方结构和制作工艺上类同眉笔，只是色料以红色为主，选料上要求无毒等；唇彩由于色彩明快更具立体感和生动性，使用起来更轻松和简单；唇油是指不加任何色素的唇彩。下面分别介绍。

一、唇膏

（一）唇膏概述

唇膏又称口红，是棒状的唇部美容化妆品。使用唇膏可勾勒唇形，润湿、软化唇部，保护唇部不干裂，属使用极为普遍、消费量极大的化妆品类型。唇膏的主要功能是赋予嘴唇色调，强调或改变两唇的轮廓，使其具有红润健康的色彩并对嘴唇起滋润保护作用，是将色素溶解或悬浮在脂蜡基内制成的。

（1）唇膏的作用特性

优质唇膏应具有以下特性与作用：

① 组织结构好，表面细腻光亮，软硬适度，涂敷方便，无油腻感，涂敷于嘴唇边不会向外化开；可赋予女性嘴唇以诱人的色彩。

② 唇膏可突出嘴唇的优点，掩盖其各种缺陷。如唇膏可使窄的嘴唇变宽，使宽的肉感型嘴唇显得窄小。若适当地使用唇膏，还能改变整个面部外形。

③ 色泽鲜艳，均匀一致，附着性好，不易褪色，且不受天气变化的影响。夏天不熔不软，冬天不干不硬，不易渗油，不易断裂。

④ 有舒适的香气，对唇部皮肤有滋润、柔软和保护作用，能赋予嘴唇湿润的外观，同时还能产生软化作用。

⑤ 常温放置不变形、不变质、不酸败、不发霉，对唇部皮肤无刺激性，对人体无毒害。

（2）唇膏的种类

一般来说，从色彩上唇膏大致分为三种类型，即原色唇膏、变色唇膏和无色唇膏；从功用上可分为滋润型、防水型、不沾杯型和防晒型。

① 原色唇膏

原色唇膏是最普遍的一种类型，有各种不同的颜色，常见的有大红、桃红、橙红、玫红、朱红等。一般由色淀和溴酸红染料合用制成。现代唇膏的色彩更丰富，向深色（棕、紫）调发展，甚至出现绿、蓝色调。另外，原色唇膏中经常添加具有异常光泽的珠光颜料，制得珠光唇膏，涂擦后唇部可显现闪烁的光泽，充满青春的魅力，能提高化妆效果。

② 变色唇膏

变色唇膏仅使用溴酸红染料作为色素，使用时色泽立刻由原来的淡橙色变成玫瑰红色，故称为变色唇膏。溴酸红染料的色泽是淡橙色，当这种唇膏接触唇部后，酸碱度达到唇部酸碱度时，其色泽即刻由淡橙色变成玫瑰红色。

③ 无色唇膏

无色唇膏则不加任何色素，主要作用是滋润柔软嘴唇、防裂、增加光泽。

（二）原料组成

唇膏是由油、脂和蜡类原料溶解和分散色素后制成的，油、脂、蜡类构成了唇膏的基体。其主要原料是色素，油、脂、蜡类，香精和防腐抗氧剂。

（1）色素

色素又称着色剂，是唇膏中极重要的成分。在唇膏中，很少单独使用一种色素，多数由两种或多种色素调配而成。唇膏中的色素分为可溶性染料、不溶性颜料和珠光颜料三类，其中可溶性染料和不溶性颜料可以合用，也可单独使用。

① 可溶性染料

可溶性染料通过渗入唇部外表皮肤而发挥着色作用。应用最多的可溶性染料是溴酸红染料，溴酸红染料是溴化荧光素类染料的总称，有二溴荧光素、四溴荧光素、四溴四氯荧光素等。

溴酸红染料不溶于水，能溶解于油脂，能染红嘴唇，并有牢固持久的附着力，使色泽持久。现代的唇膏制品中，色泽的附着性主要是依靠溴酸红。但溴酸红不溶于水，在一般的油、脂、蜡中溶解性较差，一般需借助溶剂，普遍使用蓖麻油和多元醇的部分脂肪酸酯，因为它们含有羟基，对溴酸红有较好的溶解性，能产生良好的着色效果。

② 不溶性颜料

不溶性颜料是一些极细的固体粉粒，经搅拌和研磨后，混合于油、脂、蜡类基质中。这样的唇膏涂敷在嘴唇上能留下艳丽的色彩，且具有一定的遮盖力。不溶性颜料包括有机颜料、有机色淀颜料和无机颜料。

唇膏使用的不溶性颜料主要是有机色淀颜料，它是极细的固体粉粒，色彩鲜艳，有较好的遮盖力。经搅拌和研磨后，加入油、脂、蜡基质中，因为附着力不好，所以必须与溴酸红染料并用，用量一般为 8%～10%。加入少量二氧化钛，可使唇膏产生紫色调和粉红色的色彩。这类颜料有铝、钡、钙、钠、锶等的色淀，以及氧化铁、炭黑、云母、铝粉、胡萝卜素等，其他颜料有硬脂酸锌、硬脂酸镁等。

③ 珠光颜料

珠光颜料多采用合成珠光颜料，如氯氧化铋、云母-二氧化钛膜等，随膜层的厚度变化而显示不同的珠光色泽。普遍采用的是氯氧化铋，其价格较低。使用方法是将 70% 的珠光颜料分散加入蓖麻油中，制成浆状，在成型前加入唇膏基质中。云母-二氧化钛膜对人体无毒、无刺激性，产品品种有多种系列。生产中要注意的是，加珠光颜料的唇膏基质不能在三辊机中多次研磨，否则会失去珠光色调。

（2）油、脂、蜡类

唇膏的基质是由油、脂、蜡类原料组成的，又称脂蜡基，是唇膏的骨架。其中，油、脂、蜡含量一般占 90% 左右。各种油、脂、蜡用于唇膏中，使其具有不同的特性，以达到唇膏的质量要求，如黏着性、对染料的溶解性、触变性、成膜性以及硬度、熔点等。除对染料的溶解性外，各种油脂蜡还必须具有一定的触变性，即具有一定的柔软性，能轻易地涂于唇部并形成均匀的薄膜，能使嘴唇润滑而有光泽，能耐受温度的变化，在炎热的天气不软不熔，不会分油，在严寒的季节不干不硬亦不脆裂。因此，其配方中必须适宜地选用油、脂、蜡类原料。

唇膏中使用的油、脂、蜡主要有：蓖麻油、橄榄油、可可脂、羊毛脂、单硬脂酸甘油酯、肉豆蔻酸异丙酯、鲸蜡、地蜡、蜂蜡、小烛树蜡、凡士林、白油等。

① 蓖麻油

唇膏中最常用的油脂原料，可赋予唇膏一定的黏度，以增加其黏着力。蓖麻油的分子结构内有羟基，因此对溴酸红有少量的溶解性，溶解度一般小于 0.3%。其可使唇膏外观更为鲜艳、润滑性好，但与白油、地蜡的互溶性不好。其用量一般为 12%～50%，以 25% 较适宜。蓖麻油的含量过高，在使用时会形成黏厚油腻的膜，给浇模成型带来困难。它的缺点是容易产生酸败，有不愉快的气味，不能含游离碱、水分和游离脂肪酸。

② 橄榄油

橄榄油可用来调节唇膏的硬度和延展性，是最常用的油性原料。

③ 可可脂

可可脂是从可可树果实内的可可仁中提取制得的。其相对密度 0.945～0.960（15℃），酸值＜4.0mg，皂化值 188～202mg，碘值 35～40g，熔点 32～36℃，是制唇膏的一种优良原料。由于它的熔点接近体温，可在唇膏中降低凝固点，并在唇膏涂抹时增加了易铺展性，可作唇膏优良的润滑剂和光泽剂。其用量为 1%～5%，一般不超过 8%，过量则会使表面凹凸不平，暗淡无光，影响唇膏的光泽性。

④ 羊毛脂

羊毛脂是从羊毛中提取的一种脂肪物，羊毛脂的酸值＜1.0mg，皂化值 88～110mg，碘值 18～36g，熔点 38～42℃。羊毛脂类可防止油相油分的析出，对温度和压力的突变有抵抗作用，可防止唇膏发汗、干裂等，还是一种优良的滋润性物质，用量不宜过多，一般为 10%～30%。

⑤ 高级脂肪酸酯类

可用于唇膏的高级脂肪酸酯类主要有单硬脂酸甘油酯、肉豆蔻酸异丙酯、棕榈酸异丙酯、硬脂酸丁酯、硬脂酸戊酯等，对溴酸红有一定的溶解性。

单硬脂酸甘油酯简称单甘酯，是一种 W/O 型乳化体的乳化剂，可应用于膏霜及唇膏中，对溴酸红有好的溶解力，并且有增强滋润的作用，也是唇膏的一种主要原料，能减少因蓖麻油的含量高所发生的黏稠现象。

肉豆蔻酸异丙酯又名十四酸异丙酯，简称 IPM，具有良好的延展性，与皮肤相容性好，能赋予皮肤适当油性，不易水解与腐败，对皮肤无刺激，可以作为唇膏的互溶剂及润滑剂，可增加涂抹时的延展性，用量为 3%～8%。

⑥ 蜡类

鲸蜡是从抹香鲸、槌鲸的头盖骨腔内提取的一种具有珍珠光泽的蜡状固体，呈白色透明状。其主要成分是鲸蜡酸、月桂酸、豆蔻酸、棕榈酸、硬脂酸等，可应用于唇膏中，能增加唇膏的触变性而不增加硬度，一般用量不大。

鲸蜡醇又名十六醇或棕榈醇，为白色半透明结晶状固体，是一种良好的助乳化剂，对皮肤具有柔软性能。含鲸蜡醇的唇膏涂敷后容易失去光彩，但是它是一种优良的滋润物，也能溶解一些溴酸红，在唇膏中的用量不大。

用于唇膏的油脂蜡类物质还有精制地蜡、蜂蜡、巴西棕榈蜡、小烛树蜡、凡士林和液体石蜡等。

（3）香精

唇膏的香精，既要芳香舒适，还要考虑安全性。唇膏用香精以芳香甜美适口为主。对唇膏用香精的要求是：能完全掩盖油、脂、蜡的气味，且具有令人愉快舒适的气味被消费者普遍接受。因此，唇膏用香精必须慎重选择，唇膏的香味一般比较清雅，常选用玫瑰、茉莉、紫罗兰、橙花以及水果香型等。香精在唇膏中的用量为 2%～4%。

（三）制备工艺与配方

（1）制备工艺

将色素分布于油中或全部的脂蜡基中，成为细腻均匀的混合体系；将溴酸红溶解或分布于蓖麻油或配方中的其他溶剂中；将蜡类物质控制在比原料最高熔点略高的温度下熔化，后加入其他颜料，经油膏磨或胶体磨研磨成均匀的混合物；然后将三种混合物混合后再经一次研磨，当温度下降至高于混合物的熔点 5～10℃时，进行浇模，快速冷却，香精在混合物完全熔化时加入。

唇膏用的颜料颗粒很细成粉状，制备过程中会聚结成粉团，很难将这些粉团粉碎，因此，要使其均匀分布很困难。为此，通常先将颜料以低黏度的油浸透，然后再加入黏度较高的油脂进行混合，并趁热进行研磨，使粉体分散，防止颜料沉淀。

在唇膏制备中特别注意以下几点：

① 混合用的设备最好是以能耐腐蚀的材料，如铝、不锈钢和搪瓷玻璃等制成的夹层搅拌锅，锅底呈半球形，具有放料口，这样使锅内的料容易放清。

② 唇膏浇注成型前，将膏料放置于小型的具有放料口和搅拌桨叶的夹套锅内，加热熔化保持膏料有一定的温度，搅拌桨叶应和锅壁和锅底较为接近，以防止颜料的下沉。放料口应设计成在关合时无膏料滴下，以保证清洁。

③ 制成的唇膏膏料应贮存在耐腐蚀材料制成的密封容器内，放置于低温的暗室中，这对长期的贮存很重要。

④ 制唇膏的模子是以铜或铝制成的。开启料锅，将膏状物料浇入模内，待稍冷刮去模子上多余的膏料，放置于冰箱中快速冷却后，即可开模取出已成一定形状的唇膏。

⑤ 膏料中如混有空气，则在制品中会有小孔。在浇注前通常需加热并缓慢搅拌以使空气泡浮于表面除去或采取真空脱气方法，排出空气。

⑥ 唇膏冷却凝结成型后，可将其从模具中取出，用文火进行重熔，使表面平滑和光亮。

唇膏制备工艺流程如图 4-6 所示。

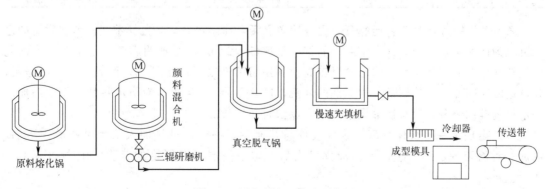

图 4-6 唇膏制造工艺流程简图

（2）配方实例

不同类型唇膏的配方如表 4-26 所示。

表 4-26　原色唇膏、变色唇膏和无色唇膏的配方

组分	质量分数/%			组分	质量分数/%		
	原色唇膏	变色唇膏	无色唇膏		原色唇膏	变色唇膏	无色唇膏
蓖麻油	35.0	35.8		羊毛脂		3.0	
白凡士林	4.0	4.0	40	溴酸红	2.0	5.0	
单硬脂酸甘油酯	40.0	42.0	26	色淀	5.0		
棕榈酸异丙酯	8.0			尿囊素			0.1
巴西棕榈蜡	4.0	4.0		香精	2.0	适量	0.4
鲸蜡			7.0	抗氧剂	适量	0.1	0.5
轻质矿物油		6.0	26.0	防腐剂	适量	0.1	

表 4-26 中原色唇膏的制法：将溴酸红溶解或分散于蓖麻油及其他溶剂中；将色淀调入熔化的软脂和液态油的混合物中，经胶体磨研磨使其分散均匀；将羊毛脂、蜡类一起熔化，温度略高于配方中蜡的最高熔点；然后将三者混合，再经一次研磨。当温度降至较混合物熔点高 5~10℃ 时即可浇模，并快速冷却。香精在混合物完全熔化时加入。

变色唇膏的制法：将溴酸红在溶剂（蓖麻油）内加热溶解，加入高熔点的蜡，待熔化后加入软脂、液态油，搅拌均匀后加入香精，混合均匀后即可浇模。

无色唇膏的制法最简单，将油、脂、蜡混合，加热熔化，然后加入磨细的尿囊素，在搅拌下加入香精，混合均匀后即可浇模。

表 4-27 列举的是普通唇膏、透明护肤唇膏、防水唇膏配方。

表 4-27　普通唇膏、透明护肤唇膏和防水唇膏的配方

组分	质量分数%			组分	质量分数%		
	1#	2#	3#		1#	2#	3#
蓖麻油	44.5		30.0	橄榄油		5.0	
单硬脂酸甘油酯	9.5			肉豆蔻酸异丙酯		10.0	
棕榈酸异丙酯	2.5			羊毛酸		2.0	
蜂蜡	20.0	18.0	15.0	聚乙二醇羊毛酸酯		2.0	
巴西棕榈蜡	5.0		10.0	无水羊毛脂	4.5		
地蜡		12.0	10.0	鲸蜡醇	2.0		
微晶蜡		6.0		溴酸红	2.0		
白凡士林		20.0	10.0	色淀	10.0		
可可脂		10.0		聚二甲基硅氧烷			10.0
白油		15.0	15.0	香精、抗氧剂	适量	适量	适量

表 4-27 中 1# 产品为普通唇膏，也称原色唇膏，涂于口唇后，色泽不变。普通唇膏的色泽可分为四大基色，即大红、宝红、赭红、玫瑰红。2# 产品是透明唇膏，是不含不溶性乳白颜料和色淀的制品，润肤油脂含量较高，利用可溶性染料产生颜色，形成透明的覆盖层，光透过时有闪光层，使唇部产生湿润的外观，防止干裂。3# 产品为防水唇膏，其中添加了抗水性的硅油组分，涂布后形成憎水膜，保留时间较长。

最近出现了一种液体唇膏，主要成分与其他唇膏一样，只是加入了大量乙醇作溶剂，制成一种唇膏的乙醇溶液，当乙醇挥发去后，留下一层光亮鲜艳的薄膜。配方如表 4-28 所示。

表 4-28 液体唇膏的配方

组分	质量分数/%		组分	质量分数/%	
	1#	2#		1#	2#
醋酸纤维素	2.0		磷酸三甲酚酯		1.0
聚乙烯醇(高黏度)		4.0	安息香酊	1.5	
己二酸二辛酯	1.0		乙醇	54.0	54.0
甘油		1.0	香料	适量	适量
异丙醇	41.5	40.0	色素	适量	适量

表 4-28 中 1# 产品是将色素和香料溶解于乙醇中，过滤后，每次少量地将醋酸纤维素分几次加入并搅拌使其完全溶解，将己二酸二辛酯、异丙醇和安息香酊放在一起混合后过滤，再将两种溶液混合均匀。2# 产品是将聚乙烯醇、磷酸三甲酚酯、甘油和异丙醇等混合溶化均匀，将香料、色素加入乙醇中过滤，将两种溶液混合，如需要可再经过一次过滤。

液体唇膏是用瓶装的，携带和使用都不如一般唇膏方便，因此，不如一般唇膏受欢迎。

二、唇线笔

唇线笔是为使唇形轮廓更为清晰饱满，给人以富有感情、美观细致的感觉而使用的唇部美容用品。唇线笔由蜡类、油类和颜料组成，一般不含润肤剂，可含有挥发性溶剂。与唇膏相比，唇线笔的硬度更高、着色更深，适用于小面积、精确地勾勒轮廓。因此，此类产品要求遮盖力较好，含蜡类和颜料较多。参考配方如表 4-29 所示。

表 4-29 唇线笔的参考配方

组分	质量分数/%	组分	质量分数/%	组分	质量分数/%
蓖麻油	56.0	纯地蜡	3.0	香精(果味)	适量
巴西棕榈蜡	4.0	蜂蜡	10.0	防腐剂	适量
小烛树蜡	7.0	氢化羊毛脂	6.0	抗氧剂	适量
微晶蜡	4.0	颜料	10.0		

表 4-29 所示唇线笔的制法是：将油、脂、蜡和颜料混合好，经研磨后在压条机内压注出来，制成笔芯，然后黏合在木杆中，可用刀片把笔头削尖使用。笔芯要求软硬适度、画敷容易、色彩自然、使用时不断裂。

三、唇彩

唇彩也称唇蜜，通常是液体或柔软固体，半透明或不透明，并可以具有磨砂、闪光、光泽或金属质感。唇彩的使用目的与唇膏相同，直接涂抹于唇上或者涂抹于口红上，主要用于赋予嘴唇光泽，比唇膏更能体现明快的油亮色彩，更具立体感和生动性。

和唇膏类似，唇彩是蜡类、油类、酯类和颜料的混合物。主要成分是各种油脂、增稠剂、颜料和功能性添加剂。唇彩与唇膏相比，油类、蜡类组分含量较高，颜料含量较低。

主要原料有天然动植物油脂（如角鲨烷、澳洲坚果油、羊毛脂等）、矿物性油脂（如白油、凡士林、微晶蜡、地蜡等）、合成油性原料（如二异硬脂酸甘油酯、肉豆蔻酸异丙酯、辛酸/癸酸甘油三酯、羟基硬脂酸羊毛脂醇酯、聚二甲基硅氧烷、苯基聚二甲基硅氧烷）等。

唇彩既可制成不透明型的，也可制成透明型的（类似于啫喱）。不透明型唇彩的增稠剂主要采用蜡类，色素用无机颜料、珠光颜料或云母钛。配方中加入了高分子分散剂，提高稳定性，也可提高唇彩的附着力。透明型唇彩的增稠剂一般使用二氧化硅、聚丁烯、聚异丁烯、苯乙烯-乙烯/丙烯-苯乙烯共聚物等，色素采用油溶性染料。此外，唇彩还可以引入附加功能，如保湿、丰满、防晒和延缓衰老等。液态唇彩参考配方如表 4-30 所示。

表 4-30　透明液态唇彩和不透明液态唇彩的参考配方

组分	质量分数/%		组分	质量分数/%	
	透明型	不透明型		透明型	不透明型
聚丁烯	33.0		聚二甲基硅氧烷		0.5
聚异丁烯	33.0		精制地蜡		15.0
α-葡萄糖基橙皮苷		1.0	羟基硬脂酸羊毛脂醇酯		5.0
二异硬脂酸甘油酯		10.0	微晶蜡		1.0
澳洲坚果油		10.0	肉豆蔻酸异丙酯	11.0	
70 号白油	10.2	10.0	抗氧剂	0.3	
26 号白油	12.0		香精	0.1	0.1
苯基聚二甲基硅氧烷		5.0	油溶性染料	0.3	
维生素 E		0.1	红色氧化铁		5.0
异辛酸甘油三酯		34.5	精制水		3.0

第四节　眼部化妆品

在面部美容中，眼睛占着极其重要的位置。眼部化妆品就是修饰和美化眼部及其周围部分的重要美容化妆品，其主要作用是对眼睛（包括睫毛）进行必要的弥补和修饰，使眼睛更加传神、活泼美丽、富有感情、明艳照人，给人留下难忘的印象。

眼部的化妆以眼睛为主，眉毛和睫毛为衬托，形成眼部阴影，使眼部立体感增强，增加眼睛的魅力。眼部化妆品的主要品种包括眼影、眉笔、睫毛膏、眼线笔等。

一、眼影

眼影是涂敷于眼窝周围的上下眼皮及外眼角，形成阴影和色调反差，显出立体美感，塑造眼睛轮廓，强化眼神，使眼睛显得美丽动人的彩妆化妆品。眼影的色调是彩色化妆品中最为丰富多彩的，从黑色、灰色、青色、褐色等暗色到绿色、橙色及桃红色等鲜艳色调。眼影的色调随流行色调变化，色彩和风格带有潮流趋向，且应该配合个人的肤色、服装、不同季节和使用场合需要。

好的眼影应该具备以下性质：易涂抹混合成均匀的色调，附着作用好，颜色不会因阳光、皮脂和汗水作用发生变化，涂膜不会被汗液和皮脂破坏，化妆持久性好，安全性高。眼影的品种主要包括粉质眼影块、眼影膏和眼影液等。

（一）粉质眼影块

粉质眼影块又称眼影粉饼，类同胭脂，是眼影制品中较为流行的。眼影的配方结构和粉底大致相同。与粉底和粉饼产品的区别在于，眼影的色彩更丰富，且往往会具有额外的光泽等效果，因此着色颜料和珠光颜料的选用范围更广、品种更多。此外，由于眼周的皮肤较为脆弱，选用的颜料须无刺激性。

市售眼影常通过无机颜料、有机颜料、珠光颜料、提亮剂等复配，形成各种各样色彩丰富的产品。其原料和粉质块状胭脂基本相同，主要有滑石粉、硬脂酸锌、高岭土、碳酸钙、无机颜料、珠光颜料、防腐剂、胶黏剂等。眼影块是由粉状颜料与油脂类原料混合、压制而成的。这类产品中有多种色型可供选择，使用时用粉刷或海绵棒擦取所需色粉，在眼睑处小心涂饰。粉质眼影块参考配方如表 4-31 所示。

表 4-31 粉质眼影块参考配方

组分	质量分数/%			组分	质量分数/%		
	1#	2#	3#		1#	2#	3#
滑石粉	39.5	61.5	17.3	云母钛＋胭脂红			40.1
硬脂酸锌	7.0		7.0	桃红			4.4
高岭土	6.0			群青			0.6
碳酸钙			10.0	云母＋氧化铁			19.0
无机颜料	1.0	20.0		白油			8.0
云母钛	40.0		3.0	防腐剂	适量	适量	适量
棕榈酸异丙酯	6.0	8.0					

表 4-31 所示的 1# 产品和 2# 产品是普通眼影粉饼，3# 产品是桃红色珠光眼影粉饼。制作方法与粉质块状胭脂相同。

（二）眼影膏

眼影膏是颜料粉体均匀分散于油、脂类和蜡类基质混合物中所形成的油性眼影膏，或是分散于乳化体系的乳化型产品。油性眼影膏适合干性皮肤使用，乳化型眼影膏适用于油性皮肤。眼影膏的化妆持久性好于眼影粉饼。

眼影膏类同胭脂膏，是用油、脂、蜡和颜料制成的产品，各种颜色的颜料可参考以下配比：蓝色，群青 75%、钛白粉 25%；绿色，铬绿 40%、钛白粉 60%；棕色，氧化铁 85%、钛白粉 15%。如需要紫色，可在蓝色颜料内加入适量洋红，用增减钛白粉的比例来调节颜色深浅。

眼影膏的主要原料有白油、凡士林、白蜡、地蜡、巴西棕榈蜡、羊毛脂衍生物和颜料等，制作工艺与膏霜类产品基本相同。眼影膏配方举例见表 4-32。

表 4-32 眼影膏的参考配方

组分	质量分数/%		组分	质量分数/%	
	1#	2#		1#	2#
凡士林	62.0	20.0	硬脂酸		12.0
蜂蜡	8.5	4.6	三乙醇胺		3.6
无水羊毛脂	5.0	4.5	甘油		5.0
液体石蜡	16.5		颜料	适量	适量
精制地蜡	8.0		去离子水		加至 100

表 4-32 中 1# 产品是油蜡基的，制作时将颜料和熔化的矿脂混合，经研磨机研磨均匀，制成颜料浆，然后将其他油、脂、蜡混合加热熔化，加入制成的颜料浆，搅拌均匀，即可灌装。2# 产品是乳化型的，将羊毛脂和蜡类混合加热熔化至 70℃，另将三乙醇胺、甘油和去离子水混合后加热至 72℃，然后将水相缓缓加入油相，并不断搅拌。最后加入同 1# 产品中制备的颜料浆，继续搅拌均匀，冷却后灌装。

（三）眼影液

眼影液是以水为介质，将颜料分散于水中制成液状，具有价格低廉、涂敷方便等特点。但很难使颜料均匀、稳定地悬浮于水中，通常加入硅酸铝镁、聚乙烯吡咯烷酮等增稠稳定剂，以避免固体颜料沉淀，同时聚乙烯吡咯烷酮能在皮肤表面形成薄膜，对颜料有黏附作用，使其不易脱落。眼影液的参考配方见表 4-33。

表 4-33 眼影液的参考配方

组分	质量分数/%	组分	质量分数/%
硅酸铝镁	2.5	防腐剂	适量
聚乙烯吡咯烷酮	2.0	去离子水	85.5
颜料	10.0		

制作方法：将硅酸铝镁加于大部分去离子水中，不断搅拌至均匀；另将聚乙烯吡咯烷酮溶于少量去离子水中；然后将两者混合搅拌均匀，最后加颜料和防腐剂，搅拌混合均匀即可。

二、眉笔

眉笔是用来画眉毛的一类化妆品，主要作用是增浓眉毛的颜色，修饰、美化眉毛的外形，画出和脸型、肤色、眼睛协调一致的眉毛，甚至可以画出与气质相融合的动人的眉毛，以便改善容貌，增添美感。

现代眉笔是采用油、脂、蜡和颜料配成的，色彩除黑色外，还有棕褐色、茶色、暗灰色等。颜料主要使用炭黑和不同色彩的氧化铁。对制品的质量要求有：软硬适度、描画容易；色泽自然且均匀；稳定性好、不出粉、不碎裂；对皮肤无刺激、安全性好。

目前流行的眉笔有两种：一种外观与铅笔类同，采用油脂和蜡加上炭黑制成细长的圆条，把圆条装在木杆里作笔芯，使用时也像铅笔那样把笔头削尖；另一种是将笔芯装在细长的金属或塑料管内，使用时以手指将笔芯推出来。

（一）铅笔式眉笔

这种眉笔的形状和铅笔完全相同，将笔尖削尖，露出笔芯即可使用。其硬度是由所加入蜡的量和熔点进行调节的，主要原料有石蜡、蜂蜡、地蜡、矿脂、巴西棕榈蜡、羊毛脂、颜料等。铅笔式眉笔的配方如表 4-34 和表 4-35 所示。

表 4-34 铅笔式眉笔的基础配方

组分	质量分数/%	组分	质量分数/%
石蜡	30.0	羊毛脂	8.0
蜂蜡	20.0	鲸蜡醇	6.0
巴西棕榈蜡	5.0	颜料(炭黑)	10.0
矿脂	21.0		

表 4-35 铅笔式眉笔的配方

组分	质量分数/% 1#	质量分数/% 2#	质量分数/% 3#	组分	质量分数/% 1#	质量分数/% 2#	质量分数/% 3#
石蜡	20.0	25.0	20.0	硬脂酸三乙醇胺		20.0	
凡士林	18.0	12.0	4.0	羊毛脂	9.0	7.0	3.0
液体石蜡		3.0		滑石粉			10.0
异十三烷醇			3.0	高岭土			15.0
蜂蜡	22.0	8.0	5.0	炭黑	8.0	20.0	
氢化蓖麻油			5.0	氧化铁(黑色)			10.0
巴西棕榈蜡	5.0	5.0		珠光颜料	10.0		15.0
硬脂酸			10.0	香精	适量	适量	适量
鲸蜡醇	8.0			防腐剂	适量	适量	适量

表 4-34 所示产品的制作方法：将全部油脂和蜡类混合熔化后，加入颜料，不断搅拌数小时，均匀后倒入盘内冷却凝固，再切成薄片，经研磨机研磨两次，最后将均匀混合颜料的蜡块在压条机内压注出来。开始时笔芯较软而韧，但放置一定时间后逐渐变硬，笔芯制成后黏合在两块半圆形木条中间即可。

表 4-35 所示产品的制备方法：将全部油、脂、蜡混合在一起熔化后，加入颜料，不断地搅拌 3～4h，搅拌均匀后倒入盘内冷却凝固，切成薄片，经研磨机研磨两次，再经压条机压制成笔芯。

(二) 推管式眉笔

这种眉笔的笔芯是裸露的，直径约为 3mm，装在可任意推动的容器中，将笔芯推出即可使用，其主要原料有石蜡、蜂蜡、虫蜡、液体石蜡、凡士林、白油、羊毛脂和颜料等。其制作方法与铅笔式眉笔有所不同，参考配方如表 4-36 所示。

表 4-36 推管式眉笔的制备工艺：将颜料和适量的矿脂及液体石蜡等研磨成均匀的颜料浆，再将剩余的油、脂、蜡加热熔化，然后加入颜料浆，搅拌均匀后，浇入模子中，冷却制成笔芯。将笔芯插在笔芯座上，使用时用手指推动底座即可将笔芯推出来。

表 4-36 推管式眉笔的配方

组分	质量分数/%		组分	质量分数/%	
	1#	2#		1#	2#
石蜡	20.0	30.0	鲸蜡醇	6.0	
矿脂	30.0	12.0	羊毛脂	9.0	10.0
巴西棕榈蜡	5.0		液体石蜡		7.0
蜂蜡	20.0	17.0	炭黑	10.0	12.0
虫蜡		12.0			

三、睫毛膏

睫毛膏又叫眼毛膏，是修饰美化睫毛，增加光泽色泽，使眼睫毛显得浓长，并增强立体感、烘托眼神的膏状美容化妆品。颜色以黑色、棕色为主，采用炭黑及氧化铁棕为颜料。睫毛膏的主要原料有硬脂酸、蜂蜡、石蜡、巴西棕榈蜡、羊毛脂、单硬脂酸甘油酯、皂类、无机颜料以及水和防腐剂等，此外还有胶黏剂、增溶剂等，其中的胶黏剂有水溶性与非水溶性的，现多用非水溶性胶黏剂。

睫毛膏的类型有块状、霜膏状和液体状。块状睫毛膏是将颜料与肥皂及其他油、脂、蜡混合而成，多采用硬脂酸三乙醇胺乳化制成。膏霜状睫毛膏是将原料加热熔化，搅拌形成均匀细致的乳化体，再加入颜料混合均匀，用胶体磨研磨后制成的。液体状睫毛膏是将极细的颜料分散悬浮于油类或胶质溶液中制成的液态产品。

(1) 块状睫毛膏

块状睫毛膏的基础配方如表 4-37 所示。目前，这种流行产品的碱性和刺激性都有所降低。

表 4-37 所示产品的制法：蜡类熔化后加入颜料混合，在保温的滚筒式研磨机研磨细致均匀，再将研磨均匀的混合物重新熔化，再浇模成型。

表 4-37　块状睫毛膏的参考配方

组分	质量分数/%	组分	质量分数/%
硬脂酸三乙醇胺	53.0	无水羊毛脂	7.0
蜂蜡	5.0	液体石蜡	3.0
石蜡	5.0	炭黑	4.0
单硬脂酸甘油酯	3.0	防腐剂	适量
巴西棕榈蜡	20.0		

（2）膏霜状睫毛膏

此类睫毛膏是将油、脂、蜡和水乳化制成乳化体，再加入颜料混合均匀而成。配方如表 4-38 所示。

表 4-38　膏霜状睫毛膏的配方

组分	质量分数/%			组分	质量分数/%		
	1#	2#	3#		1#	2#	3#
液体石蜡	10.0	9.0	8.0	甘油	8.0	10.0	
矿脂		6.0		颜料	10.0	9.0	10.0
硬脂酸	9.0	9.0		防腐剂	适量	适量	适量
三乙醇胺	3.0	3.0		去离子水	加至100	加至100	加至100
凡士林	6.0						

膏霜状睫毛膏的制法与乳化体的制法相同。将油相加热至 60℃ 熔化，再将水相加热至 62℃，然后将水相倒入油相，并不断搅拌，最后加入颜料搅拌均匀，再经胶体磨研磨，冷却至室温，可用软管包装。

（3）液状睫毛膏

除块状和膏霜状的睫毛膏外，还有一种液状睫毛膏。液状睫毛膏制法比较简单，一般是将颜料悬浮于油类或胶质溶液中。目前流行的液状睫毛膏有两种，一种是将极细的炭黑分散于蓖麻油中；另一种是含胶质的，如虫胶等，使颜料悬浮。其参考配方如表 4-39 所示。

表 4-39　液状睫毛膏的配方

组分	质量分数/%			组分	质量分数/%		
	1#	2#	3#		1#	2#	3#
蓖麻油	86.0	1.0		三乙醇胺		0.2	
脱水山梨醇单油酸酯	3.8			炭黑	10.0	14.0	10.0
虫胶		1.2		乙醇	0.2		10.0
黄蓍树胶粉			0.3	防腐剂		0.2	0.2
对羟基安息香酸甲酯(2%乙醇溶液)		20.0	3.0	去离子水		63.4	76.5

制作方法：1# 产品是将所有成分混合后，经胶体磨研磨，使炭黑分散于液体中。2# 产品是将虫胶、去离子水和三乙醇胺一起加热，待虫胶熔化后，再加入其他成分，再经研磨。3# 产品是先将黄蓍树胶粉用乙醇浸湿，加去离子水搅拌溶化均匀，再加入对羟基安息香酸甲酯及炭黑。

四、眼线制品

目前市场上的眼线产品主要包括饼状眼线和液状眼线两类。

饼状眼线呈粉饼状，分为沾水与不沾水两种形式，饼状眼线的外形与制造方法类似于压缩眼影，呈霜状，是取代传统眼线液的改良新品，配合毛笔或斜角笔，可勾勒出眼线。

液状眼线液包装可分为两类：一类为笔管包装，可从笔管中蘸取眼线液使用（或呈自动笔式包装）；另一类为罐装，使用时，需要用专业眼线毛笔。

笔管包装眼线产品即眼线笔，是一类彩妆产品，用眼线笔沿眼睫毛生长边缘画线，使眼睛轮廓扩大、清晰、层次分明，加深和突出眼部的彩妆效果，使眼睛有精神、更富魅力。其类型分为铅笔型与自动铅笔型两种，用于眼部周围，质地软。部分质地稍硬的眼线笔能较长时间保持化妆效果，色泽深，可用来拉长眼尾，用于戏剧、舞台化妆。

（一）眼线笔

眼线笔的主要原料及制备方法均与眉笔类似，但笔芯较眉笔稍细，质地较眉笔柔软，色彩更为均匀，主要呈蜡状。使用、携带方便，价格较低。但它的表现力较弱，着色后较易脱落，适宜短时间着妆时使用。

由于用在眼睛的周围，因此眼线笔的笔芯要有一定的柔软性，且当汗液和泪水流下时不致化开而使眼圈发黑。眼线笔由各种油、脂、蜡类加上颜料配制而成，经研磨压条制成笔芯，黏合在木杆中，使用时用刀片将笔头削尖。其硬度是由加入蜡的量和熔点调节的。眼线笔的参考配方见表4-40。

表 4-40　眼线笔的配方

组分	质量分数/%	组分	质量分数/%	组分	质量分数/%
小烛树脂	7.0	微晶蜡	5.0	二氧化钛-云母	25.0
纯地蜡	5.0	氢化植物油	8.0	颜料	10.0
羊毛脂	5.0	单硬脂酸丙二醇酯	4.0	防腐剂	适量
高碳醇	5.0	矿物油	26.0	丁基羟基茴香醚	适量

制作方法：将油、脂、蜡混合，加热熔化后加入粉体、颜料和防腐剂，搅拌混合均匀，注入模型制成笔芯。

（二）眼线液

眼线液是较为流行的品种，其表现力强，着色后不易脱落，描画线条也较为流畅。目前市场上的眼线液有三种类型：第一种是 O/W 型乳剂型眼线液；第二种是抗水性的乳剂型眼线液；第三种是非乳剂型的眼线液。

眼线液一般配合眼线笔使用，用眼线笔细巧的尖端蘸取少量眼线液从眼角内部开始拉线，并在眼睑、眼尾部分轻轻描画，可清晰层次、扩大眼睛轮廓。

（1）O/W 型乳剂型眼线液

此类产品是在流动性良好而且容易干燥成膜的乳液中，加入色素和少量滑石粉制成的。一般加入分散性能良好的黑色色素，使制成的眼线液能保持良好的流动性。可加入增稠剂，如硅酸铝镁、天然或合成的水溶性胶质等，以避免固体颜料沉淀。但此种 O/W 型乳剂型眼线液缺乏抗水性能，在眼部遇到水分时即溶化，在游泳等情况下不宜使用。

（2）抗水性乳剂型眼线液

此类眼线液是将含颜料的醋酸乙烯、丙烯酸系树脂等在水中乳化制成的。涂描后，水分蒸发，乳化树脂即形成薄薄的皮膜。耐水性强，颜料不会渗出，卸妆时只要用水轻轻地将薄膜剥落即可。此外，配方中加入各种乳剂稳定剂，能改善产品的稳定性，但必须注意其配伍性，同时所选树脂类必须不含未聚合的单体化合物，以免对皮肤造成刺激。

（3）非乳剂型眼线液

非乳剂型眼线液用水作介质，无油、脂、蜡，用虫胶作成膜剂，用三乙醇胺溶解虫胶，也可用吗啉代替三乙醇胺。采用虫胶-吗啉制的眼线液时，部分吗啉挥发后的眼线液有很好的抗水性，比用三乙醇胺-虫胶制备的抗水性要好。各种眼线液参考配方见表 4-41。

表 4-41　O/W 型乳剂型、抗水性乳剂型、非乳剂型眼线液的配方

组分	质量分数/%			组分	质量分数/%		
	1#	2#	3#		1#	2#	3#
黑色氧化铁	4.0	15.0	10.0	烷基酚聚氧乙烯醚硫酸盐			2.0
三乙醇胺-虫胶（25%）	8.0			大豆磷脂		1.0	
高黏度硅酸铝镁	0.5		2.5	丙二醇	5.0	5.0	2.0
苯乙烯-丁二烯共聚乳液（50%）			25.0	聚乙烯醇		0.7	
丙烯酸酯共聚乳液		15.0		防腐剂	0.3	0.3	0.3
羧甲基纤维素	1.5			去离子水	80.7	62.0	58.2
十八醇聚氧乙烯醚		1.0					

1# 是 O/W 型乳剂型眼线液的配方。将羧甲基纤维素和硅酸铝镁分散于温水和丙二醇中，加入防腐剂使之溶解，然后再加入三乙醇胺-虫胶。氧化铁要磨细过筛后加入，搅拌均匀。加入羧甲基纤维素和硅酸铝镁可使眼线液黏度增加，防止色素沉淀，并能使色素黏附在皮肤上。配方中虫胶是成膜剂，有抗水性能，丙二醇具有增塑作用。2# 是抗水性乳剂型眼线液的配方。将各成分溶解于去离子水中，氧化铁经磨细过筛后拌入，搅拌均匀即可。3# 是非乳剂型眼线液的配方。将硅酸铝镁分散于去离子水中，然后将氧化铁、丙二醇、防腐剂加入去离子水中，用胶体磨或球磨机磨细，120 目过筛，最后加入苯乙烯-丁二烯共聚乳液，搅拌均匀即得产品。

第五节　指甲用化妆品

指甲用化妆品是对指甲进行形状修饰，美化和保护指甲的一类化妆品。指甲用化妆品种类繁多，主要有指甲油、指甲漂白剂、指甲油去除剂、指甲抛光剂和指甲保养剂等。本节主要介绍指甲油、指甲油去除剂和表皮去除剂，其中指甲油是最流行的指甲化妆品。

一、指甲油

指甲油是用来修饰和增加指甲美观度的化妆品，它能在指甲表面上形成一层耐摩擦的薄膜，起到保护、美化指甲的作用。它的要求是：涂敷容易，干燥成膜快速，而且形成的涂膜均匀、无气泡；颜色均匀一致，光亮度好，耐摩擦，不开裂，能牢固地附着在指甲上，而且无毒，不会损伤指甲，同时涂膜容易被指甲油去除剂去除。

（一）主要原料

指甲油的主要原料可分为成膜物、树脂、增塑剂、溶剂、色素和悬浮剂等。

（1）成膜物

成膜物是指甲油的基本原料，在指甲上涂布后会形成一层薄膜。用于指甲油的成膜物种类很多，如醋酸纤维素、醋酸丁酸纤维素、乙基纤维素、乙烯聚合物以及各种丙烯酸甲酯聚合物等，应用最广泛的是硝酸纤维素。

硝酸纤维素俗称硝化棉，是软毛状白色纤维物质，它在硬度、附着力、耐磨性、黏度、光滑性和耐水性等方面都较为优良，干燥快，成膜机理简单。它溶解在溶剂内，当溶剂挥发后，指甲油就干燥成膜，没有氧化和聚合的作用。能用于制指甲油的硝酸纤维素有两种：一种含氮 11.2%～12.8%，能溶于酯类和酮类；另一种含氮 10.7%～11.2%，能溶于乙醇和甲苯的混合液中。指甲油的成膜物一般使用含氮量在 11.2%～12.8%的硝酸纤维素，其黏度的范围很大，对指甲油的稳定性极为重要。

但硝酸纤维素缺点较明显，如收缩变脆、光泽差和附着力不够强等。因此，需要加合适的树脂及黏合剂以改善光泽和附着力，加增塑剂增加韧性和减少收缩。

（2）树脂

树脂是在指甲油中加强指甲油形成的膜与指甲表面的附着力的组分，也称为胶黏剂，是指甲油不可缺少的组分，树脂的加入能增加硝酸纤维素薄膜的光泽性和附着力。

指甲油用的树脂有天然树脂（如虫胶）和合成树脂，天然树脂质量不稳定，已逐渐被合成树脂代替。常用干性和不干性合成树脂，品种主要有醇酸树脂、氨基树脂、丙烯酸树脂、聚乙酸乙烯酯树脂和对甲苯磺酰胺甲醛树脂等，其中对甲苯磺酰胺甲醛树脂使膜的厚度、光亮度、流动度、附着力和抗水性等性能均较优良。

（3）增塑剂

增塑剂是为使硝酸纤维素涂膜柔软、持久，减少膜层的收缩和开裂现象而加入的物质。增塑剂不仅可以改变膜的性质，还可增加成膜的光泽，但含量过高会影响成膜附着力，一般是指液体酯类和黏性较大的聚合物。在选用增塑剂时要考虑其与成膜物、树脂等的互溶性、挥发性和毒性，还要考虑其色泽、气味、对黏度的影响、对干燥的影响等等。

用于指甲油的增塑剂主要有磷酸三甲苯酯、苯甲酸苄酯、磷酸三丁酯、柠檬酸三乙酯、邻苯二甲酸二辛酯、樟脑和蓖麻油等，最常用的是邻苯二甲酸二丁酯。

（4）溶剂

溶剂是指甲油的主要成分，在配方中占 70%～80%。溶剂的主要作用是溶解成膜物、树脂和增塑剂，并调整体系的黏度使之适合使用。指甲油用的溶剂要求具有适宜的挥发速度。挥发太快，影响指甲油的流动性，在敷用时不易均和，产生气孔，形成条纹，使膜失去光泽，影响涂层外观；挥发太慢会使流动性太大，成膜太薄，干燥时间太长。一般采用混合溶剂。混合溶剂又分为真溶剂、助溶剂和稀释剂。

真溶剂是指真正具有溶解能力的物质。这些物质能溶解成膜物，并赋予体系一定的黏度、快干性和流动性。可分为低沸点（100℃以下）、中沸点（100～140℃）和高沸点（140～170℃），包括酯类、酮类等，如丙酮、丁酮、乙酸乙酯、乙酸丁酯、乳酸乙酯等。

助溶剂是指本身不具有溶解成膜物的能力，但与真溶剂合用能协助溶解成膜物，并能改善指甲油的黏度和流动性的物质。例如，硝酸纤维素溶解于醋酸丁酯中，比溶解于丁醇中的黏度大。助溶剂主要是醇类，常用的有乙醇、丁醇等。

稀释剂单独使用时对成膜物完全没有溶解能力，但能提高真溶剂溶解树脂的能力，并能调节产品的黏度，降低指甲油的成本。主要是烃类，如甲苯、轻质石油和二甲苯等。

（5）色素

指甲油所用的色素主要为一些不溶性的颜料和有机色淀，能赋予指甲油以鲜艳的色彩，还起不透明的作用。不溶性的颜料可选择立索尔红和某些色淀（根据需要选择），无机颜料可使用钛白粉、氧化铁、群青、铬绿等。钛白粉可以增加指甲油的遮盖力；天然鳞片或合成珠光颜料可以使指甲油呈现珠光，增强光泽，增添美观的色彩。

但需要注意的是无机颜料由于相对密度较大容易产生沉淀，因此，配方中还需要添加悬浮剂。

（6）悬浮剂

因色素的相对密度以及颗粒较大等原因，常会出现色素的沉淀，因此，配方中常少量添加悬浮剂，常用的悬浮剂为高分子胶质物质。

（二）制备工艺

指甲油的配制主要包括配料、调色、混合、搅拌、包装等工序。其制作方法为：用稀释剂或助溶剂将硝酸纤维素润湿，另将溶剂、树脂、增塑剂混合，并加入硝酸纤维素中，搅拌使其完全溶解，经压滤机或离心机处理，去除杂质和不溶物，贮存静置，然后加入颜料浆，灌装。其中颜料的颗粒必须粉碎得较细，以使其悬浮于液体中，常用球磨机或辊磨机粉碎颗粒。研磨的方法为：将颜料、硝酸纤维素、增塑剂溶于足够的溶剂使其成为浆状物，然后经研磨数次以达到所需的细度。

在以硝酸纤维素为成膜剂的生产工艺中特别注意以下几点：

① 颜料的颗粒必须粉碎得很细，这样才能较好地悬浮于液体中，为了使颜料均匀分布，可以球磨机或辊筒研磨机来粉碎颗粒。用辊筒研磨机研磨能产生很大的切变应力，对颜料的分散很有效。

② 混合锅采用铝或不锈钢制造，以防止指甲油变色。根据锅的大小，可装置固定的或移动的涡轮式或推进式搅拌桨。

③ 生产过程中必须采取防止爆炸或燃烧的有效措施。所有的电气设备都应有防爆装置，原料和成品的贮藏应远离生产场所。

④ 硝酸纤维素要用盖子盖好以避免日光照射，最好贮藏在远离建筑物的危险品仓库。

⑤ 挥发性易燃溶剂的贮藏应该注意通风排气，因为溶剂的气体在空气中达到临界浓度时，可能引起爆炸事故。

⑥ 地面最好选用不产生火花及不导电的材料，各种工具和辅助设备避免采用铁制的，以减少产生火花的危险。

（三）产品配方举例

指甲油的基础配方如表 4-42 所示，各类指甲油的配方如表 4-43 所示。

表 4-42　指甲油的基础配方

组分	质量分数/%	组分	质量分数/%	组分	质量分数/%
硝酸纤维素	10.0	乙酸丁酯	15.0	甲苯	35.0
醇酸树脂	10.0	乙酰柠檬酸三丁酯	5.0	颜料	适量
乙酸乙酯	20.0	乙醇	5.0	悬浮剂	适量

表 4-42 所示产品的制备过程：将颜料加入一部分醇酸树脂和一部分乙酰柠檬酸三丁酯中，混合均匀。将其余所有组分混合，制成混合溶剂。将上述颜料混合物加入混合溶剂中，充分搅拌，使其分散均匀，即可包装。

表 4-43 所示指甲油的制法都相同，将颜料、硝酸纤维素、增塑剂和足够的溶剂调成浆状，然后研磨数次达所需细度备用。制造透明指甲油不加颜料，先将一部分稀释剂加入容器

中，不断搅拌，加入硝酸纤维素使之全部润湿，然后依次加入溶剂、增塑剂和树脂，搅拌数小时使有效成分完全溶解，经压滤除去杂质和不溶物，储存备用。制造不透明指甲油时在搅拌条件下，把上述制备好的颜料浆加进去，搅匀即可。

表 4-43　各类指甲油的配方

组分	质量分数/%					组分	质量分数/%				
	1#	2#	3#	4#	5#		1#	2#	3#	4#	5#
硝酸纤维素(1/2s黏度)	11.5	15.0	10.0	10.0	10.0	肉豆蔻酸异丙酯				3.0	
醋酸纤维素				2.0		乙烯基乙二醇醚			22.0		
醇酸树脂					10.0	二甘醇一乙醚				20.0	
对甲苯磺酰胺甲醛树脂		7.0				乙酸乙酯	31.6	5.0	45.0	17.0	20.0
聚乙酸乙烯酯			2.5			乙酸丁酯	30.0	30.0			15.0
聚苯乙烯				1.0		樟脑				5.0	
磷酸三甲酚酯	8.5					丙酮				25.0	
乙酰柠檬酸三丁酯					5.0	丁醇		4.0			
邻苯二甲酸二丁酯	13.0	3.5	15.0			乙醇	5.0				5.0
邻苯二甲酸二乙酯				16.0		甲苯		35.0			35.0
己二酸二辛酯				5.0		颜料	0.4	0.5	0.5	1.0	适量

二、其他指甲用化妆品

（一）指甲油去除剂

指甲油去除剂是指用来去除涂在指甲上的指甲油形成的膜，恢复指甲原样的一类化妆品。指甲油去除剂就是一种溶剂或多种溶剂的混合物，主要含有能溶解硝酸纤维素和树脂的溶剂类化合物。在清除指甲油的膜时，也同时清除指甲上原有的脂质，并对指甲有脱水作用。因此，常常需要加入脂肪酸酯和羊毛脂衍生物等脂肪物质及润湿剂，减少溶剂对指甲的脱脂而引起的指甲干燥。指甲油去除剂的配方见表 4-44。

表 4-44　指甲油去除剂的配方

组分	质量分数/%	组分	质量分数/%
乙酸乙酯	40.0	乙烯基乙二醇醚	10.0
乙酸丁酯	30.0	肉豆蔻酸异丙酯	5.0
丙酮	14.0	羊毛脂	1.0

表 4-44 所示的指甲油去除剂的配制方法：先将所有成分在一起混合，使其溶解均匀即成。羊毛脂及蜡类等较不易溶解的物质，可先溶于挥发性较差的液体内，溶解时可加热，以加快溶解速度，然后与其他组分混合均匀即可灌装。

（二）表皮去除剂

表皮去除剂是指用于除去甲根及甲半月面上角化枯死的粗糙不规则皮膜，使甲半月面的弧景清晰，保持指甲美观的化妆品。当皮肤接近指甲处就开始角化，而死去的细胞和脂肪一起形成一层不规则的附加物，这层附加物越长越厚越粗糙。使用表皮去除剂能将指甲上老化的表皮和一般的污垢除去，保持指甲漂亮。

此类产品的特点是碱性较强，利用碱性物质软化和分解角蛋白。目前主要采用多元酸的碱金属盐，如磷酸三钠、焦磷酸四钠，或弱碱性的胺，如单乙醇胺、异丙醇胺、三乙醇胺等。去除表皮膜的效力虽然较低，但是性质较温和，使用时也会安全些，产品配方如表

4-45 所示。

表 4-45　表皮去除剂的配方

组分	质量分数/%				组分	质量分数/%			
	1#	2#	3#	4#		1#	2#	3#	4#
三乙醇胺	10.0				聚氧乙烯(5)十二烷基醚			1.0	
磷酸三钠		8.0		适量	甘油	10.0	12.0	4.0	
十六醇			2.55		氢氧化钾			1.6	
十四醇			3.5		矿物油				12.0
脱水山梨醇单棕榈酸酯				2.0	香料	适量	适量	适量	适量
聚氧乙烯脱水山梨醇单棕榈酸酯				2.0	精制水	加至100	加至100	加至100	加至100

表 4-45 中 1# 产品在使用时不要沾到指甲以外的部分和衣服上，特别是不要碰到眼睛内。2# 也是一个碱性配方。3# 产品是典型的由碱性物质配制成的特殊乳液。4# 产品将去皮剂制成膏霜状。此类产品的制法与指甲油相同。

≡ 第五章 ≡

口腔卫生用品

　　口腔内存在各种细菌、齿垢、齿结石等沉积物以及食物残渣，它们腐败、发酵后成为导致口腔疾患的主要因素，很可能损害人体健康，甚至诱发心脏、肾脏的疾患以及类风湿性关节炎等。虽然，口腔分泌的唾液有杀菌作用，但这远远不够，还必须借助牙膏与牙刷等口腔用品的刷清作用，除掉牙齿表面的食物碎屑，清洁口腔和牙齿，防龋消炎，清除这些有害因素，保持牙齿洁白、健康和美观。常用的口腔卫生用品有牙膏、牙粉、漱口水等。

第一节　牙膏

一、牙膏概述

　　牙膏是洁牙制品的一种，一般呈凝胶状，通常会抹在牙刷上，借助牙刷的机械摩擦作用清洁牙齿表面，对牙齿及其周边进行清洁，使口腔净化清爽。牙膏是目前各种洁齿剂中最流行的一种，由于采用软管作为容器，既清洁卫生，使用又方便，深受消费者的欢迎。

　　中国口腔清洁护理用品工业协会给牙膏的定义为：牙膏是和牙刷一起用于清洁牙齿、保护口腔卫生，是保护人体安全的一种日用必需品。

（一）牙膏的发展

　　人类很早就认识到了洁齿的重要性，当人们意识到身体清洁的同时，也已注意到牙齿的清洁，并逐步发明和采用牙粉、漱口水等牙齿清洁剂，目前软管牙膏的产量最大、使用最为普遍。软管牙膏是 1893 年由维也纳人塞格发明的。

　　早期的牙膏采用肥皂作为洗涤发泡剂，具有洗涤和发泡作用，也具有润滑作用，是牙膏内的主要胶黏剂，可赋予牙膏可塑性，挤出后易成条、表面光滑细致。但也具备肥皂的缺点：呈碱性（pH 为 9～10），高温变软、低温普硬，有肥皂的气味和口味，并且会对口腔黏膜有刺激。因此，这类牙膏很快被淘汰。

　　20 世纪 40 年代，随着科学技术的迅速发展，许多新的原料（包括摩擦剂、保湿剂、增稠剂和表面活性剂）被应用于牙膏配方，对洁齿剂进行了新的开发研究，再加上生产工艺的改进，牙膏工业得到了较快发展，牙膏的质量不断得到提高。在牙膏中加入某些活性物质，使更有效地达到洁齿、去垢、防龋、消炎的效果，最为突出的是牙膏的配方从肥皂-碳酸钙型改进为月桂醇硫酸钠-磷酸钙型，并从单一的洁齿功能向添加各种药物成分具有防治牙病等作用的多功能发展。

我国于 1926 年在上海首先开始生产牙膏（三星牌）。新中国成立以后，我国牙膏工业得到了迅速发展，至 1978 年，全国已全部淘汰皂类牙膏。进入 20 世纪 80 年代以后，我国的牙膏工业进入了一个新的发展时期：一方面向多功能发展，洁齿与防治牙病相结合，开发了大量效果显著的药物牙膏（如具有防龋、脱敏、防结石、消炎等功能），为保护牙齿、提高人民的健康水平发挥了积极作用；另一方面，借鉴国外先进经验，引进了当时国际上具有先进水平的设备，并通过消化吸收和开发，使我国牙膏工业的技术装备赶上了国际水平。

（二）牙膏的主要性能

随着人民物质、文化生活水平的提高，特别是对保护牙齿重要性认识的提高，人们对牙膏的品质和功能的要求也越来越高。优质的牙膏应该满足下列各项性能。

（1）具有适宜的摩擦力

牙膏应该有良好的清洁作用，其清洁能力主要是依靠粉末的摩擦力和表面活性剂的起泡去垢力。但摩擦力太强会损伤牙齿或牙周组织；摩擦力太弱，又不具备清洁牙齿的作用。因此，好的牙膏必须具有适宜的摩擦力，能够去除表膜或牙菌斑而不损坏牙釉质或牙本质。

（2）具有优良的起泡性

在刷牙过程中应有适量的泡沫。尽管牙膏的质量不取决于泡沫量，但丰富的泡沫不仅感觉舒适，而且能使牙膏尽量均匀地迅速扩散、渗透到牙缝和牙刷够不到的部分，有利于污垢的分散、乳化、去除。

（3）具有抑菌作用

牙膏中应该含有有效杀菌成分，能抑制口腔内细菌的生长，降低细菌对食物的发酵、分解、产酸的能力，减少对牙齿的腐蚀，从而保障牙齿的健康。

（4）能提高牙齿和牙周组织的抗病能力

性能优良的牙膏，不仅不损伤牙齿，而且能促进其再矿化作用，提高牙齿的抗酸能力，有防龋作用，减少龋齿的发生，并对某些牙病有一定的治疗效果。

（5）有舒适的香味和口味

牙膏的口味和香味是消费者决定是否购买的重要因素，因此不仅要从口腔卫生的角度考虑，而且必须考虑要使人们乐于刷牙，刷后有凉爽清新的感觉。

（6）具有良好的感官和使用性能

牙膏应具有一定的稠度，使用方便，易从软管口挤出，挤出时呈柔软、细致、光滑的条状，在牙刷上保持一定形状。刷牙时，既能覆盖牙齿（具有好的分散性），又不致飞溅，并且容易从口腔、牙齿和牙刷中清洗去。

（7）具有一定的稳定性

牙膏有一定的化学及物理稳定性，即不腐败变质、不分离、不发硬、不变稀、pH 不变。仓储期能保持质量稳定，药物牙膏应保持有效期的疗效。

（8）无毒性、具有高安全性

牙膏是每天入口的东西，容易进入人体内，因此要无毒性，对口腔黏膜无刺激性。

（三）牙膏的分类

牙膏是一种复杂的混合物，由液相和固相组成。为了使固态粒子长期悬浮在液相中，必须加入适当的胶黏剂；为了改进口味而加入香料和甜味剂；为了使牙膏具有防治口腔疾病的能力而加入各种药效成分等。

牙膏的分类方法有很多，一般可分为洁齿类（即普通型）和疗效型（即药物型）两大类。普通型牙膏按配方结构可分为碳酸钙型、磷酸钙型、氢氧化铝型、二氧化硅型；按牙膏的颜色形态又分为白色牙膏、加色牙膏、彩条牙膏、透明牙膏和不透明牙膏；药物牙膏又可分为防龋牙膏、脱敏牙膏、消炎止血牙膏、防结石牙膏、除烟渍牙膏、保健养生牙膏等。

此外，还有按香型分类，如留兰香型、水果香型、薄荷香型等；按酸碱度分类，如中性、酸性和碱性牙膏；按洗涤发泡剂分类，如肥皂型、合成洗涤剂型；按活性物质分类，如过氧化物、叶绿素、酶制剂和氟化物牙膏。

二、牙膏的原料

牙膏的基本成分主要包括摩擦剂、保湿剂、发泡剂、增稠剂、防腐剂、香精、色素和特效添加剂。其中特效添加剂包括氟化物、消炎杀菌剂、脱敏剂、甜味剂、缓蚀剂、抗牙结石除渍剂、中草药提取物等等。

（一）牙膏的基本成分

（1）摩擦剂

摩擦剂是牙膏的主体原料，一般占配方的 20%～50%，其主要功能是加强对牙菌斑的机械性移除。在刷牙时，和牙刷一起通过摩擦清洁牙齿，去除食物残渣、软垢、牙菌斑和牙结石，防止新污物的形成。

摩擦剂一般是粉状固体，具有合适的硬度、颗粒大小和形状才能用于牙膏。选择摩擦剂时，由于牙釉质的莫氏硬度为 5～6，摩擦剂的硬度必须比牙垢和牙结石高，但要低于牙釉质，一般选择 4 左右；颗粒直径选择 5～20μm 之间；形状方面，选用规则晶形及表面较平的颗粒为宜。同时还要考虑外观洁白、无异味、安全无毒、溶解度小、化学性质稳定、与牙膏中其他成分配伍性好、不腐蚀铝管等。

牙膏用摩擦剂可分为碳酸钙类、磷酸钙类、磷酸钠类、氢氧化铝、二氧化硅、硅酸盐类、热塑性树脂类等。

① 碳酸钙类（$CaCO_3$）

碳酸钙是普通类牙膏的常用摩擦剂，因其资源丰富且价格较低，是日用口腔卫生用品的理想原料。牙膏用的碳酸钙分轻质碳酸钙（沉淀碳酸钙，PCC）和重质碳酸钙（天然碳酸钙，GCC）两种。但钙质摩擦剂不太稳定，特别是可和氟离子生成不溶性氟化钙，从而降低了药物的抗龋齿活性，只能用于一般牙膏的生产。

牙膏生产对碳酸钙品质的要求有以下几点：硫或硫化物含量控制在 5mg/kg 以下；铅的含量必须控制在 20mg/kg 以下，砷含量控制在 5mg/kg 以下；铁含量一般要求在 100mg/kg 以下；碳酸钙纯度一般控制在 98% 以上；对镁、锰、铜、铝、氟、氯等化学成分的控制，主要是看数据上有无异常，同时要看到能否通过牙膏试验。

用于牙膏的碳酸钙类摩擦剂主要有方解石粉、晶体碳酸钙等。

a. 方解石粉

方解石粉具有资源丰富、价廉物美之特点，为我国牙膏生产的主要摩擦剂。它的纯度很高，碳酸钙含量一般在 98% 以上。矿石色泽较白，杂质较少，有玻璃光泽，属于一类斜方晶体，莫氏硬度 3.0，相对密度 2.6～2.8。但不能作为主摩擦剂使用，常与摩擦力较低的磷酸盐配合使用。

b. 晶体碳酸钙

晶体碳酸钙一般以石灰石为原料，经煅烧、消化、碳化、分离、干燥和分级等工序制备沉淀碳酸钙。因质轻、堆积密度小，又称为轻质碳酸钙。其性能与方解石粉相同，但纯度高、晶体整齐、粒度均匀，制成的牙膏洁白、细腻、有半透明感，近似磷酸氢钙牙膏，长期储存也不会结粒、变粗，是较为理想的原料。

② 磷酸钙类

磷酸钙类摩擦剂包括二水合磷酸氢钙、无水磷酸氢钙、磷酸三钙、焦磷酸钙等品种。国外牙膏多采用这类摩擦剂，国内牙膏行业也开始应用，但由于价格较碳酸钙类高，因而某种程度上限制了应用的广泛性。

a. 二水合磷酸氢钙

白色、无臭、无味的粉末，不溶于水，但溶于稀释的无机酸。50℃以上逐渐失去结晶水，190℃失水，红热时生成焦磷酸钙。

以二水合磷酸氢钙为摩擦剂的牙膏接近中性，对口腔黏膜的刺激性小，不易损伤牙齿，是最常用的一种比较温和的优良摩擦剂，以它制成的膏体外表光洁、美观，较碳酸钙为佳，但价格较贵，在我国常用于高档产品。

b. 无水磷酸氢钙

由二水合磷酸氢钙脱去结晶水而成，分子量 136.06，莫氏硬度 3.5，平均粒度 12～14μm，摩擦力较二水合磷酸氢钙强，配方中用量为 3%～6% 就能增加膏体的摩擦力，不能用于含氟牙膏，对牙釉质有磨损，不能单独作为牙膏的摩擦剂使用，有较好的去除烟渍与菌斑效果，一般与二水合磷酸氢钙复配应用为佳。

c. 磷酸三钙

白色、无臭、无味的粉末，不溶于稀释的无机酸，与水混合，对石蕊试纸呈中性或微碱性反应，分子量 310.18，平均粒度 10～14μm。一般与不溶性偏磷酸钠混合使用，是一种良好的摩擦剂，它颗粒细致，制成的牙膏光洁美观。

d. 焦磷酸钙

白色、无臭、无味的粉末，易溶于稀释的无机酸，能与水溶性氟化物混合使用，分子量 254.11，莫氏硬度 5，平均粒度 10～12μm，相对密度 3.09，pH 值 5～7，是比二水合磷酸氢钙和无水磷酸氢钙硬度高的一种摩擦剂，因此很少单独用作摩擦剂。和碳酸钙及磷酸氢钙不同，焦磷酸钙的溶解度极小，但其摩擦性优良，属软性磨料。

③ 偏磷酸钠（$NaPO_3$）

白色粉末，工业品含有 2% 的水溶性焦磷酸盐和单磷酸钠。莫氏硬度 2.0～2.5，摩擦力适度，平均粒度 8～12μm。当与磷酸三钙和磷酸氢钙混合使用时，其摩擦作用要比各自单独使用的效果好，与氟化物配伍性好，但价格较贵。

④ 二氧化硅（$SiO_2 \cdot xH_2O$）

二氧化硅的化学性质呈惰性，除溶于强碱（如氢氧化钠）和氢氟酸外，与牙膏中氟化物和其他药剂相容性好，是近年来发展较快的摩擦剂。二氧化硅经缓慢脱水，生成二氧化硅干凝胶或水凝胶（含水 15%～35%）。缓慢地干燥使体积明显缩小，阻止了重新水合的可能，因此二氧化硅干凝胶适宜作为牙膏的摩擦剂。二氧化硅的结构和粒度用工艺条件加以控制，从而控制摩擦值，这样既可以保证牙膏的洁齿力，又不伤牙釉质。

用作摩擦剂的二氧化硅是无色结晶或无定形粉末，几乎不溶于水或酸，摩擦力适中，属软性磨料，平均粒度 $4\sim8\mu m$，pH $7.0\sim7.5$。在配方中用量不大，是一种理想的药物牙膏摩擦剂。二氧化硅的折射率为 $1.45\sim1.46$，与甘油和山梨醇的折射率（甘油 1.47、山梨醇 1.46）相似，膏体透明，因此二氧化硅常用作透明牙膏的摩擦剂。

⑤ 氢氧化铝[$Al(OH)_3$]

氢氧化铝是较好的牙膏摩擦剂，为白色至微黄色粉末，在水中的溶解度极微，稳定性较好。它的质量稳定，摩擦值适宜，碱性比碳酸钙低，牙膏外观洁白、口感好。

以氢氧化铝为摩擦剂制成的膏体与二水合磷酸氢钙的相似，它可与单氟磷酸钠配伍使用，具有抗龋齿性能，价格比磷酸氢钙低，是制造药物牙膏较理想的原料。与碳酸钙相比，氢氧化铝具有一些优点，如溶解性小、性能稳定、洁齿去污力强、不伤牙釉质，有较好的缓蚀作用，能改善牙膏膏体的分水现象，因而是高档药物牙膏的配方组分。

此外，氢氧化铝是一种两性原料，在膏体中能起调节酸碱平衡的作用，起到微电池正负极的调节作用而产生铝的同离子效应，因此，它对铝管不易发生腐蚀问题。随着药物牙膏的迅猛发展，这类牙膏摩擦剂很有发展前途。

⑥ 硅酸盐类

硅酸盐类被用于制造透明牙膏，如硅酸铝钠、硅酸铝钙等。硅酸铝钠是一种水不溶性新磨料，其 SiO_2 和 Al_2O_3 的摩尔比至少为 45：1，其折射率与液相的一致时，牙膏即呈透明。与其他摩擦剂相比，硅酸铝钠能产生较高的黏度，在不透明牙膏中，可以用来减少摩擦剂和保湿剂的用量。

⑦ 热塑性树脂

热塑性树脂与氧化物有良好的配伍性，它与氟化物不起反应，分子量 $1000\sim100000$，平均粒度 $15\sim25\mu m$，包括聚丙烯、聚乙烯、聚氯乙烯、聚甲基丙烯酸甲酯等，用量一般为 $30\%\sim45\%$，可与粒度为 $5\mu m$ 的硅酸锆（用量 $2\%\sim5\%$）混合使用，是一种有效的洁齿摩擦剂。

除上述不溶性摩擦剂外，还有碳酸镁、磷酸氢镁、磷酸三镁、磷酸铵镁、磷酸铝钠、硅酸钙、硅酸镁等。

（2）保湿剂

保湿剂是牙膏膏体的主要组成之一，因它具有吸湿性，主要作用是防止膏体水分的蒸发，并能吸附空气中的水分，使膏体保持一定黏度和光滑程度，即使牙膏管的盖子未盖也不致干燥发硬而挤不出；降低牙膏的冻点，使牙膏在寒冷地区亦能保持正常的膏体状态；提高共沸点，使牙膏在 50℃ 的环境内膏体能持久不坏，以方便使用。

保湿剂在不透明牙膏中用量为 $20\%\sim30\%$，在透明牙膏中用量达 75%。最常用的保湿剂有甘油、山梨醇、丙二醇等，用量最大的是甘油、甘油和山梨醇的混合物。

（3）发泡剂

牙膏的洁齿作用，除了摩擦剂的机械摩擦，还要靠表面活性剂的洗涤作用。这种表面活性剂，常用作发泡剂，具有较好的发泡能力，能降低牙齿表面的表面张力，使牙膏在口腔中迅速扩散，可渗透、疏松牙齿表面的污垢和食物残渣，帮助移除牙菌斑，使之被丰富的泡沫乳化而悬浮，在漱口时被冲洗除去，另外还能增强牙釉质对氟化物的吸收。

牙膏中应用最为广泛的是月桂醇硫酸钠（K_{12}）、月桂酰肌氨酸钠（S_{12}）。此外，还有月桂醇磺基乙酸酯钠、椰油酸单甘油酯磺酸钠、十二烷基磺酸钠、十四烷基磺酸钠、鲸蜡基三甲基氯化铵等。

（4）增稠剂

牙膏是固、液两相的混合物，为使固体颗粒稳定地悬浮于液相之中，通常使用增稠剂，有的又称为胶黏剂。增稠剂在牙膏中用量不大，一般为 $1\%\sim2\%$，能增加牙膏的稠度，使牙膏具有触变性，膏体细腻光亮。

增稠剂在牙膏中应该具有的功能有：

① 使牙膏具有一定的稠度、触变性，具有骨架，易于挤出，但不黏腻；

② 使牙膏有一定的厚度，膏体细致光亮，能停留在牙刷上而不会塌下；

③ 在刷牙时要容易分散，易清洗，不影响洗涤剂的发泡性和香味的透发性；

④ 在贮存期间膏体稳定，不分水。

牙膏对增稠剂的基本要求是：

① 在牙膏内容易组合，必须和其他成分相容，特别是活性物质，不产生大量胶块；

② 在生产操作时容易溶化；

③ 不会在操作过程中降解，或被其他成分（如酶）降解；

④ 不能给牙膏带入不舒适的气味，不能影响牙膏的色泽，使色泽加深。

用于牙膏的增稠剂有爱尔兰苔浸膏、阿拉伯树胶、印度树胶、刺梧桐树胶、黄蓍树胶、金合欢树胶、稻子豆胶、羧甲基纤维素、羟乙基纤维素、羟丙基纤维素、羟乙基羧甲基纤维素、羟丙基羧甲基纤维素、甲基纤维素、乙基纤维素、硫酸化纤维素、聚乙烯吡咯烷酮、淀粉、琼脂、硅黏土、果胶、二氧化硅气凝胶和胶性二氧化硅、明胶、海藻酸钠、聚丙烯酯、呫吨胶、羧基乙烯聚合物、胶性硅酸铝镁等。

现代牙膏中使用的增稠剂有羧甲基纤维素钠（CMC）、羟乙基纤维素、鹿角菜胶（卡拉胶）、海藻酸钠、硅酸铝镁和胶性二氧化硅等，其中羧甲基纤维素是用得最多的增稠剂。

（5）防腐剂

牙膏配方中加有甘油、山梨醇、胶黏剂等，这些成分的水溶液长时间储存容易发霉，故需添加适当的防腐剂。牙膏用的防腐剂有山梨酸钾盐、苯甲酸及其钠盐、对羟基苯甲酸的酯类和溴氯苯酚等。

除以上基本原料外，牙膏基本原料还有香精、色素，前面章节已介绍，此处不再赘述。

（二）特效添加剂

牙膏特效添加剂是指在牙膏中添加一些具有特殊功能的物质，使牙膏在洁齿与清洁口腔的基本功能上，还具有其他功能。比如添加氟化物、消炎杀菌剂、脱敏剂等，使牙膏具有杀菌消炎作用，对口腔与牙科常见病起到预防和辅助治疗作用；添加抗牙石除渍剂、缓蚀剂、甜味剂等可以起到除牙石、稳定膏体和提高牙膏口感的作用。此外，还可以通过加入有效的化学药物、酶制剂、中草药提取液等，以起到防龋、去除口臭等作用。

（1）氟化物

有研究表明活性氟化物可以有效地抑制链球菌，使羟基磷灰石转化成为氟磷灰石，提高牙釉质的硬度，增强牙齿的抗龋力。因此，在牙膏中加入氟化物可以起到防龋齿的作用。

牙膏中常用的氟化物有氟化钠、单氟磷酸钠、氟化亚锡、氟化锰钾、氟化锌、氟化锰等。

① 氟化钠（NaF）

牙膏用的氟化钠试剂规格标准为 CP 级或 AR 级。氟化钠牙膏是最常见的一种氟化物牙膏，其防龋作用通常是氟离子产生的。使用氟化钠时，游离的氟离子会与牙膏膏体中析出的 Ca^{2+} 反应，生成无活性的氟化钙，降低甚至失去预防龋齿的效果。如当 1.0×10^{-3} 氟化钠加入以磷酸氢钙为基础的牙膏内，68℃下经过一星期，有效氟含量下降至 1.55×10^{-4}。

② 单氟磷酸钠（Na_2PO_3F）

单氟磷酸钠是由 NaF 与 NaH_2PO_4 在熔融状态下反应制成的纯度为 92% 以上的白色粉末。目前，采用普通摩擦剂的氟化物牙膏添加的氟化物大多是单氟磷酸钠，单氟磷酸钠具有良好的防龋效果，且与一般摩擦剂具有较好的兼容性。

单氟磷酸钠的主要作用是：单氟磷酸离子被牙釉质吸收，促进牙釉质表面的矿化作用，其有效性随浓度增加而增加。同时，某些单氟磷酸盐被唾液中的磷酸酶水解成氟化钠和磷酸盐，氟化钠杂质的存在增强了单氟磷酸钠的防龋效果。因此，氟化钠与单氟磷酸钠两者复配有协同作用，能起到较好的防龋效果。

③ 氟化亚锡（SnF_2）

氟化亚锡由锡与氢氟酸反应制得，呈结晶状，熔点 213℃，水中溶解度为 30%，pH 为 5.5~6.5，呈微酸性。羟基磷灰石和氟化亚锡反应时，氢氧根和钙离子分别被氟离子和亚锡离子代替。因此，氟化亚锡可促进牙釉质对氟的吸收，还可能与牙釉质析出的磷酸根反应，在牙釉质表面形成更耐酸、强度更高的锡-磷-氟复合物。

由此可见，对牙釉质硬度降低的抑制作用，氟化亚锡比氟化钠要强。另外，含锡氟化物可显著提高牙釉质的抗酸能力，在抑龋防龋方面，氟化微量元素拥有广泛的应用前景。

（2）消炎杀菌剂

牙周组织的炎症（如牙龈炎和龈缘炎）是常见和多发的牙病。牙龈出血症与口臭是病症的初期表现，发病后严重者会发生肿胀、瘀脓、牙齿松动，导致牙齿脱落或被迫拔除。因此，在牙膏中添加消炎杀菌成分，能防治牙周炎、牙龈出血等口腔疾病，控制牙结石和菌斑的形成。此类组分主要有醋酸氯己定、氯己定碘、甲硝唑、季铵盐、叶绿素铜钠盐、冰片、百里香酚、三氯生和中草药提取液等。

① 醋酸氯己定（$C_{22}H_{30}Cl_2N_{10} \cdot 2C_2H_4O_2$）

化学名 1,6-双(N^1-对氯苯基-N^5-双胍基)己烷二醋酸盐，纯度大于 97.5%，是白色粉末或结晶。它是消毒防腐剂，是皮肤及黏膜的广谱杀菌消毒药物，在国外牙膏中是常用的消炎剂。

氯己定又名洗必泰，是一种广谱抗菌剂，它能与唾液糖蛋白结合，使牙面吸附的蛋白减少，从而影响获得性膜的形成，干扰牙菌斑的形成。氯己定与氟化物复配有协同作用，复配使用比单独使用对牙龈炎和龋病的防治效果更加明显。氯己定使用安全，无明显副作用，略有苦味，但长期使用可使牙齿染色、变黄。目前，氯己定已广泛应用于牙周疾病和龋病的预防，并有良好的效果。

② 氯己定碘

它是由氯己定与碘合成的新型消毒杀菌剂，是棕色结晶体，其浓度在 5mg/L 时即有极强的杀菌效果。它是一种复盐，不受牙膏阴离子物质的干扰，是针对牙膏应用开发成功的新型消炎剂。

③ 甲硝唑（$C_6H_9N_3O_3$）

又名灭滴灵，学名为 1-(2-羟乙基)-2-甲基-5-硝基咪唑，纯度 99%，白色结晶粉末，味微苦。甲硝唑对厌氧菌有抗菌作用，主要用作由厌氧菌引起的牙周病的防治牙膏组分。

④ 季铵盐（$R_4N^+Cl^-$）

牙膏中常用的季铵盐为十六烷基三甲基氯化铵，又名 1631。它对杀灭金黄色葡萄球菌、链球菌、枯草杆菌等口腔疾病致病菌及真菌特别有效。此外，它能与牙菌斑中的蛋白质发生反应而改变牙菌斑的化学性，有抑制牙石形成的效应。

⑤ 叶绿素

天然叶绿素具有抑菌作用，能促进人体细胞组织再生，在治疗牙床脓肿、出血，促进牙龈组织生长等方面有积极作用；能除口臭，缓解上呼吸道感染等。叶绿素是卟啉的衍生物，是从绿色植物中提取的色素，实际使用的叶绿素多从蚕粪、南瓜叶中用乙醇溶液提取。

⑥ 冰片（$C_{10}H_{18}O$）

由天然植物提取或由松节油合成，是一种白色半透明片状晶体，有清香味。它具有清热止痛、消除口疮与咽喉肿痛的功能和消炎功效。

⑦ 三氯生（$C_{12}H_7Cl_3O_2$）

三氯生为高纯度白色结晶粉末，微具芳香味。由于其对革兰氏阳（阴）性菌、酵母菌、病毒、抗生素菌、非抗生素菌均有广泛高效的杀灭及抑制作用，可有效防止牙菌斑的形成，可黏附在口腔黏膜上，从而长时间发挥作用，对牙龈出血、牙周炎等都有较明显的疗效。同时不沾染皮肤，无任何刺激性气味，与牙膏成分配伍性好，口感较好。它是迄今为止最有效、最流行的杀菌剂，是口腔护理品的首选药物。

（3）脱敏剂

牙本质过敏症是牙齿受冷、热、酸、甜的刺激或刷牙、咬物时的一种酸痛感觉，大多由牙齿磨蚀、牙龈萎缩等情况使牙本质暴露所致；也可由牙髓血液循环的改变，如有创伤牙合的牙齿、牙根长期充血等出现敏感症状，或者是龋齿发展到牙本质时有的敏感症状。

在牙膏中加入脱敏剂可减少牙本质过敏，缓解这种敏感症状，如氯化锶、甲醛、氯化锌、硝酸银等化合物和中草药提取物等，其有效成分被牙釉质、牙本质吸收，提高牙组织的缓冲作用，增加牙周组织的防病能力，达到脱敏效果。市场上的防酸牙膏、脱敏牙膏等都属于这类脱敏镇痛类功能性牙膏。牙膏中常用的脱敏剂有以下几种：

① 硝酸钾（KNO_3）

硝酸钾是无色晶体粉末，用于牙膏中的硝酸钾应该选用 CP 级或 AR 级试剂标准。在刷牙时硝酸钾可释放出活性钾离子，控制神经末梢传导疼痛信号，从而达到脱敏目的。

② 氯化锶（$SrCl_2 \cdot 6H_2O$）

氯化锶能提高牙本质抗酸能力而起脱敏镇痛作用。氯化锶的锶离子能被牙釉质、牙本质吸收，生成碳酸锶、氢氧化锶等沉淀物。这些沉淀物能渗透到牙齿根部，降低牙组织的渗透性，提高缓冲作用，减少牙周组织对毒物及酸、甜、冷、热的敏感性，阻滞牙组织的神经传导，达到脱敏镇痛效果。氯化锶还能与牙周组织密切结合，提高牙组织的防病能力，加速牙本质的形成，使疼痛缓解，达到脱敏效果。

③ 其他脱敏剂

此外，还有羟基磷酸锶，脱敏效果比氯化锶显著；尿素[$CO(NH_2)_2$]，能抑制乳酸杆菌的滋生，能溶解牙面斑膜而起抗酸脱敏镇痛作用。还有丁香酚、丹皮酚、细辛等。从牡丹皮、白桦树皮等植物中提取的丹皮酚（$C_9H_{10}O_3$）是一种天然无毒的牙膏添加剂，具有清热凉血、消炎、消肿止痛、抗过敏、抗病毒、通经活络、祛风祛寒等作用，对牙本质过敏也有一定的疗效。

（4）甜味剂

牙膏中的基本成分大多味苦，如摩擦剂有粉尘味，需要添加适当的试剂来改善，甜味剂能改善牙膏的口味。

常用的甜味剂包括糖精、木糖醇、甘油等。其中最常用的是糖精钠，它由甲苯等化工原料合成制得，甜味比蔗糖大 500 倍，它很稳定，无发酵弊病，在牙膏中的用量为 0.05%～0.25%，但不宜过量，以免牙膏变为苦味，其加入量应根据甘油用量及甜味香料的有无和多少来合理配用。

（5）缓蚀剂

缓蚀剂是一种以适当的浓度和形式存在于环境（介质）中时，可以防止或减缓腐蚀的化学物质或几种化学物质的混合物。一般来说，缓蚀剂只需加入微量或少量，就可使金属材料的腐蚀速度明显降低直至为零，同时还能保持金属材料原来的物理、力学性能不变。

牙膏的软管是用金属铝制成的，铝金属本身在空气中能形成一种氧化铝保护膜，具有一定的抗腐蚀性能，但与膏体接触后，由于 pH、温度等条件的影响，牙膏对铝管往往有腐蚀作用。因此，常常在管内喷涂保护层，如醇溶性酚醛树脂，或采用铝塑复合管，但这些还不够，通常还加入缓蚀剂。主要的缓蚀剂有硅酸钠、磷酸氢钙、焦磷酸钠、氢氧化铝等，这些原料在前面的章节中都已介绍，此处不再重复。

（6）抗牙洁石除渍剂

在牙膏中添加抗牙洁石除渍剂，能溶解或消除一些色渍，阻止牙菌斑的形成与进一步钙化，以达到预防、美容的目的。这类物质主要有焦磷酸盐、柠檬酸锌、植酸钠类、酶制剂等。

① 焦磷酸盐（如钠盐或钾盐等）

牙膏中的焦磷酸盐解离出焦磷酸离子，会破坏牙结石的晶种，抑制牙结石晶体的生长并使它溶解。现在很多抗牙石牙膏里加有一种或多种焦磷酸盐预防牙垢的生成。

② 柠檬酸锌

用于牙膏中的柠檬酸锌是由柠檬酸与氧化锌反应而生成的白色结晶粉末，纯度在 95% 以上。柠檬酸锌是抑制菌斑和抗结石的传统药物，对微生物亦有明显的抑制和杀灭作用。

③ 植酸钠及其衍生物

植酸钠是从米糠中提炼植酸，再与钠盐中和而成的。它有粉末、膏状和液体三种，其粉状物为白色结晶粉末，纯度大于 95%，pH 为 6～8。效果较好的植酸钠是一种淡黄色的黏稠液体，呈强酸性，易溶于水的天然无毒物质，植酸钠有溶解牙面色渍与牙菌斑的效果，从而可减少和阻止牙结石的形成。

④ 酶制剂

它是生物发酵制剂，是由淀粉酶、葡萄糖聚合酶、脂肪酶与溶菌酶组成的复合制剂，是淡黄色粉状物。它对去除牙菌斑与牙垢有显著的效果，因牙菌斑主要组成之一是葡聚糖，用它分解后再溶解除掉，从而达到抗牙结石效果。

三、配方实例

（一）普通牙膏

普通牙膏是配方中不加任何药效成分的牙膏，主要作用是清洁口腔和牙齿，预防牙结石的沉积和龋齿的发生，保持牙齿的洁白和健康，并赋予口腔清爽之感。但由于其防治牙病的能力较差，正逐渐被越来越多的药物牙膏替代。

常见的普通牙膏的主要类型有碳酸钙型牙膏、磷酸氢钙型牙膏、氢氧化铝型牙膏。

（1）碳酸钙型牙膏

碳酸钙型牙膏的配方如表 5-1 所示。

表 5-1　碳酸钙型牙膏的配方

组分	质量分数/%	组分	质量分数/%
碳酸钙	50.0	聚乙二醇	5.00
硅酸钠或硝酸钾	0.2	月桂醇硫酸钠	2.5
磷酸氢钙	0.4	糖精钠	0.3
甘油	15.0	苯甲酸钠	0.10
山梨醇(70%)	12.0	香精	1.00
羧甲基纤维素钠	1.25	去离子水	加至 100

这类产品的配方特点：甘油用量少，去离子水用量较多，添加了缓蚀剂硅酸钠和磷酸氢钙。配方中的碳酸钙是天然方解石粉，它来源广泛、成本低。一般来说，这类牙膏中液体部分占 35%。甘油的这种低用量能保证膏体的柔软或成型，虽然不能完全阻止管口干燥及牙膏的耐寒性，但还可以适当提高羧甲基纤维素钠的用量（不低于 1%），保证膏体在一定时间内稳定。

至于香精、月桂醇硫酸钠的用量可根据使用对象、配方结构和生产工艺的不同而不同，一般香精与月桂醇硫酸钠的用量比为 1∶2。

（2）磷酸氢钙型牙膏

磷酸氢钙型牙膏通常需要的甘油量高，其质量高于碳酸钙型牙膏。配方如表 5-2 所示。

表 5-2　磷酸氢钙型牙膏的配方

组分	质量分数/%	组分	质量分数/%
二水合磷酸氢钙	45.0	月桂醇硫酸钠	2.5
焦磷酸钠	0.8	糖精钠	0.3
甘油	18.0	苯甲酸钠	0.10
山梨醇(70%)	10.0	香精	1.00
羧甲基纤维素钠	0.7	去离子水	加至 100

表 5-2 为磷酸氢钙型牙膏的配方，配方的特点是甘油用量较多，去离子水用量少，添加了稳定剂焦磷酸钠，以二水合磷酸氢钙（$CaHPO_4 \cdot 2H_2O$）作为牙膏摩擦剂。二水合磷酸氢钙在水溶液中易水解生成磷灰石和磷酸，可显著增大牙膏的稠度，甚至导致牙膏完全硬化。其水解反应式可表示为式(5-1) 和式(5-2)。

$$CaHPO_4 \cdot 2H_2O \longrightarrow CaHPO_4 + 2H_2O \qquad (5-1)$$

$$5CaHPO_4 + H_2O \longrightarrow Ca_5(PO_4)_3OH + 2H_3PO_4 \qquad (5-2)$$

在配方设计中，常常通过添加焦磷酸钠和增加甘油的用量来减缓或防止二水合磷酸氢钙水解。因为焦磷酸钠能抑制二水合磷酸氢钙的脱水，焦磷酸根与钙离子配合，从而抑制磷灰石的产生。其加入量为 0.8%，加入太多膏体变稠，加入太少膏体偏软。在磷酸氢钙型牙膏中，甘油与水的比例一般按 40∶60 或 50∶50 较为合适，主要是考虑到其对膏体的润湿作用及稳定膏体香味的作用。

另外，由于甘油用量大，吸水量较高，因此 CMC 用量可以较少，一般控制在 1% 以下。

香精与月桂醇硫酸钠的用量与碳酸钙型牙膏类似。

（3）氢氧化铝型牙膏

表5-3是氢氧化铝型牙膏的配方。配方特点：甘油用量大，适宜制备全山梨醇牙膏，添加了磷酸二氢钠或磷酸氢钙为稳定剂。控制氢氧化铝的水悬浮液 pH 值为 8.5～9.0，加入适量的磷酸氢钙或磷酸二氢钠中和、缓冲牙膏的碱性，保护铝软管不受碱性腐蚀。由于氢氧化铝的吸水量不大，可增加羧甲基纤维素钠的用量（不低于 1%），以增稠、保持牙膏的稳定。在选用香精时，一般选香味浓重的薄荷香型或留兰香香型，以掩盖氢氧化铝特殊的涩味。

表 5-3　氢氧化铝型牙膏的配方

组分	质量分数/%	组分	质量分数/%
磷酸氢钙(磷酸二氢钠)	0.8	月桂醇硫酸钠	2.5
氢氧化铝	47.0	糖精钠	0.2
甘油	20.0	苯甲酸钠	0.10
山梨醇(70%)	12.0	香精	1.0
羧甲基纤维素钠	1.2	去离子水	加至100

（二）药物牙膏

牙膏作为口腔卫生用品，其主要功能不只是清洁牙齿，更重要的是预防或治疗口腔和牙齿的疾病。因此，目前市场上的牙膏主要以药物牙膏为主。药物牙膏的基本组成与普通牙膏无明显区别，但在配方中加入了特效药物，加入的药物必须与其他组分有良好的配伍性，以确保膏体的稳定和牙膏的治疗效果。

目前，我国牙膏中所采用的中草药，多数为含有酚羟基、羟基或羧基的苯环、大环和杂环类化合物，这些化合物易与铝、镁、钙等重金属离子配合，生成的配合物会改变原药物的性质和作用，因此，配制时要特别注意。牙膏添加的药物是用水或乙醇提取的中草药提取液和浸膏，色泽较深，需加入适量的天然植物色素。

（1）防龋型牙膏

防龋型牙膏主要有含氟牙膏、含硅牙膏（加硅酮或其他有机硅）、胺或铵盐牙膏（加尿素或其他铵盐）、加酶牙膏（如葡聚糖酶或蛋白酶）、中草药牙膏等。这里主要介绍含氟牙膏。

含氟牙膏具有防龋作用，其防龋机理主要有以下几个方面。

① 降低牙釉质在酸中的溶解度

龋病是因为细菌产生了酸，酸性下牙齿脱矿，破坏了牙齿的结构。氟化物的存在，使氟离子与牙釉质中的羟基磷灰石反应，置换了其中的羟基，生成难溶于酸的氟磷灰石，降低了牙釉质的酸溶度而起到防龋的作用。其反应式如下：

$$Ca_5(PO_4)_3(OH)+F^- \longrightarrow Ca_5(PO_4)_3F+OH^- \tag{5-3}$$

② 加快再矿化作用

氟化物能增强自然再矿化过程，有研究表明，在磷酸钙溶液中加入 0.05mmol/L 氟化物，使牙釉质再矿化速度增加 4～8 倍。在含有氟化物的溶液中，牙釉质进行再矿化时，所沉积的矿物质的溶解性低于不含氟化物的相同溶液。在龋损的最初阶段，即酸类开始侵袭牙釉质时，氟化物可促使龋损牙釉质发生再矿化，阻止龋损的进行。

③ 抑菌作用

龋齿的发生与变性链球菌、乳酸杆菌、放线菌等有关，而氟化物具有抑菌能力。口腔中局部使用氟化物，使牙菌斑内出现暂时性高浓度氟化物，能抑制细菌产酸。

④ 抗酶作用

龋齿与加速产生致龋物的多种酶有关，如烯醇酶、琥珀酸脱氢酶等。氟化物能抑制糖酵解和细胞氧化酶，抑制了乳酸的形成，减少了对牙齿的腐蚀。

上述氟化物的各个防龋机制不是孤立的，而是相互联系相互作用的。氟化物改善磷灰石的结晶度也就降低了它的溶解性和反应性。氟磷灰石的形成也关系到牙齿的再矿化作用，增强牙釉质表面的硬度。

防龋型牙膏的典型配方如表 5-4 所示，含氟防龋型牙膏配方见表 5-5。

表 5-4　防龋型牙膏的典型配方

组分	质量分数/%	组分	质量分数/%
单氟磷酸钙	0.8	月桂醇硫酸钠	2.5
磷酸氢钙	43.0	糖精钠	0.3
焦磷酸钠	0.8	苯甲酸钠	0.1
氢氧化铝	4.0	香精	1.0
甘油	25.0	稳定剂、缓蚀剂	适量
羧甲基纤维素钠	0.8	去离子水	加至 100
聚乙二醇	5.0		

表 5-4 是防龋型牙膏的配方，主要是含氟化物牙膏，牙膏中加入了单氟磷酸钙。含氟化物牙膏的防龋作用主要是通过水溶性的氟离子来实现的，因此，保持稳定的有效氟离子浓度是制备含氟化物牙膏的关键。

本配方实现稳定性的主要途径是选择对氟化物相容度高的氢氧化铝、磷酸氢钙为氟化物牙膏的摩擦剂；选择对钙离子亲和能力低的单氟磷酸钙为防龋剂，由其与碳酸钙或磷酸氢钙配伍制备含氟牙膏；采用复合摩擦剂与碳酸钙或磷酸氢钙配伍制备含氟牙膏；采用复合摩擦剂与单氟化物或双氟化物制备含氟化物牙膏。氟离子含量在 1000mg/kg 左右，符合卫生标准，低于 6000mg/kg 时，防龋效果差。

表 5-5　含氟防龋型牙膏的配方

组分	质量分数/%			组分	质量分数/%		
	1#	2#	3#		1#	2#	3#
焦磷酸钙	48.0			十二烷基硫酸钠	1.5	1.2	
二水合磷酸氢钙		48.7	5.0	N-月桂酰肌氨酸钠			2.0
氢氧化铝			1.0	单氟磷酸钠		0.8	0.7
不溶性偏磷酸钠			42.0	氟化亚锡	0.5		
甘油	25.0	22.0	20.0	焦磷酸亚锡	2.5		
羧甲基纤维素钠		1.0		糖精钠	0.2	0.2	0.3
海藻酸钠	1.5			香精、防腐剂	适量	适量	适量
爱尔兰苔浸膏			1.0	精制水	加至 100	加至 100	加至 100
聚乙烯吡咯烷酮		0.1		二氧化钛			0.4
单月桂酸甘油酯硫酸钠	1.0			焦磷酸四钠		0.25	

（2）防牙结石型牙膏

牙菌斑和牙结石是导致龋齿和牙周病的根本原因，因此，如果能够抑制牙菌斑和牙结石的形成，或将牙菌斑和牙结石及时清除，则可有效预防牙病的发生。

由于牙结石的化学成分与牙釉质极相似，因此，能溶解牙结石或消除牙结石的药物，往往也能侵害牙组织。所以理想的清除牙结石的药物，是能溶解牙结石而不损害牙组织的。常用于防牙结石型牙膏的化学药物有尿素、锌化合物、聚磷酸盐、烷基季铵磷酸酯等等。

尿素对蛋白质及其他有机物质都有溶解作用，能使已形成的结石脱落，并对牙龈出血有一定效果，因此可以防止牙垢的沉积。锌化合物中锌离子能阻止过饱和的磷酸离子和钙离子生成磷酸钙沉淀，防止牙结石的形成，如柠檬酸锌具有轻微的溶解度，能在刷牙后滞留在龈沟、牙菌斑、牙结石中，缓慢地释放 Zn^{2+} 到唾液中，持久地发挥作用，阻止牙结石的形成，与氟化钠合用时能溶解牙结石、抑制牙菌斑钙化，而不损伤牙组织。

聚磷酸盐的作用是阻止无定形磷酸钙转变成结晶型羟基磷灰石，它不与钙反应，因此不会使牙齿脱矿，是一种安全而有效的抗结石剂。烷基季铵磷酸酯能和牙菌斑中蛋白质的氧发生反应，增加菌斑的溶解度，使之分散后易从牙齿表面除去，阻止牙菌斑和牙结石的生成。

防牙结石型牙膏配方见表 5-6。

表 5-6　防牙结石型牙膏的配方

组分	质量分数/%		组分	质量分数/%	
	1#	2#		1#	2#
碳酸钙	25.0		月桂醇硫酸钠	1.0	2.0
丹皮酚	0.05		糖精钠	0.2	
氟化钠	0.3	0.2	苯甲酸钠	0.1	
柠檬酸锌	1.0	0.5	聚磷酸盐		1.5
氢氧化铝	20.0	50	香精	1.0	1.0
甘油	20.0	18.0	稳定剂、缓蚀剂	适量	适量
羧甲基纤维素钠	2.5	1.2	去离子水	加至 100	加至 100

表 5-6 是防牙结石型药物牙膏配方，阻止牙菌斑的形成或避免其进一步钙化是防牙结石的有效途径。本配方中柠檬酸锌和氟化钠合用，能发挥良好的溶解牙结石、抑制牙菌斑钙化、不损害牙组织的协同作用。并且氟化钠能增加牙组织硬度，且有良好的抗牙菌斑作用。选用摩擦作用较强的氢氧化铝，易于牙菌斑和牙结石的消除。另外，在牙膏配方中添加适量的丹皮酚脱敏镇痛药物。

（3）消炎止血型牙膏

选择具有杀菌、消炎、止血、镇痛作用的药物加到牙膏中，使其对牙龈炎、牙周炎等有治疗或减缓作用。主要有中草药牙膏（如含有草珊瑚、两面针等）、阳离子牙膏（加氯己定、季铵盐等）、硼酸牙膏（加硼酸钠）、叶绿素牙膏（加叶绿素铜钠盐）和添加氨甲环酸、冰片、百里香酚等的牙膏。

目前，我国开发的含有中草药的消炎止血型牙膏量位于药物牙膏的首位。由于中草药具有温和、刺激性小、安全无毒以及抑菌、消炎和止痛的特点，此类牙膏成为我国独有的一种防治牙病的药物牙膏，药物中选用最多、效果最好的有氯己定。

氯己定防治牙病的作用机制有：

① 减少了唾液中能吸附到牙齿表面上的细菌数。氯己定吸附到细菌表面，与细菌细胞壁的阴离子（PO_3^-）作用，增加了细胞壁的通透性，从而使氯己定容易进入细胞内，使胞浆成分沉淀而杀灭细菌，因此吸附到牙齿表面上的细菌数减少。

② 氯己定与唾液酸性糖蛋白的酸性基团结合，封闭了唾液糖蛋白的酸性基团，使唾液糖蛋白对牙面的吸附能力减弱，从而抑制获得性膜和牙菌斑的形成。

③ 氯己定与牙釉质结合，覆盖了牙齿表面，因而阻碍了唾液细菌对牙齿表面的吸附。

④ 氯己定与 Ca^{2+} 竞争，而取代 Ca^{2+} 与唾液中凝集细菌的酸性凝集因子作用，使之沉淀，从而改变了牙菌斑细菌的内聚力，抑制了细菌的聚集和对牙齿表面的吸附。

氯己定有苦味、可使牙齿着色，可以将氯己定制成二葡糖酸氯己定和月桂酰肌氨酸钠或单氟磷酸钠的配合物。氯己定与氟化钠合并使用，较单独使用氟化钠的效果要好。

具有消炎止血作用的草珊瑚牙膏和冰片牙膏的配方见表5-7。

表 5-7　草珊瑚、冰片牙膏的配方

组分	质量分数/%		组分	质量分数/%	
	1#	2#		1#	2#
碳酸钙	50.0		百里香酚		0.05
草珊瑚浸膏	0.05		尿素		3.0
氨甲环酸	0.05		月桂醇硫酸钠	2.3	1.5
叶绿素铜钠盐	0.05		糖精钠	0.2	0.3
甘油	15.0	15.0	苯甲酸钠	0.1	0.1
羧甲基纤维素钠	1.5	1.5	香精	1.0	1.2
氢氧化铝		50.0	稳定剂、缓蚀剂	适量	适量
冰片		0.05	去离子水	加至100	加至100
丁香油		0.05			

表5-7中配方1是草珊瑚牙膏，添加的药物主要有草珊瑚浸膏、氨甲环酸、叶绿素铜钠盐。配方2是冰片牙膏，添加药物有冰片、丁香油和百里香酚。

其他消炎止血型牙膏配方如表5-8所示。这类消炎止血型牙膏还添加氨甲环酸（1#）、冬凌草提取液（2#）、叶绿素铜钠盐（3#）、二葡糖酸氯己定（4#）等。

表 5-8　消炎止血型牙膏配方

组分	质量分数/%				组分	质量分数/%			
	1#	2#	3#	4#		1#	2#	3#	4#
磷酸氢钙	50.0				月桂醇硫酸钠	2.0	2.6	2.6	
磷酸三钙			49.0		聚醚多元醇				2.0
二氧化硅				16.0	氨甲环酸	0.2			
碳酸钙		50.0			二葡糖酸氯己定				5.3
甘油	25.0	25.0		8.0	氟化钠				0.22
丙二醇			25.0		冬凌草提取液		0.5		
聚乙烯吡咯烷酮				20.0	叶绿素铜钠盐			0.1	
海藻酸钠			1.7		糖精钠	0.5	0.35	0.3	0.1
羧甲基纤维素钠	1.0	1.4			香精、防腐剂	适量	适量	适量	适量
羟丙基纤维素				3.4	去离子水	加至100	加至100	加至100	加至100

（4）脱敏镇痛型牙膏

脱敏镇痛型牙膏是加入脱敏药物的牙膏。主要有含锶盐牙膏（加氯化锶）、含醛牙膏（加甲醛）、含硝酸盐牙膏（加硝酸钾）和中草药牙膏（含丹皮酚、丁香油等），另外还添加尿素、柠檬酸、氯化钠、多元醇磷酸酯金属盐和其他中草药成分等等。

① 氯化锶有抗酸、脱敏、防龋作用。因为锶离子能被牙釉质、牙本质吸收，结合生成不溶于水的碳酸锶等盐类沉淀，降低牙齿硬组织的渗透性，提高牙齿组织的缓冲作用，增强牙龈、牙周组织对毒性、冷、热、酸、甜等刺激的抵抗能力，达到脱敏的效果。

② 柠檬酸可以用作脱敏剂。柠檬酸根能与牙齿表面的钙离子反应生成非离子配合物，

该配合物具有保护剂和封闭剂的作用。通常使用多元醇作保湿剂，可以促进柠檬酸根离子渗透到牙本质中去，加强脱敏剂的有效性。

③ 尿素具有清热、降火、止血、镇痛等功能，对受破坏和刺激的组织，有润湿和角化能力。与氯化物合用能提高脱敏效果，与氟化物一起使用能延缓有效氟含量的降低。

④ 硝酸钾具有明显的脱敏效果，常用作牙科临床脱敏剂，在牙膏中用量可高达 10%。

⑤ 甲醛能与蛋白质中的氨基结合，使牙周组织中的蛋白纤维及蛋白质变性凝固，以增强牙周组织的抵抗力，形成新的保护膜而起到脱敏作用。

⑥ 氯化钠具有生理作用，其防治牙本质过敏的机理是基于浓缩盐溶液的渗透性，其用量可高达 15%，属于咸味牙膏，但这种咸味不易被人接受。另外还有防止牙龈萎缩作用，且功效稳定。

⑦ 多元醇磷酸酯金属盐可以有效防治牙本质过敏症，将牙齿切片浸入 0.5% 的葡糖-1-磷酸铝盐溶液中 5min，用扫描电子显微镜观察，牙本质小管变窄或被堵，从而起到脱敏作用。

⑧ 具有镇静止痛作用的中草药都有良好的脱敏功能，如草珊瑚等。用此类牙膏刷牙时，通过对有效成分的吸收，对牙本质中的牙髓神经起镇静止痛作用，从而起到脱敏作用。

氯化锶、柠檬酸等脱敏剂，对摩擦剂不太敏感，一般都能相容，单独使用或结合使用时，在药理上都能发挥良好的效果。

氯化锶含醛脱敏牙膏配方如表 5-9 所示。

表 5-9　氯化锶含醛脱敏牙膏配方

组分	质量分数/%		组分	质量分数/%	
	1#	2#		1#	2#
氯化锶	0.3	0.3	糖精钠	0.3	0.3
氢氧化铝	50.0		甲醛	0.2	
甘油	15.0	18.0	月桂醇硫酸钠	1.5	1.3
羧甲基纤维素钠	1.5	2.5	香精	1.0	1.2
丹皮酚		0.05	稳定剂、缓蚀剂	适量	适量
碳酸钙		50.0	去离子水	加至 100	加至 100

表 5-9 是脱敏镇痛型牙膏配方，配方中采用氢氧化铝或碳酸钙作摩擦剂，能使水溶性的锶离子存在，是比较理想的锶盐牙膏。但锶的价格偏高，且加入较多时会使膏体不稳定，从效果和成本考虑，可以在牙膏配方中加适量的甲醛（1#）、丹皮酚（2#）等其他脱敏镇痛药物。

（5）酶制剂牙膏

酶制剂牙膏是指加入活性酶的牙膏。酶是生物催化剂，它的催化速度比一般催化剂快数万倍。牙膏中加酶的作用，就是利用酶的催化性能，使难溶胶质转化为水溶性物，在漱口时被水溶解，排出口腔外，防止牙菌斑的形成，达到预防龋齿和牙周病的目的。

牙菌斑的主要组分是葡聚糖，牙膏中的葡聚糖分解酶可以分解牙菌斑中的葡聚糖；蛋白酶也是良好的消炎剂，对龋齿和牙周病有预防作用；过氧化物酶也具有防龋作用，在 H_2O_2 存在的情况下，其能氧化硫氰酸盐生成亚硫氰酸盐（$OSCN^-$）；亚硫氰酸盐能氧化细菌酶系统的巯基，从而抑制细菌产酸过程，起到抗龋作用。

酶制剂牙膏配方设计的关键是酶的活性，因为酶的活性极为敏感，而且作用迅速，稍有不适应的条件，就会降低活性或完全失去活性，致使配方设计完全失败。因此，酶制剂牙膏配方中的各种原料，都必须对酶的活性无影响。香精中的茴香脑是葡聚糖酶的保活剂，氯化钙、氯化镁对蛋白酶有很好的保活作用。

酶的作用一般在常温、近中性水溶液中进行，因此高温、强酸、强碱都会使其受到破坏，失去活性。许多水溶性的无机盐如磷酸钠、焦磷酸钠、磷酸铵等，可能由于缓冲作用，能增加葡聚糖酶的稳定性。酶制剂牙膏配方如表 5-10 所示。

表 5-10 酶制剂牙膏配方

组分	质量分数/%		组分	质量分数/%	
	1#	2#		1#	2#
磷酸氢钙	50.0		N-月桂酰肌氨酸钠	5.0	
氢氧化铝		40.0	α-磺基肉豆蔻酸乙酯钠盐		2.0
二氧化硅		3.0	月桂醇硫酸钠	0.5	
甘油	25.0		糖精钠	0.35	0.2
山梨醇(70%)		26.0	香精	1.3	1.0
丙二醇		3.0	去离子水	16.95	23.6
海藻酸钠	0.9	1.0	蛋白酶	适量	
明胶		0.2	葡聚糖酶		适量

注：每克膏体中，蛋白酶的含量为 1500～2000IU，葡聚糖酶的含量为 2000IU。

（6）复方牙膏

复方牙膏是指加入两种或者两种以上药物成分的牙膏，主要通过药物复配来提高牙膏的功能，克服配方中的某单一药物成分使牙膏存在某些功能方面的不足或副作用，保障牙膏的洁齿与保健功能。

复方牙膏的品种较多，主要包括：

① 磷钙含氟牙膏，采用磷酸氢钙作摩擦剂，氟磷酸钠和氟化钠复配作防龋剂，甘油和山梨醇复配作润湿剂和保湿剂，羧甲基纤维素和硅酸铝镁复配作胶黏剂的新型高档牙膏。

② 复方脱敏牙膏，采用氢氧化铝作软磨料，与二氧化硅复配作摩擦剂，氯化锶和羟基磷酸锶复配的新型牙膏。

③ 消炎止痛复方中草药牙膏，如细辛和草珊瑚复配后制成的消炎止血功效显著的牙膏。

④ 复方生物制剂养生保健牙膏，采用从生物中提取的超氧化物歧化酶（SOD）作特效抗炎止血剂的牙膏品种。

（三）透明牙膏

透明牙膏有含摩擦剂透明牙膏和无摩擦剂透明牙膏两种类型，其组成与普通牙膏基本相同，如表 5-11 所示。

表 5-11 透明牙膏的基本组成

组成	质量分数/%		组成	质量分数/%	
	含摩擦剂	无摩擦剂		含摩擦剂	无摩擦剂
摩擦剂	10.0～25.0		香精	1.0～2.0	1.0～2.0
保湿剂	50.0～75.0	40.0～60.0	药效成分	1.0～2.0	1.0～2.0
洗涤发泡剂	1.0～2.0	1.0～2.0	防腐剂	0～0.5	0～0.5
胶黏剂	0.2～5.0	1.0～10.0	去离子水	加至100	加至100
甜味剂	0～1.0	0～1.0			

透明牙膏是 20 世纪 60 年代逐步发展起来的，其以二氧化硅为摩擦剂，又称二氧化硅型牙膏。当牙膏膏体液相和固相的折射率一致时才是透明的。

透明牙膏配方中，固相主要是无定形二氧化硅，其折射率一般在 1.450～1.460 之间。

另外氯化钙，硅酸铝钠和硅酸铝钙等硅酸盐也可用来制造透明牙膏。

液相部分主要是甘油和山梨醇，甘油的折射率为 1.333～1.470，山梨醇的折射率为 1.333～1.457。因此，只要调节液相中甘油、山梨醇的浓度，液相的折射率就会变化，当与固相一致时，即可制成透明牙膏。

透明牙膏配方见表 5-12。

表 5-12　透明牙膏配方

组分	质量分数%			组分	质量分数%		
	1#	2#	3#		1#	2#	3#
甘油	15.0	20.0	20.0	水溶性 FD&C 蓝染料(1%)	0.10		
丁二醇	44.0	44.0	44.0	群青	0.01	0.0005	
聚乙二醇(1450)	5.0			色素			0.5
羧甲基纤维素钠	0.25	0.25	0.25	单氟磷酸钠		0.76	0.76
硅酸铝钠		16.0	16.0	月桂醇硫酸钠	1.5	1.5	1.5
二氧化硅增稠剂		7.0	7.0	糖精钠	0.17	0.17	0.17
二氧化硅干凝胶	14.0			香精、防腐剂	适量	适量	适量
二氧化硅气凝胶	8.0			去离子水	加至100	加至100	加至100

实际上，由于牙膏摩擦剂和液体成分的折射率随温度变化，所以在温度变化时，折射率完全一致是不可能的。当摩擦剂粒子直径均一时，就可在一定程度上克服由折射率的不同而产生的漫反射，降低对透明度的影响。

半透明牙膏主要组分与透明牙膏无明显区别，只是二氧化硅用量较透明牙膏高，且保湿剂用量相对较少。也可在透明牙膏的基础上添加少量二氧化钛使呈半透明状。

四、牙膏的制备工艺

配方是产品的基础，而工艺是产品的根本，因此，在研究牙膏产品配方时必须研究工艺条件，才能达到产品设计的质量、产量及技术指标的预期效果。牙膏的制备工艺包括间歇制膏和真空制膏。

(一) 间歇制膏

间歇制膏是我国合成洗涤型牙膏制膏工艺中普遍采用或曾经采用的老式工艺。制备方法有两种，即预发胶水法和直接拌料法。

（1）预发胶水法

预发胶水法是先将胶黏剂等均匀分散于润湿剂中，另将水溶性助剂等溶解于水中，在搅拌下将胶液加至水溶液中膨胀成胶水，静置备用。然后将摩擦剂等粉料和香精等依次投入胶水中，充分搅匀，再经研磨均质，真空脱气成型。

（2）直接拌料法

直接拌料法是将配方中各种组分依次投入搅拌机中，靠强力搅拌和捏合成膏，再经研磨均质，真空脱气成型。

间歇制膏工艺的主要特点是投资少，而它的不足之处是卫生难以达标，故已逐渐被真空制膏工艺取代。

(二) 真空制膏

真空制膏是当今国内外牙膏制造业普遍采用的先进工艺。真空制膏也是一种间歇制膏，只是在真空（负压）下操作，其主要特点是：工艺卫生达标；香精损耗较少（新工艺比老工艺可减少香精损失10%左右），因香精是牙膏膏料中最贵重的原料之一，因此可大大降低制备成本；可为程控操作打好基础。

真空制膏工艺目前在国内有两种：一种是分步法制膏，它保留了老工艺中的发胶工序，然后把胶液与粉料、香精加入真空制膏机中完成制膏，它的特点是产量高，真空制膏机的利用率高；另一种是一步法制膏，它从投料到出料一步完成制膏，其特点是工艺简化、卫生，制备面积小，便于现代化管理。

（1）分步法真空制膏工艺

分步法制膏的工艺操作要点如下。

① 根据配方投料量，完成制胶，并取样化验，胶液静置数小时备用。

② 根据配方称取一定胶液用泵送入制膏机中，然后依次投入预先称量的摩擦剂、其他粉料与洗涤剂进行拌料，粉料由真空吸入，流量不宜过快，为避免粉料吸入真空系统内，还应注意膏料溢泡，必要时要破真空加以控制，直至膏面平稳为止，开启胶体磨数分钟。

③ 在达到真空度要求后（-0.094MPa），投入预先称量的香精，投毕进行脱气，数分钟后制膏完毕。

④ 用输送泵将膏料送至贮膏釜中备用，同时取样化验。

分步法真空制膏的工艺流程如图5-1所示。

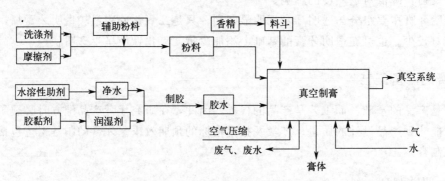

图 5-1　分步法真空制膏工艺流程图

（2）一步法真空制膏工艺

一步法制膏的工艺操作要点如下。

① 预混

预混制备部分分为油相（根据配方投料量，将胶黏剂预混于润湿剂中）、水相（根据配方投料量，将水溶性助剂预溶于水，然后投入定量的山梨醇等）和固相（根据配方投料量，把摩擦剂、其他粉料称量后，预混于粉料罐中备用）等。

② 制膏

先开启电源，并试着开启刮刀，无异常后才能开启真空制膏机。启动真空泵，待真空度达到-0.085MPa时开始进料。先进水相液料，开启刮刀，再进油相胶料，开始搅拌，注意胶液进料速度不宜过快，避免结粒、起泡。进料完毕待真空度到位后开启胶体磨数分钟。停止胶体磨数分钟后，再第二次开启均质数分钟后停磨，制胶完毕停机取样化验，胶水静置片刻。等膏面平稳后，再开动胶体磨数分钟，二次均质，再投入香精，用乙醇洗涤香精料斗，进料完毕，待真空度到位后均质数分钟，再脱气数分钟后停机，制膏完毕。

③ 进、出料

进料时要先开制膏釜球阀，再开料阀，进料完毕先关料阀，再关球阀；出膏时，先开膏料输送泵，再开制膏釜球阀，出料完毕先关球阀，再关泵。

④ 工艺参数控制

真空到位，−0.094MPa 以上；膏料 pH 值，7.5～8.5（磷酸钙型）、8～9（氢氧化铝型）、8.5～9.5（碳酸钙型）；胶水黏度（30℃），2500～3500mPa·s；膏料相对密度，＞1.48（磷酸钙型）、＞1.52（氢氧化铝型）、＞1.58（碳酸钙型）；膏料稠度，9～12mm；制膏温度，25～45℃。

一步法真空制膏的工艺流程如图 5-2 所示。

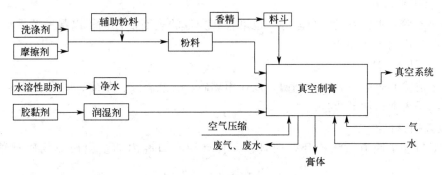

图 5-2　一步法真空制膏工艺流程图

第二节　其他口腔卫生用品

一、牙粉

尽管牙膏以卫生、使用方便、口感好等优点成为口腔卫生用品之主流，但仍有相当多的人习惯使用牙粉。牙粉的功用成分与牙膏类似，只是省去了液体部分，其生产工艺简单，同时还给携带、储存及包装带来便利。牙粉一般由摩擦剂、洗涤发泡剂、胶黏剂、甜味剂、香精和某些特殊用途的添加剂（如氟化钠、叶绿素、尿素和各种杀菌剂等）组成。

牙粉的生产工艺比较简单，可将小料与部分大料（摩擦剂等）预先混合，再加入其他大料中，然后在具有带桨式搅拌器的拌粉机内进行混合拌料，最后在粉料中喷入香精（可在拌粉过程中喷入，也可先和部分摩擦剂混合过筛后加入），将混合好的牙粉再经一次过筛，即可进行包装。一般装在金属盒、塑料盒中。牙粉配方如表 5-13 所示。

表 5-13　牙粉配方

组分	质量分数/%		组分	质量分数/%		组分	质量分数/%	
	1#	2#		1#	2#		1#	2#
碳酸钙		60.3	碳酸镁		10.0	尿素	22.5	
磷酸三钙	63.0		月桂醇硫酸钠	3.0	2.0	糖精钠	0.3	0.2
磷酸氢二钙	5.0		胶性黏土	5.0		香精	1.2	2.0
氢氧化镁		25.0	CMC		0.5			

二、爽口液

爽口液，又称漱口水。在许多发达国家，各种爽口液的产销量仅次于牙膏，在口腔卫生用品中占第二位，其中含氟化物的爽口液占多数，占60％以上。

爽口液与牙膏、牙粉的使用方法不同，牙膏、牙粉要与牙刷配合使用，主要靠配方中的摩擦剂进行物理清除，而爽口液单独使用，其主要效用在于清洁口腔、掩盖口臭和使口腔内留有舒适清爽的感觉。许多爽口液内含有杀菌剂，用爽口液漱口后，口腔内的细菌可以明显地减少。随着现代文明社交的需要，爽口液越来越受欢迎。

根据爽口液的效用，可将其分为如下几类。

① 化妆用爽口液

主要含乙醇、水、香精、色素等，也可含有少量的表面活性剂，以帮助芳香油的溶解，增加对口腔牙齿的渗透和清洁作用。

② 杀菌用爽口液

目的是清除和杀灭口腔内的细菌，以往用硼砂、安息香酸、苯酚、间苯二酚等，已由季铵盐类阳离子表面活性剂代替。

③ 收敛用爽口液

不但对口腔黏膜有收敛作用，而且便于使残留在口腔内的蛋白质类物质凝结沉淀后清除。

④ 缓冲用爽口液

主要作用在于调整口腔的 pH 值，碱性的漱口水对黏性的唾液及蛋白质有减轻的作用。

⑤ 除臭爽口液

主要作用是杀灭细菌和掩盖臭味。

⑥ 治疗用爽口液

主要作用是预防龋齿，治感染，缓和口、齿和喉的其他病理情况。

（一）原料组成

最早的爽口液是含氯化钠的盐开水。饭后以其漱口，口腔内的食物碎屑就被除去。而后发展成商品的爽口液，早期有低浓度的碳酸水，现在爽口液已具有复杂的配方组成。

爽口液大多为液体（漱口水），其基础组成为水、乙醇、保湿剂和香精，其各自的用量根据漱口水功能变化的幅度较大。对爽口液的质量要求是具有舒适的香味、甜味和低泡沫，在各种贮存条件下完全透明、稳定。一般除能控制牙渍、牙菌斑和口臭的专用制剂外，几乎所有的爽口液都含有以下几种基本组分。

（1）醇类

爽口液中的醇类主要有乙醇和甘油。乙醇的含量变化很大，这和配方中的其他成分有关，在某些配方中乙醇用量高达50％，而在另一些配方中却低于10％。在香精用量多的配方中乙醇用量也大，可以增加香精的溶解。另外，乙醇本身也有轻微的杀菌效力。

爽口液配方中甘油的主要作用是缓和刺激，但用量不宜过多，否则有利于细菌的生长。许多爽口液中含有强烈的香精，它的刺激性远远超过了甘油的缓和作用。甘油一般用量为10％～15％。

（2）杀菌剂

为使爽口液具有更好的杀菌效果，通常使用杀菌剂。最普遍用于爽口液的杀菌剂是硼酸、安息香酸、一氯麝香草脑、麝香草脑、薄荷、苯酚、间苯二酚和各种芳香油，较少用的有苯酚磺酸锌和过硼酸钠。近年来已用季铵盐类表面活性剂代替老的杀菌剂，常用的阳离子表面活性剂为含 $C_{12}\sim C_{18}$ 长链烃的季铵化合物，如月桂基三甲基溴化铵（1231）、1631 等，它们具有优良的杀菌性能，但由于稍带苦味用量受到限制。

（3）表面活性剂

用于爽口液的表面活性剂还有非离子型（如吐温-20、吐温-80 等）、阴离子型（如月桂醇硫酸钠等）以及两性离子表面活性剂等，它们除了能增溶香精，还有可产生许多泡沫和清除食物碎屑，其带有的肥皂气味通常通过加入香精和甜味剂来掩盖。

（4）香精

香精在爽口液中起重要作用，它使爽口液具有令人愉快的气味，漱口后在口腔内留有芳香，掩抑口腔内不良气味，给人以清新、爽快之感，常用的香精有冬青油、薄荷油、黄樟油和茴香油等，用量为 0.5%～2.0%。

此外，爽口液内还可以加入一些收敛性的原料如氯化锌；加入糖精钠、甘油、山梨醇等甜味剂校正爽口液的异味。此外还加入一些食用色素。

(二) 爽口液的配方举例

表 5-14、表 5-15 列举了几种不同功效爽口液的配方。

表 5-14　脱臭型、杀菌型爽口液的配方

组分	质量分数/%		组分	质量分数/%	
	脱臭型	杀菌型		脱臭型	杀菌型
乙醇	17.0	31.0	硼酸		2.0
醋酸钠	2.0		叶绿素铜钠盐		0.1
聚氧乙烯脱水山梨醇单月桂酸酯	2.0		糖精钠		0.1
月桂酰肌氨酸钠	1.0		薄荷油	0.3	0.1
甘油	13.0	15.0	香精	0.8	0.5
山梨醇		10.0	色素	适量	适量
安息香酸		1.0	去离子水	63.9	40.2

表 5-15　矿化爽口液和美容爽口液的配方

组分	质量分数/%		组分	质量分数/%	
	矿化爽口液	美容爽口液		矿化爽口液	美容爽口液
尿素	50.0		乙醇	18.0	
氯化钙	16.0		糖精钠	0.1	0.1
磷酸二氢钠	1.0		香精	0.4	0.1
单氟磷酸钠	2.0		甘氨酸	适量	
氟化钠	0.5		矿化水	加至 100	
植酸		14.0	吐温		0.1
协效剂		5.0	去离子水		加至 100
氢氧化钠		0.5			

表 5-15 中美容爽口液的特点是能除去习惯性抽烟留下的黑褐色牙齿烟渍，起到美容作用，其配方组成与一般爽口液不同。配方中加有植酸成分，可去除烟渍物质。由于植酸具有热敏性，配制时温度须小于 50℃，氢氧化钠预先溶解成为 20%（质量分数）的水溶液。

不同非离子表面活性剂制备的爽口液配方见表 5-16。

表 5-16 不同非离子表面活性剂制备的爽口液的配方

组分	质量分数/%		组分	质量分数/%	
	1#	2#		1#	2#
乙醇	10.0	18.0	月桂酰肌氨酸钠		1.0
山梨醇(70%溶液)	20.0		薄荷油	0.1	0.3
甘油		13.0	肉桂油	0.05	
醋酸钠		2.0	香精	适量	0.8
氯化十六烷基吡啶鎓	0.1		色素	适量	适量
聚氧乙烯脱水山梨醇单月桂酸酯		1.0	柠檬酸	0.1	
聚氧乙烯脱水山梨醇单硬脂酸酯	0.3		去离子水	69.35	63.9

　　爽口液的配制比较简单，先将水溶性物质溶于水中，将其他物质溶解于乙醇中，混合。香精可溶于乙醇中，加入或与聚氧乙烯醚类乳化剂混合后，再缓缓搅拌加入，陈化贮存一星期，再冷却至 5℃以下，过滤。特别注意：以上所示配方应稀释 2～3 倍，然后漱口。

≡ 第六章 ≡

特殊功能化妆品

特殊功能化妆品主要指通过添加某些特殊成分以达到美容、护肤等作用的化妆品类型，其性能介于药品和化妆品之间，通常含有专属性较强的药效成分，但其作用缓和。特殊化妆品主要包括祛斑美白、防晒、防脱发、染发和烫发等化妆品。

第一节　祛斑美白化妆品

一、祛斑美白化妆品概述

（一）皮肤的黑色素与祛斑美白原理

20 世纪 80 年代，粉饼、增白粉蜜等具有遮瑕效果的美白产品大行其道，人们看到的是用厚粉涂抹出来的白肤，黯淡、没有生气，生硬得看不见任何表情。20 世纪 90 年代掀起回归自然的潮流，使得人们不再喜欢用厚厚的粉底来达到美白的效果，新世纪女性追求的美白肌肤是自然健康的肤质和均匀一致、白皙纯净的肤色。现代美白产品通过添加美白活性成分，从抑制黑色素生成着手，阻止黑色素的生物合成过程，从而使皮肤美白、面部色斑减少、皮肤色调更均匀。

基于对影响皮肤美白的各种因素的全面考虑，新一代美白产品应该是全效美白的，即从外部对紫外线的防护，到内部抑制黑色素的生成、提高细胞更新能力、降低色素沉积和促进表皮细胞脱落，直至增强皮肤细胞自身免疫力、提高皮肤弹性及新陈代谢等，采用全方位的配方组合，发挥多组分美白活性成分的多功效作用，使肌肤获得健康自然美白的效果。

（1）黑色素形成的基本原理

人类的表皮基层中存在着一种黑色素细胞，能够形成黑色素。黑色素是决定人皮肤颜色的最大因素，当黑色素细胞多时皮肤即由浅褐色变为黑色。黑色素细胞的分布密度无人种差异，各种肤色的人基本相同，全身共约 20 亿个。人的皮肤色泽主要取决于各黑色素细胞产生黑色素的能力。正常时黑色素能吸收过量的日光光线，特别是吸收紫外线，保护人体。若生成的黑色素不能及时代谢而聚集、沉积于表皮，则会使皮肤上出现雀斑、黄褐斑或老年斑等。

（2）祛斑美白化妆品的美白原理

人的肤色随种族、季节和性别的差异而变化，即使同一个人，全身各部肤色亦不完全一样。皮肤的厚度、血红蛋白及少量的类胡萝卜素均会影响人体肤色。而决定皮肤色泽的主要因素是黑色素细胞产生的黑色素的分布状态及量。

美白化妆品的基本原理体现于以下几方面：

① 抑制黑色素的生成。通过抑制酪氨酸酶的生成和酪氨酸酶的活性，或干扰黑色素生成的中间体，从而防止产生色素斑的黑色素生成。

② 防止黑色素的还原、光氧化。通过角质细胞刺激黑色素的消减，使生成的黑色素淡化。

③ 防止紫外线的进入。通过有防晒效果的制剂，用物理方法阻挡紫外线，防止由紫外线形成过多的黑色素。

④ 促进黑色素的代谢。通过加快肌肤的新陈代谢，使黑色素迅速排出肌肤外。

（二）抑制黑色素生成的途径

在黑色素细胞内抑制黑色素生成可以通过以下三种途径。

（1）控制抑制酶

黑色素的形成主要是由黑色素细胞内的四种酶，即酪氨酸酶、多巴色素互变酶（TRP-2）、过氧化物酶和 DHICA 氧化酶（TRP-1）单独或协同作用的结果。而要实现皮肤的真正美白，对多种黑色素形成酶的抑制非常重要。

① 酪氨酸酶的抑制

酪氨酸酶是一种多酚氧化酶，属氧化还原酶类。在黑色素形成过程中，酪氨酸酶主要起限速酶作用，该酶的活性大小决定着黑色素形成的数量。依据抑制机理的不同，可分为酪氨酸酶的破坏性抑制和非破坏性抑制两类。酪氨酸酶的破坏性抑制，即破坏酪氨酸酶的活性部位。利用某种物质，可以直接对酪氨酸酶进行修饰、改性，使其失去对黑色素前体酪氨酸的作用，从而抑制黑色素形成。酪氨酸酶的非破坏性抑制，是不对酪氨酸酶的本身进行修饰、改性，而是通过抑制酪氨酸酶的生物合成或取代酪氨酸酶的作用底物，从而达到抑制黑色素形成的目的。

依据作用机理的不同，酪氨酸酶的抑制剂可分为三种：酪氨酸酶的合成抑制剂、酪氨酸酶糖苷化作用抑制剂及酪氨酸酶作用底物替代剂。

② 多巴色素互变酶的抑制

多巴色素互变酶促使所作用的底物发生脱羧重排，生成另一黑色素 5,6-二羟基吲哚-2-羧酸（DHICA）。多巴色素互变酶主要调节 DHICA 的生成速率，从而影响所生成的黑色素分子的大小、结构和种类。

对该酶的抑制，目前主要是竞争性抑制，即寻求一种物质作该酶的底物，通过与原来能形成黑色素的底物竞争，从而破坏黑色素的生物合成途径，达到抑制黑色素的目的。

除所述的两种酶外，还有 DHICA 氧化酶（TPR-1）和过氧化物酶，目前对该两种酶抑制机理的研究较少，相关抑制剂的开发尚未报道。

（2）选择性破坏黑色素细胞

黑色素细胞的功能状态可以影响皮肤颜色的深浅。选择性破坏黑色素细胞，可以抑制黑色素颗粒的形成以及改变其结构。通过引起黑色素细胞中毒导致黑色素细胞功能遭到破坏是抑制黑色素生成的又一途径。

破坏黑色素细胞的机理有两个方面，其一是氢醌作为酪氨酸酶的底物比酪氨酸本身更为合适；其二是黑色素细胞的破坏是细胞毒性作用，氢醌在酪氨酸酶作用下被氧化成有毒性的半醌基物质，会导致细胞膜脂质发生过氧化，细胞膜结构被破坏，导致细胞死亡。

（3）还原多巴醌

还原剂参与黑色素细胞内酪氨酸的代谢，从而减少酪氨酸转化成黑色素，达到抑制黑色素生成的目的。如还原剂抗坏血酸抑制了多巴和多巴醌的自动氧化，对黑色素中间体起还原作用，阻碍了从酪氨酸/多巴到黑色素过程中各点上的氧化链反应，抑制黑色素的生成。

（三）祛斑美白化妆品的原料组成

祛斑美白化妆品与普通护肤化妆品的原料基本相同，只是在配方中添加了少量的美白剂。

原料主要有油性基质原料、乳化剂、保湿剂、润肤剂、防腐杀菌剂、香精香料、祛斑美白剂等添加剂，大部分原料在前面章节已分别介绍，此处不再重述。

依据皮肤的美白机理，新开发的祛斑美白剂的类型较多，有化学药剂、生化药剂、中草药和动物蛋白提取物等。常用于化妆品的祛斑美白剂包括熊果苷、曲酸、壬二酸、抗坏血酸、果酸、泛酸（维生素 B_5）及其衍生物。

此外，在化妆品中还开发了很多美白剂，如 L-半胱氨酸的巯基具有还原黑色素的能力，可调节黑色素的生成，改变和阻断黑色素的生成途径，因此可抑制黑色素的生成，具有祛斑增白作用；甘草提取物中的硬脂醇甘草亭酸酯等成分也是良好的美白剂；珍珠水解液具有良好的美白作用；超氧化物歧化酶可抑制色素沉着等。

二、美白产品配方举例

祛斑美白化妆品的主要类型有增白霜、增白蜜和美白乳液以及祛斑乳、祛斑霜、祛斑露、祛斑面膜、祛斑洗面奶等。增白霜、美白乳液的配方如表 6-1 所示，祛斑乳液、祛斑洗面奶的配方如表 6-2 所示。

表 6-1　增白霜、美白乳液的配方

组分	质量分数/%		组分	质量分数/%	
	增白霜	美白乳液		增白霜	美白乳液
十六醇	4.0		壬基酚聚氧乙烯醚		0.5
凡士林	5.0		单硬脂酸甘油酯	2.0	
白矿油	8.0		熊果苷	5.0	
角鲨烷	5.0		甘油	5.0	5.0
棕榈酸异丙酯	3.0	5.0	丙二醇	5.0	
聚氧乙烯十六醇醚	2.0		乙醇		7.0
十八烷基二甲基氧化胺	3.0		防腐剂	适量	
维生素 C 聚氧乙烯醚		2.0	对羟基苯甲酸甲酯		0.1
橄榄油		15.0	去离子水	加至 100	加至 100

表 6-2　祛斑乳液、祛斑洗面奶的配方

组分	质量分数/%		组分	质量分数/%	
	祛斑乳液	祛斑洗面奶		祛斑乳液	祛斑洗面奶
角鲨烷	5.0		二甲基硅氧烷	0.5	
肉豆蔻酸异丙酯	5.0	1.5	聚氧乙烯单硬脂酸甘油酯	2.0	
十六醇-十八醇	4.5	3.0	单硬脂酸甘油酯	4.0	2.0

续表

组分	质量分数/%		组分	质量分数/%	
	祛斑乳液	祛斑洗面奶		祛斑乳液	祛斑洗面奶
植物精油	1.0		维生素 E 衍生物	1.5	
1,3-丁二醇	2.0		EDTA 二钠	0.1	
白油		2.0	柠檬酸	适量	
珠光剂		0.9	曲酸衍生物		0.5
甘油	3.0	3.0	香精、防腐剂	适量	适量
黄原胶	0.1		去离子水	71.3	86.9

表 6-2 所示祛斑乳液配方中的植物精油可选择具有祛斑增白作用的金缕梅精油、七叶甘精油、洋甘菊精油、小黄瓜精油等；维生素 E 衍生物为水溶性物质，具有稳定性好、极易被皮肤吸收的特点。

另外，在配方中还可以添加植物提取物作为美白制剂，配方如表 6-3 所示。

表 6-3　含植物提取物美白制剂的祛斑美白霜配方

相	组分	质量分数/%		相	组分	质量分数/%	
		1#	2#			1#	2#
A	聚氧乙烯十六醇醚	2.0		A	维生素 E 醋酸酯	1.0	0.5
	单甘酯	1.5		B	1,3-丁二醇	4.0	
	鲸蜡硬脂醇聚醚-6		1.5		尿囊素	0.2	
	鲸蜡硬脂醇聚醚-25		2.0		吡咯烷酮羧酸钠(GD-8045)	4.0	3.0
	十六十八醇	1.5	2.0		甘油		5.0
	二甲基硅油	1.5	2.0		甘草根提取物	10.0	
	牛油树脂	4.0	3.0		对羟基苯甲酸甲酯		0.2
	神经酰胺	0.5			EDTA 二钠	0.1	0.1
	异十六烷	8.0	5.0		去离子水	加至 100	加至 100
	辛酸/癸酸甘油三酯	5.0	3.0	C	防腐剂	适量	适量
	油溶维生素 C 棕榈酸酯	3.0			香精	适量	适量

第二节　防晒化妆品

随着人们生活水平的日益提高，户外休闲活动也越来越多，这就增加了皮肤在阳光下的照射，使皮肤更容易被晒黑。但过度的阳光照射会对人体，特别是对皮肤造成伤害。目前，在世界上的很多地方，人们渴望拥有白皙的，甚至是如瓷器般洁白无瑕的皮肤，而紫外线的照射会对皮肤产生过多的或不规则的色素沉着。因此，为保护皮肤的健康，色素沉着的问题需要解决。同时，具有防止色素沉着功能的化妆品成为消费者最受欢迎的产品之一。

防止皮肤色素沉着的方法主要有：避免紫外线辐射，防止产生额外的色素沉着，即防止晒黑；使用化妆品活性物抑制色素沉着，并防止黑色素生成。

一、防晒化妆品概述

防晒化妆品是指具有屏蔽或吸收紫外线作用，减轻因日晒引起的皮肤损伤、色素沉着及皮肤老化的化妆品。

紫外线对皮肤的危害性主要是阳光中的一部分紫外线（波长 $280\sim320nm$）可使皮肤真皮逐渐变硬、干燥、失去弹性，加快衰老和出现皱纹，还能使皮肤表面出现鲜红色斑，有灼痛感或肿胀，甚至起泡、脱皮以致成为皮肤癌的致病因素之一。

随着消费者对紫外线危害性认识及自身保护意识的加强，人们对防晒化妆品的需求增长迅速。在防晒品市场上，既能遮蔽 UVB 又能防护 UVA 的全波段防晒产品更加受到消费者的欢迎。

（一）紫外线与皮肤

（1）紫外线

紫外线是指波长为 100～400nm 的射线，属太阳光线中波长最短的一种，约占太阳光线中总能量的 6%。波长范围为 100～400nm 的紫外线光谱可分为三部分：UVC、UVB 和 UVA。

① UVC

波长为 100～280nm 的波段称为 UVC 段，又称杀菌段，透射能力只到皮肤的角质层，且绝大部分被大气层阻留，基本被臭氧层吸收，所以一般不会对人体构成伤害。UVC 不会引起晒黑作用，但会引起红斑。

② UVB

波长为 280～320nm 的波段称为 UVB 段，又称晒红段，透射能力可达表皮层，能引起红斑，这是导致人们晒伤的主要波段。经常性地暴露于强烈的 UVB 下会损害 DNA，会改变皮肤的免疫反应，同时还会增加各种致命性突变的概率，最终导致皮肤癌，并降低机体识别和清除发生恶性变异细胞的可能性。

③ UVA

波长为 320～400nm 的波段称为 UVA 段，又称晒黑段，它的穿透力很强，透射能力可达真皮，这一区段紫外线一般不会使人们皮肤晒红，但会产生很多光生物学效应，使皮肤晒黑、色素沉着以及皮肤老化，甚至引起皮肤癌，如黑色素瘤等。

综上所述，UVC 对皮肤伤害作用不大，但 UVB 会引起即时和严重的皮肤损害，UVA 则会引起长期、慢性的损伤。另外，UVA 的渗透能力较 UVB 强，它们都表现出对皮肤的致癌作用，而 UVB 的作用较强。

（2）皮肤日晒红斑

皮肤日晒红斑即日晒伤，又称皮肤（日光）灼伤、紫外线红斑等。皮肤日晒红斑是紫外线照射后在局部引起的一种急性光毒性反应。临床上表现为肉眼可见、边界清晰的斑疹，颜色可为淡红色、鲜红色或深红色，可有轻度不一的水肿，重者出现水疱。依照射面积大小不同，病人有不同症状，如灼热、刺痛或出现乏力、不适等轻度全身症状。红斑在数日内逐渐消退，可能出现脱屑或继发性色素沉着。

（3）皮肤日晒黑化

皮肤日晒黑化即日晒黑，指日光或紫外线照射后引起的皮肤黑化作用。皮肤晒黑则是光线对黑色素细胞的直接生物学影响。在紫外线照射下，皮肤或黏膜直接出现黑化或色素沉着，是人类皮肤对紫外线辐射的一种反应，其反应类型可分为以下三类：

① 即时性黑化

即时性黑化是指照射过程中或照射后立即发生的一种色素沉着。通常表现为灰黑色，限于照射部位，色素沉着消退很快，一般可持续数分钟至数小时不等。

② 持续性黑化

随着紫外线照射剂量的增加，色素沉着可持续数小时至数天不消褪，可与延迟性红斑反应重叠发生，称为持续性黑化，一般表现为暂时性灰黑色或深棕色。

③ 延迟性黑化

延迟性黑化是指皮肤经紫外线照射后，色素沉着可持续数天至数月不等。延迟性黑化常伴发于辐射后出现的延迟性红斑，并涉及炎症后色素沉着的机制。

（4）皮肤光老化

皮肤光老化是指由长期日光照射导致的皮肤衰老或加速衰老的现象。皮肤老化可分为内在性老化（自然老化）和外源性老化（外界对皮肤的刺激）。紫外线辐射是环境因素中导致皮肤老化的主要因素，属于外源性皮肤老化即皮肤光老化。

由于皮肤光老化是一个日积月累的缓慢发展过程，其影响因素必然广泛而复杂。不同的光线波长、照射剂量、生理因素（如年龄、肤色）、饮食起居、病理因素、职业和环境因素等均可影响皮肤光老化。

（二）防晒化妆品的原料

防晒化妆品的主要原料与其他膏霜类护肤化妆品基本一致，主要包括油性原料、乳化剂（表面活性剂）、润肤剂、成膜剂、保湿剂、螯合剂、防腐杀菌剂、香精香料、去离子水和活性成分等，防晒化妆品中加入了防晒的活性成分，这种防晒活性成分称为防晒剂。

防晒化妆品使用的防晒剂分为物理防晒剂和化学防晒剂。物理防晒剂借助对光有反射性的物质将光线反射出去，又称紫外线屏蔽剂，如氧化锌、氧化铁、二氧化钛等；化学防晒剂能吸收日光中的有害光线，又称紫外线吸收剂，如对氨基苯甲酸及其酯类、水杨酸酯类、对甲氧基肉桂酸酯类等。

二、防晒化妆品的配方与制备

防晒化妆品可通过在膏霜类及乳液类的基础上添加防晒剂制得，其形态有防晒膏霜、防晒乳液、防晒油、防晒水等。

（一）防晒膏霜

防晒膏霜的乳化体系是防晒制品中最流行的剂型。其优点是容易配入高含量的防晒剂，达到较高的防晒系数（SPF）值；容易铺展和分散于皮肤上，形成厚度均匀的防晒膜，且不会产生油腻感。其不足之处是性能稳定的体系的配制较为困难；基质适于微生物的滋生，易变质腐败；难以获得满意的耐水或防水性能。配方如表6-4、表6-5所示。

表 6-4　防晒膏和 W/O 型防晒霜的配方

组分	质量分数/%		组分	质量分数/%	
	防晒膏	W/O 型防晒霜		防晒膏	W/O 型防晒霜
单硬脂酸甘油酯	5.0	5.0	凡士林		12.0
硬脂酸	13.0		山梨醇	1.0	
羊毛脂	5.0		水杨酸苯酯	5.0	
棕榈酸异丙酯	2.0		对氨基苯甲酸乙酯	2.0	
三乙醇胺	1.0		硼砂		1.0
蜂蜡		14.0	氨基苯甲酸薄荷酯		4.0
液体石蜡		35.0	香精	0.5	0.5
地蜡		1.0	去离子水	加至 100	加至 100

防晒膏的制法与雪花膏类似：将水相混合溶解、油相加热熔化后，再将二者搅拌混合，形成稳定的乳化体系，冷却加香精。W/O 型防晒霜的制备方法：与冷霜类似，防晒剂溶解于热的油相中；将油相组分一同加热至 65℃，完全熔化后备用；将水相组分加热至同一温度溶解后备用；油相加入水相并不断地搅拌，冷却至室温即可灌装，香精在45℃时加入。

表 6-5 **O/W 型物理防晒霜的配方**

相	组分	质量分数/% 1#	质量分数/% 2#	相	组分	质量分数/% 1#	质量分数/% 2#
A	鲸蜡硬脂醇聚醚-6	2.0	2.0	B	聚乙二醇	4.0	
	鲸蜡硬脂醇聚醚-25	1.5	1.5		甘油		5.0
	棕榈酸异丙酯		3.0		D-泛醇	1.0	
	角鲨烷	1.0			汉生胶	0.2	0.2
	PEG-7 氢化蓖麻油	0.5	6.0		EDTA 二钠	0.1	0.1
	二氧化钛	5.0	3.0		去离子水	加至100	加至100
	霍霍巴油		2.0	C	防腐剂	适量	适量
	氧化锌		5.0		香精	适量	适量
	甲氧基肉桂酸辛酯	6.0					

表 6-5 所示的 O/W 型物理防晒霜的制法与雪花膏的制法相同。水相（B 相）和油相（A 相）分别加热至 80℃；把油相加入水相中，均质乳化 3min；搅拌降温到 50℃时，加入 C 相，继续搅拌降温至 36～38℃出料即可。

（二）防晒乳液

防晒乳液和防晒膏霜一样，是比较受欢迎的防晒制品，可制成 O/W 型，也可制成 W/O 型。目前市场上的防晒制品以防晒乳液为主，占市场份额的 80% 以上。

在乳液、雪花膏、冷霜的基础上加入防晒剂即可得到防晒乳液，为了取得显著效果，可采用两种或两种以上的防晒剂复配。制法与乳液类化妆品相同，配方如表 6-6 所示。

表 6-6 **防晒乳液的配方**

相	组分	质量分数/% O/W型	质量分数/% W/O型	相	组分	质量分数/% O/W型	质量分数/% W/O型
A	硬脂基聚氧乙烯醚-2	1.5		A	牛油树脂	4.0	
	硬脂基聚氧乙烯醚-21	2.0			异十六烷	8.0	
	十六十八醇	1.5			Arlacel P135		4.0
	二甲基硅油	1.5			Arlamol S7		2.0
	Arlamol HD		3.0	B	1,3-丁二醇	4.0	
	辛酸/癸酸甘油三酯	5.0	5.0		EDTA 二钠	0.1	0.1
	异硬脂酸		1.0		甘油		8.0
	苯基聚二甲基硅氧烷		2.0		硫酸镁		1.0
	硬脂酸锌		1.0		去离子水	加至100	加至100
	二氧化钛	6.0		C	防腐剂、香精	适量	适量
	氧化锌	5.0					

制法与上述 O/W 型物理防晒霜的制法相同。

（三）防晒油

防晒油是防晒制品中最早使用的传统型品种，具有工艺简单、可大面积分散和铺展的特点，且防水和耐水性良好。其不足之处是形成的油膜较薄，不能达到较高的 SPF 值；多数防晒油为非极性的酯类，与非极性的油类相互作用，会使紫外线吸收峰向短波方向位移，甚至会低于 280nm 而失效；其成本也比乳液制品高。防晒油的制法是将防晒剂溶解于油中（如需要，可适当加热），溶解后加入香精等再经过滤即可。防晒油的典型配方见表 6-7。

表 6-7　防晒油的典型配方

组分	质量分数/%	组分	质量分数/%
水杨酸薄荷酯	6.0	液体石蜡	20.5
棉籽油	50.0	抗氧剂	适量
橄榄油	23.0	香精、色素	适量

许多植物油对皮肤有保护作用，而有些防晒剂又是油溶性的，将防晒剂溶解于植物油中制成防晒油，一般来说效果不错，且由于含油分多，不易被水冲掉，但缺点是会使皮肤有油腻感，易粘灰，不透气。植物油防晒油参考配方如表 6-8 所示。

表 6-8　植物性防晒油的配方

组分	质量分数/%	组分	质量分数/%
棉籽油	50.0	水杨酸薄荷酯	6.0
橄榄油	23.0	香精	0.5
液体石蜡	20.5		

（四）防晒水

为了避免防晒油在皮肤上的油腻感，可以用乙醇溶解防晒剂制成防晒水。这类产品中加有甘油、山梨醇等滋润剂，可形成保护膜以帮助防晒剂黏附于皮肤上。防晒水搽在身上感觉爽快，但在水中易被冲掉。参考配方见表 6-9。

表 6-9　乙醇型、芦荟型防晒水的配方

组分	质量分数/%		组分	质量分数/%	
	1#	2#		1#	2#
乙醇	60.0		苯基苯并咪唑磺酸		2.0
单水杨酸乙二醇酯	6.0		山梨醇(70%)	5.0	
氨基苯甲酸薄荷酯	1.0		羧甲基纤维素		0.3
芦荟液(浓缩)		2.0	氢氧化钠		适量
1,2-丙二醇		6.0	香精、防腐剂、抗氧剂	适量	适量
二苯甲酮-4		3.0	去离子水	加至100	加至100

表 6-9 中 1# 产品是乙醇型防晒水，其制作方法：将液体混合后加入固体，搅拌使其均匀，乙醇溶液制成后，陈储 7～10 天，然后再冷冻至 0℃，保持 24h 后，产品经过滤后包装。2# 产品是芦荟型防晒液，是一种含去离子水、醇的液体，具有使用方便的特点，有清爽感，但耐水性差。其中添加的是水溶性紫外线吸收剂。其制备过程为：将所有组分加热溶解，冷却后加入香精、抗氧剂和防腐剂，冷至室温即可。

第三节　防脱发类、生发类化妆品

一、脱发概述

（一）脱发现象

脱发是指头发脱落的现象，分为生理性脱发和病理性脱发两种。正常脱落的头发都是处于退行期及休止期的毛发，由于进入退行期与新进入生长期的毛发处于动态平衡，故头发能维持正常数量，以上就是正常的生理性脱发。而病理性脱发是指头发异常或过度脱落，其原因有很多。脱发是许多人面临的问题，通过生活中的一些护发方法，可以预防病理性脱发。

按照中医理论，头发与肝、肾有密切关系，肾藏精肝主血，其华在发。肝肾虚则精血不足，毛囊得不到充足的营养，一种情况是合成黑色素能力减弱，出现白发，另一种情况就是毛囊萎缩或者坏死，造成脱发。反之，肝肾强健，上荣于头，则头发浓密乌黑。

正常情况下，人体头发毛乳头内有丰富的血管，为毛乳头、毛球部提供充足的营养，从而头发生长激素顺利合成。各种不良刺激（激素水平影响、神经性刺激影响等）造成供应头发营养的血管发生痉挛，使毛乳头、毛球部的营养运转功能发生障碍。当营养在毛乳头、毛球部的形成发生障碍，或虽然形成但因某种因素，具有细胞能量作用的三磷酸腺苷（ATP）物质的制造会因此受阻。作为热量源的 ATP 无法产生出来，因此无法进行毛发的蛋白合成，毛母细胞失去活力，毛发髓质、皮质部分的营养减少，开始角化，毛囊开始萎缩或者坏死，头发大量进入休止期，就会大量脱落。

脱发的诱因主要有遗传和非遗传两种。父母有脱发情况的往往传给子女的可能性会较大，也存在着隔代遗传的可能性。非遗传是指受情绪、环境等影响，但主要的反应点在于皮脂腺体和头皮的肌肉层。

皮脂腺体受体内雄激素影响而出现增生肥大的症状，包裹住发根，发根无法提供足够的营养给发干，发干会因营养的断流而脱发。还有洗发的频率受出油的影响而加大，反而更会加快皮脂腺体的肥大。

生理性脱发往往随着年龄的增长会越发明显，这是由于头皮组织肌肉层萎缩而变薄，使得微丝血管网络血流量减少变慢。有的年轻人所出现的脱发往往是早期生理退化型的，主要是由头皮血液循环异样所致。如长期面对电脑，使头部处在高度紧张的亢奋状态，而出现了血流量减缓，从而出现暂时性的脱发。

（二）病理性脱发原理

病理性脱发又分为雄激素源性脱发、外伤及感染性脱发、精神性脱发、内分泌失调性脱发、营养代谢性脱发及物理化学性脱发、症状性脱发等。

（1）雄激素源性脱发

雄激素源性脱发也称早秃，俗称"谢顶"，发病率较高。一般成年后，头发逐渐脱落，鬓部头发很快后退，前发际线升高，头顶部头发稀薄甚至谢顶，呈进行性加重。雄激素源性脱发以额部及头顶部渐进性脱发为特征，多见于从事脑力劳动的男性，常在 20～30 岁开始出现脱发。脱发一般从前额及颞部两侧开始，前发际线逐渐向后退缩，前额变高，随着年龄增长，头顶部头发逐渐脱落，枕部及两侧发际处仍常有剩余头发，病情重者，头顶和前额部脱发连成大片，只剩下周围大半圈的头发未脱落，脱发区皮肤光滑或遗留少数稀疏细软的短发。

雄激素源性脱发病程进展缓慢。女性患者脱发程度较轻，大多数为顶部头发稀疏，头发变细软。雄激素源性脱发可能与遗传和雄性激素作用有关。此种脱发多属于永久性脱发，这种脱发的头发移植效果最佳。

（2）外伤及感染性脱发

头部烧伤、外伤深达头皮深层会造成瘢痕性脱发，这种脱发的范围随瘢痕形成的大小和形状而定。这是由于毛囊被毁坏而不能再长出新发。外伤性瘢痕可以进行头发移植手术，而感染性脱发遗留的瘢痕，只要感染不再存在，也可通过头发移植手术去除。

（3）精神性脱发

此类脱发是因精神压力过度导致的。在精神压力的作用下，人体立毛肌收缩，头发直立，并使为毛囊输送养分的毛细血管收缩，造成局部血液循环障碍，由此造成头发生态改变和营养不良。精神压力还可引起出汗过多和皮脂腺分泌过多，产生头垢，降低头发生存的环境质量，从而导致脱发。精神性脱发属于暂时性脱发，经过改善精神状况、减轻精神压力，一般都可自愈。另外，临床上常遇到的斑秃也多与精神因素有关。

斑秃俗称"鬼剃头"，是一种局部性斑状脱发，骤然发病，经过徐缓，可能与由神经精神因素引起毛发生长的暂时性抑制、内分泌障碍、免疫功能失调、感染或其他内脏疾患等有关。其表现为头部突然出现圆形或椭圆形斑状脱发，多无自觉症状，患处头皮光滑发亮。病情进展时则损害扩展，周缘头发松动易脱，个别患者头发可全部脱光，严重时，眉毛、胡须、腋毛、阴毛等亦会脱落。该病可自愈，但常复发，病程可持续数月或更久。恢复期的新发呈纤细、柔软、灰白色，逐渐粗黑，最后恢复正常。对于斑秃的治疗应寻找病因，然后采用心理疏导等方法进行心理治疗，还可辅以内服及外用的药物治疗。

（4）内分泌失调性脱发

由内分泌机能异常而造成体内激素失调所导致的脱发称为内分泌失调性脱发。产后、更年期等，在一定时期内都会造成雌激素不足而脱发；甲状腺功能减退或者亢进、垂体功能减退、肾上腺皮质机能减退、肢端肥大症晚期等，均可导致头发的脱落。内分泌失调性脱发应针对病因进行治疗。

关于产后脱发的原因，现今认为人体内有两大激素，一是雄激素，许多男性在年轻时就秃顶，医学上称为雄激素源性脱发。二是雌激素，它对头发生长是有利的，研究证明妇女妊娠期间，体内雌激素较多，头发也处于最佳状态，光洁、明亮、浓密而不多油，头垢和头屑也少。但产后由于雌激素水平骤然下降，头发的成长期急剧中止，开始出现了弥漫性脱发。此时如处理不当，多会引起恶性循环，往往使脱发加重。

因此，对于产后脱发，首先应认识到此阶段的脱发属于正常生理过程，在思想上做好准备，保持平常心态。认识到脱发是暂时的，经过一段时间头发还会长出来。产后要尽快适应，避免精神紧张、过度疲劳，甚至失眠。哺乳期间要保证营养均衡，多喝水，多吃富含维生素、微量元素的蔬菜、水果，少食脂肪及辛辣刺激性食物。另外，产后头油一般会增多，要根据情况适时清洁头发，洗头与脱发并无必然联系，油垢增多反而影响发质，不利于头发生长。不过洗头时，应选择作用较缓的洗发剂，还要用指腹在头皮上按摩，这有助于血液循环，使新发加速生长。

（5）营养代谢性脱发

食糖或食盐过量、蛋白质缺乏、缺铁、缺锌、硒过量以及某些代谢性疾病如精氨酰琥珀酸尿症、高胱氨酸尿症、遗传性乳清酸尿症、蛋氨酸代谢紊乱等，都会造成营养代谢性脱发。

食糖性脱发为食糖过量引起的头发脱落。糖在人体的新陈代谢过程中，形成大量的酸素，破坏维生素B族，扰乱头发的色素代谢，致使头发因失去黑色的光亮而逐渐枯黄。过多的糖在体内也可使皮脂增多，可诱发头皮发生脂溢性皮炎，继而大量脱发。

食盐性脱发为食盐过多造成的头发脱落。盐分可导致人体内水分的滞留，同样在头发内可造成滞留水分过多，影响头发正常生长发育，同时，头发里过多的盐分给细菌滋生提供了良好的场所，使人易患头皮疾病。食盐摄入太多还会诱发多种皮脂疾病，造成头垢增多，加重脱发现象。

（6）物理性脱发与化学性脱发

① 物理性脱发

物理性脱发包括机械性脱发、灼伤性脱发和放射损伤性脱发等。

机械性脱发是某些特殊的发型造成头发的折断或脱落，如女性的辫、发髻等发型，男性的分头发型，都会造成机械性脱发。头发需保持一定程度的自然蓬松及对压力保持适当的弹性，如果直接受到拉力，如常把头发往后拉，并用丝带或橡皮筋紧紧扎起来，容易造成前额头发折断脱落，发际线后退。日光中的紫外线过度照射，经常使用电热吹风，头发也容易变稀少。放射性损伤如接触放射性物质的工作人员防护不周或用放射治疗头皮疾病均可引起头发脱落。

② 化学性脱发

肿瘤病人接受抗癌药物治疗或长期使用某些化学制剂如常用的庆大霉素、别嘌呤醇、卡比马唑、2-硫脲嘧啶、三甲双酮、普萘洛尔、苯妥英钠、阿司匹林、吲哚美辛等常引起脱发。烫发剂、染发剂等美发等化妆用品也是引起化学性脱发的常见原因。

（7）症状性脱发

贫血、肝脏疾病、肾脏疾病、系统性红斑狼疮、干燥综合征、黑棘皮病以及发热性疾病如肠伤寒、肺炎、脑膜炎、流行性感冒等往往可导致脱发，造成头发稀疏，这种脱发称为症状性脱发。当这些病症得到治愈或健康完全恢复，头发又能恢复良好的生长。

二、脱发的预防方法

（1）生活调理，补充营养

多吃一些含铁、钙、锌等矿物质和维生素A、维生素B、维生素C、维生素D以及含蛋白质较多的食品，如含有丰富蛋白质的鱼类、大豆、鸡蛋、瘦肉。含有丰富微量元素的海藻类、贝类，富含维生素B_2、维生素B_6的菠菜、芦笋、香蕉、猪肝，都对保护头发、延缓老化有好处。

酸性体质的，或体内缺少某些营养和钙的人，头发总是软脆易断而稀薄。这类人应多吃海带、乳酪、牛奶、蔬菜等。同时每天按摩头皮，加以刺激头皮，促进血液循环就可以获得改善。有句谚语说：您的饮食决定了您的身体状况。这一点在呵护秀发上也同样适用。除对症下药外，还要注意补充头发生长最需要的维生素B_6、维生素B_{12}、叶酸等，多吃谷物类、动物肝脏、蔬菜，保证饮食平衡。

梳发时适当改变方向，不但能够享受改变发型的乐趣，且能够避免分开处干燥，而导致脱发。

（2）心理调节，放松精神

保持良好的心态，对脱发认识要客观，不要焦躁，因为心理压力是引起脱发的一个重要原因。尤其是更年期或产后的女性，由于生理原因，可能会出现大量阶段性的脱发情况，更需要保持良好的心情，调节自己的情绪，安全度过脱发期。

精神压抑、状态不稳定、焦虑不安会导致脱发，压抑的程度越深，脱发的速度也越快。经常进行深呼吸、散步、做松弛体操等，可消除精神疲劳。每天都应该保证有充足的睡眠，睡前用热水泡脚，这样不仅精力充沛，也有利于头发的养护。

（3）养成良好的习惯

平时应该正确洗头、保护头发、经常梳头并更换梳发的方向，还应该放松心情，多吃蛋白质高的食物。通过以上这些方法，可以有效地预防脱发，而且还可以更好地保护头发，尤其需要注意，不要过度染发烫发，因为这样很容易出现脱发。

① 正确洗头

很多人会每天洗头，但是这样反而会损害头皮的健康，而且频繁洗头很容易导致脱发。平时应该适当洗头，保持头皮的卫生和干净，在夏天 2～3 天洗一次头，冬天时间可以再长一些。最好用温水洗头，选择含碱性成分的洗发露，减少对头发的伤害，在洗头发的时候，可以适当地对头皮进行按摩，这样可以有效促进头部血液循环，从而促进新陈代谢。洗完头发以后应该用清水冲洗干净，不要让洗发水残留在头皮上，通过正确的方法洗头，可以有效地预防脱发。

② 保护头发

现在很多人比较喜欢染发烫发，如果只是偶尔烫发或者染发，一般不会对头皮造成很严重的损伤，但是如果过度染发烫发，对头皮会有很大的损伤。因为染发剂含有有害物质，长期染发很容易出现脱发的情况，应该避免经常染发烫发。

③ 经常梳头

建议每天早上起床后多梳头，这样可以有效地滋养头皮，达到预防脱发的效果。因为头部有很多穴位而梳头可以有效刺激穴位，梳头的时候不要太用力，最好选择比较软的梳子，每次梳头 10 分钟左右。

三、防脱发类化妆品

（1）防脱发洗发水

防脱发洗发水，使用后的效果一般是脱发数量逐渐减少，直至恢复正常。头油分泌过多，会堵塞毛孔（头屑过多也会堵塞毛孔），严重的会发炎，轻微的会压迫供养分的毛细血管，从而造成头发变细，直至压迫血管导致断裂，彻底终止供给养分，形成脱发。所以防脱发的方法有两个：一个是去油，另一个是刺激血液循环，加大供养量（一般使用带刺激性的植物精华如姜、葱、蒜、柚等）。目前市面上已有很多品牌的防脱发洗发水，此处不再详细介绍。

（2）防脱发精油

防脱发精油配方如表 6-10 所示。

表 6-10 各类防脱发精油的配方

组分	质量分数/%						
	干性发质	油性发质	中性发质	受损发质	预防脱发	去屑止痒	帮助生发
天竺葵	0.8		0.4				
薰衣草	0.8	0.4	0.4		0.4	0.8	0.4
依兰	0.8						
鼠尾草			0.4				
佛手柑		0.8		0.8			
丝柏		0.8					
迷迭香				0.8	0.8	0.4	0.8
茶树					0.8		
乳香				0.4			
檀香							0.4
柠檬草						0.8	
葡萄籽油						98.0	
霍霍巴油	97.6	98.0	98.8	98.0	98.0		98.4

其他精油配方与使用方法如下。

① 预防脱发

配方：迷迭香精油 3 滴、薰衣草精油 3 滴、鼠尾草精油 2 滴、伏特加酒半匙、蒸馏水 30mL。

使用方法：用毛巾蘸取精油，敷在头皮上，能刺激头皮，防止脱发。

② 脱发夜间修护

配方：迷迭香精油 4 滴、胡萝卜汁 20 滴、苹果醋 100mL。

使用方法：调配完后储存在一个干净的瓶里，每晚取一小滴加到一大茶匙冷水里，然后涂抹于头皮。

③ 防治脱发

配方：鼠尾草精油 2 滴、迷迭香精油 2 滴、薰衣草精油 1 滴、橄榄油 5mL、无香洗发水 145mL。

使用方法：按此配方调配成含有防脱发精油的洗发水，用来清洗头发即可。在清洗的过程中按摩头皮，效果会更好。

四、生发类化妆品

生发类化妆品是在乙醇溶液中加入杀菌消毒剂、养发剂和生发成分而制成的液状制品。生发类化妆品具有促进头皮血液循环，提高头皮生理功能，营养发根，防止脱发，去除头皮和头发上的污垢，去屑止痒，杀菌消毒等作用，能保护头皮和头发免遭细菌侵害，有助于保持头皮的正常机能，促进头发的再生，且具有幽雅清香的气味。

（1）原料组成

生发类化妆品可分为生发水、奎宁头水和营养性润发水（养发香水）三种。生发水中含有杀菌消毒剂，其作用是杀菌、消毒、止痒、保护头皮和头发免遭细菌的侵害；以盐酸奎宁作为消毒止痒剂时习惯上称作奎宁头水，其作用与生发水相同；营养性润发水，不仅具有生发的作用，而且由于加有营养性物质和治疗性药物，可去除头皮屑和防止脱发。

生发化妆品的主要原料组成有稀释剂、保湿剂、杀菌剂、刺激剂、营养剂、清凉剂及香精、色素等。

① 稀释剂

稀释剂主要是乙醇、异丙醇、水等。在通常情况下，产品含水分30％～40％，含油分极少，使用时感觉清爽；含油分较多的养发水，使用的是纯乙醇，60％～70％的乙醇杀菌能力较强，并能给予头皮适当的刺激，还具有清凉和收敛的效果。

一般来说，生发类化妆品使用了大量的乙醇。乙醇具有杀菌、消毒作用，但还具有脱脂作用，因此在乙醇内，溶入一些脂肪性物质如蓖麻油、油醇、乙酰化羊毛脂、胆固醇、卵磷脂就会减少脱脂作用，使皮肤和头发不产生干燥的感觉。同时，加入的油性物质也是头皮和头发的营养滋润剂，能赋予头发柔软、光泽的外观。

另外乙醇可溶性多肽能防止头皮干燥，保持头发水分与柔软性，亦可适量加入。

② 保湿剂

保湿剂如甘油、丙二醇等的加入具有缓和头皮炎症的润湿效果及赋予头皮和头发保湿性的作用。另外还有硅油、酯类油、橄榄油、高级醇、羊毛脂、液体石蜡等。它们也是生发水中的油脂成分，除保湿作用外，还有使头发柔软、保护头发、缓和头皮炎症作用。

③ 杀菌剂

生发类化妆品中采用的杀菌剂主要有奎宁及其盐类、水杨酸、日柏醇、苯酚衍生物等。大部分是苯酚衍生物，含卤素、脂肪族和芳香族烃基的苯酚衍生物具有高效的杀菌力和较低的毒性，如对氯间甲酚、对氯间二甲酚、邻苯基苯酚等等。

水杨酸具有较强的杀菌能力，常用于去头屑和止痒的生发水中；日柏醇是一种有机醇类化合物，具有杀菌和抗炎症的作用；感光素是作为冻伤的治疗药被利用的，具有抗炎症和促进头发生长的效能；间苯二酚的使用量为5％左右，其他大多数杀菌剂在制品中的浓度都不超过1％。

另外甘草酸、乳酸、季铵盐等也是常用的杀菌剂。季铵盐除具有杀菌作用外，还能吸附于头发纤维表面，而起到柔软、抗静电等作用。

④ 刺激剂

刺激剂具有刺激头皮，改善血液循环，止痒，增进组织细胞活力，防止脱发，促进头发再生等作用。刺激剂主要有何首乌、侧柏叶、辣椒酊、姜酊、水合氯醛、奎宁及其盐类、大蒜提取物等。

这些刺激剂的稀溶液，大部分敷用后会使皮肤发红、发热，促进局部皮肤的血液循环。有些人对这些物质有过敏反应，因此应选择适宜的加入量，并需做过敏性试验，以确保制品的安全性。辣椒酊止痒、刺激发根，促进头发生长；水合氯醛溶液有止痒、生发和保护头发的功效，此溶液的化学性质不稳定，见光易分解，不宜大量长期贮存。

⑤ 营养剂

发根营养剂主要有蜂王浆、维生素、氨基酸、尿囊素、卵磷脂、水解蛋白、D-泛酸、雌激素等，具有增加发根营养，使头发强壮、牢固，不容易脱落，脱落后也不会因营养不足而不得重生等作用。维生素B_5、维生素B_6、维生素E、己烯雌酚等都具有扩张毛乳头的毛细血管，促进血液循环，促进毛发生长的作用，是制作生发水常用的营养药物成分。

⑥ 清凉剂

常用的是薄荷醇。薄荷醇具有强烈的薄荷香气，能赋予清凉感，同时还有止痒效果。薄荷醇不仅常用作化妆品和牙膏的清凉剂，还用作口香糖、果糖、饮料和药物的香料等。

（2）配方举例与制法

各种生发类化妆品的配方如表 6-11 所示，制备方法与化妆水以及香水的制法相似。

表 6-11 各种生发类化妆品的配方

组分	质量分数/%			组分	质量分数/%		
	1#	2#	3#		1#	2#	3#
α-糖基-1-抗坏血酸	1.5			苹果酸钠			0.05
α-糖基橙皮苷	1.0			甘油			5.0
烷基二氨基乙基甘氨酸盐酸盐	0.2			月桂酰基甲基牛磺酸钠	25.0		
月桂基甜菜碱	20.0			香精	适量	适量	适量
乙醇(95%)		50.0	55.0	防腐剂	适量		
辣椒酊		5.0		去离子水	加至100	加至100	加至100
聚氧乙烯油醇醚			2.0				

表 6-11 所示的 1# 产品为修复生发水的配方，主要作用是修复受损的头发。2# 产品是在普通生发水配制时将辣椒酊加入乙醇和去离子水中混合均匀，加入香精即可。3# 产品为去头屑修复生发水的配方，其主要功能是抑制头发和头皮微生物的生长，使形成的头皮屑被溶角质蛋白剂或剥离剂除去，减少死皮及其在头皮上的黏着作用，易清洗除去。

表 6-12 是以乙醇为主要稀释剂（占 60%～80%）的生发水配方。

表 6-12 生发水类化妆品的配方

组分	质量分数/%			组分	质量分数/%		
	1#	2#	3#		1#	2#	3#
乙醇	70.0	60.0	70.0	硫酸丁酚胺		0.2	
橄榄油		5.0		异丙基甲基苯酚		0.05	0.1
胆固醇	0.5			D-泛醇		0.2	0.2
卵磷脂	0.5			壬基酚聚氧乙烯醚		0.5	
乙酰化羊毛醇	1.0			L-薄荷醇			0.1
肉豆蔻酸异丙酯		2.0		甘油		5.0	
乙醇可溶性多肽			1.0	丙醇			3.0
盐酸奎宁	0.2		0.01	香精、色素	1.0	1.0	适量
水杨酸	0.8			去离子水	加至100	加至100	加至100

制作方法：常温下，将乙醇加入溶解锅中，在搅拌条件下，按配方顺序依次加入各物料，搅拌均匀，静置、冷却，过滤除去沉淀物，然后恢复至室温，再经一次过滤即可。其生产过程与香水类化妆品的生产工艺基本相同。

≡ 第七章 ≡

化妆品生产设备

化妆品的生产工艺和采用的设备，直接关系到产品的物理性质、稳定性和使用性。实际生产中常常由工艺、设备上的一些问题而引起产品外观粗糙、稳定性变坏，甚至发生霉变等。本章简单介绍化妆品生产的主要设备。

第一节　膏霜、乳液的生产设备

一、搅拌釜

搅拌釜一般分为立式搅拌釜、卧式搅拌釜及轻便型搅拌器等，通常在一只削口圆筒内放有一支搅拌桨叶，依靠桨叶的旋转产生剪切作用。其优点是设备简单、制造及维修方便、可不受厂房等条件限制；缺点是乳化强度低、膏体粗糙、稳定性差。搅拌釜主要用于生产香波、沐浴露等非乳化体系产品。

（一）立式搅拌釜

立式搅拌釜是应用最广泛的搅拌釜，如图 7-1 所示，其特征是电动机变速器轴的中心线和搅拌轴的中心线相重合。通常，搅拌釜壳体材料用钢制成，但是如果搅拌釜用于酸、碱或酸碱交替的介质，则可用搪瓷或不锈钢制作。搪瓷搅拌釜壳体内表面涂搪瓷，该搪瓷层具有耐酸碱（高浓度碱除外）或其他腐蚀性介质的作用。

（二）卧式搅拌釜

壳体中心线呈水平方向的搅拌釜称为卧式搅拌釜，如图 7-2 所示。采用卧式搅拌釜的目的是降低搅拌釜的总高度，提高搅拌轴的振动稳定性，改善悬浮条件。

（三）轻便型搅拌器

轻便型搅拌器是一种特殊的搅拌机构，如图 7-3 所示，它装在各种开式容器上构成搅拌液态介质的搅拌釜，适用于小批量生产。

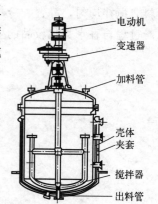

图 7-1　立式搅拌釜

电动机
变速器
加料管
壳体
夹套
搅拌器
出料管

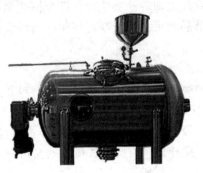

图 7-2　卧式搅拌釜

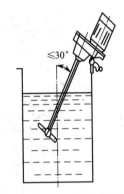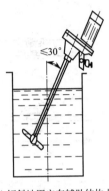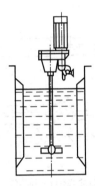

(a) 倾斜地固定在搅拌罐的壳体上　　(b) 倾斜地固定在辅助结构上　　(c) 垂直地固定在辅助结构上

图 7-3　轻便型搅拌器

（四）真空乳化搅拌装置

如果被搅拌的液态介质要求减压操作，则可采用如图 7-4 所示的真空乳化搅拌装置。

该装置是立式搅拌釜接真空泵，这样就可使操作过程在减压状态下进行，特别适用于膏霜、乳液、发乳等产品的生产。由于整个装置抽真空，即使搅拌速度较快，产品中也不会出现气泡，能使乳化快速完成。因为负压，产品不含气泡，也便于产品的灌装、称量和长期保存。

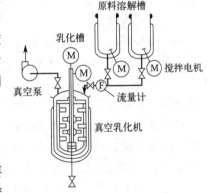

图 7-4　真空乳化搅拌装置

二、搅拌器

对于搅拌液态介质的搅拌釜来讲，搅拌器是其主要元件之一。搅拌器可分为高速和低速两大类。高速搅拌器是指在湍流状态下搅拌液态介质的搅拌器，适宜低黏度液体的搅拌，比如叶片式、螺旋式和涡轮式搅拌器。低速搅拌器是指在层流状态下工作的搅拌器，适宜高黏度流体和非牛顿型流体的搅拌，比如锚式、框式和螺旋式搅拌器。

（一）桨式均质搅拌器

按桨叶形状，又分为叶片式、框式和锚式三种。叶片式搅拌器在同一轴上安装一对至多对桨叶，互成一定角度。在叶片上加装垂直桨叶，即为框式桨叶搅拌器，这种搅拌器能更好地搅拌。如需去除内壁上的结晶和沉淀物，则可将桨叶的外缘做成容器内壁的型式，且其间距小，这就是锚式搅拌器。

（1）叶片式搅拌器

叶片式搅拌器是最简单的搅拌器，用于黏稠性液体物料和一般液体物料的搅拌，转速一般为 20～80r/min，属低速搅拌。按叶片的形式，可以分为直叶片式搅拌器和三叶片式搅拌器。叶片由金属平板制成，一般为 2～4 片，总长为搅拌釜内径的 1/3～2/3。通常叶片和旋转平面垂直的，称为直叶片式搅拌器，直叶片式搅拌器又可分为固定式直叶片搅拌器和可拆式直叶片搅拌器，如图 7-5(a)、(b) 所示。

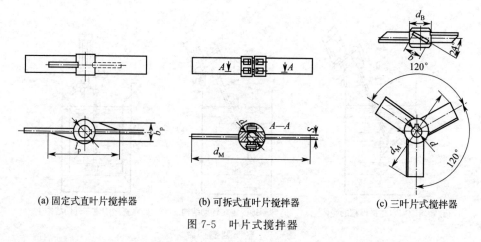

(a) 固定式直叶片搅拌器　　(b) 可拆式直叶片搅拌器　　(c) 三叶片式搅拌器

图 7-5　叶片式搅拌器

若轴套上焊三个平板叶片，且每个叶片和搅拌器旋转平面呈 24°倾角，则称其为三叶片式搅拌器，如图 7-5(c) 所示。倾角的存在，有利于被搅拌液体的轴向流动。它的特点是构造简单，搅拌效果良好，转速不高，对流体的搅动不激烈。若液层较深时，可以在搅拌轴上安装数排叶片。叶片式搅拌器结构简单，制造方便，故应用广泛。

（2）锚式搅拌器

锚式搅拌器的外形很像轮船上用的锚，因而得名，结构如图 7-6 所示。

这种形式的搅拌器使用较普遍，它的转速不大，一般为 15～80r/min，既适用于高黏度的物料，也适用于一般黏度的物料，黏滞的乳化体也可以使用此类搅拌器。

锚式搅拌器的总体轮廓与搅拌釜下半部分内壁的形状一样，内壁与搅拌器之间的间隙很小，约为 5mm，可刮去搅拌釜内壁上的沉淀物，提高热交换速率，且刮壁的效果较好，主要用于黏度大、有沉淀和对搅动程度要求不高的场合。

图 7-6　锚式搅拌器

（3）框式搅拌器

框式搅拌器是桨式搅拌器的一种，如图 7-7 所示。

该类搅拌器适用于高黏度物料或容器直径较大的情况，通常转速为 15～35r/min，可用于热交换效果较差（黏壁严重）、需要刮壁的场合。由于搅拌器为刚性框式结构，比较牢固，可搅动较大量的物料和黏度较大的液体。液体的黏度越高，则中间的横梁越多。

（二）螺旋式均质搅拌器

螺旋式均质搅拌器是一类广泛使用的搅拌器，根据黏度高低可分为推进式搅拌器和螺旋式搅拌器。推进式搅拌器适用于低黏度或中等黏度流体的搅拌。螺旋式搅拌器又有两种，一种是螺旋式，另一种是螺带式，都适用于高黏度流体的搅拌。

（1）推进式搅拌器

推进式搅拌器又称为螺旋桨式搅拌器，是使用最普遍的一种乳化设备，应用范围极广。推进式搅拌器的桨叶与轮船螺旋桨或飞机的机翼形状相同，结构如图 7-8(a)、（b）所示。螺旋桨由 2～3 片螺旋推进桨组成，桨叶是逐渐倾斜的，直径为容器内径的 1/4～1/3，借助高速旋转而形成上下翻转

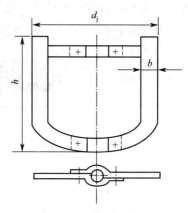

图 7-7　框式搅拌器

的轴向液流。当液体深度与直径之比较大时，可在桨叶外加装导流筒，以加强轴向流动。

此类搅拌器的特征是在直径 d_{BT} 上的叶片倾角 β 大于直径 d_M 上的叶片倾角 α。由于叶片和旋转平面构成倾角，故当桨叶高速转动时（最高可达 300r/min），螺旋桨的推进作用使液体形成一个激烈的上、下流体循环运动，搅拌效果较好，广泛用于要求剧烈搅拌的场合。

推进式搅拌器的优点为构造简单，造型容易，且可在较小的功率下高速转动。在化妆品工业上使用较多，常用于搅拌低黏度的液体，也用于制备乳化体或固体微粒含量在 10% 以下的悬浮液，能得到较均匀或更细的颗粒，但不适用于黏稠流体的搅拌。

（2）螺旋式搅拌器

螺旋式搅拌器有两种，一种是螺旋式，另一种是螺带式，如图 7-9(a)、（b）所示。

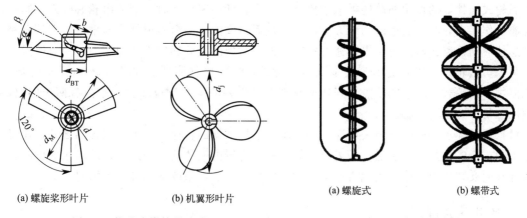

(a) 螺旋桨形叶片　　　　(b) 机翼形叶片　　　　　　(a) 螺旋式　　　(b) 螺带式

图 7-8　推进式搅拌器叶片　　　　　　图 7-9　螺旋式搅拌器

从结构上看，螺旋式搅拌器是在轴上焊接螺旋形平板叶片构成，它适用于高黏度流体的搅拌，转速较低。螺旋式搅拌器属于慢速搅拌器，是在一根垂直轴上等距地安装一些圆柱形轮毂，再在每个轮毂上焊接两个圆柱形的径向支撑杆，在径向支撑杆外端接两条螺旋带状叶片。螺带状叶片使物料上下翻动混合，因此它适用于搅拌黏度很大的流体及带有较多固体的粉料搅拌。

（三）涡轮式搅拌器

涡轮式搅拌器有多种形式，最简单的是在一个水平圆盘上，沿圆周均匀固定六块平板叶

片，这种形式称为开启叶片涡轮式搅拌器。也可用轮盘盖上叶片，做成闭式结构，称为闭叶片涡轮式搅拌器，如图 7-10 所示。

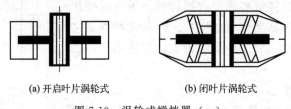

(a) 开启叶片涡轮式　　　　　(b) 闭叶片涡轮式

图 7-10　涡轮式搅拌器（一）

涡轮式搅拌器又分为平叶片涡轮式搅拌器和弯曲叶片涡轮式搅拌器两种，如图 7-11(a) 和（b）所示，适用于各种流体的混合，尤其适合在要求较快分散的情况下使用。

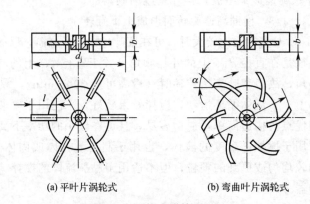

(a) 平叶片涡轮式　　　　　(b) 弯曲叶片涡轮式

图 7-11　涡轮式搅拌器（二）

涡轮式搅拌器的作用和结构类似于离心泵。当轮叶高速旋转时，液体由轮心吸入，同时借助离心作用由轮叶间通道沿切线方向抛出，从而造成液体的激烈搅拌。与推进式搅拌器相比，总体流动回路比较曲折，出口速度很大，形成激烈的漩涡和很大的剪切力，使液体微团尺寸更小。涡轮式搅拌器适用于大量液体的搅拌，还能搅拌固体含量达 60％（质量分数）的沉淀物。涡轮式搅拌器的缺点：当转速较高时，吸入的空气量也较大；釜内有两个回路，不适用于易于分层的物料。

可根据总体流动的阻力损失或搅拌的要求调节搅拌器的转速。除上述搅拌器之外，还可设计不同构造的搅拌器以满足特种需要，如为阻止容器内液体的圆周运动，最常用的方法是在搅拌釜内安装挡板，或采用偏心或偏心倾斜安装的方法，来改变循环流动情况。

三、均质乳化装置

（一）胶体磨

胶体磨是一种剪切力很大的乳化设备，可以迅速地同时对液体、固体、胶体进行粉碎、微粒化及均匀混合、分散、乳化等处理。胶体磨的主要部件是定子和转子，转子的转速可在 1000～20000r/min，胶体磨的内部结构如图 7-12(a) 所示。磨盘为两只截锥体结构，转子和定子的表面可以是平滑的，也可以有横或直的斜纹，也有表面类似锉刀的细齿。如图 7-12(b) 和（c）所示，当转子高速旋转时，物料被迫通过定子和转子间约 0.025mm 的间隙（可调）。

胶体磨的结构比较复杂，制造精度要求较高，维修也较困难。

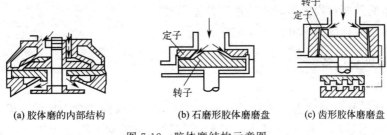

(a) 胶体磨的内部结构　　　(b) 石磨形胶体磨磨盘　　　(c) 齿形胶体磨磨盘

图 7-12　胶体磨结构示意图

在操作时，由于转子高速旋转，线速度高，迅速地将液体、固体或胶体粉碎成微粒，并且混合均匀。而由于剪切力高，在乳化过程中可使温度自 0℃升高到 55℃，因此必须采用外部冷却。经过处理的物质细度可以达到 0.01～5μm，所以胶体磨是一种具有强大分散能力和混合均匀能力的高效乳化设备，可以制得相当稳定的乳液。胶体磨的效率与所制乳化体的黏度有关，黏度越大，出料越慢。

(二) 均质器

高剪切均质器是一种具有较强剪切、压缩和冲击等作用的高效搅拌机械，主要应用于液体的乳化、固液两相物料的粉碎、均质分散、混合。其操作原理是将要乳化的混合物，在很高的压力下自一个小孔挤出，从而达到乳化的目的。

高剪切均质器的结构如图 7-13 所示，由一对精密配合的定子、转子及相应的特殊结构构成，转轴与转子之间通过三根筋条相连接，类似一个针形阀，主要部分是一个泵，产生 6.89～34.47MPa 的压力，另有一个用弹簧控制的阀门，如图 7-13 中的小孔。

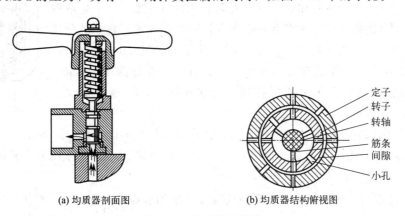

(a) 均质器剖面图　　　　　(b) 均质器结构俯视图

图 7-13　均质器示意图

当转子以 1000～10000r/min 高速旋转时，在转子的上、下两边产生压力差，使物料被吸入到筋条与转子之间形成的空间，随转子的高速转动，物料在极短的时间内受离心力作用，被迫从转子的小孔内进入转子与定子之间的高剪切区，从而被均匀地混合、乳化与分散，然后从定子中甩出，经过高频的循环往复，最终得到稳定的高品质产品。

均质器可以是单级的，也可以是双级。在双级均质器中，液体经过两个串联的阀门而达到进一步均化。

综上所述，均质器的特点如下：

① 在同样的配方时，均质器所得的平均颗粒度较胶体磨为细，但均匀度略差；

② 当混合物通过均质器后，温度仅升高 5～15℃；

③ 乳化体的黏度对均质器的出料速度并无影响；

④ 均质器一般只适用于流体、半流体。

(三) 其他乳化设备

(1) 超声乳化装置

声波是物体机械振动状态（或能量）的传播形式。所谓振动是指物质的质点在其平衡位置附近进行的往返运动。超声波是指振动频率超过人类听觉上限（约为 20000Hz）的振动波。其特点是能量集中、强度大、振动剧烈、破坏性强。但是超声波的波长短，衍射本领很差，它在均匀介质中能够定向直线传播，超声波的波长越短，这一特性就越显著。

在乳液生产中通常采用簧片式超声发生器，其主要部件为较狭的矩形喷嘴缝隙和与之相对的两端呈尖劈形状的平板（或单面刀片）振动元件，如图 7-14 所示。

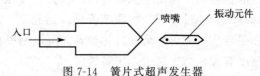

图 7-14 簧片式超声发生器

当油水混合液以一定的压力冲击尖劈刃口时，会产生强大的振动，微粒间这种剧烈的相互作用，会使液体的温度骤然升高，产生极高的剪切力，起到了很好的搅拌碎化作用，从而使两种不相溶的液体（如水和油）发生乳化。此外，超声波在液体内产生空穴作用，使液体内的微生物细胞受到破坏，故也具有一定的杀菌消毒作用。

(2) 真空乳化机

真空乳化机装置是立式搅拌乳化釜接真空泵，在密闭的容器中装有搅拌叶片，并配有两个带有加热和保温夹套的原料溶解罐，一个是溶解水相，另一个是溶解油相，在真空状态下进行搅拌和乳化。真空乳化机的有效容积以 200～1000L 为宜，中间有均质器，转速 500～10000r/min，可无级调速。另外还有带刮板的框式搅拌器，转速为 10～100r/min，为慢速搅拌，还有螺旋式搅拌器，为快速搅拌，转速为 1500r/min，如图 7-15 所示。

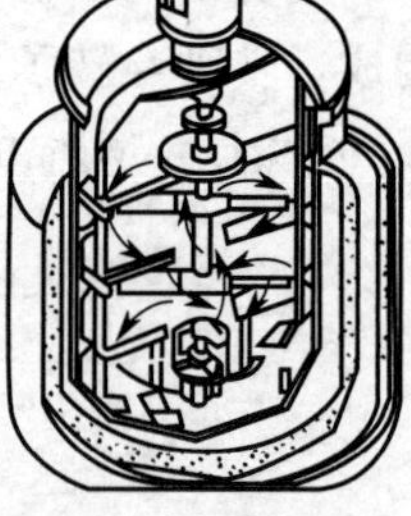

图 7-15 真空乳化机

真空乳化机同时具有上述三种搅拌器，在真空条件下操作，具有许多优点：

① 它吸取了上述三种设备的优点，避开了它们的缺点，是一种较为完善的乳化设备，适用于膏霜、奶液、发乳等乳化产品的生产；

② 可使膏霜和乳液的气泡减少到最低程度，增加表面光洁度；

③ 由于在真空状态下进行，产品生产过程中避免与空气接触，减少了氧化过程；

④ 由于负压，产品不含气泡，便于产品的灌装、称量和长期保存。

(3) 连续喷射式混合乳化机

连续喷射式混合乳化机由锥形旋转体和固定的斗形筒体组成，如图 7-16 所示。这种混合乳化机可制备油包水型或水包油型的乳液，适用于制造乳状化妆品。

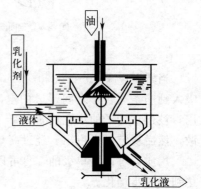

图 7-16 连续喷射式混合乳化机

四、捏合设备

固体物料和少量液体物料的混合，或固体物料与黏稠液体物料的混合操作称为捏合。由于所处理的物料基本上都是非牛顿型流体，所以需要通过强有力的捏合作用，使物料不断地被剪切、压延、折合，产生连续变形，从而达到较好的混合效果。

（一）双腕式捏合机

双腕式捏合机主要由两个腕形叶片组成。当捏合机操作时，两个腕形叶片以相反的方向旋转，从而使物料进行充分的捏合。腕形叶片的形状有很多，典型的两种形式如图 7-17 所示，它们适用于半干燥、半塑性的物料和膏状物料的捏合。

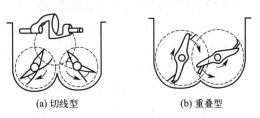

(a) 切线型　　　　　(b) 重叠型

图 7-17　双腕式捏合机的叶片形状

（二）密闭式捏合机

密闭式捏合机是由混合箱和重量锤构成的，如图 7-18 所示。

在混合箱内装有两个特殊形状的叶轮，互相向反方向旋转，对物料进行捏合。混合箱的外部夹层通蒸汽加热或通冷却水冷却，在上部装有用压缩空气驱动的重量锤，将物料压入叶轮中间进行定时捏合，成品从底部的活动放料口排出。叶轮是空心的，可通蒸汽或冷却水以调节温度。它适用于高黏度物料的捏合。

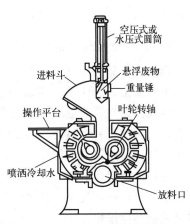

空压式或
水压式圆筒

进料斗
悬浮废物
重量锤
操作平台
叶轮转轴
喷洒冷却水
放料口

图 7-18　密闭式捏合机示意图

五、其他设备

（一）三辊研磨机

三辊研磨机主要用于牙膏、霜类产品的生产，其结构如图 7-19 所示。

三辊研磨机工作原理：三辊研磨机有三个辊筒安装在机架上，中心在同一平面上，三辊研磨机通过水平的三个辊筒的表面相互挤压及不同速度的摩擦剪切而达到研磨效果。

在铸铁的机架上，装有三只不同转速的用花岗石制成的轧辊，其中心在一条直线上，可水平安装，或稍有倾斜。在辊轴的两端有大小变速齿轮，前后两轧辊在手轮的调节下可以前后移动以调整间隙，中间轧辊磨好的膏料沿着轧辊的位置固定不动。钢质滚筒可以中空，通水冷却。物料从中辊和后辊之间加入，经研磨后，被装在前辊前面的刮刀刮除到料斗内，流入料筒，并用泵输送到储存器内。

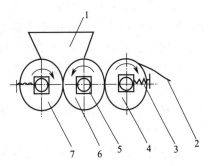

图 7-19　三辊研磨机

1—料斗；2—铲刀；3—调节器；4—前辊；
5—轴承；6—中辊；7—后辊

需要研磨的膏料可以采用泵或人工送入后辊和中辊的两块夹板之间。夹板必须与辊的表面密合，以防止膏料向两端泄漏。由于三个滚筒的旋转方向不同（转速从后向前顺次增大），就产生很好的研磨作用。通过紧贴而旋转方向相反的轧辊，以及两辊的速度差所产生的剪切力和研磨作用，可获得细腻的膏料。

三辊研磨机有以下几个方面的特点：

① 采用一次循环，有可能完全实现物质的均质化与分散，减少颗粒尺寸，打破团聚粒子。研磨成均质化的浆料，可为物料的进一步加工打下基础。

② 可用触摸屏操作，实现每个辊间的距离调节，确保辊子的平行度。弹性张紧的刮刀插口确保刮刀恒压，在操作过程中不需要重新调节。

③ 不同材质的辊子都可以使用，辊子及刮刀材质的选择从不锈钢到氧化铝、碳化硅及氧化锆等，可以满足各种需要。

④ 三辊机上的安全装置能确保操作人员的安全，机器可简单快速地清洗。

（二）真空脱气设备

膏霜类产品在生产过程中不可避免地会混入很多空气，影响了产品的质量，为此需要用真空脱气设备脱除此类产品中的气体。常用的真空脱气装置如图 7-20 所示。它由一只圆锥形筒身和高速旋转的甩料盘组成。操作时，用抽气管（接真空泵）排出筒内空气，以使筒内保持一定的真空度。物料从进料口送入，在高速旋转的甩料盘的离心力作用下，薄膜料体被甩至筒壁，并沿着筒壁滑下，在此过程中料体内的空气被排出。脱气后的物料通过泵从出料口排出。

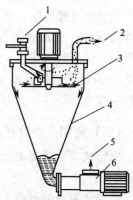

图 7-20　真空脱气设备
1—产品入口处；2—接真空泵；
3—甩料盘；4—筒身；5—产品
出口处；6—泵

第二节　粉类产品的生产设备

一、筛分设备

固体原料经粉碎后颗粒并不均匀，需要将颗粒按大小分开才能满足工业生产的需要，这种将物料颗粒按大小分开的操作称为筛分。筛分设备就是用来分离大小颗粒的，其主要部件是由金属丝、蚕丝或尼龙丝等材料编织成的网。筛孔可以是圆形、正方形或长方形，筛孔的大小通常用目来表示，即每英寸❶长度内含有经线或纬线的数目，目数越大，筛孔越小。

筛分设备按操作方法分类，可以分为固定筛和运动筛两大类。固定筛只适用于生产能力较低的场合，其优点是设备简单、操作方便。随着粉粒日趋微细化，筛网已不能满足现代生产工艺的要求。

筛分可采用机械离析法，也可用空气离析法，前者的设备称为机械筛，比如栅筛、圆盘筛、滚筒筛、摇动筛、簸动筛、刷筛及叶片筛；后者的设备称为风筛，比如离心分筛机、微粉分离器。以下分别介绍几种用于化妆品生产的筛粉机。

---

❶　1 英寸为 0.0254 米。

（一）机械筛

（1）滚筒筛

滚筒筛又称回转筛，主体结构为稍有倾斜的滚筒，筒面上为筛网，如图 7-21 所示。当物料经加料斗加入旋转着的滚筒后，其中的细料即可穿过筛孔排出作为成品落入料仓，而粗料则沿滚筒前移，在滚筒的另一端排出，重新进粉碎机粉碎。

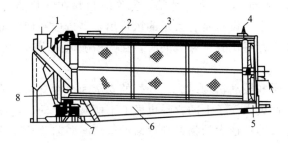

图 7-21　滚筒筛结构图

1—加料斗；2—外壳；3—带孔圆筒；4—连抽风机；

5—大块物料滚碎机；6—成品仓；7—支承轮；8—止推轮

（2）摇动筛

摇动筛的结构如图 7-22 所示，摇动筛的筛子水平或倾斜放置，通过连杆和偏心轮相连接。当电动机带动偏心轮转动时，偏心轮即通过连杆摇动筛子，使筛子做往复运动。筛板上的物料，粒径小的经筛孔落到下方，而未过筛的大颗粒物料则顺筛移动，落到粉碎机中。

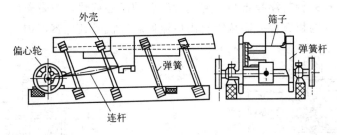

图 7-22　摇动筛结构图

摇动筛可以做成多层的，在这种筛中，先将物料加入具有最大筛孔的上层筛板上，未过筛的大块物料被筛分出来，筛过的物料则落到下层筛板上。下层筛板上的筛孔较小，这层的过筛物又落到下层更细筛孔的筛板上。依次类推，即可同时筛分出颗粒大小不同的若干种产品。因此摇动筛是一种效率很高的筛分设备，广泛应用于细物料的筛分。

（3）刷筛

刷筛的结构如图 7-23 所示，为一个 U 形容器，在容器的底部装一个固定的半圆形金属筛网，容器两端侧面的圆心上有两个轴承座，其上安装一只转轴，轴上安装有交叉的毛刷，毛刷紧贴金属筛网，容器盖上有一个加料斗。

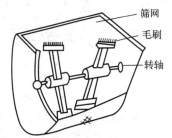

图 7-23　刷筛结构图

开动机器后，当毛刷以 30～100r/min 的速度旋转时，粉料慢慢加入容器内。由于毛刷紧贴着筛网做回转运动，因此，切不可一下加入过多的粉料，造成筛网损坏，影响筛分效果。同时要注意避免粉料内混有坚硬异物，以免造成网坏机损，容器内的存粉筛分干净后方可停机。筛网上的物料可按粗细不同被筛分，过筛物即为产品，未过筛物重新去粉碎。

（4）叶片筛

刷筛的生产效率较低，为提高刷筛的生产效率，将安装在轴上的毛刷改为叶片，且转轴的转速提高到 $500 \sim 1500 r/min$，即为叶片筛。操作时粉料在叶片离心力的作用下通过金属筛网，故生产效率较高。但该设备将有大量的风排出，易造成环境污染。该设备是依靠离心力与风力进行筛分，要求筛料比较干燥。同时，在筛粉随风排出时，也会损失部分粉料。

（5）簸动筛

该设备由外壳、筛子和振动机构组成。外壳的支承为弹性支承，筛网略呈倾斜。振动机构引起筛子上下簸动，使进入筛子上的物料也做上下颠簸的运动，这样就可以使粒径小的物料通过筛子下落，未过筛的粒径大的物料则逐渐沿着筛面向前移动到筛的另一端，重新进入粉碎机粉碎。在此设备中，振动物料颗粒不易堵塞筛孔，故其筛分效率较高。

（二）风筛

（1）离心风筛机

离心风筛机主要由两个同心的锥体组成，内锥体中心轴上装有圆盘、离心翼片及风扇，如图 7-24 所示。

被粉碎物料从上部加料口进入，落到迅速旋转的圆盘上，借助离心力将粉状物料甩向四周。圆盘四周有上升气流，将粉状物料吹起来，使细粉浮动；而粗颗粒因离心力大碰到内锥筒壁落下；中等颗粒的物料浮起不高，遇到旋转着的离心翼片，被带着向内锥筒壁运动，撞到内锥筒壁而下落，与粗颗粒一同从粗料出口流回粉碎机或其他容器内。

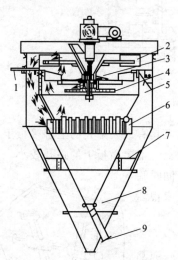

图 7-24　离心风筛机结构图

1—调节盖板；2—离心翼片；3—风扇；4—圆盘；
5—内锥支架；6—折风叶；7—架板；
8—粗料出口；9—细料出口

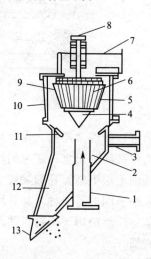

图 7-25　微粉分离器结构图

1—进料管；2—进料位置调节环；3—二次风管；
4—转子锥底；5—转子；6—扇片；7—排风管；8—转轴；
9—转子上的空气通道；10—分离室；11—节流环；
12—集粉管；13—粗料排粉口

能够浮动到离心翼片以上的细料，则随气流被风扇吹送到内外锥筒的夹层中，在这里空气速度骤减，使其从下端的细料出口处排出。与细料分离的空气，经倾斜装置的折风叶后，重新进入内锥筒内。通常在内锥筒上端的四周安装调节盖板，通过伸缩盖板、增减离心翼片的数目及倾斜度、变更主轴的转速等方式调节物料被分离的粗细程度。一般分离细料时，离心翼片可多至48个，最少为6个，而分离粗料时，有时可以不用离心翼片。

(2) 微粉分离器

微粉分离器又称空气离析器，是利用空气气流作用使粉料颗粒粗细分离的设备，其结构如图7-25所示。应用离心式气流微粉分离器，可以得到粉粒小于100目的细粉。

当含有粉尘的气流从底部进料管送入分离室，室内装有一个具有电动机驱动的转子，转子支承于转轴上，并以高速旋转，电动机的转速可以根据所分离的物质进行调节。当含粉气流穿过转子时，悬浮的粉料受到转子上的离心力作用而改变运动方向，沿筒壁下降到节流环的锥面上，被二次风管的旋转气流再次提升，夹带细粉，不符合细度的粉末则通过集粉管从粗料排粉口排出，细粉则随气流从排风管排出。

微粉分离器是一种高速转动的设备，每次使用完毕后必须将转子上黏附的粉料清除干净。当转子上黏附的粉料产生单面不平衡后，转子将产生剧烈震动，易致机器损坏。

二、混合设备

混合设备主要用于固体与固体的混合操作，使固体粉料之间混合均匀。混合设备的品种很多，如滚筒型混合机、V形混合机、带式混合机、双螺旋锥形混合机、螺带式锥形混合机及高速混合机等。

(一) 滚筒型混合机

滚筒型混合机是通过滚筒的转动而将筒内物料进行混合的设备。这种设备结构简单，适用于干粉的混合，如图7-26所示。

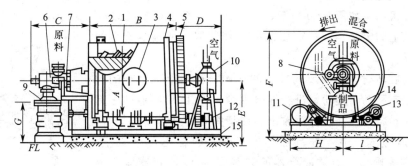

图 7-26 滚筒型混合机结构图

1—滚筒；2—搅拌叶；3—人孔；4—轮箍；5—滚筒齿轮；6—螺旋送料器；7—螺旋送料器用齿轮；8—离合器；9—集尘盖；10—分离器；11—齿轮传动电机；12—传动轴；13—支撑滚轮；14—推力轮；15—机座

(二) V形混合机

V形混合机是由两个圆筒焊接而成的V形混合筒，如图7-27所示。由于V形混合筒不停回转，产生重力和离心力的作用，故筒内的物料沿着交叉的两个圆筒移动，从而在V形筒的尖端地方重复冲撞、混合，这种设备适用于干粉的混合。

与V形混合机混合原理相似的另一种混合机为双圆锥形混合机，两个圆筒两侧装有两个支轴，支轴安放在轴承上，靠其支持而转动，如图 7-28 所示，也适用于干粉的混合。

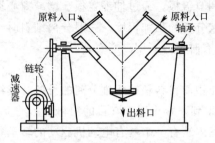

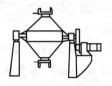

图 7-27　V 形混合机结构图　　　　　图 7-28　双圆锥形混合机结构图

当 V 形混合机运转时，机内的固体粉料开始时在受到离心力和筒壁的阻力作用下，先做圆周运动，在达到一定点之后，在重力作用下脱离了圆周运动，粉料表面的粉粒产生移动，然后在两圆筒的锥体部分进行激烈冲击，使粉料混合。在混合机的连续运转下，机内的粉料反复地在锥体部分做激烈冲击，使粉料在很短时间内达到良好的混合。

V 形混合机的旋转速度对混合效率的影响较大，一般混合机的转速较低，其适宜的转速可按式(7-1) 求得。

$$N = 18/(R_{max})^{\frac{1}{2}} \tag{7-1}$$

式中，R_{max} 为回转部分的最大半径，m；N 为转速，r/min。

V 形混合机内部没有任何转动机件，混合作用主要依靠粉料的扩散和在交锥部分的冲击，因而物料对混合机内壁的磨损极微，也就不会有杂质带入制品中，所以可以制得极纯净的制品，且设备结构简单，便于消毒灭菌，可以在无菌条件下操作。

（三）带式混合机与双螺旋锥形混合机

（1）带式混合机

带式混合机结构如图 7-29 所示，其主体是一个金属制成的水平 U 形容器，中心装置是回转轴，在轴上固定两条带状螺旋形的搅拌装置，两条螺旋带的螺旋方向相反。

当中心轴旋转时，由于反向螺旋的作用，粉料上下翻动的同时，沿轴向左右移动，使粉料进行充分混合，在 U 形容器的底部开有出料口，粉料可以在搅拌后放出。在某些有特殊需要的场合，U 形容器可以做成夹套，进行加热或冷却。容器也可抽真空，进行真空拌粉等操作。通常混合器的装载量为 U 形容器体积的 40%～70%，拌粉轴的转速为 20～300r/min。

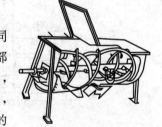

图 7-29　带式混合机结构图

带式混合机由于搅拌桨叶转速慢，不会因搅拌时摩擦使粉料产生热量，且操作简单、维修方便。缺点：搅拌桨叶与容器器壁之间有较大的间隙，容易造成死角，使粉料搅拌不均匀，且开启盖和放料时粉尘易飞扬。

（2）双螺旋锥形混合机

双螺旋锥形混合机结构如图 7-30(a) 所示。

其外形为一圆锥筒，筒内装有两个不等长的螺旋搅拌器，搅拌器依锥体做公转和自转运动。公转速度为 2～3r/min，自转速度为 60～70r/min。

　　粉料在搅拌器的公转和自转作用下，做上下循环运动和涡流运动，如图 7-30（b）所示，因此可以在较短的时间内得到高度混合的粉料。其功效为滚筒型混合机的 10 倍左右，是目前混合功效较好的一种混合设备，装载容量为 50%～70%。

（四）螺带式锥形混合机

　　螺带式锥形混合机的结构如图 7-31 所示，其采用螺旋搅拌器和外部螺带式锥形搅拌器相组合的形式。搅拌时，可以造成粉料的剪切、错位、扩散、对流等全方位的运动，从而获得均匀混合物，它也是目前混合效果较好的混合机之一。

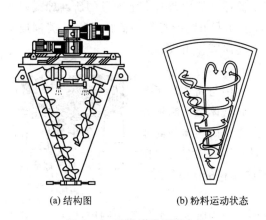
(a) 结构图　　　　(b) 粉料运动状态

图 7-30　双螺旋锥形混合机

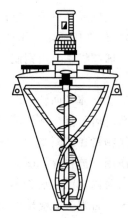

图 7-31　螺带式锥形混合机结构图

（五）高速混合机

　　高速混合机是一种广泛使用的高效混合设备，结构如图 7-32 所示。它是一个圆筒形夹套容器，在容器底部装有转轴，轴上装有搅拌桨叶，转轴与电动机可用皮带连接，也可直接与电动机连接。在容器底部开有一出料孔，在容器上端有密封盖，盖上有一挡板插入容器内，通过测温孔测量粉料的温度。

　　将粉料按配比装入容器内，盖好密封盖。启动电动机后，依靠搅拌叶轮的离心力作用使粉料互相撞击粉碎，进行充分混合。此时，粉料温度在极短的时间内显著升高，极易变质变色，故使用前在夹套内通入冷却水，用以降温，同时需经常观察温度的变化。

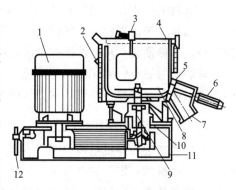

图 7-32　高速混合机结构图
1—电动机；2—料筒；3—温度计；4—密封盖；5—门盖；6—气缸；7—出料口；8—搅拌叶轮；9—转轴；10—轴壳；11—机座；12—调节螺丝

　　该混合机可在真空下操作，也可在小于 245.5kPa 的压力下操作，一般适宜的装载量为容器容积的 60%～70%，叶轮的转速控制在 500～1500r/min 之间。

三、粉碎设备

　　在粉类化妆品的生产过程中，为使粉料与颜料充分混合、磨细，得到均匀的颜色，需使用粉碎设备。粉碎设备有很多种，一般可按被粉碎物料在粉碎前后的大小分为四类。

① 粗碎设备：典型的有颚式破碎机和锥形破碎机。

② 中碎与细碎设备：主要有滚筒破碎机和锤击式粉碎机。

③ 磨碎和研磨设备：主要有球磨机、棒磨机等。

④ 超细碎设备：主要有气流粉碎机、冲击式超细粉碎机等。

目前采用的粉碎设备主要有球磨机、振动磨、微细粉碎机和气流粉碎机、立式气流磨和冲击式超细粉碎机等。

（一）球磨机

球磨机一般制成具有两端锥形或圆筒形的回转筒体，筒内装有一定数量的研磨球或研磨柱（研磨体）。研磨体通常采用瓷质制品，大型的亦可采用鹅卵石等。筒体可用低碳钢或不锈钢板制成。球磨机主要由钢制筒体和装在筒体内的研磨体组成，如图 7-33 所示。

电动机带动筒体做回转运动，筒体内的研磨体利用与筒体的摩擦升高到一定高度后下落。筒体不断地做回转运动，研磨体也不断地升高和回落，使物料在不断受到下落的研磨体的撞击力及研磨体与筒体内壁的研磨作用下被粉碎、研磨及混合。在装料时，研磨体与粉料按一定比例装入筒内，混合后物料的体积一般为筒体体积的 1/3 左右，不能装载过多，否则会影响球磨机的效率。

图 7-33　锥形球磨机

球磨机的筒体有圆筒形、长筒形和圆锥形三种，均为卧式，分别称为圆筒球磨机、管形球磨机和锥形球磨机。研磨体可以是球形，称为球磨机；也可以是棒形，称为棒磨机。

球磨机的优点：可以进行干磨，也可以进行湿磨，其粉碎程度较高；可得到较细的颗粒，特别是对于易爆物品，筒体内一定要充惰性气体防爆；球磨机运转可靠，操作方便；结构简单，价格便宜；可间歇操作也可连续操作；密闭进行，可减少粉尘飞扬。

球磨机的缺点：体积庞大、笨重，运转时有强烈的震动和较高的噪声，因此必须有牢固的基础。此外，粉料内易混入研磨体的磨损物，会污染产品；工作效率低，能耗大。

（二）冲击式超细粉碎机

冲击式超细粉碎机结构如图 7-34 所示，主要由叶轮、粗碎叶片、分级机构、定子和自身循环回路组成。当物料进入粉碎机后，即受到高速旋转叶片的撞击及叶轮和安装在周围的定子之间的强力剪切而被粉碎。粉碎后的物料在充分分散的状态下通过分级机构进行分级，细粉被取出机外而粗粉则通过与供料口相通的自身循环回路进行再次粉碎。

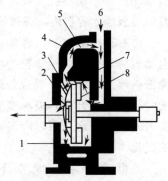

（三）振动磨

振动磨是通过研磨设备在磨机筒体内的高频率振动将物料磨细的一种微细粉碎设备。其结构为一卧式圆筒形磨机，筒体里面安装有研磨球，筒体中心装有回转主轴，轴上装有不平衡重物，由弹簧支撑。当主轴以 1500～3000r/min 的速度旋转时，借助筒体的高频振动、不平衡重物所产生的惯性离心力使物料不断地被研磨体撞击而粉碎。该机器的粉碎效率较高，但有比较大的缺点，高频振动产

图 7-34　冲击式超细粉碎机

1—定子；2—细粉；3—分级机构；

4—粗粉；5—自身循环回路；

6—原料；7—粗碎叶片；8—叶轮

生的噪声、研磨体在粉碎过程中磨损、粉料内混入杂质等，这些都限制了振动磨的应用。

（四）微细粉碎机

微细粉碎机主要由粉碎室和回转叶轮等部件构成，流体出口过滤料斗室内装有特殊齿形衬板。通过送粉机进入粉碎室的粉料，在高速回转的大小叶轮带动下和特殊齿形衬板的影响下相互撞击，变成微细的粉末。此设备主要用来生产 200～300 目的超细粉末，粉粒的细度一般可达到 5～10μm。由于粉碎叶轮旋转的线速度高达 100m/s，稍有金属异物进入粉碎室，就会导致机器损坏。还有进料切不可过量，以免造成机温升高、粉料变质、机件磨损。同时使用完毕后，应将机内余粉清除干净。

（五）气流粉碎机与立式气流磨

（1）气流粉碎机

气流粉碎机是一种利用高速气流促使固体物料自行相互击碎的超细粉碎设备，结构如图 7-35 所示。

高压气体从喷射器射出，形成高速气流，从斜的方向向粉碎室内壁喷射，使粉碎室内的物料做高速旋转，造成物料粒子互相撞击，从而达到粉碎的目的。粉碎后的粉料通过旋风分离器，将粗粉送入粉碎室继续粉碎，细粉则进入收集器。

通常气流粉碎机可以使物料粉碎到几个微米，制得粒度微细而均匀的产品，产品纯度较高，可以在无菌条件下操作，适用于热敏感及易燃、易爆物料的粉碎。

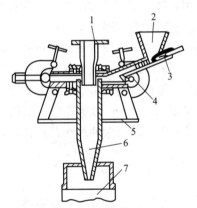

图 7-35　气流粉碎机

1—旋风分离器；2—过滤料斗；3—喷射器；

4—粉碎室；5—底座；6—制品收集器；

7—滤布及制品收集器

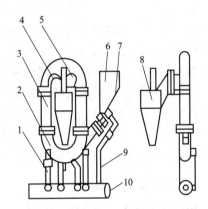

图 7-36　立式气流磨

1—喷嘴；2—下弯管；3—直管；4—上弯管；

5—粉粒出口；6—料斗；7—加料喷嘴；8—旋风

分离器；9—喷嘴气管；10—压力气体总管

（2）立式气流磨

立式气流磨也是利用高速气流，使固体物料自行相互击碎的超细粉碎设备，如图 7-36 所示。

物料自料斗经过加料喷嘴喷射后进入粉碎管，高压气体从管道进入喷嘴射入粉碎管，由于高压气体在粉碎管内带动物料做高速旋转，因此物料可在粉碎管内通过撞击、剪切而被粉碎。已粉碎的细粉从上弯管排出进入旋风分离器进行收集。立式气流磨可以制得粒度微细而均匀的成品，成品的纯度较高，且可以在无菌条件下操作，适用于热敏性及易燃、易爆物料的粉碎。

第三节 其他设备

一、灭菌设备

为杀灭物料及设备等生产车间物品上黏附的微生物,对这些原料及物品进行灭菌处理的设备称为灭菌设备。工业生产中常用的灭菌方法有高温灭菌、化学药品灭菌、紫外线灭菌、气体灭菌及放射线灭菌等。灭菌方法必须具有以下特点:高效有力的杀菌能力;低毒或无毒,安全可靠;操作过程方便。

(一)高温灭菌设备

高温灭菌是将要灭菌的物品装入密封性能较好的贮器(柜或烘箱)内,关闭好贮器,然后开蒸汽(或电源)以加热散热器,并用风机将贮器内的空气循环,经散热器后使空气温度加热到120~160℃,恒温1~3h,待冷却后取出物料,可达到灭菌效果。该法适用于耐高温而不燃烧的物料。

另一种方法是直接通入压力为98.066kPa的水蒸气,即湿法灭菌,加热温度一般为120℃,维持60min,即可达到灭菌效果,但该方法适用于能够耐湿的物料。

(二)紫外线灭菌设备

波长为250~390nm的紫外线具有很强的杀菌作用。特别是波长为260nm左右的紫外线杀菌效率最高。把物料放入封闭的箱内用紫外线照射一定时间,即可实现灭菌。

紫外线灭菌可采用间歇式,也可采用连续式。间歇式操作灭菌设备可制成箱式,物料在箱内受紫外线照射一定时间后达到灭菌效果。生产上常常采用连续式,即在移动的输送带上安装罩壳,罩壳顶上有引风机将紫外灯产生的臭氧排出,物料在输送带上通过罩壳时,由于受紫外线照射而实现灭菌。由于臭氧几乎能全部吸收波长为290nm的紫外线,这样,紫外线灯产生的紫外线就可利用臭氧对输送带上的物料进行灭菌。采用紫外线灭菌应注意切不可用肉眼观看紫外光源,必要时应佩戴防护眼镜。

(三)气体灭菌设备

常用的灭菌气体主要有甲醛和环氧乙烷。由于两者都是易燃易爆气体,爆炸极限分别为7%~73%和3.6%~78.0%,故使用前须用二氧化碳气体稀释,以降低它们的易燃易爆性。粉类原料用环氧乙烷灭菌装置见图7-37。

将粉料加入灭菌器内,关闭容器盖子,使其密封。密封后用真空泵抽除灭菌器内的空气,当灭菌器达到完全真空后,将灭菌气体环氧乙烷通过夹套加热器加热到50℃(灭菌器和环氧乙烷加热器的夹套内通50℃的热水保温),通入灭菌器内,保持压力9.8×10^4Pa,维持2~7h灭菌。

灭菌结束后,用真空泵将灭菌器内的灭菌气体抽出并排入水槽内,待完全抽出后方可通入经过灭菌处理的空气。对于粉末原料等吸附的环氧乙烷气体,可用真空泵充分抽吸,必要时可进行2~3次以充分除去吸附的气体。然后再向灭菌器内通入经过滤、灭菌的无菌空气,取出粉末原料并储存在无菌容器内,从而完成对物料的灭菌操作。

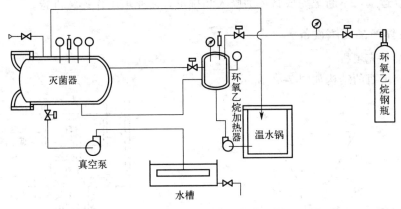

图 7-37　环氧乙烷灭菌装置

（四）放射线灭菌设备

放射线灭菌是将放射性物质（一般用钴 60）安装在特殊结构的容器内，只需将要进行灭菌的物品通过其照射即可达到灭菌的效果。

二、充填灌装设备

（一）膏体灌装设备

在化妆品生产中，经常使用的膏体灌装设备主要有立式活塞式充填机和卧式活塞式充填机，它们都是利用活塞在缸内产生的压差将乳剂吸入，产生推力将乳剂送出，同时利用活塞的行程来控制容积的大小，达到对出料量的调节。

（1）立式活塞式充填机

立式活塞式充填机由缸体、活塞、颈圈、三角形阀与活塞杆相连成一体，如图 7-38 所示。

当活塞杆向上移动时，三角形阀同步地向上移动，此时三角形阀与活塞之间的密封面开始分离，待阀门全部开启后，在活塞杆上固定的颈圈与活塞下端面接触，活塞开始被颈圈向上推进，乳剂通过阀门间隙流入缸体内。

当活塞杆向下移动时，三角形阀同步向下移动，阀门与活塞密闭接触，活塞杆继续向下移动，则活塞被三角形阀迫使下行，乳剂被压缩，迫使向外排出。活塞杆往复一次，即完成一次乳剂吸入与排出的工作循环。

图 7-38　立式
活塞式充填机

1—缸体；2—三角形阀；
3—活塞；4—颈圈；
5—活塞杆

（2）卧式活塞式充填机

卧式活塞式充填机由卧式缸体、活塞及旋转阀门组成，如图 7-39 所示。

旋转阀门是在阀芯的两对面切去大于 90°的槽面，作为乳化后膏体的进出通道，而未被切去的部分，则用作膏体进口与出口的密封。当活塞向后移动时，膏体通过阀芯的槽被吸入缸体内，此时排出口被阀芯封闭。在活塞后移到将近终点位置时，阀芯迅速地转动 90°，则进料口被阀芯关闭，出料口开启。活塞向前推进，膏体被压缩，并通过阀芯槽向出口排出。

如此不断往复运动，不断地完成膏体的吸入和排出，使充填工作连续进行。

（二）液体产品充填设备

（1）定量杯充填机

定量杯充填机的结构如图 7-40 所示。

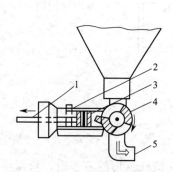

图 7-39　卧式活塞式充填机

1—连杆；2—缸体；3—活塞；
4—旋转阀门；5—出料口

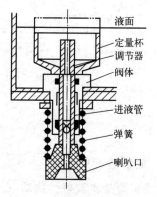

图 7-40　定量杯充填机

在充填机下面设有灌装瓶时，定量杯由于弹簧的作用而下降，浸没在贮液柜中，此时定量杯内充满液体。当瓶子进入充填器下面后，瓶子通过上升机构用凸轮或压缩气缸向上升起，被送入喇叭口内，压缩弹簧使定量杯上升超出液面，这时杯内的液体通过容量调节管进入阀体的环形槽。进液管的上下两段是隔开的，因此在下段管子上的小孔进入阀体的环形槽内后，液体进入进液管的下段，流入瓶内，瓶内空气则由喇叭口上的排气孔中逸出。通过调节容量调节器的高低以调节定量杯内液体的容量。

（2）真空充填机

真空充填机的结构如图 7-41 所示。

真空充填机由壳体、真空接管、液体进入管接口、密封填料和真空吸管组成。当瓶口密封后，瓶内的空气从真空接管抽出，瓶内减压，被填充的液体在大气压的作用下进入管中并送入瓶内。瓶内液体的灌装高度，可由真空吸管的长度调节控制，多余的液体可通过真空吸管流入中间容器内回收。

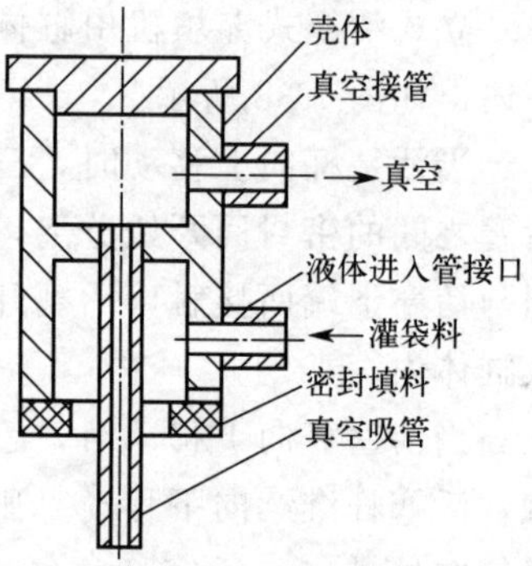

（三）粉料充填设备

粉料的充填有容积法和称量法。对于定量灌装机构的要求是：应有较高的定量精度和速度，结构简单，并可根据定量要求进行调节。粉状的容积定量法充填设备的结构比称量法的简单，具有定量速度快、造价低等特点，适用于低重量和密度比较稳定的粉料充填，一般应用于计量精度不十分严格的计量场合。

图 7-41　真空充填机

三、其他设备

（1）旋风分离器

旋风分离器由圆柱形的筒身和底部的圆锥形结构共同构成（见图 7-42）。

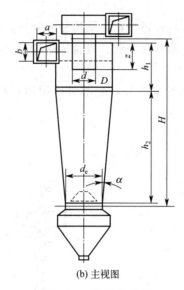

| (a) 旋风分离器设备图 | (b) 主视图 | (c) 俯视图 |

图 7-42 旋风分离器

气体进口管的截面为矩形，气体出口管伸入分离器内，其下口略低于进气管的底边。带有粉尘的气流从气体进口管进入分离器内并呈旋涡式流动，悬浮的颗粒在离心力的作用下，除随气流旋转外，还产生径向运动，因而被甩向器壁并沿器壁落下。净制后的气体由内筒上升经出口管排出，除下的粉尘自锥底出口管间歇地排出。

旋风分离器的分离效率一般为 $70\%\sim80\%$，故一般用于含粉气体的初步净制。对于湿度很高的气体，旋风分离器是不适用的，也不适用于含黏附性颗粒的气体，但可用于较高温度下净制气体。

（2）袋式过滤器

袋式过滤器是使气体从纤维织物滤袋通过，悬浮的固体粒子被截留下来而达到除尘的目的。此类过滤净制的效率很高，一般为 $94\%\sim97\%$，最高可达 99% 以上。它能净制旋风分离器所不能净制的气体，如粒径小于 $1\mu m$ 的固体粒子。按过滤器内操作压力的不同可分为正压袋滤器和负压袋滤器两种。

（3）板框式压滤机

过滤机的类型很多，水剂类化妆品的过滤一般采用加压过滤，板框式压滤机是应用较广泛的过滤机。板框式压滤机由许多交替排列的滤板和滤框构成。滤板和滤框支撑在压滤机的两个平行横梁上。机座上有固定的端板和可移动的端板，滤板和滤框利用特殊的装置压紧在固定端板和移动端板之间，两滤板和滤框之间形成一个滤渣室，每块滤板与滤框之间夹有过滤介质（滤布或滤纸）。

板框式压滤机的滤板和滤框可由金属或非金属材料制成，操作压力一般为 $1.5\times10^{5}\sim2.0\times10^{5}$ Pa。为避免滤渣堵塞滤布，影响过滤，一般滤板之间加适量碳酸镁作助滤剂。

板框式压滤机具有占地面积小、推动力大、易于检查操作、管理简单等特点，但需经常拆装，劳动强度大，且由于经常拆装，滤布磨损严重，只能进行间歇操作。因此可根据生产和滤液的要求，选用真空过滤设备如真空叶滤机、压力叶滤机、陶瓷过滤机等间歇过滤设备，以及转筒式连续真空过滤和转筒式连续加压过滤等连续过滤设备。

（4）气压容器

气压容器与一般化妆品的包装容器相比，结构较为复杂，可分为容器的器身和气阀两个部件。器身一般采用金属、玻璃和塑料制成。较常采用的是以镀锡铁皮制成的气压容器。玻璃容器适用于压力较低的场合。

气阀系统除阀门内的弹簧和橡皮垫外，全部可以用塑料制成。其容器和阀门的结构如图 7-43 所示。

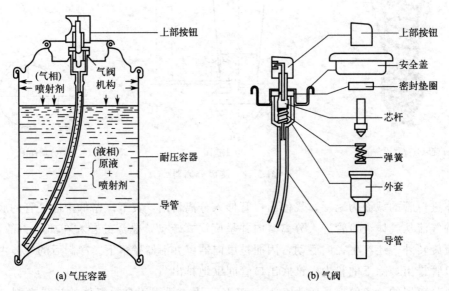

图 7-43　气压容器、气阀的构造图

其工作原理是：将有效成分放入容器内，然后充入液化的气体，部分为气相，部分仍为液体，达到平衡状态。气相在顶部，而液相在底部，有效成分溶解或分散在下面的液层。当气阀开启时，气体压缩含有效成分的液体通过导管压向气阀的出口而到容器的外面，见图 7-44。

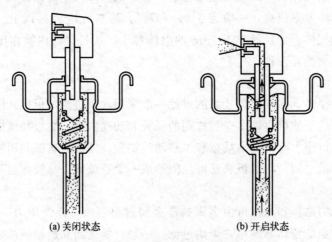

图 7-44　阀门的工作原理图

由于液化气体的沸点远低于室温，能立即汽化使有效成分喷向空气中形成雾状。如要使产品压出时呈泡沫状，其主要的不同在于泡沫状制品不是溶液而是以乳化体的形式存在，当阀门开启时，液化气体的汽化膨胀，使乳化体产生许多小气泡而形成泡沫的形状。

≡ 第八章 ≡

化妆品生产质量控制

长期以来，化妆品的生产工艺都比较简单，其关键技术都是依靠经验把握，并逐步充实完善理论，从而依靠理论指导生产。化妆品的类型不同，其生产工艺也不相同，下面主要介绍乳剂类、液洗类、气溶胶类等的生产工艺与质量控制。

第一节　乳剂类化妆品

在实际工作中，乳液配制依赖于操作者的经验。因为乳液制备时涉及的因素很多，目前还没有哪种理论能够定量地指导乳化操作，即使经验丰富的操作者，也很难保证每批都乳化得很好。一般来说，在实验室经过产品小试后可以选定乳化剂，但在中试放大时，还应制定相应的乳化工艺及操作方法，以实现工业化生产。

制备乳剂类化妆品的经验方法很多，都有各自特点，但都必须符合化妆品生产的基本要求。

一、乳化体的制备方法

在实际生产过程中，有时虽然采用同样的配方，但是由于操作时的温度、乳化时间、加料方法和搅拌条件等不同，制得产品的稳定度及其他物理性能也会不同，有时相差悬殊，因此，根据不同的配方和不同的要求，采用合适的配制方法，才能得到较高质量的产品。

乳化体的制备方法常常与乳化剂的加入方式、转相乳化方式和低能乳化方式有关。

（一）乳化剂的加入方式

（1）乳化剂溶于水相法

将乳化剂直接溶解于水中，然后在激烈搅拌下慢慢地把油相加入水中，制成 O/W 型乳化体。如果要制成 W/O 型乳化体，那么就继续加入油相，直到转相变为 W/O 型乳化体为止。此法所得的乳化体颗粒大小很不均匀，因而也很不稳定。

（2）乳化剂溶于油相法

将乳化剂溶于油相（用非离子表面活性剂作乳化剂时，一般用这种方法）有两种方法可得到乳化体。

① 将乳化剂和油脂的混合物直接加入水中形成 O/W 型乳化体。

② 将乳化剂溶于油相中，再将水相加入油脂混合物中，开始时形成 W/O 型乳化体，当加入大量的水后，黏度突然下降，转相变为 O/W 型乳化体。这种制备方法所得的乳化体颗粒均匀，平均直径约为 $0.5\mu m$，因此这种方法常常用于生产乳剂类化妆品。

（3）乳化剂分别溶解法

这种方法是将水溶性乳化剂溶于水中，将油溶性乳化剂溶于油中，再把水相加入油相中，开始时形成 W/O 型乳化体，当加入大量的水后，黏度突然下降，转相变为 O/W 型乳化体。

如果要制备出 W/O 型乳化体，先将溶解了油溶性乳化剂的油相，加入溶解了水溶性乳化剂的水相中，刚开始时生成 O/W 型乳化体，当油相加入量增大到一定量时，发生转相，生成 W/O 型乳化体。这种方法制得的乳化体颗粒也较细，因此常采用此法。

（4）初生皂法

用皂类稳定的 O/W 型或 W/O 型乳化体都可以用这个方法来制备。将脂肪酸类溶于油相中，碱类溶于水中，加热后混合并搅拌，二相接触，在界面上发生中和反应生成肥皂，起乳化作用。这种方法能得到稳定的乳化体，例如硬脂酸钾皂制成的雪花膏，硬脂酸铵皂制成的膏霜、奶液等。

（5）交替加液法

在空的容器里先放入乳化剂，然后边搅拌边少量交替加入油相和水相。这种方法对于乳化植物油脂是比较适宜的，在化妆品生产中很少应用。

以上几种方法中，第 1 种方法制得的乳化体较粗糙，颗粒大小不均匀，也不稳定；第 2～4 种方法是化妆品生产中常采用的方法，其中第 2、3 种方法制得的产品颗粒较细，较均匀，也较稳定，应用最多。

（二）转相乳化法

转相乳化法，是指将水包油型乳化体（或油包水型）转变成油包水型乳化体（或水包油型）的乳化方法。在化妆品乳化体制备过程中，利用转相法可以制得稳定且颗粒均匀的乳化体。

（1）增加外相

当需制备一个 O/W 型的乳化体时，可以将水相慢慢加入油相中，开始时由于水相量少，体系容易形成 W/O 型乳液。随着水相的不断加入，使得油相无法将这许多水相颗粒包住，只能发生转相，形成 O/W 型乳化体。

当然，这种情况必须在合适的乳化剂下才能进行。在发生转相时，乳化体表现为黏度明显下降，界面张力急剧下降，因而容易得到稳定、颗粒分布均匀且较细的乳化体。

（2）降低温度

对于用非离子表面活性剂制备的稳定的 O/W 型乳液，在某一温度点，内相和外相将互相转化，变为 W/O 型乳液，这一温度叫转相温度。

非离子表面活性剂有浊点，在高于浊点温度时，非离子表面活性剂与水分子之间的氢键断裂，导致表面活性剂的 HLB 值下降，即亲水力变弱，从而形成 W/O 型乳液；当温度低于浊点时，亲水力又恢复，从而形成 O/W 型乳液，利用这一点可完成转相。

一般选择浊点在 50～60℃ 的非离子表面活性剂作为乳化剂，将其加入油相中，然后和水相在 80℃左右混合，这时形成 W/O 型乳液。随着搅拌的进行乳化体系降温，当温度降至浊点以下时，发生转相，乳液变成了 O/W 型。

当温度在转相温度附近时，原来的油水相界面张力下降，降低了乳化所需要做的功，所以即使不进行强烈的搅拌，乳化粒子也很容易变小。

（3）加入阴离子表面活性剂

在非离子表面活性剂的体系中，加入少量的阴离子表面活性剂，将极大地提高乳化体系的浊点。在浊点在 50～60℃之间的非离子表面活性剂形成的 W/O 型的乳液中，加入少量的阴离子表面活性剂，并加强搅拌，体系将发生转相变成 O/W 型乳液。

一般来说，在制备乳液类化妆品时，以上三种转相的方法会同时发生。如在水相中加入十二烷基硫酸钠、在油相中加入十八醇聚氧乙烯醚的非离子表面活性剂体系，油相温度在80～90℃，水相温度在 60℃左右。当将水相慢慢加入油相中时，开始时体系中水相量少，阴离子表面活性剂浓度也极低，温度又较高，便形成了 W/O 型乳液。随着水相的不断加入，水量增大，阴离子表面活性剂浓度也变大，体系温度降低，便发生转相，这是多种因素共同作用的结果。

（三）低能乳化法

在制造乳化体化妆品的过程中，要先将油相、水相分别加热至 75～95℃，然后混合搅拌、冷却，而且冷却水带走的热量是不加利用的，因此在制造乳化体的过程中，能量的消耗是较大的。如果采用低能乳化法，大约可节约 50% 的热能。

（1）低能乳化法的操作步骤

低能乳化法在间歇操作中一般分为两步进行。

第一步，将部分水相（B 相）和油相分别加热到所需温度，将水相加入油相中，进行均质乳化搅拌，开始时乳化体是 W/O 型，随着 B 相（水相）的继续加入，乳液变为 O/W 型乳化体，称为浓缩乳化体。

第二步，加入剩余的一部分未经加热而经过紫外线灭菌的去离子水（A 相）进行稀释，因为浓缩乳化体的外相是水，所以乳化体的稀释能够顺利完成。此过程中，乳化体的温度下降很快，当 A 相加完之后，乳化体的温度能下降到 50～60℃。

低能乳化法的生产过程可用图 8-1 表示。

这种低能乳化法主要适用于制备 O/W 型乳化体，其中 A 相和 B 相的比例要经过实验来决定，它和各种配方要求以及制成的乳化体稠度有关。例如选用的乳化剂HLB 值较高或者要求乳状液的稠度较低时，则可将 B 相压缩在较低值。

图 8-1 低能乳化法的生产方框图

（2）低能乳化法的优点

低能乳化法的优点主要有：

① A 相的去离子水不用加热，节约了这部分热能。

② 在乳化过程中，基本上不用冷却水强制回流冷却，节约了冷却水循环所需要的能量。

③ 其他乳化法生产中，由 75～95℃冷却到 50～60℃所用的时间，占去整个操作过程时间的一半，采用低能乳化法大大节省了冷却时间，缩短了生产周期，节约整个制作过程总时间的 1/3～1/2。

④ 由于操作时间短，提高了设备利用率。

⑤ 低能乳化法和其他方法所制成的乳化体的质量没有很大的差别。

（3）低能乳化法的注意事项

低能乳化过程中应注意的问题：

① B 相的温度，不但影响浓缩乳化体的黏度，而且涉及转相变型，当 B 相的量较少时，一般温度应适当高一些。

② 均质机搅拌的速率会影响乳化体颗粒大小的分布，最好使用超声设备、均化器或胶体磨等高效乳化设备。

③ A 相和 B 相的比例（见表 8-1）一定要选择恰当，一般来说，低黏度的浓缩乳化体会使下一步 A 相的加入容易进行。

④ A 相的微生物状况应严格控制，否则会造成本批产品微生物污染。

⑤ A 相的添加速度应与搅拌速度或均质机的转速密切配合，以避免和减少局部过度稀释而出现破乳的情况。

表 8-1　A 相和 B 相的比例

乳化剂 HLB 值	油脂比例	搅拌条件	选择 B 值	选择 A 值
10～12	20～25	强	0.2～0.3	0.7～0.8
6～8	25～35	强	0.4～0.5	0.5～0.7

二、乳剂类化妆品的生产工艺

（一）生产工艺的主要工序

（1）油相熔化工序

在乳剂类化妆品的生产工艺中，油相熔化工序是：将油、脂、蜡、乳化剂和其他油溶性成分加入夹套溶解锅内，开启蒸汽加热，在不断搅拌条件下加热至 70～75℃，使其充分熔化均匀，待用。

注意：该工序中要避免过度加热和长时间加热以防止原料成分氧化变质。容易氧化的油分、防腐剂和乳化剂等可在乳化之前加入油相，熔化均匀，即可进行乳化。

（2）水相溶解工序

在乳剂类化妆品的生产工艺中，水相溶解工序是：先将去离子水加入夹套溶解锅中，水溶性成分如甘油、丙二醇、山梨醇等保湿剂，碱类，水溶性乳化剂等加入其中，搅拌下加热至 90～100℃，维持 20min 灭菌，然后冷却至 70～80℃待用。

注意：① 如配方中含有水溶性聚合物，应单独配制，将其溶解在水中，在室温下充分搅拌使其均匀溶胀，防止结团，如有必要可进行均质，在乳化前加入水相。

② 要避免长时间加热，以免引起黏度变化。

③ 为补充加热和乳化时挥发掉的水分，可按配方多加 3%～5% 的水，精确加入量可在第一批制成后分析成品水分而求得。

（3）乳化工序和冷却工序

① 乳化工序

上述油相和水相原料通过过滤器按照一定的顺序加入乳化锅内，在 70～80℃条件下，进行一定时间的搅拌和乳化。乳化过程中，油相和水相的添加方法（油相加入水相或水相加入油相）、添加的速度、搅拌条件、乳化温度和时间、乳化器的结构和种类等对乳化体粒子的形状及其分布状态都有很大影响，均质的速度和时间也因乳化体系的不同而异。

含有水溶性聚合物体系均质的速度和时间应加以严格控制，以免过度剪切，破坏聚合物的结构，造成不可逆的变化，改变体系的流变性质。如配方中含有维生素或热敏的添加剂，则在乳化后较低温下加入，以确保其活性，但应注意其溶解性。

② 冷却工序

乳化后，乳化体系要冷却到接近室温。卸料温度取决于乳化体系的软化温度，一般应使其借助自身的重力，能从乳化锅内流出为宜，当然也可用泵抽出或用加压空气压出。

冷却的方式一般是将冷却水通入乳化锅的夹套内，边搅拌，边冷却。冷却速度、冷却时的剪切应力、终点温度等对乳化体系的粒子大小和分布状态都有影响，必须根据不同乳化体系，选择最优条件，特别是从实验室小试转入大规模工业化生产时尤为重要。

（4）陈化工序和灌装工序

一般是储存陈化一天或几天后再用灌装机灌装。灌装前需对产品香型、外观等质量指标进行再次检验，质量合格后方可进行灌装。

（二）乳化工艺的条件控制

（1）搅拌条件

乳化时搅拌愈强烈，乳化剂用量可以愈低。但乳化体颗粒大小与搅拌强度和乳化剂用量均有关系，一般规律如表 8-2 所示。

表 8-2 搅拌强度与颗粒大小及乳化剂用量之间的关系

搅拌强度	颗粒大小	乳化剂用量	搅拌强度	颗粒大小	乳化剂用量
差(手工或桨式搅拌)	极大(乳化差)	少量	强(均质器)	小	少至中量
差	中等	中量	中等(手工或螺旋桨式搅拌)	小	中至高量
强(胶体磨)	中等	少至中量	差	极细(清晰)	极高量

过分的强烈搅拌对降低颗粒大小并不一定有效，而且易将空气混入。在采用中等搅拌强度时，运用转相办法可以得到较细的颗粒，采用桨式或螺旋桨式搅拌时，应注意不使空气搅入乳化体中。

一般情况是，在开始乳化时采用较高速搅拌对乳化有利，在乳化结束进入冷却阶段后，则以中等速度或慢速搅拌有利，这样可减少气泡混入。如果是膏状产品，则搅拌到固化温度为止。如果是液状产品，则一直搅拌至室温。

（2）混合速度

乳化后可以形成内相颗粒完全被分散的良好乳化体系，也可形成乳化不好的混合乳化体系，后者主要是内相加得太快和搅拌效力差造成的。因此，分散相加入的速度和机械搅拌的快慢对乳化效果十分重要。乳化操作的条件影响乳化体的稠度、黏度和乳化稳定性。

但必须指出的是，由于化妆品组成的复杂性，配方与配方之间有时差异很大，对于任何一个配方，都应进行加料速度试验，以求最佳的混合速度，制得稳定的乳化体。

（3）温度条件

制备乳化体时，除控制搅拌条件外，还要控制温度，包括乳化时与乳化后的温度。如果温度太低，乳化剂溶解度低，固态油、脂、蜡类未被熔化，乳化效果就很差；温度太高，加热时间长，冷却时间也长，会造成能源浪费，加长生产周期。

一般常使油相温度控制在高于其熔点 10～15℃，而水相温度则稍高于油相温度。通常膏霜类在 75～95℃ 条件下进行乳化。

冷却速度的影响也很大，通常较快的冷却能够获得较细的颗粒。当温度较高时，由于布朗运动比较强烈，小的颗粒会发生相互碰撞而合并成较大的颗粒；反之，当乳化操作结束后，对膏体立刻进行快速冷却，从而使小的颗粒冻结住，这样小颗粒的碰撞、合并作用可降到最低的程度。但冷却速度太快，高熔点的蜡就会产生结晶，导致乳化剂生成的保护胶体破坏，因此冷却的速度最好通过试验来决定。

（4）香精和防腐剂的加入

① 香精的加入

香精是易挥发性物质，并且组成十分复杂，在温度较高时，不但容易损失掉，而且会发生一些化学反应，使香味变化，也可能引起颜色变深。因此，在化妆品生产中，香精的加入都是在后期进行的。

对乳液类化妆品，一般待乳化已经完成并冷却至 50℃ 以下时加入香精。如在真空乳化锅中加香精，这时不应开启真空泵，而只维持原来的真空度，吸入香精后搅拌均匀即可。对敞口的乳化锅而言，由于温度高，香精易挥发损失，因此加香温度要控制得低些，但也要考虑的是，温度过低时香精不易分布均匀。

② 防腐剂的加入

微生物的生存是离不开水的，因此水相中防腐剂的浓度是影响微生物生长的关键。加入防腐剂的最好时机是待油水相混合乳化完毕后，这时可获得水中最大的防腐剂浓度。但温度不能过低，否则分布不均匀。有些固体状的防腐剂最好先用溶剂溶解后再加入，例如，尼泊金酯类就可先用温热的乙醇溶解，这样加到乳液中能保证分布均匀。

对于水包油型体系，配方中如有盐类、固体粉料或其他成分，最好在乳化体形成及冷却后加入防腐剂，否则易造成产品的发粗现象。

（5）黏度的调节

影响乳化体黏度的主要因素是连续相的黏度，因此，乳化体的黏度可以通过增加外相黏度来调节。对于 O/W 型乳化体，可加入合成或天然树胶，和适当的乳化剂如钾皂、钠皂等。对于 W/O 型乳化体，加入多价金属皂和高熔点的蜡和树胶到油相中可增加体系黏度。

（三）乳化工艺的类型

（1）间歇式乳化

间歇式乳化是最简单的一种乳化方式，将油相和水相原料分别加热到一定温度后，按一定的顺序投入一个搅拌釜中，开启搅拌器，并通入夹套冷却水，冷却到 60℃ 以下时加入香精，冷却到 45℃ 左右时停止搅拌，然后卸料送去包装。国内外大多数厂家均采用此法，优点是适应性强，缺点是辅助时间长、操作烦琐、设备效率低等。

（2）半连续式乳化

半连续式乳化工艺流程如图 8-2 所示，油相和水相原料分别计量，在原料溶解槽内加热到所需温度之后，先加入预乳化槽内进行预乳化搅拌，再经搅拌冷却器进行冷却。

此处的搅拌冷却器称为骚动式热交换器，按产品的黏度不同，中间的转轴及刮板有各种形式，经快速冷却和管内绞龙式刮壁器的推进输送到搅拌冷却器，冷却器的出口就是产品，即可送去包装。

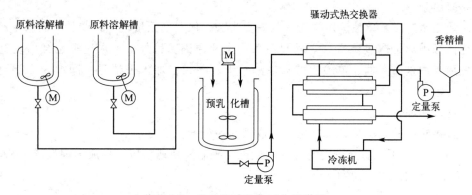

图 8-2 半连续式乳化工艺流程图

预乳化槽的有效容积为 1000～5000L，夹套有热水保温，搅拌器可安装均质器或桨叶式搅拌器，转速为 500～2880r/min，可无级调速。定量泵将膏霜送至搅拌冷却器，香精由定量泵输入冷却器和串联的管道里，由搅拌器搅拌均匀，其外套有冷却水冷却搅拌筒。搅拌冷却器的转速为 60～100r/min，视产品不同而异，接触膏霜部的材料由不锈钢制成。

半连续式乳化搅拌法有较高的产量，适用于大批量生产，目前在日本采用的较多。

（3）连续式乳化

连续式乳化的工艺流程如图 8-3 所示，首先将预热好的各种原料分别由计量泵打到乳化锅中，经过一段时间的乳化之后溢流到刮板冷却锅中，快速冷却到 60℃以下，然后再流入香精混合锅中，与此同时，香精由计量泵加入，最终产品由香精混合锅上部溢出。

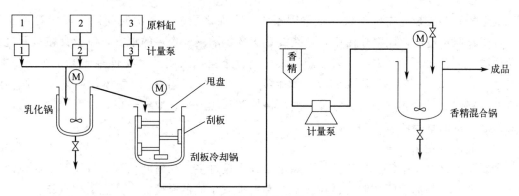

图 8-3 连续式乳化工艺流程图

这种连续式乳化适用于大规模连续化的生产，其优点是节约动力，提高设备的利用率，产量高且质量稳定，但目前国内还没有采用这种方式进行生产的厂家。

三、乳剂类化妆品的质量控制

（一）润肤膏霜的质量控制

润肤膏霜类产品在制造及储存和使用过程中，较易发生以下变质现象。

（1）失水干缩

失水干缩是膏霜常见的变质现象。对于 O/W 型乳化体，在包装时容器或包装瓶密封不好，长时间的放置或置于温度高的地区是造成膏体失水干缩的主要原因。

（2）起白条

硬脂酸用量过多、单独选用硬脂酸与碱类中和、保湿剂用量较少、产品在高温水冷条件下，乳化体被破坏是造成膏霜涂敷后起白条的主要原因。另外，失水过多也会出现这种现象，一般加入适量保湿剂、单硬脂酸甘油酯、十六醇或在加入香精时一同加入 18 号白油，可避免此现象。

（3）膏体粗糙

解决膏体粗糙的方法是二次乳化。造成膏体粗糙的原因有：

① 碱水在搅拌下没有充分混合，高浓度碱与硬脂酸快速反应，形成大颗粒透明肥皂。

② 碱过量，也会出现粗颗粒。

③ 开始搅拌不充分，一部分皂化物与硬脂酸形成了难溶性透明颗粒或硬块。

④ 过早冷却，搅拌乳化时间短，硬脂酸还未被乳化剂充分分散，就开始凝结。

⑤ 乳化剂添加量不够或与油相的相容性不好，未形成乳化体，油脂和硬脂酸上浮。

⑥ 高分子聚合物没有彻底分散溶解，有透明鱼眼。

⑦ 对于 O/W 型体系，提取物或其他原料带入较高含量的电解质。

⑧ 油相与油相的相容性不够或不同油相的熔点差异太大，冷却速度过快。

（4）出水

出水使乳化体被严重破坏，是配方中的碱量不够或乳化剂选择不适当，或是水中含有较多盐分等造成的。盐分的存在，能使水中析出硬脂酸钾，称为盐析，若乳化剂被盐析，乳化体必然被破坏。经过严重冰冻或含有大量石蜡、矿物油、中性脂肪等也可引起出水。

（5）霉变及发胀

微生物的存在是造成该现象的主要因素。一方面水质差，煮沸时间短，反应容器及盛料、装瓶容器不清洁，原料被污染，包装放置于环境潮湿、尘多的地方，以及膏霜敞开过都会导致微生物存在。另一方面，未经紫外线灯消毒杀菌，致使微生物较多地聚集在产品中，在室温（30～35℃）条件下长期储放，微生物大量繁殖，产生 CO_2 气体，使膏体发胀，溢出瓶外，擦用后对人体皮肤造成危害。故严格控制环境卫生、原料规格，注意消毒杀菌，是保证产品质量的重要环节。

（6）变色、变味

主要原因是香精中醛类、酚类等不稳定成分用量过多，长时间放置或日光照射后色泽变黄。另一种原因是油性原料碘价过高，不饱和键被氧化使色泽变深，产生酸败臭味。

（7）刺激皮肤

选用的原料不纯（如合成过程中的催化剂、脱水剂、终止剂、未反应物等），含有对皮肤有害的物质或铅、砷、汞等重金属，或所用香精刺激性大会刺激皮肤，产生不良影响。因此用料要慎重。乳化体中，由于皂化不完全，内含游离碱，对皮肤也会产生刺激，造成红、痛、发痒等现象。另外，酸败变质、微生物污染必然增加刺激性。

（二）乳液类化妆品的质量控制

乳液类化妆品在制造及储存和使用过程中，较易发生的主要质量问题有：乳液稳定性差、黏度逐渐增加、颜色泛黄等。

（1）乳液稳定性差

在显微镜下观察稳定性差的乳液，内相的颗粒是分散度不够的丛毛状油珠，当丛毛状油珠相互连接扩展为较大的颗粒时，产生了凝聚油相的稠厚浆状，在考验产品耐热的恒温箱中常易见到。解决办法是适当增加乳化剂用量或加入聚乙二醇（600）硬脂酸酯、聚氧乙烯胆固醇醚等，提高界面膜的强度，改进颗粒的分散程度。

乳液稳定性差的另外原因，可能是产品黏度低、两相密度差较大。解决办法是增加连续相的黏度（加入胶质如 Carbopol 941），但需保持乳液在瓶中适当的流动性；选择和调整油、水两相的相对密度，使之比较接近。

（2）在储存过程中，黏度逐渐增加

其主要原因是大量采用硬脂酸和它的衍生物作为乳化剂，如单硬脂酸甘油酯等容易在储存过程中黏度增加，经过低温储存，黏度增加更为显著。解决办法是避免采用过多的硬脂酸、多元醇脂肪酸酯类和高碳脂肪酸以及高熔点的蜡、脂肪酸酯类等，适量增加低黏度白油或低熔点的异构脂肪酸酯类等。

（3）颜色泛黄

主要是香精内有变色成分，如醛类、酚类等，这些成分与乳化剂硬脂酸三乙醇胺皂共存时更易变色，日久或日光照射后色泽泛黄，因此，应选用不受上述影响的香精。

其次是选用的原料化学性能不稳定，如含有不饱和脂肪酸或其衍生物，或含有铜、铁等金属离子等，应避免选用不饱和键含量高的原料，应采用去离子水和不锈钢设备。

第二节　液洗类化妆品

液洗类化妆品主要是指以表面活性剂为主的均匀水溶液，如香波、浴液等。在各种化妆品生产中，液洗类化妆品的生产工艺及设备是最简单的。生产过程中既没有化学反应，也不需要造型，只是几种物料的混配。

在实验室中，液洗类化妆品最简单的制备方式就是用一个烧杯和一个玻璃棒，顶多再加一个电炉，按一定顺序将物料依次加入烧杯，搅拌下混合均匀，需要加热时，在电炉上烤一下即可。因此，有的小型工厂或车间，只需将实验室装置简单放大，即可进行液洗类化妆品的大规模生产。将各种物料依次加入缸中，对于一些难溶物料另外加热后倒入缸中再用玻璃棒搅动，混合均匀即可送去包装。

此法只生产简单粗制产品，不适用于生产原料组分多、生产工艺要求苛刻、产品用途有较高要求的中高档产品。生产液洗类化妆品应采用化工单元设备、管道化密闭生产，以保证工艺要求和产品质量。本节主要介绍一类通用生产工艺及装置，提供规范化设计依据。

一、液洗类化妆品的生产工艺

液洗类化妆品的生产一般采用间歇式生产工艺，对于产量小或品种繁多的工厂不宜采用管道化连续生产工艺，没有必要采用投资多、控制难的连续化生产线。

液洗类化妆品生产工艺所涉及的化工单元操作工艺和设备，主要是带搅拌的混合罐、高效乳化或均质设备、物料输送泵和真空泵、计量泵、物料储罐和计量罐、加热和冷却设备、过滤设备、包装和灌装设备。把这些设备用管道合理串联在一起，配以恰当的能源动力即组成液洗类化妆品的生产线，如图 8-4 所示。

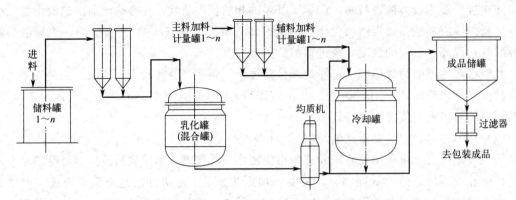

图 8-4　液洗类化妆品生产流程示意图

二、液洗类化妆品的生产工序

（一）原料预处理

液洗类化妆品实际上是多种原料的混合物。因此，熟悉使用的各种原料的物理化学特性，确定合适的物料配比及加料顺序是至关重要的。

（1）原料准备

生产过程都是从原料开始的，按照工艺要求选择合适的原料，还应做好原料的预处理。如有些原料应预先在暖房中熔化，有些原料应用溶剂预溶，然后才好在主配料罐中混合。

（2）化验工序

为保证每批产品质量一致，所用原料应经化验合格后才可投入使用。

（3）原料计量

工艺操作规程中应按加料量确定称量物料的准确度和计量方式、计量单位，然后才好选择工艺设备。如用高位槽计量那些用量较多的液体物料，用定量泵输送并计量水等原料，用天平称量少量的固体物料，用量筒计量少量的液体物料。一定要注意计量单位，同时注意称量仪器的量程选择，以提高称量精度，减少称量误差。使用的主要溶剂即水，应进行去离子化和微生物处理等。

（二）混合或乳化工序

大部分液洗类化妆品是制成均相混合溶液。但是不论是混合，还是乳化，都离不开搅拌，搅拌器的选择非常重要。有关搅拌器的形式和结构参见第七章第一节。

一般液洗类化妆品的生产设备仅需带有加热和冷却用的夹套，并配有适当搅拌器的配料锅。液洗类化妆品的主要原料是极易产生泡沫的表面活性剂，因此加料的液面必须没过搅拌桨叶，以避免混入过多的空气。液洗类化妆品的配制过程以混合为主，但各种类型的液洗类化妆品有各不相同的特点，有两种配制方法，冷混法和热混法。

（1）冷混法

冷混法的操作是：首先将去离子水加入混合锅中，然后将表面活性剂溶解于水中，再加入其他助洗剂，待形成均匀溶液后，就可加入其他成分如香精、色素、防腐剂、螯合剂等。最后用柠檬酸或其他酸类调节至所需的 pH 值，黏度用无机盐（氯化钠或氯化铵）来调整。若遇到加入香精后不能完全溶解，可先将它同少量助洗剂混合后，再投入溶液。冷混法适用于不含蜡状固体或难溶物质的配方。

（2）热混法

当液洗类化妆品的配方中含有蜡状固体或难溶物质时，一般采用热混法，其操作是：首先将表面活性剂溶解于热水或冷水中，在不断搅拌下加热到 70℃，然后加入要溶解的固体原料，继续搅拌，直至溶解均匀为止。当温度下降至 45℃左右时，加入色素、香精和防腐剂等。pH 的调节和黏度的调节一般都应在较低温度下进行。采用热混法，温度不宜过高（一般不超过 75℃），以避免配方中的某些成分遭到破坏。

（3）注意事项

在各种液洗类化妆品的制备过程中，应注意以下问题。

① 高浓度表面活性剂（如 AES 等）的溶解

必须把高浓度表面活性剂慢慢加入水中，而不是把水加入表面活性剂中，否则会形成黏性极大的团状物，导致溶解困难。适当加热可加速溶解。

② 水溶性高分子物质的溶解

如调理剂 JR-400、阳离子瓜尔胶等是固体粉末或颗粒，虽然溶于水，但溶解速度很慢。采用的方法是：在高分子粉料中加入适量甘油，它能快速渗透使粉料溶解。在甘油存在下，将高分子物质加入水相，室温搅拌 15min，即可彻底溶解；若加热，则溶解更快。当然，加入其他助溶剂也可得到相同的效果。

③ 珠光剂的使用

液洗类化妆品中，外观非常漂亮的珠光产品是高档产品的象征。现在一般是加入硬脂酸乙二醇酯。通常在 70℃左右加入，待溶解后控制冷却速度，可使珠光剂结晶增大，获得闪烁晶莹的珍珠光泽。若采用有机珠光浆则在常温下加入搅匀即可。

④ 加香的温度

加香要考虑香精的刺激性、毒性、稳定性、留香性、香型、用量及与其他原料的配伍性等，另外还要控制好温度。在较高温度下加香会使香精挥发，造成香精流失，同时也会因高温化学变化，使香精变质，香气变坏。所以一般在低于 50℃时加入。

⑤ 色素的加入

对于大多数液洗类化妆品，色素的用量都应在千分之几的范围内甚至更少。加入色素是使产品更加美观，但不能将色调调得太浓太深。特别是透明产品，必须保持产品应有的透明度。因此，应选择在液洗类化妆品中有较好溶解性的色素。一般可以加入少量乙醇，配制时将色素溶解后再加入水中。

⑥ 黏度和 pH 的调整

液洗类化妆品的黏度是成品的主要物理指标之一，按消费者的习惯，多数喜欢黏度高的产品。为提高产品黏度，通常还加入增稠剂，如水溶性高分子化合物、无机盐等。水溶性高分子化合物通常在前期加入，而无机盐（氯化铵、氯化钠等）则在后期加入，用量一般不超过 3%，加入过多不仅会影响产品的低温稳定性，还会增加刺激性。

pH 调节剂（如柠檬酸、酒石酸、磷酸和磷酸二氢钠等）通常在配制后期加入。当体系降温至 35℃左右，加完香精和防腐剂后，可以添加调节剂调节 pH 值，并且要先测定 pH 值，再加调节剂，再测再加，直到符合要求。

（三）混合物料的后处理

无论是生产透明溶液还是乳液，在包装前还要经过一些后处理，以便保证产品质量或提高产品稳定性。主要包括过滤、除泡和陈化。

（1）过滤

在混合或乳化操作时，要加入各种物料，难免带入或残留一些机械杂质，或产生一些絮状物，这些都直接影响产品的外观，所以物料包装前的过滤是必要的。

（2）除泡

在搅拌的作用下，各种物料可以充分混合，但不可避免地将大量气体带入产品。由于搅拌的作用和产品中表面活性剂的作用，会有大量的微小气泡混合在成品中。在储存罐中，气泡会不断地上浮，造成液体表观密度的不一致，从而造成溶液稳定性差，包装时计量不准。一般可采用抽真空排气工艺，快速将液体中的气泡排出。

（3）陈化

陈化又称为老化。将物料在老化罐中静置储存几个小时，待其性能稳定后再进行包装。

（四）包装工序

绝大部分液洗类化妆品使用塑料瓶的小包装。正规生产应使用灌装机、包装流水线，小批量生产可用高位槽手工灌装。严格控制灌装量，做好封盖、贴标签、装箱和记录批号、贴合格证等工作。

包装质量与产品的内在质量同等重要，因此，分装过程是微生物控制的又一关键环节。应重点检测分装车间空气、灌装机内部、设备中残留积水、分装桶、人员手部、加料液斗、分装辅助工具等的微生物状况。同时，还要重视与内容物接触的包装容器、垫片、内塞等的微生物状况。

三、液洗类化妆品的质量控制

液洗类化妆品在生产、储存和使用过程中，也和其他产品一样，由于原料、生产操作、环境、温度、湿度等的变化而出现一些质量问题，这里就以洗发液为例，对较常见的质量问题及其对策进行讨论。

（一）黏度变化

黏度是洗发液的一项主要质量指标，生产中应控制每批产品的黏度基本一致。但在生产过程中，有时制品黏度偏高，而有时制品黏度偏低。造成黏度波动的原因有许多。多数洗发液都只是单纯的物理混合，因此某种原料规格的变动，如活性物含量、无机盐含量等的波动，都可能在成品中表现出来。所以原料的质量控制对保证成品质量至关重要。原料进厂后，必须经过取样化验，证明合格后方能投入生产。

操作规程控制不严、称量不准等都会造成严重的质量事故，因此，必须加强全面质量管理，以确保产品质量稳定。

出现此类质量问题应对制品进行分析，包括活性剂含量、无机盐含量等，不足时应补充或增加有机增稠剂用量。若黏度偏高，可加入减黏剂如丙二醇、丁二醇、二甲苯磺酸盐等或减少增稠剂的用量，但必须注意不论是提高还是降低黏度，都必须先做小试，然后才可批量生产，否则会导致出现不合格品。

有的洗发液刚刚生产出来时黏度正常，但放置一段时间后黏度发生变化，主要原因有：
① 产品 pH 值过高或过低，导致某些原料（如琥珀酸酯磺酸盐类）水解，影响制品黏

度，应加入 pH 调节剂调整至适宜 pH 值。

② 单用无机盐作增稠剂或用皂类作增稠剂，体系黏度会随温度变化而变化，可加入适量水溶性高分子化合物增稠剂，以减轻此种现象的发生。

（二）珠光效果不良或消失

珠光效果的好坏，与珠光剂的用量、加入温度、冷却速度、配方中原料组成等均有关系，在采用珠光块或珠光片时，可能有以下一些影响：

① 体系缺少成核剂（如氯化钠、柠檬酸），表面活性剂增溶后效果较好。

② 珠光剂用量过少，体系油性成分过多，形成乳化体。

③ 加入温度过低，溶解不好；加入温度过高或制品 pH 值过低，导致珠光剂水解。

④ 冷却速度过快，或搅拌速度过快，未形成良好结晶。

为保证制品珠光效果一致，可采用珠光浆（可自制也可外购），只要控制好加入量，并在较低温度下加入搅匀，一般珠光效果不会有大的变化。

（三）浑浊、分层

洗发液刚刚生产出来时各项指标均良好，但经一段时间放置，会出现浑浊甚至分层现象，有以下几方面原因：

① 体系黏度过低，其不溶性成分分散不好。

② 体系中高熔点原料含量过高，无机盐含量过高，低温下放置析出结晶或出现浑浊。

③ 体系中原料之间发生化学反应，破坏了表面活性剂的胶体结构。

④ 微生物污染，制品 pH 值过低，某些原料水解。

（四）变色、变味

① 原料中含有氧化剂或还原剂，或在日光照射下使某些色素等发生变色或褪色反应。

② 香精与配方中其他原料发生反应，使制品变味；所加原料气味过浓，香精无法遮盖。

③ 防腐剂用量少，防腐效果不好，使制品霉变。

④ 制品中铜、铁等金属离子含量高，与配方中某些原料如 ZPT 等发生变色反应。

（五）刺激性大，产生头皮屑

① 表面活性剂用量过多，脱脂力过强，一般以 12%～25% 为宜。

② 防腐剂用量过多或品种不好，刺激头皮；防腐效果差，微生物污染。

③ 产品 pH 值过高，无机盐含量过高，刺激头皮。

④ 原料中带入未反应物、反应副产物、催化剂或添加剂等。

上述现象往往同时发生，因此必须严格控制。除上述质量问题外，直接关系洗发液内在质量的问题（如梳理性、光滑性、光泽性等）在配方研究时必须引起足够的重视，才能确保产品质量稳定，提高产品的市场竞争能力。

第三节 气溶胶类化妆品

气溶胶类化妆品也称为气压式化妆品。气溶胶是指液体或固体微粒以胶体的状态悬浮于气体中的混合体系。其颗粒小于 $50\mu m$，一般小于 $10\mu m$。最初的气溶胶制品是指以液化气体为推动力，能自动喷射出来的产品，这种产品从容器内压出时，由于液化气体的突然膨胀，使产品呈细雾状分布于空气中。随着科技的发展和产品的日新月异，气溶胶已成为凡是利用气压容器的一般原理，当气阀开启时，内容物能自动压出的制品的商业名称。

目前气溶胶制品大致可以分为空间喷雾制品、表面成膜制品、泡沫制品、气压溢流制品和粉末制品等。气压式化妆品使用时只要用手指轻轻一按，内容物就会自动地喷出来，因此，其包装形式与普通制品不同，需要有喷射剂、耐压容器和阀门。

气溶胶制品的生产工艺包括：主成分的配制和灌装、喷射剂的灌装、器盖的接轧、漏气检查、重量和压力的检查以及最后的包装。气溶胶制品的生产工艺流程如图 8-5 所示。

图 8-5　气溶胶制品的生产工艺流程简图

不同的产品，其各自的设计方案也应有所不同，而且还必须充分考虑其处于高压气体状态下的稳定性，以及长时间正常喷射的可能性。此处主要介绍气溶胶制品的灌装，一般可分为两种方法，即冷却灌装和压力灌装。

一、气溶胶类化妆品的灌装法

（一）冷却灌装法

冷却灌装是将主成分和喷射剂冷却后灌装在容器内的方法。采用冷却灌装法，主成分的生产工艺和其他化妆品一样，此处不再重复。但是，主成分的配方必须适应气溶胶制品的要求，在冷却灌装过程中必须保持流动状态，并且不产生沉淀。

（1）主成分和喷射剂的灌装

喷射剂灌装时的温度一般保持为喷射剂压力为 6.87×10^5 Pa 时的冷却温度 $T_冷$。当主成分冷却到的温度比 $T_冷$ 高出 $10 \sim 20 ℃$ 时，喷射剂就可以加入主成分中，并同时测定产品的黏度。其最低温度的值是保障主成分在灌装时是流体，并且各种成分不会沉淀出来。

在冷却灌装主成分时，可以和喷射剂同时灌入容器内，或者先灌入主成分，然后灌入喷射剂。喷射剂产生的蒸气可将容器内的大部分空气逐出。如果产品是无水的，灌装系统应该有除水装置，防止冷凝的水分进入产品中影响产品质量，引起腐蚀等不良影响。

（2）气阀盖的接轧

将主成分及喷射剂装入容器后，立即加上带有气阀系统的盖，并且接轧好。此操作必须极为迅速，以免喷射剂吸收热量，挥发而受到损失，同时，要注意漏气和气阀的阻塞。

（3）漏气检查、包装

接轧好的容器在 55℃ 的水浴内检漏，然后再经过喷射试验以检查压力与气阀是否正常，最后在按钮上盖好防护帽盖。

冷却灌装具有操作快速、易于排除空气等优点，但无水的产品容易进入冷凝水，需要较大的设备投资和熟练的操作工人，且必须是主成分经冷却后不受影响的制品，因此使其应用受到很大限制，现在不大使用。

（二）压力灌装法

压力灌装法是在室温下先灌入主成分，将带有气阀系统的盖加上并接轧好，然后用抽气机将容器内的空气抽去，再从阀门灌入定量的喷射剂。接轧灌装好后，和冷却灌装法相同，要经过 55℃ 水浴的漏气检查和喷射试验。

压力灌装法的缺点是操作速度较慢，容器内的空气不易排净，有产生过大内压和发生爆炸的危险，或者促进腐蚀作用。除去接轧灌装之前在头部的空气时，可以用加入少量液化喷射剂的方法加以解决。

压力灌装的优点是：给配方和生产提供较大的伸缩性，在调换品种时设备的清洁工作极为简单，产品中不会有冷凝水混入，灌装设备投资少。

许多以水为溶剂的产品必须采用压力灌装，以避免需将原液冷却至水的冰点以下，特别是乳化型的配方，经过冷冻会使乳化体受到破坏。此外，以压缩气体作喷射剂，也是采用压力灌装的方法。

二、气溶胶类化妆品的质量控制

气溶胶类化妆品不同于一般的化妆品，这不仅反映在包装容器、生产工艺上，而且在配方上也有不同的要求。化妆品的一般配方不能用于气压制品，必须根据其特点探索新的途径。气压式化妆品在生产和使用过程中应注意以下问题。

（1）喷雾状态

喷雾状态（干燥的或潮湿的）受气阀结构、不同性质的喷射剂、喷射剂的比例及其他成分（特别是乙醇）的存在影响。低沸点的喷射剂能形成干燥的喷雾，因此在配方中增加喷射剂的比例时，减少其他成分（即乙醇），可形成干燥的喷雾产品。当然，这样会使压力改变，但应该和气压容器的耐压情况相适应。

（2）泡沫形态

泡沫形态由喷射剂、有效成分和气阀系统决定，可以产生干燥坚韧的泡沫，也可以产生潮湿柔软的泡沫。当其他成分相同时，高压的喷射剂较低压的喷射剂产生的泡沫坚韧而有弹性。泡沫一般有三种主要类型：稳定的泡沫（如剃须膏），易消散的泡沫（如亮发油、摩丝）和喷沫（如香波）。

（3）化学反应

要注意，配方中的各种成分之间不发生化学反应，同时要注意组分与喷射剂或包装容器之间不发生化学反应。

（4）溶解度

各种化妆品成分对不同喷射剂的溶解度是不同的，配方时应尽量避免溶解度不好的物质，以免在溶液中析出，阻塞气阀，影响使用性能。

（5）腐蚀作用

化妆品的成分和喷射剂都有可能对包装容器产生腐蚀，配方时应加以注意，对金属容器进行内壁涂覆和选择合适的洗涤剂可以减少腐蚀的产生。

（6）变色

乙醇溶液的香水和古龙水，在灌装前的运送及储存过程中容易受到金属杂质的污染，即使灌装在玻璃容器中，色泽也会变深，应注意避免。

（7）香气

香味变化的影响因素较多。制品变质、香精的氧化以及和其他原料发生化学反应、喷射剂本身气味较大等都会导致制品香味变化。

（8）低温考验

采用冷却灌装的制品应注意主成分在低温时不应出现沉淀等不良现象。

（9）注意环保和安全生产

由于氟氯烃对大气臭氧层有破坏作用，应选用对环境无害的低级烷烃和醚类作推进剂。但低级烷烃和醚类是易燃易爆物质，在生产和使用过程中应注意安全。

第四节 其他类化妆品

一、水剂类化妆品的质量控制

香水和化妆水类制品的主要质量问题是浑浊、变色、变味等，有时在生产过程中即可发觉，但有时需经过一段时间或不同条件下储存后才能发现，必须加以注意。对于此类含香精量大的产品，香精成分的复杂性、来源的广泛性决定了香水质量的波动性，而人类嗅觉的敏感性又要求香水（香味）品质的一致性，因此，加强香精及香精原料批次的质量跟踪是降低风险的方法之一。

（一）浑浊和沉淀

香水、化妆水类制品通常为清澈透明的液状，即使在低温（5℃左右）下也不应产生浑浊和沉淀现象。引起制品浑浊和沉淀的主要原因可归纳为以下两个方面。

（1）配方不合理或原料不符合要求

香水类化妆品中，乙醇的用量较大，其主要作用是溶解香精或其他不溶于水的成分，如果乙醇用量不足，或所用香精、含蜡不溶物过多都有可能在生产、储存过程中导致浑浊和沉淀现象。特别是化妆水类制品，一般都含有不溶于水的香精、油脂类（润肤剂等）、药物等，除要加入部分乙醇用来溶解这些原料外，还需加入增溶剂（表面活性剂）。若加入不溶于水的成分过多、增溶剂选择不当或用量不足，也会导致浑浊和沉淀现象发生。因此，要合理设计配方，生产中严格按配方配料，同时应严格把控原料品质。

（2）生产工艺的影响

为了除去产品中的不溶性成分，在生产中采用静置陈化和冷冻过滤等工艺。静置陈化时间不够、冷冻温度偏低、过滤温度偏高或压滤机失效等，都会使部分不溶解的沉淀物不能析出，在储存过程中产生浑浊和沉淀现象。此时，应适当延长静置陈化时间，检查冷冻温度和过滤温度是否控制在规定温度下，检查压滤机滤布或滤纸是否平整、有无破损等。

（二）变色、变味

（1）乙醇质量不好

由于在香水、化妆水类制品中大量使用乙醇，因此，乙醇质量的好坏直接影响产品的质量，所用乙醇应经过适当的加工处理，以除去杂醇油等杂质。

（2）水质处理不好

古龙水、花露水、化妆水等制品除了加入乙醇，为降低成本，还加有部分水，要求采用新鲜蒸馏水或经灭菌处理的去离子水，不允许有微生物或铜、铁等金属离子存在。因为铜、铁等金属离子对不饱和芳香物质会发生催化氧化作用，导致产品变色、变味；微生物虽会被乙醇杀灭而沉淀，但会产生令人不愉快的气息而损害制品的气味，因此应严格控制水质，避免上述不良现象的发生。

(3) 空气、热或光的作用

香水、化妆水类制品中含有易变色的不饱和键，如葵子麝香、醛类、酚类等，在空气、光和热的作用下会致色泽变深，甚至变味。因此在配方时应注意原料的选用或增用防腐剂或抗氧剂，特别是化妆水，可用一些紫外线吸收剂；生产中要对包装容器进行研究，防止包装材质与乙醇、香精相互作用造成内容物变质，或包装容器的变质（变脆、裂口、溶解）、变形，避免与空气的接触。对配制好的产品，应存放在阴凉处，尽量避免光线的照射。

(4) 碱性的作用

香水、化妆水类制品的包装容器要求中性，不可有游离碱，否则香精中的醛类等起聚合作用而造成分离或浑浊，致使产品变色、变味。

(三) 刺激皮肤

发生变色、变味现象时，必然导致制品刺激性增大。另外，香精中含有某些刺激性成分较高的香料或这些有刺激性成分的香料用量过高等，或者是含有某些对皮肤有害的物质，经长期使用，皮肤产生各种不良反应。应注意选用刺激性低的香精和选用纯净的原料，加强质量检验。对新原料的选用，更要慎重，要事先做各种安全性试验。

(四) 严重干缩甚至香精析出分离

由于香水、化妆水类制品中含有大量乙醇，易于汽化挥发，若包装容器密封不好，经过一定时间的储存，就有可能发生因乙醇挥发而严重干缩甚至香精析出分离，应加强管理，严格检测瓶、盖及内衬密封垫的密封程度，包装时要盖紧瓶盖。

二、粉类化妆品的质量控制

(一) 香粉的质量问题及控制

(1) 香粉的黏附性差

香粉的黏附性差主要是硬脂酸镁或硬脂酸锌用量不够或质量差、含有其他杂质所致，另外粉料颗粒粗也会使黏附性变差。应适当调整硬脂酸镁或硬脂酸锌的用量，选用色泽洁白、质量较纯的硬脂酸镁或硬脂酸锌；不使用微黄色的硬脂酸镁或硬脂酸锌，它们容易酸败，而且有油脂气味。另外，将香粉尽可能磨得细一些，以改善香粉的黏附性能。

(2) 香粉的吸收性差

香粉吸收性差，主要是碳酸镁或碳酸钙等具有吸收性能的原料用量不足所致，应适当增加其用量。但用量过多，会使香粉 pH 值上升，可采用陶土粉或天然丝粉代替碳酸镁或碳酸钙，降低香粉的 pH 值。

(3) 加脂香粉成团结块

加脂香粉成团结块主要是香粉中加入的乳剂油脂量过多或烘干程度不够，使香粉内残留少量水分所致，应适当降低乳剂中的油脂量，并将粉中水分尽量烘干。

(4) 有色香粉色泽不均匀

有色香粉色泽不均匀主要是由于在混合、磨细过程中，采用设备的效能不好，或混合、磨细时间不够。应采用较先进的设备，如高速混合机、超微粉碎机等，或适当延长混合、磨细时间，使之混合均匀。

（5）杂菌数超过规定范围

原料含菌多、灭菌不彻底、生产过程中不注意清洁卫生和环境卫生等，都会导致杂菌数超过规定范围，应加以注意。

（二）粉饼的质量问题及控制

（1）粉饼过于坚实、涂抹不开

胶黏剂品种选择不当、胶黏剂用量过多或压制粉饼时压力过高都会造成粉饼过于坚实而难以涂抹开。应在选用适宜胶黏剂的前提下，调整胶黏剂的用量，并降低压制粉饼的压力。

（2）粉饼过于疏松、易碎裂

胶黏剂用量过少、滑石粉用量过多以及压制粉饼时压力过低等，使粉饼过于疏松、易碎裂。应调整粉饼配方，减少滑石粉用量，增加胶黏剂用量，并适当增加压制粉饼时的压力。

（3）黏模子和涂擦时起油块

在压制加脂香粉时，黏模子和涂擦时起油块主要是乳剂中油脂成分过多所致，应适当减少乳剂中的油脂含量，并尽量烘干。

（三）胭脂的质量问题及控制

（1）胭脂表面有不易擦开的油块

压制时压力过大或胶黏剂用量过多，混合不均匀，使胭脂过于结实等都会导致胭脂表面有不易擦开的油块。应注意调整胶黏剂的加入量，采用高效混合磨细设备，使之混合均匀，同时压制时压力不要过高。

（2）胭脂表面碎裂

胭脂表面碎裂主要是由于胶黏剂用量不当或运输时因包装不当震碎，或震动过于强烈。应调整适宜的胶黏剂用量，改进包装，同时装卸、运输过程中，尽量减少过度震动。

（3）不易涂擦

胭脂中如缺少亲油性胶黏剂时不够滑润，胶黏剂用量过多或胭脂块太硬时，都不易涂擦。可通过加入乳化剂增加润滑性，减少压制压力，在保证胭脂块不易碎裂的前提下，使其松紧适宜，有利于涂擦性能的改善。

三、牙膏生产的质量控制

牙膏生产中应注意的问题比较多，主要有以下几个方面。

（一）加料次序

甘油吸水性很强，能从空气中吸收水分。因此，当 CMC 在甘油中分散均匀后，应立即溶解于配方规定的全部水（或水溶液）中，避免放置时间过长因吸潮而变浓，甚至结块，且甘油胶一次性加入水内，可避免因分散剂不足或搅拌分散力差而造成胶团凝聚结层。

月桂醇硫酸钠（K_{12}）一般在捏合时加入粉剂较为合适，并能避免制胶过程中产生大量泡沫。此外，CMC 是高分子化合物，溶液具有高黏度，不易扩散。所以，胶基发好后必须存放一定时间。

（二）离浆现象

离浆现象即牙膏生产中常见的脱壳现象。由于胶团之间的相互吸力和结合的增强，逐渐将牙膏胶体网状结构中的包覆水排挤出膏体外，使膏体微微分出水分，失去与牙膏管壁或生产设备壁面的黏附现象（即称脱壳现象）。根据胶黏剂的黏度调整其用量，降低胶团在膏体中的浓度，缓和胶团间的凝结能力或适当加大粉料用量，利用粉料的骨架作用，都可减缓离浆现象的发生。

（三）解胶现象

解胶现象是由于化学反应或酶的作用，使膏体全部失掉胶黏剂，固、液相之间严重分离，不仅将包覆水排出膏体外，就连牢固的结合水也将分离，使胶团解体，胶液变为无黏度的水溶液，粉料因无支垫物而沉淀分离，这种不正常的解胶现象无论发生急缓，其均严重影响牙膏的质量。

为尽量杜绝此种现象的发生，当发现亲水胶体浓度增加时，粉质摩擦剂的用量就必须减少；亲水胶体的黏度越高，粉料的需要量则越少；甘油用量增加时，水分应该减少并增添稳定剂，甘油浓度过高会引起亲水胶体的黏度减弱，甚至使有些亲水胶体沉淀；如果加入洗涤发泡剂的量太多，也会使亲水胶体水溶液的黏度显著下降。

因此在牙膏生产中应根据每批原料的性能及其相互间的关系适当进行配方和操作的调整，以保证牙膏的正常生产。

（四）物料之间的配伍性

在制膏过程中，除考虑物料的扩散性外，还必须考虑物料之间的相互作用。如氯化锶是脱敏型药物牙膏的常用药，它与月桂醇硫酸钠极易起反应，生成了月桂醇硫酸锶和硫酸锶白色沉淀，从而使泡沫完全消失。又如，加酶牙膏中不宜用 CMC 作胶黏剂，因加入的酶会破坏 CMC 胶体。因此，在配方设计时，就应避免这类现象的发生。

（五）膏体的触变性

牙膏膏体以胶黏剂与水组成的网状结构为主体，结合、吸附和包覆了其他溶液、悬浮体、乳状体、气泡等微粒而组成，具有典型的胶体特征。胶体的网状结构是膏体稳定性的关键。影响网状结构的主要原料是胶黏剂，由于胶黏剂分子定向的特征（即双亲性质），亲水基团都伸入水中，形成结合水层，胶团的性质变化与结合水层有关。

胶体粒子的网状结构与包覆物的关系非常密切，在胶体网状结构的空腔内，包覆水及粉粒等形成网状的骨架。当胶黏剂、水溶液、粉料配比适当时，出现胶体特有的触变性。触变性由胶体的结构黏度而来。结构黏度的网状结构在加压或加热时被破坏，黏度下降，但静止一段时间或温度下降后，网状结构又复原，黏度恢复正常，此即膏体的触变性。

触变性为正常膏体的特征，牙膏膏体失掉了触变性，就标志着膏体将要分离出水而变稠难挤。触变性的保持，首要一点是网状结构的组成部分应具有在结构破坏后当破坏力消除时迅速复原的能力，以及易于松散的结构条件。在牙膏的制作及使用中，其触变性可以使膏体经得起机械加工和从软管中顺利挤出。由于膏体的触变性，静置后膏体的结构黏度逐渐增大，管体得到支撑而挺直端正。又如刚挤出的膏体极易黏附在牙刷上，也是因为触变性。

在牙膏生产过程中，必须留意观察膏体受一定限度的外力影响时，它的弹性、黏度和可塑性等的变化。只要注意每一工序膏体的触变性，就可以判断膏体的质量和作必要的预防。研磨完毕的膏体静置数分钟后，受研磨的影响而软化的膏料复转变为凝胶，这时如果用手指在膏体的表面划上一条 0.5～1cm 的槽，若该槽在适当的时间内保持形状不变，表明膏体正常。太稀薄无弹性的膏体，没有正常的触变性，静置后不会成凝胶状态，用手指在表面划的槽也会很快被浸没。如果触变性正常，膏体的胶凝成型是很容易的。

（六）膏体的黏度

黏度是膏体的主要特性指标，具体表现为膏体的触变性、流动性、扩散性、附着性等。实践表明，采用高黏度的亲水胶体，在较高的浓度时，加入较多的粉质摩擦剂，就不能吸收到需要的水分，会使膏体十分稠厚。反之，低黏度的亲水胶体，即使在较高的浓度时，也能容受较多量粉质摩擦剂的加入。

将牙膏从软管中挤出一条在易吸水的纸条上以检查其弹性、黏度和可塑性等。管内膏体受到手指轻微的压力时即应润滑地从管口挤出来，挤出的膏体必须细致光滑，按管口的大小成圆柱形，并应保持这一形状至适当的时间，膏体放置一段时间，表面不应很快干燥，水分不应很快渗入纸条，膏体应黏附在纸面上，即使纸条倾斜也不应该落下，这些都是膏体正常的现象。

≡ 第九章 ≡

化妆品的检测与质量评价

安全性、稳定性、使用性和有效性是评价化妆品的四大要素，对于化妆品的检测与质量评价主要包括：微生物检测、重金属检测、安全性评价、感官评价、稳定性评价、使用性评价和有效性评价。

第一节　化妆品的微生物检测

化妆品中，特别是一些高级的护肤膏霜等，蛋白质、氨基酸、维生素等营养成分的含量较高，为细菌、霉菌、病毒等微生物的生长繁殖提供了良好的条件。因此，化妆品的微生物污染是影响我国化妆品产品质量和安全性的一个重要因素。

随着科学技术和社会经济的发展，人们意识到，使用微生物侵蚀的化妆品将严重危害人体健康。我国在 1987 年就颁布了《化妆品卫生标准》（已废止，现行为《化妆品安全技术规范》），其是我国化妆品的卫生法规，公布了一系列微生物标准检验方法，包括化妆品微生物标准检验方法——总则、细菌总数测定、粪大肠菌群、铜绿假单胞菌（又称绿脓杆菌）、金黄色葡萄球菌五项标准（中华人民共和国国家标准 GB 7918.1～5—1987）。这些标准的实施，使我国化妆品的微生物污染状况有了明显改善。下面就细菌总数、粪大肠菌群、铜绿假单胞菌、金黄色葡萄球菌和霉菌等的检验方法进行介绍。

一、细菌总数的检测

由于化妆品大都添加了防腐剂，抑制微生物的生长和繁殖，使化妆品可以在较长时间保存使用而不会变质，这样在检验时，化妆品中的细菌等微生物都处于抑制状态（濒死或半死损伤状态），不利于检测（活的）细菌总数。因此在检测时必须消除化妆品中的防腐剂，并注入培养基中，令细菌生长繁殖生成菌落，依菌落特征进行计数，从而得到化妆品中的细菌总数。

化妆品中污染的细菌种类不同，每种细菌都有它一定的生理特性，培养时对营养要求、培养温度、培养时间、pH 值、需氧性质等均有所不同，在实际检测时，不可能做到满足所有细菌的要求，因此所检测的结果，只是在标准检测方法所使用的条件下（在卵磷脂、吐温-80 营养琼脂上，于 37℃培养 48h）生长的一群需氧及兼性厌氧的细菌总数。

化妆品中细菌总数测定是《化妆品微生物标准检验方法》的五大标准之一，其是指 1g

或 1mL 化妆品中所含的活细菌数量。检测这个指标，就可判定化妆品被细菌污染的程度，从而可以了解和核查该化妆品所选用的原料、生产设备、生产工艺及操作人员的卫生状况，故该检测指标是对化妆品进行卫生学评价的综合依据。它是进行微生物检测中首先且必须进行的内容，通过检测得到量化数据，就可立即断定该化妆品是否符合卫生标准。

（一）检验细菌总数的操作

（1）试剂和仪器

试剂：生理盐水（见 GB 7918.1—1987），卵磷脂、吐温-80-营养琼脂培养基。

仪器：锥形烧瓶、量筒、pH 计或精密 pH 试纸、高压消毒锅、试管、灭菌平皿（直径 9cm）、灭菌刻度吸管（1mL、2mL、10mL）、酒精灯、恒温培养箱、放大镜。

（2）培养基的选择与制法

培养基是用人工方法，依据细菌生长繁殖所需的营养物质，适量配制而成的一种基质，用以人工培养作各种用途的细菌。依不同的目的要求，常用的培养基有：基础培养基、增殖培养基、鉴别培养基以及选择培养基。针对检测不同种类的微生物及不同的检测目的，选择相应的培养基。

此处选择卵磷脂、吐温-80-营养琼脂培养基，其成分为：蛋白胨（20g）、牛肉膏（3g）、氯化钠（5g）、琼脂（15g）、卵磷脂（1g）、吐温-80（7g）、蒸馏水（1000mL）。其制法是：先将卵磷脂加到少量蒸馏水中，加热溶解，加入吐温-80，将其他成分（琼脂除外）加入到其余的蒸馏水中，溶解；加入已溶解的卵磷脂和吐温-80，摇匀，调节 pH 值为 7.1～7.4，加入琼脂，121℃（151bar，1bar＝100kPa）下高压灭菌 20min，贮存于冷暗处备用。

（3）试样液的制备与细菌总数的检验

在化妆品的微生物检测中，首先是试样溶液的制备。为了计数细菌总数，试样必须稀释，需要将试样配成 1∶10、1∶100 和 1∶1000 等三种规格的稀释液。化妆品的品种很多，其溶解特性也不同。故在稀释试样液时，需按化妆品的剂型和溶解特性，确定稀释方法，如水溶性化妆品采用生理盐水稀释，油溶性化妆品加入液体石蜡稀释。试样液的制备就是稀释试液的过程，其卫生要求高，要求在无菌的环境下操作，称量要准确，具体操作程序见标准检验方法 GB 7918.1—1987。

具体操作步骤如下：

① 用灭菌吸管取 1∶10 稀释的被检样 2mL，分别注入两个灭菌平皿内，每皿 1mL；更换一支吸管，另取 1mL 注入 9mL 灭菌生理盐水试管中（注意勿使吸管接触液面），并充分混匀，使成 1∶100 稀释液。吸取 2mL 分别注入到两个灭菌平皿内，每皿 1mL，如样品含菌量高，还可再稀释，每种稀释度应换 1 支吸管。

② 将熔化并冷却至 45～50℃的卵磷脂、吐温-80、营养琼脂培养基倾注于平皿内，每皿约 15mL，另倾注一个不加样品的灭菌空平皿，作空白对照。随即转动平皿，使样品与培养基充分混匀，待琼脂凝固后翻转平皿，置 37℃培养箱内培养 48h。

（二）细菌总数的计数规则

（1）菌落计数法

一般采用菌落计数法计算细菌总数。主要做法是：用肉眼和放大镜观察，记下每个平皿的菌落数，求出同一稀释度下各平皿生长的平均菌落数。若平皿中有连成片状的菌落或花点样菌落蔓延生长时，该平皿不宜计数。若片状菌落不到平皿中的一半，而其余一半中菌落数分布又很均匀，则可将此半个平皿菌落计数后乘 2，以代表全皿菌落数。

（2）细菌总数的计数规则

具体来说，细菌总数的计数规则主要考虑以下几方面：

① 选取平均菌落数在 30～300 之间的平皿，作为菌落总数测定的范围。当只有一个稀释度的平均菌落数符合此范围时，细菌总数则是以菌落数乘以该稀释度的稀释倍数。

② 若有两个稀释度符合此范围，其平均菌落数均在 30～300 个之间，可计算出每个稀释度的细菌总数，再求出两个细菌总数的比值，若其比值小于或等于 2，则以两个的平均值为细菌总数；若比值大于 2，则以其中较小的数值为细菌总数。

③ 若所有稀释度的平均菌落数均大于 300 个，则应按稀释度最高的平均菌落数乘以稀释倍数（最大）为细菌总数。

④ 若所有稀释度的平均菌落数均小于 30 个，则应按稀释度最低的平均菌落数乘以稀释倍数（最小）为细菌总数。

⑤ 若所有稀释度的平均菌落数均不在 30～300 个之间，其中一个稀释度大于 300 个，而相邻的另一个稀释度小于 30 个时，则以接近 30 或 300 的平均菌落数乘以稀释倍数为细菌总数。

⑥ 细菌总数一般采用两位有效数字，数字后面零的个数常以 10 的指数来表示，如细菌总数 280 个/g 可写为 2.8×10^2 个/g。

二、粪大肠菌群的检测

粪大肠菌群是生长于人体和温血动物肠道中的一组肠道细菌，随粪便排出体外。在化妆品中若检出有粪大肠菌群，即表明该化妆品已被粪便污染，这时该化妆品的菌落总数应很高。容易污染化妆品的微生物有三种，粪大肠菌群、铜绿假单胞菌和金黄色葡萄球菌，其中以粪大肠菌群超标比例最高。

（一）粪大肠菌群的生化特性

粪大肠菌群不是细菌学上的分类命名，而是根据卫生学方面的需要，设定的一类与粪便污染有关的细菌。粪大肠菌群为一群需氧及兼性厌氧的菌群，是在 37℃、24h 能分解乳糖产酸产气的革兰氏阴性无芽孢杆菌，能在普通培养基上生长繁殖。其生化活动能力较强，能发酵多种糖类，产酸产气，其特点是能较快发酵乳糖。

粪大肠菌群在乳糖培养基中于 44℃下进行培养，在 24～48h 内能使乳糖发酵产酸，还有甲酸脱氢酶进行甲酸分解，生成氢气和二氧化碳，产生大量气体。若加入伊红美蓝指示剂，分解乳糖所产生的酸（带正电荷）与伊红美蓝指示剂发生反应，呈紫色且有金属光泽，此为鉴定识别粪大肠菌群的定性实验特性。

把粪大肠菌群接种于蛋白胨水培养基中，于 44℃培养 24h，粪大肠菌群能分解培养基中蛋白质的色氨酸，产生靛基质（吲哚），当与试剂对二甲氨基苯甲醛作用后，形成红色化合物即玫瑰吲哚，此种反应在生化中称为吲哚反应。

（二）粪大肠菌群的检测步骤

（1）培养基试剂和仪器

① 乳糖胆盐培养基

成分：蛋白胨（20g）、猪胆盐（5g）、乳糖（5g）、0.4％溴甲酚紫水溶液（2.5mL）、蒸馏水（1000mL）。

制法：将蛋白胨、猪胆盐及乳糖溶于蒸馏水中，调节 pH 值至 7.4，加入指示剂，混匀，分装试管（每支试管加一个小倒管），115℃（101bar）下灭菌 20min。

② 伊红美蓝（EMB）琼脂

成分：蛋白胨（10g）、乳糖（10g）、磷酸氢二钾（2g）、琼脂（20g）、2%伊红水溶液（20mL）、0.5%美蓝水溶液（13mL）、蒸馏水（1000mL）。

制法：先将琼脂加到 900mL 蒸馏水中，加热溶解，然后加入磷酸氢二钾和蛋白胨，溶解混匀，再以蒸馏水补足至 1000mL；调节 pH 值为 7.2～7.4，分装于烧瓶内，121℃（151bar）下高压灭菌 15min，备用；使用时加入乳糖并加热熔化琼脂；冷却至 60℃左右以无菌手续加入灭菌的伊红和美蓝溶液，摇匀，倾注平皿备用。

③ 蛋白胨水（靛基质试验用）

成分：蛋白胨或胰蛋白胨（20g）、氯化钠（5g）、蒸馏水（1000mL）。

制法：将蛋白胨（或胰蛋白胨）、氯化钠溶解于蒸馏水中，加热熔化；调节 pH 值为 7.0～7.2，分装小试管，121℃（151bar）下高压灭菌 15min。

（2）仪器

恒温水浴（或隔水式恒温箱）、温度计、显微镜、载玻片、接种环、电炉、锥形瓶、试管、小倒管、pH 计、高压消毒锅、灭菌吸管、灭菌平皿。

（3）操作步骤

① 取 1∶10 稀释的样品 10mL，加到 10mL 双倍浓度的乳糖胆盐培养基中，放入 44℃培养箱中培养 24～48h，如不产酸也不产气，则检测结果为粪大肠菌群阴性；如产酸产气，划线接种到伊红美蓝琼脂平板上，置 37℃培养 18～24h。同时取该培养液 1～2 滴接种到蛋白胨水中，置 44℃培养 24h。经培养后，观察上述平板上有无典型菌落生长。

② 挑取上述可疑菌落，涂片作革兰氏染色镜检。

③ 在蛋白胨水培养液中加入靛基质试剂约 0.5mL，观察靛基质反应。液面呈玫瑰红色则为阳性；液面呈试剂本色则为阴性。

（4）检验结果

粪大肠菌群验证方法有以下三种。

① 菌落观察

在伊红美蓝培养基上，仔细观察菌落生长情况。大肠菌群在伊红美蓝琼脂培养基上的典型菌落呈深紫色、圆形、边缘整齐、表面光滑湿润、常有金属光泽，或呈紫黑色、不带或略带金属光泽或呈粉紫色。

② 革兰氏染色、镜检

将以上典型的（或近似的）大肠菌群菌落进行革兰氏染色、镜检，若革兰氏染色呈阳性（紫色）反应，则报告粪大肠菌群；呈阴性，未检出粪大肠菌群。若革兰氏染色阴性，检测还需进行下一步试验以待进一步证实。

③ 靛基质试验（吲哚试验）

在上述已培养好的蛋白胨水中滴入靛基质试剂（对二甲氨基苯甲醛试剂）进行靛基质反应，如果液面呈玫瑰红色，为阳性反应，则报告检出粪大肠菌群；若液面仍是棕黄色，则报告呈阴性，未检出粪大肠菌群。

综合分析以上所有测试结果，当发酵管内产酸产气，观察试液平皿上为典型粪大肠菌群菌落，并经革兰氏染色、镜检试验为阴性（－）及靛基质试验为阳性（＋），则报告该试样液检出粪大肠菌群。

三、铜绿假单胞菌的检测

铜绿假单胞菌，为革兰氏阴性杆菌，属假单胞菌属。它在自然界分布甚广，空气、水、土壤中均有存在，含水分较多的原料、化妆品易受铜绿假单胞菌的污染。铜绿假单胞菌对人类有致病力，常引起眼睛、皮肤等处感染，特别是烧伤、烫伤及外伤患者感染上铜绿假单胞菌时，常常会使病情恶化，严重时可引起败血病，眼睛受伤感染后可使角膜溃疡并穿孔，严重可致失明。因此，我国《化妆品安全技术规范》规定在化妆品中不得检出铜绿假单胞菌。

（一）铜绿假单胞菌的生化特性

铜绿假单胞菌是革兰氏阴性杆菌，有鞭毛，能在普通培养基上生长繁殖，为需氧及兼性厌氧类细菌。它代谢能产生一种绿色的水溶性色素，使培养基变成绿色，能产生绿脓菌素，因此又称为绿脓杆菌。此外，铜绿假单胞菌还能液化明胶、还原硝酸盐为亚硝酸盐，具有氧化酶（靛基氧化酶），能将试剂（二甲基对苯二胺或四甲基对苯二胺）氧化成红色的醌类化合物；在42℃的温度下生长繁殖。可以利用这些特性来进行分离和鉴别铜绿假单胞菌。

（二）铜绿假单胞菌的检测步骤

（1）培养基和试剂

① SCDLP 液体培养基

成分：酪蛋白胨（17g）、大豆蛋白胨（3g）、氯化钠（5g）、磷酸氢二钾（2.5g）、葡萄糖（2.5g）、卵磷脂（1g）、吐温-80（7g）、蒸馏水（1000mL）。

制法：将上述成分混合后，加热溶解，调节 pH 值为 7.2～7.3，分装，121℃（151bar）下高压灭菌 20min；要注意振荡，使沉淀于底层的吐温-80 充分混合；冷却至 25℃ 左右使用。

② 十六烷基三甲基溴化铵培养基

成分：牛肉膏（3g）、蛋白胨（10g）、氯化钠（5g）、十六烷基三甲基溴化铵（0.3g）、琼脂（20g）、蒸馏水（1000mL）。

制法：除琼脂外，将上述成分混合，加热溶解，调节 pH 值为 7.4～7.6，加入琼脂，115℃（101bar）下灭菌 20min，制成平板备用。

③ 乙酰胺培养基

成分：乙酰胺（10g）、氯化钠（5g）、无水磷酸氢二钾（1.39g）、无水磷酸二氢钾（0.73g）、七水硫酸镁（0.5g）、酚红（0.012g）、琼脂（20g）、蒸馏水（1000mL）。

制法：除琼脂和酚红外，将其他成分加到蒸馏水中，加热溶解，调节 pH 值为 7.2，加入琼脂、酚红，混匀，121℃（151bar）下高压灭菌 20min，制成平板备用。

④ 绿脓菌素测定用培养基

成分：蛋白胨（20g）、氯化镁（1.4g）、硫酸钾（10g）、琼脂（18g）、甘油（化学纯，10g）、蒸馏水（1000mL）。

制法：将蛋白胨、氯化镁和硫酸钾加到蒸馏水中，加热溶解，调节 pH 值为 7.4，加入琼脂和甘油，加热溶解，分装于试管内，115℃（101bar）下高压灭菌 20min 后，制成斜面备用。

⑤ 明胶培养基

成分：牛肉膏（3g）、蛋白胨（5g）、明胶（120g）、蒸馏水（1000mL）。

制法：取各成分在蒸馏水中浸泡20min，不断搅拌升温溶解，调节pH值为7.4，分装于试管内，115℃（101bar）下灭菌20min后，直立制成高层备用。

⑥ 硝酸盐蛋白胨水培养基

成分：蛋白胨（10g）、酵母浸膏（3g）、硝酸钾（2g）、亚硝酸钠（0.5g）、蒸馏水（1000mL）。

制法：将蛋白胨和酵母浸膏加到蒸馏水中，加热溶解，调节pH值为7.2，煮沸过滤后补足液量，加入硝酸钾和亚硝酸钠，溶解混匀，分装到加有小倒管的试管中，115℃（101bar）下灭菌20min后备用。

⑦ 普通琼脂斜面培养基

成分：蛋白胨（10g）、牛肉膏（3g）、氯化钠（5g）、琼脂（15g）、蒸馏水（1000mL）。

制法：除琼脂外，将其余成分溶解于蒸馏水中，调节pH值为7.2～7.4，加入琼脂，加热溶解，分装于试管中，121℃（151bar）下高压灭菌15min后，制成斜面备用。

（2）仪器

恒温培养箱、锥形烧瓶、试管、灭菌平皿、灭菌刻度吸管、显微镜、载玻片、接种针、接种环、电炉、高压消毒锅。

（3）操作步骤

① 增菌培养

取1：10样品稀释液10mL加到90mL SCDLP液体培养基中。置37℃培养箱培养18～24h。如有铜绿假单胞菌生长，培养液表面多有一层薄菌膜，培养液常呈黄绿色或蓝绿色。

② 分离培养

从培养液的薄菌膜处挑取培养物，划线接种在十六烷基三甲基溴化铵琼脂平板上，置37℃培养18～24h。铜绿假单胞菌在此培养基上，菌落扁平无定型，向周边扩散或略有蔓延，表面湿润，菌落呈灰白色，菌落周围培养基常扩散有水溶性色素，此培养基选择性强，大肠杆菌不能生长，革兰氏阳性菌生长较差。

（4）检验结果验证

铜绿假单胞菌的验证方法有以下六种。

① 染色镜检

取上述疑为铜绿假单胞菌的菌落，涂片，革兰氏染色，镜检为革兰氏阴性者应进行氧化酶试验。

② 氧化酶试验

挑取可疑菌落（同上）置于滤纸片上，滴加一滴新配制的1%二甲基对苯二胺试剂，15～30s内，出现粉红色至紫红色时，为氧化酶试验阳性；若不变色，为氧化酶试验阴性。

③ 绿脓菌素试验

取可疑菌落2～3个，分别接种在绿脓菌素测定用培养基上，置37℃培养24h，加入氯仿3～5mL，充分振荡使培养物中的绿脓菌素溶解于氯仿液内，待氯仿液呈蓝色时，用吸管将氯仿移到另一试管中并加入1mol/L的盐酸1mL左右，振荡后，静置片刻。如上层盐酸溶液出现粉红色到紫红色时为阳性，表示被检物中有绿脓菌素存在。

④ 硝酸盐还原产气试验

挑出被检的纯培养物，接种于硝酸盐胨水培养基中，置 37℃ 培养 24h，观察结果。在培养基中的小倒管内有气体者，试验呈阳性，表明该菌能还原硝酸盐，并将亚硝酸盐分解生成氮气。

⑤ 明胶液化试验

取铜绿假单胞菌可疑菌落的纯培养物，穿刺接种在明胶培养基内，置 37℃ 培养 24h，取出放入冰箱 10～30min，如仍呈溶解状，即为明胶液化试验阳性，如凝固不溶者为阴性。

⑥ 42℃ 生长试验

挑取纯培养物，接种于普通琼脂斜面培养基上，于 41～42℃ 培养 24～48h，铜绿假单胞菌能生长为阳性，而相似的荧光假单胞菌则不能生长。

综上所述，被检试样溶液经过增菌、分离培养后，观察菌落，对疑似铜绿假单胞菌菌落，证实为革兰氏阴性杆菌，且氧化酶试验、绿脓菌素试验都呈阳性，则报告试样检出铜绿假单胞菌；若其中绿脓菌素试验为阴性，但明胶液化试验、硝酸盐还原产气试验及 42℃ 生长试验都为阳性，这时也可报告测试物被检出有铜绿假单胞菌。

四、金黄色葡萄球菌的检测

金黄色葡萄球菌在自然界分布较广，抵抗力也较强，能引起人体局部化脓性病灶（故它又名为化脓性葡萄球菌），严重时可导致败血病，因此化妆品中检验金黄色葡萄球菌有重要意义。《化妆品安全技术规范》规定，在化妆品中不得检验出金黄色葡萄球菌。

（一）金黄色葡萄球菌的生化特性

金黄色葡萄球菌菌体呈圆球形，直径 $0.8～1.0\mu m$，常成堆排列成葡萄状，可单个、成双或成短链。根据金黄色葡萄球菌特有的形态及培养特性，应用琼脂（Baird Parker）平板进行分离检测。该平板中的氯化锂可抑制革兰氏阴性细菌生长，丙酮酸钠可刺激金黄色葡萄球菌生长，以提高检出率，并利用分解甘露醇等特征来鉴别。

金黄色葡萄球菌还能产生血浆凝固酶，能使抗凝的兔或人的血浆发生凝固，其试验方法有两种：玻片法和试管法。玻片法中，结合在细菌的细胞壁上的血浆凝固酶，可以直接作用于血浆中的纤维蛋白，使细菌凝成块状，测得的结果呈阳性；而试管法中菌体内产生释放到菌体外的游离血浆凝固酶，能使血浆中的凝血酶原变为凝血酶类产物，测得的结果呈阳性。

（二）检测步骤

（1）培养基和试剂

① SCDLP 液体培养基

成分：酪蛋白胨（17g）、大豆蛋白胨（3g）、氯化钠（5g）、磷酸氢二钾（2.5g）、葡萄糖（2.5g）、卵磷脂（1g）、吐温-80（7g）、蒸馏水（1000mL）。

制法：将上述成分混合后，加热溶解，调节 pH 值为 7.2～7.3，分装，121℃（151bar）下高压灭菌 20min；要注意振荡，使沉淀于底层的吐温-80 充分混合；冷却至 25℃ 左右使用。

② 7.5% 的氯化钠肉汤

成分：蛋白胨（10g）、牛肉膏（3g）、氯化钠（75g）、蒸馏水（1000mL）。

制法：将上述成分加热溶解，调节 pH 值为 7.4，分装，121℃（151bar）下灭菌 15min。

③ Baird Parker 平板

成分：胰蛋白胨（10g）、牛肉膏（5g）、酵母浸膏（1g）、丙酮酸钠（10g）、甘氨酸（12g）、六水合氯化锂（5g）、琼脂（20g）、蒸馏水（950mL）、增菌剂（30.0%卵黄盐水 50mL 与除菌过滤的 1.0%亚硫酸钾溶液 10mL 混合，置于冰箱内备用）。

制法：将各成分加到蒸馏水中，加热煮沸至完全溶解，冷却至 25℃校正 pH 值；分装，每瓶 95mL，121℃下高压灭菌 15min；使用前加热熔化琼脂，每 95mL 加入预热至 50℃的增菌剂 5mL，摇匀后倾注平板；培养基是致密不透明的，使用前在冰箱储存不得超过 48h。

④ 血琼脂培养基

成分：营养琼脂（100mL）、脱纤维羊血（10mL）。

制法：将营养琼脂加热熔化，待冷却至 50℃左右以无菌手续加入脱纤维羊血，摇匀，制成平板，置冰箱内备用。

⑤ 甘露醇发酵培养基

成分：蛋白胨（10g）、氯化钠（5g）、甘露醇（10g）、牛肉膏（5g）、0.2%溴麝香草酚蓝溶液（12mL）、蒸馏水（1000mL）。

制法：将蛋白胨、氯化钠、牛肉膏加到蒸馏水中，加热溶解，调节 pH 值为 7.4，加入甘露醇和 0.2%溴麝香草酚蓝指示剂，混匀后分装于试管中，115℃（101bar）下灭菌 20min备用。

⑥ 兔（人）血浆

取 3.8%柠檬酸钠溶液［121℃（151bar）下高温灭菌 30min］一份加兔（人）全血 4 份，混匀静置，2000～3000r/min 离心 3～5min，血球下沉，取上层血浆。

（2）设备和材料

显微镜、恒温培养箱、离心机、灭菌吸管、灭菌试管、载玻片、酒精灯。

（3）操作步骤

① 增菌培养

取 1：10 稀释的样品 10mL 接种到 90mL SCDLP 液体培养基中，置 37℃培养箱培养 24h。

② 分离培养

自上述增菌培养液中，取 1～2 个接种环，划线接种在 Baird Parker 培养基上或血琼脂平板上，37℃培养 24～48h。

观察培养基所形成的菌落：在 Baird Parker 培养基上为圆形，光滑、凸起、湿润，直径为 2～3mm，颜色呈灰色到黑色，边缘为淡色，周围为一浑浊带，在其外层有一透明带；在血琼脂平板上菌落呈金黄色，大而突起，圆形不透明，表面光滑，周围有溶血圈。

用接种针接触菌落似有奶油树胶的软度。有时会遇到非脂肪溶解的类似菌落，但无浑浊带及透明带，挑取单个菌落分布在血琼脂平板上，37℃培养 24h。

（4）检验结果验证

金黄色葡萄球菌的验证方法有以下三种。

① 染色镜检

挑取可疑金黄色葡萄球菌落，涂片，进行革兰氏染色、镜检试验。金黄色葡萄球菌为革兰氏阳性菌，排列成葡萄状，无芽孢，无夹膜，致病性葡萄球菌，菌体较小，直径为 $0.5\sim1\mu m$。

② 甘露醇发酵试验

取可疑菌落接种到甘露醇发酵培养基中，置 37℃ 培养 24h，金黄色葡萄球菌能发酵分解甘露醇产酸。

③ 血浆凝固酶试验

分别进行玻片法和试管法试验。

玻片法：取清洁干燥载玻片，一端滴加一滴灭菌生理盐水，另一端滴加一滴血浆，用接种环挑取待检菌落，分别在生理盐水及血浆中充分研磨混合。血浆与菌落混悬液在 5min 内出现团块或颗粒状凝块时，而盐水滴仍呈均匀浑浊无凝固现象者为阳性，如两者均无凝固现象则为阴性。

试管法：吸取 1∶4 新鲜血浆 0.5mL 放入灭菌小试管中，再加入待检菌 24h 肉汤培养物 0.5mL。混匀，放在 37℃ 恒温箱或水浴中，每半小时观察一次，24h 之内如呈现凝块即为阳性。同时以已知血浆凝固酶阳性和阴性菌株的肉汤培养物和肉汤培养基液各 0.5mL，分别加入灭菌小试管内，与 0.5mL 的 1∶4 血浆混匀，作为对照。

综上所述，被检试样液经过增菌、分离培养后，观察菌落疑似金黄色葡萄球菌，证实为革兰氏阳性葡萄球菌，且甘露醇发酵试验及血浆凝固酶试验均为阳性，即报告检出金黄色葡萄球菌；在检验金黄色葡萄球菌时，血浆凝固酶试验为主要指标。

若疑似菌落革兰氏阳性，不发酵甘露醇（甘露醇发酵试验阴性），但血浆凝固酶试验阳性，这时也可断定检出金黄色葡萄球菌。对疑似菌落，其革兰氏阳性，若甘露醇试验阴性，且血浆凝固酶试验阴性，这时可断定为未检出金黄色葡萄球菌。

五、霉菌的检测

霉菌在自然界分布极广，土壤、水、空气、动植物体内外都可生长霉菌，霉菌对人类的危害愈来愈引起人们的重视。对部分化妆品的质量卫生检查表明，霉菌对化妆品的污染是相当严重的，霉菌污染所引起的化妆品霉变，是化妆品变质的一个主要原因，因此，在化妆品中霉菌的检测是很重要的。

霉菌的形态各异，即使同一种霉菌在不同条件下培养其形态也有差异，因此，各种霉菌具有其对应标准的培养基，如青霉和曲霉标准培养基是察氏培养基，酵母菌标准培养基是麦芽汁。霉菌可产生多种毒素，如黄曲霉菌产生的黄曲霉素可致癌。与化妆品关系密切的霉菌有三种：毛霉、曲霉及根霉。

目前，对于化妆品中霉菌的检测，我国尚未制定统一标准，现仅介绍在化妆品中检测霉菌总数的方法。

霉菌总数的测定是指化妆品试样在一定条件下培养后，1g 或 1mL 化妆品中所污染的活的霉菌的数量。依此测定，可判明化妆品被霉菌污染的程度及其一般卫生状况。我国《化妆品安全技术规范》中规定，在 1g 或 1mL 化妆品中霉菌和酵母菌不超过 100CFU（菌落数）。

检测霉菌总数主要包括两步：首先准备好化妆品试样液，以无菌操作用稀释液将试液制成 1∶10、1∶100 和 1∶1000 的试样稀释液；取以上三种稀释度的试样稀释液各 1mL 分别注入灭菌平皿内，每个稀释度各用 2~3 个平板，在 28℃±2℃ 时置于培养基中培养 5d，每天都应观察，见有菌生长就要及时计数以免蔓延生长而无法计数。

霉菌计数方法同细菌总数的计数方法。先数每个平板上生长的霉菌菌落数（如长有细菌不作计数），求出每个稀释度的平均菌落数。在报告结果时，选取平均在 5～50 个范围之内的菌落数乘以稀释倍数，即为每克或每毫升试样中所含的霉菌总数。结果报告为每克（毫升）含霉菌菌落数，以 CFU/g（mL）表示。

第二节　化妆品的重金属检测

化妆品中的原料种类繁多，容易携带其他对皮肤有害的成分。2015 年我国颁布了《化妆品安全技术规范》，规定了化妆品的安全技术要求，包括通用要求、禁限用组分要求、准用组分要求以及检验评价方法等，由于内容较多，此处不再一一介绍。目前国内进行化妆品中重金属检测时常使用《化妆品卫生化学标准检验方法：汞、砷、铅》（GB 7917.1～3—1987）的检测方法。

一、砷的检测

通过呼吸道、消化道及皮肤接触，砷可以进入人体，对人体造成危害。砷化物进入人体后，可抑制巯基酶等而引起组织代谢紊乱、细胞死亡，对呼吸系统、消化系统、血液系统、神经系统等都造成危害，还能引起恶性肿瘤（肺癌、皮肤癌等）且有致畸作用。有机砷主要是对中枢神经系统有损害。我国《化妆品安全技术规范》中规定其限量不大于 2mg/kg。测定化妆品中含砷量的方法有二乙氨基二硫代甲酸银分光光度法和砷斑法，下面主要介绍二乙氨基二硫代甲酸银分光光度法。

（一）基本原理

二乙氨基二硫代甲酸银分光光度法的基本原理：被测样品（化妆品）经消解或灰化后，其中的砷全部转变成五价砷，反应式为：

$$2As + 3H_2SO_4 \longrightarrow As_2O_3 + 3SO_2 + 3H_2O \tag{9-1}$$

$$3As + 5HNO_3 + 2H_2O \longrightarrow 3H_3AsO_4（砷酸） + 5NO \tag{9-2}$$

$$3As_2O_3 + 4HNO_3 + 7H_2O \longrightarrow 4NO + 6H_3AsO_4 \tag{9-3}$$

此消解液中的砷酸被碘化钾和氯化亚锡还原成亚砷酸，亚砷酸再由锌与盐酸作用所产生的氢气还原为砷化氢气体，通过用乙酸铅溶液浸泡的棉花去除硫化氢干扰，然后与溶于三乙酸胺-氯仿中的二乙氨基二硫代甲酸银作用，生成棕红色的胶态银，移入比色皿中，在分光光度计上于波长 515nm 处测量其吸光度，从标准曲线上查出其试液的砷含量。上述系列反应的反应式为：

$$H_3AsO_4 + 2KI + 2HCl \longrightarrow H_3AsO_3 + I_2 + 2KCl + H_2O \tag{9-4}$$

$$H_3AsO_4 + SnCl_2 + 2HCl \longrightarrow H_3AsO_3 + SnCl_4 + H_2O \tag{9-5}$$

$$H_3AsO_3 + 3Zn + 6HCl \longrightarrow AsH_3 + 3ZnCl_2 + 3H_2O \tag{9-6}$$

$$AsH_3 + 6AgDDTC \longrightarrow 6Ag + 3HDDTC + As(DDTC)_3 \tag{9-7}$$

（二）检测方法

（1）试剂

所有试剂，特别是锌粒，不含砷或含砷量极低。除标明的以外，全部试剂均为分析纯，水为去离子水。

无砷锌粒（10～20目）、硝酸、硫酸（1mol/L）、硫酸（1∶15）、盐酸（6mol/L）、氧化镁、硝酸镁（10%）、碘化钾（15%）、氯化亚锡（40%，酸性溶液）、氢氧化钠（20%）、酚酞指示剂、二乙氨基二硫代甲酸银（AgDDTC）、三乙醇胺-氯仿溶液（3.0%）、乙酸铅溶液（10%）、氯化亚铜饱和溶液。

（2）标准溶液的配制

① 砷标准贮备液

称取干燥过的三氧化二砷0.1320g，溶于5mL氢氧化钠溶液（20%）中，加2～3滴酚酞指示剂，用1mol/L硫酸溶液中和至中性后，加入10mL硫酸（1∶15），并用水定容至1000mL，混匀，此溶液含砷量为0.1000g/L，贮存于棕色玻璃瓶中，记为溶液A。

② 砷标准溶液

移取1.00mL砷标准贮备液置于100mL容量瓶中，加入1mL硫酸（1∶15）再加水至刻度，摇匀。此溶液含砷量为1μg/mL，记为溶液B。

③ 二乙氨基二硫代甲酸银（AgDDTC）-氯仿-三乙醇胺溶液

称取0.50gAgDDTC，加入100mL三乙醇胺-氯仿溶液（3.0%），使之溶解，过滤后置于棕色瓶中，0～4℃保存，记为溶液C。

④ 乙酸铅饱和吸收棉

将脱脂棉浸入乙酸铅溶液（10.0%），浸透后取出，压去多余溶液，使其膨松，然后在室温下真空干燥，或在30℃以下的烘箱内干燥，贮存于玻璃瓶中。

⑤ 氯化亚铜饱和吸收棉

将脱脂棉浸在氯化亚铜饱和溶液中，压去多余溶液，然后在室温下真空干燥，或在60℃以下的烘箱内干燥，贮存于玻璃瓶中。

（3）仪器

烧杯（100mL、500mL）、容量瓶（50mL、1000mL）、棕色试剂瓶（2000mL）、移液管（1mL、2mL、5mL）、锥形瓶（125mL）、抽滤器、真空干燥器、瓷坩埚、烘箱、分光光度计。

测砷所用玻璃仪器都应先用稀盐酸浸泡过夜，或用热浓硫酸洗涤，再用水充分淋洗并干燥。其中分光光度计的测定波长范围为350～800nm。

（4）测定

① 试验溶液的配制

称取5.00g样品置于50mL瓷坩埚中，加入10g硝酸镁，再在上面覆盖2g氧化镁，将坩埚在电炉上加热，直至炭化，移至550℃高温炉中灼烧至完全灰化。冷却后取出，加入5mL去离子水，再缓慢加入15mL盐酸，继而将溶液移入50mL容量瓶中，用盐酸洗涤坩埚，洗液并入容量瓶中，再以盐酸稀释至刻度，混匀，记为溶液F。

② 标准曲线的绘制

移取0.00mL（空白）、1.00mL、3.00mL、5.00mL、7.00mL、9.00mL砷标准溶液B，分别置于锥形瓶中，向每个锥形瓶中加入去离子水至总体积为50mL，然后各加入8mL硫酸、3mL碘化钾溶液，混匀。将锥形瓶于室温下放置5min，再分别加入2mL左右氯化亚锡酸性溶液，摇匀后静置15min。

在测砷器管球连接部分放入少许氯化亚铜棉和乙酸铅棉，移入5mL AgDDTC溶液于吸收管中。静置15min后，向每个锥形瓶中放入4g锌粒。反应发生1h后，取下吸收管，用氯仿补充因挥发而减少的容积至 5mL，混匀，转入 1cm 比色皿中，以空白试剂调节分光光度计的零点，在 515nm 下测定各吸收液的吸光度。以含砷量（μg）为横坐标，相应的吸光度为纵坐标，绘制标准曲线。

③ 测定

取 25.00mL 溶液 F 置于锥形瓶中，然后按"标准曲线的绘制"的实验方法进行试验。

④ 计算

由标准曲线查出相当于试验溶液吸光度的含砷量，按式(9-8)计算样品含砷量。

$$C = \frac{AV_1}{mV_2} \tag{9-8}$$

式中 C——样品中含砷量，mg/kg；

A——相当于试验溶液吸光度的含砷量，μg；

m——样品的质量，g；

V_1——样品最后稀释到的体积，mL；

V_2——测定时所取溶液的体积，mL。

二、铅的检测

铅及其化合物均极毒，对所有生物均具有毒性作用，铅中毒能引起神经系统、血液系统、内分泌系统、生殖系统等的病变。铅可由呼吸道、消化道或皮肤接触进入人体并蓄积在体内。当血液含铅量为 0.6～0.8mg/kg 时，会损害肝脏、肾等，引起慢性中毒。粮食及农业组织（FAO）、世界卫生组织（WHO）将铅排在优先研究的有害金属的第三位。

我国规定铅及其化合物为化妆品中的禁用物质，在化妆品中的含量不得超过 10mg/kg（以铅计），但乙酸铅可作染发剂除外，其在染发剂中的含量必须不大于 1.0%（以铅计），并在包装上注明含乙酸铅及注意事项。《化妆品卫生化学标准检验方法 铅》中规定化妆品中铅的检测方法有两种：火焰原子吸收分光光度法和双硫腙萃取分光光度法。

（一）火焰原子吸收分光光度法

（1）基本原理

样品经消解后，铅元素主要以离子状态存在于溶液中，当铅溶液雾化并被引入原子化器后，金属元素变成原子状态，且处于基态。这些原子会吸收来自铅空心阴极灯发出的共振线而变成激发态，其吸收量与样品中铅含量成正比，在其他条件不变的情况下，根据测量被吸收后的谱线强度与标准曲线比较，即得出样品中铅的含量。

（2）测试方法

① 试剂

硝酸（优级纯）、硝酸（1:1）、高氯酸（优级纯）、过氧化氢（30.0%，优级纯）、甲基异丁基酮（分析纯）、盐酸（7mol/L）、氢氧化铵（优级纯）、溴麝香草酚蓝（0.1%）、柠檬酸铵（25.0%）、硫酸铵（40.0%）、柠檬酸（20.0%）、二乙氨基二硫代甲酸钠（2.0%）、吡咯烷二硫代甲酸铵（2.0%）、去离子水。

混合酸：硝酸和高氯酸按 3:1 混合。

铅贮备液：准确称取金属铅 1.000g，加入 20.00mL 硝酸（1:1），加热使之溶解，转移到 1000mL 容量瓶中，用去离子水稀释至刻度线，此溶液 1mL 含铅 1.00mg。

铅标准溶液：移取铅贮备液 10.00mL 置于 100mL 容量瓶中，加入 2mL 硝酸（1∶1），用去离子水稀释至刻度线，此溶液含铅 100.0μg/mL。

② 仪器

原子吸收分光光度计及其配件、离心机、硬质玻璃消解管或小型定氮消解瓶、比色管（10mL 及 25mL）、分液漏斗（100mL）、瓷坩埚（50mL）、箱形电炉。

③ 测定

a. 试验溶液的制备

采用湿式消解法、干湿消解法、浸提法进行消解。

（ⅰ）湿式消解法

称取 1.00～2.00g 样品置于消化管中，同时作空白对照。含有乙醇等有机溶剂的化妆品，先在水浴上或电热板上将有机溶剂挥发。若为膏霜型样品，可预先在水浴中加热使瓶颈上样品熔化流入消化管底部。在盛有样品的消化管中加入数粒玻璃珠，然后加入 10mL 硝酸，由低温至高温加热消解，当消解液体积减少至 2～3mL，移去热源，冷却。加入 2～5mL 高氯酸于上述消化管中，继续加热消解，缓慢摇动使均匀，消解至冒白烟，消解液呈淡黄色或无色溶液，继续浓缩至 1mL 左右。冷却至室温后定量转移至 10mL 具塞比色管（如为粉类，则移至 25mL 具塞比色管）中，以去离子水定容至刻度。如样品液浑浊，离心沉淀后，取上清液进行测定。

（ⅱ）干式消解法

称取 1.00～2.00 样品，置于瓷坩埚中，在小火上缓慢加热直至炭化。将其移入箱形电炉中，在 500℃下灰化 6h 左右，冷却取出。向瓷坩埚中加入 2～3mL 混合酸，同时作空白对照。小火加热消解，直至冒白烟，但不得干涸。若有残存炭粒，应补加 2～3mL 混合酸，反复消解，直至样液为无色或微黄色，微火浓缩至近干。然后，将其定量转移至 10mL 试管（如为粉类，则移至 25mL 试管）中，用去离子水定容至刻度，必要时离心沉淀。

（ⅲ）浸提法

称取约 1.00g 试样，置于消化管中，同时作空白对照。样品如含乙醇等有机溶剂，先在水浴中将有机溶剂挥发，但不得干涸。在盛有样品的消化管中加 2mL 硝酸、5mL 过氧化氢，摇匀，于沸水浴中加热 2h。冷却后将其加水定容至 10mL（若为粉类样品，则定容至 25mL）。如样品浑浊，离心沉淀后，取上清液备用。

b. 标准曲线的绘制及含量的计算

移取 0.00mL（空白）、0.50mL、1.00mL、2.00mL、4.00mL、6.00mL 铅标准溶液分别置于 10mL 比色管中，加入去离子水至刻度。分别测定空白和标准溶液的吸光度。以铅标准溶液浓度为横坐标，吸光度为纵坐标，绘制标准曲线。

c. 样品铅含量的测定

测量湿式消解法、干式消解法或浸提法等方法制得样品的吸光度，从标准曲线上查得样品对应的铅浓度，通过式(9-9) 计算出实际样品的铅含量。

$$\text{Pb 含量} = \frac{(m_1 - m_0)V_1}{mV} \tag{9-9}$$

式中　m_1——从标准曲线查得样品溶液铅量，μg；

　　　m_0——从标准曲线查得空白溶液铅量，μg；

　　　V——样品总体积，mL；

V_1——测定时试样液量，mL；

m——样品质量，g。

(二) 双硫腙萃取分光光度法

(1) 基本原理

样品经消解后，在弱碱性（pH 为 8.5～9.0）条件下，样液中的铅与双硫腙反应生成红色络合物。其吸光度与铅离子浓度在一定范围内成正比（符合朗伯-比尔定律），将其用氯仿提取后，用分光光度计比色测定，与铅的标准液的标准曲线比较，即可得到样液的铅含量。如果有大量锡存在，会干扰测定，且本法不适用于含有氧化钛及铋的化合物的样品。

(2) 测试方法

① 试剂

a. 20.0%柠檬酸铵溶液：将柠檬酸（分析纯）100g 溶解于 200mL 重蒸馏水中，加 2 滴酚酞指示剂，用氨水调节 pH 值至 8.50～9.00（溶液呈粉红色）。然后加入 5mL 双硫腙氯仿溶液 0.01%，振摇分离出氯仿层，重复此操作，直到加入双硫腙溶液不变色为止。每次用 5mL 氯仿萃取残存在水中的双硫腙，直到最后加入氯仿不变色为止，用重蒸馏水稀释至 500mL。

b. 10.0%盐酸羟胺溶液：将盐酸羟胺（分析纯）20.00g 溶于 200mL 蒸馏水中。

c. 双硫腙精制：取 1.00g 双硫腙，溶解于 200mL 氯仿中，将溶液移入分液漏斗中，加 200mL 氨水，摇动（此时双硫腙转入氨液）至不再变橙色为止。滴加盐酸（1∶1）于氨水和双硫腙混合液中，直至双硫腙完全析出为止。将析出的双硫腙用 20mL 氯仿萃取 3 次。收集萃取液于另一分液漏斗中，放于通风橱中蒸去氯仿，置于干燥器中备用。

d. 0.01%（1×10^{-4} mg/mL）双硫腙贮备液：精确称取 10.00μg 已精制的双硫腙，溶解于 100mL 氯仿中，装入棕色瓶，置于冰箱中保存。

e. 0.001%（1×10^{-5} mg/mL）双硫腙操作液（现用现配）：将 0.01%双硫腙溶液用氯仿稀释 10 倍。

f. 铅标准溶液（1μg/mL）：称取 0.1598g 干燥的硝酸铅（分析纯）溶解于 20mL 硝酸（1∶1）溶液中，用蒸馏水稀释到 1000mL，再精确吸取 10.00mL 上述溶液稀释到 1000mL。

g. 氯仿、酚酞指示剂（0.1%）、氨水（1∶1）、氰化钾溶液（10.0%）。

② 仪器

721 型分光光度计、分液漏斗。

③ 测定

a. 标准曲线的绘制

吸取铅标准溶液 0.00mL（空白）、1.00mL、2.00mL、3.00mL、4.00mL、5.00mL，分别放入 125mL 分液漏斗中，各用蒸馏水稀释至 10mL，以下操作与样品测定相同。以吸光度为纵坐标，铅含量为横坐标，绘制标准曲线。

b. 试验溶液的制备

称取 5.00g 样品（化妆品），放入坩埚中，加入 10mL 浓硝酸，置于电炉上炭化至无烟，将其移入温度为 500℃的高温炉中，灰化至白色，取出冷却后加入硝酸（0.1mol/L）稀释至 10～50mL（稀释倍数依铅量而定）。

c. 样品测定

取出 10mL 消解好的试液，放入 125mL 分液漏斗中，用蒸馏水稀释至 20mL。加入 2mL 柠檬酸铵溶液（20.0%）和 1mL 盐酸羟胺溶液（10.0%），摇匀后加 2 滴酚酞指示剂，用氨水调节 pH 值为 8.5～9.0，加入 1mL 氰化钾溶液（10.0%），摇匀。同时作空白试验。在空白液中准确加入 5.00mL 双硫腙工作液（0.001%），剧烈振摇 1min，静置分层，将氯仿层滤入比色皿中，用 721 型分光光度计于 510nm 处，以空白调节零点，测定其吸光度。用式(9-10)计算样品的铅含量。

$$Pb\ 含量 = \frac{C}{m \times \dfrac{V_1}{V}} \tag{9-10}$$

式中　C——从标准曲线查得的含铅量，μg；

　　　m——样品质量，g；

　　　V——样品稀释液总体积，mL；

　　　V_1——测定时吸取试液体积，mL。

三、汞的检测

汞及其无机、有机化合物都具有不同程度的毒性，都可以透过皮肤渗入体内。因此，化妆品中汞的含量受到高度重视，FAO、WHO 将汞排在有害金属的第四位，《化妆品安全技术规范》中规定汞的限量为不得超过 1mg/kg，用于眼部化妆品的防腐剂硫柳汞除外。汞中毒主要是汞离子引起的，汞离子与蛋白的巯基络合形成金属蛋白，从而抑制了酶的活性，使人体的肾、肝等受到损害。汞盐可引起人体的急性中毒，对肾脏损害最大，可引起蛋白尿、血尿等，严重的可引起尿毒症甚至死亡。化妆品中汞的含量一般都很低，常用的检测方法为测汞仪法。

（一）主要仪器与试剂

（1）主要仪器

测汞仪。

（2）试剂

硝酸（分析纯）、硫酸（优级纯或分析纯）、氯化亚锡（分析纯）、氯化汞（分析纯）。

（二）标准溶液的配制

① 30.0%氯化亚锡溶液

称取 30.00g 氯化亚锡（分析纯），加入少量水，再加 2mL 硫酸使之溶解后，加水至 100mL。

② 5mol/L 混合酸

取 10mL 硫酸（分析纯）、10mL 硝酸（优级纯或分析纯），慢慢倒入 50mL 水中，冷却后加水至 100mL。

③ 汞标准溶液

精确称取 0.1354g 经过 105℃ 干燥的氯化汞（$HgCl_2$，分析纯），加入混合酸使之溶解后移入 100mL 容量瓶中，并稀释至刻线，摇匀。用时精确吸取此溶液 1.00mL，移入 100mL 容量瓶中，加混合酸至刻度线，摇匀。此溶液含汞 $10\mu g/mL$。

（三）标准曲线的绘制

精确移取汞的标准溶液 0.00mL（空白）、0.10mL、0.20mL、0.40mL、0.60mL、0.80mL、1.00mL，分别置于 250mL 锥形瓶中，各加 5mol/L 混合酸至 10mL，然后倒入汞发生器内，进行样品测定。以汞含量为横坐标，测汞仪表头读数为纵坐标，绘制标准曲线。

（四）汞的测试方法

（1）样品预处理

称取 1.00～5.00g 样品，置于 250mL 圆底烧瓶中，加入 25mL 硝酸、5mL 硫酸及数粒玻璃珠，接上标准磨口球形冷凝管，小火加热，同时摇动，回流消解 2h（消解液呈微黄或黄色，若溶液出现棕色或变黑，可补加硝酸）。从冷凝管上注水 10mL，继续加热回流10min，放置冷却，用预先润湿的滤纸过滤，除去固形物（必要时可冷却使蜡质析出），样液加水 100mL。同时作空白对照。

（2）样品测定与计算

精确吸取样品消解液 10.00mL 置于汞发生器内，连接抽气装置，沿发生器内壁加 2mL氯化亚锡（30.0%），立即塞紧瓶塞。开启仪器气阀，使汞蒸气经干燥进入测汞仪中。读取仪器上最大读数，用式(9-11)计算样品的汞含量。

$$Hg \text{ 含量} = (A_1 - A_2)\frac{V_1}{mV_2} \tag{9-11}$$

式中　A_1——被测样品消解液中汞的含量，μg；

　　　A_2——试剂空白液中汞含量，μg；

　　　V_1——样品消解液总体积，mL；

　　　V_2——测定用样品消解液总体积，mL；

　　　m——样品的质量，g。

第三节　化妆品的安全性评价

评价化妆品安全性的方法涉及卫生学、毒理学和物理学等学科领域，而人体接触化妆品的主要部位是皮肤，由于化妆品的性能或使用者的身体素质等原因，皮肤有时也会发生化妆品中毒的现象。

化妆品中毒的具体表现有三种，即致病菌感染、一次刺激性和异状敏感性反应。

在化妆品生产中，预防致病菌感染可通过对原料、物料的消毒，产品的防腐和生产工艺上的灭菌加以控制。如果皮肤发生了一次刺激性反应，可以通过使用高纯度的原料来解决。当消费者长期使用同一产品，并且产品中有某一成分使皮肤产生抗体，这种抗体与化妆品中的抗原相反应，可能会产生异状敏感性反应。

为了保证化妆品的安全性，防止化妆品对人体产生和可能潜在的危害，我国制定了国家标准——《化妆品安全性评价程序和方法》（GB 7919—1987），标准中规定了化妆品的安全性评价程序。

一、急性毒性试验

急性毒性，常被称为半数致死量，记作 LD_{50}，是 FDA 规定化妆品及化妆品组分的毒理指标之一。LD_{50} 是指当受试动物经一次或 24h 内多次摄取大剂量化妆品，或化妆品组分等试验物质后，因毒理反应而出现受试动物死亡的数目在 50％时的试验物质量。试验物质量（mg）和受试动物体重（kg）之比即为 LD_{50}（mg/kg），并注明试验物摄取的途径及受试动物的种类、产源、性别、体重等。

LD_{50} 指标受到化妆品界的高度重视，FDA 将其列为评价化妆品组分的依据指标之一。主要原因如下：

① 肤用化妆品，虽不属口服物之列，但由于擦用后，可经皮肤渗透体内而致中毒。

② 唇部化妆品，因随食物而带入体内，被组织吸收进入血液循环，可导致中毒。

③ 眼部化妆品，因流泪或淌汗，经脸部皮肤渗入体内，可产生毒理反应。

④ 婴幼儿误食化妆品，可导致中毒死亡。

⑤ 化妆品涉及面广，男女老少皆用；应用频率高，护肤、美容均不可少，尤其当今化妆品种类繁多，化妆品新原料亦层出不穷，就更需要 LD_{50} 的评价数据，以利于配制前的正确选用，确保使用者的安全。

急性毒性试验一般可分为急性经口毒性试验和急性经皮毒性试验。

（一）急性经口毒性试验

急性经口毒性是指口服试验物质后受试动物所引起的不良反应。

实验动物常用成年小鼠或大鼠。小鼠体重 18～22g，大鼠 180～200g。实验前，一般禁食 16h 左右，不限制饮水。

取 5 个阶段的服用量，对 5 群（每群 5～10 只）实验动物，按体重口服或针服被试物质，试验物质溶液常以水或植物油为溶剂。通常观察 7～10 天，判断生死，找出致死量的范围、中毒表现和死亡情况。评价结果见表 9-1。

表 9-1　化妆品的急性毒性评价（LD_{50}）　　　单位：mg/kg

级别	大鼠经口 LD_{50}	兔涂敷皮肤 LD_{50}	级别	大鼠经口 LD_{50}	兔涂敷皮肤 LD_{50}
极毒	＜1	＜5	低毒	≥500～5000	≥350～2180
剧毒	≥1～50	≥5～44	实际无毒	≥5000	≥2180
中等毒	≥50～500	≥44～350			

（二）急性经皮毒性试验

急性经皮毒性是指将试验物质涂覆皮肤一次剂量后所产生的不良反应。选用两种不同性别的成年大鼠、豚鼠或家兔均可。

建议试验动物体重范围为大鼠 200～300g，豚鼠 350～450g，家兔 2.0～3.0kg。实验时应将动物背部脊柱两侧毛发剪掉或剃掉，不能擦伤皮肤，因损伤皮肤能改变皮肤的渗透性。试验物质擦抹面积，不能少于动物体表面积的 10％。

将两种性别的实验动物分别随机分成 5～6 组，每组 10 只动物为宜。最高剂量可达 2000mg/kg。给药后观察动物的全身中毒表现和死亡情况，包括动物皮肤、毛发、眼睛和黏膜的变化，呼吸、循环、自主神经和中枢神经系统、四肢活动和行为方式等的变化，特别要观察震颤、惊厥、流涎、腹泻、嗜睡、昏迷等现象。

根据表 9-1，确定实验物质能否经皮肤渗透和短期作用产生毒性反应，并为确定亚慢性毒性试验及其他特殊毒性试验提供实验依据。

二、皮肤刺激性试验

皮肤刺激是指皮肤接触试验物质后产生的可逆性炎性症状，用于皮肤刺激性试验（急性贴皮试验）的每种试验物质至少要 4 只健康成年动物（家兔或豚鼠）。

试验前 24h，将实验动物背部脊柱两侧毛发剪掉（不可损伤表皮），去毛范围为左、右各约 3cm×6cm。将受试物按剂量分组，均匀涂抹于动物背部等处，用油纸和两层纱布覆盖，并予以固定，防止脱落而污染试验皮肤。

试验物质通常为液态，采用原液或预计人应用的浓度；固态则将其研磨成粉状用水或合适赋形剂按 1∶1 浓度调制。取试验物质 0.1mL（g）涂在皮肤上，敷用时间为 24h，亦可一次敷用 4h。在除去受试物后的 1h、24h、48h 时观察涂抹部位皮肤的反应。皮肤刺激性反应评价见表 9-2，皮肤刺激强度的评价见表 9-3。

表 9-2 皮肤刺激性反应评价

皮肤反应		积分	皮肤反应		积分
红斑形成	无红斑	0	水肿形成	无水肿	0
	勉强可见	1		勉强可见	1
	明显红斑	2		皮肤隆起轮廓清楚	2
	中等～严重红斑	3		水肿隆起约 1mm	3
	紫红色红斑并有焦痂形成	4		水肿隆起超过 1mm，范围扩大	4

表 9-3 皮肤刺激性强度评价

强度	分值	强度	分值
无刺激性	0.0～0.4	中等刺激性	2.0～5.9
轻刺激性	0.5～1.9	强刺激性	6.0～8.0

皮肤刺激性试验可采用急性皮肤刺激性试验（一次皮肤涂抹实验），亦可采用多次皮肤刺激试验（连续涂抹 14 天）。通常情况下，家兔和豚鼠对刺激物质比人体敏感，从动物实验结果外推到人体可提供较重要的依据。

三、眼刺激性试验

眼刺激性是指眼表面接触试验物质后产生的可逆性炎性变化，即在停止接触受试物质一段时间后，这种改变可以恢复原状。评价标准见表 9-4。

表 9-4 眼刺激性评价标准

急性眼刺激积分指数 （I. A. O. I）	眼刺激的平均指数 （M. I. O. I）	眼刺激个体指数 （I. I. O. I）	刺激强度
0～5	48h 后为 0		无刺激性
5～15	48h 后＜5		轻刺激性
15～30	4d 后＜5		刺激性

急性眼刺激积分指数 （I. A. O. I）	眼刺激的平均指数 （M. I. O. I）	眼刺激个体指数 （I. I. O. I）		刺激强度
30～60	7d 后＜20	7d 后	（6/6 动物＜30） （4/6 动物＜10）	中度刺激性
60～80	7d 后＜40	7d 后	（6/6 动物＜60） （4/6 动物＜30）	中度～重度刺激性
80～110				重度刺激性

在化妆品中，有许多都是在眼部周围使用的，如眼影、眼线、洗发香波及染发剂等，它们很容易误入眼内，刺激眼黏膜引起眼发红、流泪及其他伤害。受试动物为家兔，每组实验动物至少 4 只。试验前，受试动物的眼应无任何炎症和损伤。试验物质一般用原液或用适当无刺激性赋形剂配制的 50％软膏或其他剂型。

试验方法是将已配制好的试验溶液（0.1mL 或 100mg）滴入实验动物的一侧眼睛结膜囊内，另一侧为对照。滴药后使眼闭合 5～10s，记录滴药后 6h、24h、48h、72h 眼的局部反应，第 4、7 天观察恢复情况。用荧光素钠检查角膜损害，用裂隙灯检查角膜透明度、虹膜纹理的改变。

按表 9-4 的评价标准评定，如一次或多次接触试验物质，不引起角膜、虹膜和结膜的炎性变化，或虽引起轻度反应，但这种改变是可逆的，则认为该试验物质可以安全使用。

四、过敏性试验

过敏性试验（皮肤变态反应试验）是以诱发过敏为目的而进行的诱发性投药试验，以确认药物的诱发性效果和过敏性。实验动物多数是豚鼠，每组受试动物数为 10～25 只，试样配成 0.1％水溶液。从头部向尾部成对地做三次皮内注射。

注射后，第 8 天用 2cm×4cm 滤纸涂以用赋形剂配制的试验物质，将其贴于注射部位，持续 48h 做封闭试验。

五、人体激光斑贴试验

人体激光斑贴试验是借用皮肤科临床检测接触性皮炎致敏原的方法。预测试验物质的潜在致敏原性。试验的全过程应包括诱导期、中间休止期和激发期。受试者应无过敏史，试验人数不少于 25 人。

试验方法：将 5％十二烷基硫酸钠液 0.1mL 滴在 2cm×2cm 大小的四层纱布上，然后敷贴在受试者上背部或前臂屈侧皮肤上。24h 后将敷贴物质去掉，皮肤应出现中度红斑反应。如无反应，调节十二烷基硫酸钠浓度或再重复一次。

按上述方法将 0.2mg 试验物质敷贴在同一部位，固定 48h 后，去掉斑贴物，休息一日，重复上述步骤共四次。如试验中皮肤出现明显反应，诱导停止。

最后一次诱导试验，选择未做过斑贴的上背部或前臂屈侧皮肤两块，间距 3cm，一块做对照，一块敷贴含上述试验物质 0.2mL(g) 的 1cm×1cm 纱布，封闭固定 48h 后，去除斑贴物，立即观察皮肤反应，24h、48h、72h，再观察皮肤反应的发展或消失情况。皮肤反应评级标准和致敏原强弱标准见表 9-5、表 9-6。如人体斑贴试验表明试验物质为轻度致敏原，可做出禁止生产和销售的评价。

表 9-5　皮肤反应评级标准

皮肤反应	分级	皮肤反应	分级
无反应	0	浸润红斑、丘疹隆起、偶尔可见水疱	2
红斑和轻度水肿、偶见丘疹	1	明显浸润红斑、大小水疱融合	3

表 9-6　致敏原强弱标准

致敏比例	分级	分类	致敏比例	分级	分类
(0～2)/25	1	弱致敏原	(14～20)/25	4	强致敏原
(3～7)/25	2	轻度致敏原	(21～25)/25	5	极强致敏原
(8～13)/25	3	中度致敏原			

六、其他试验

（一）皮肤光毒和光变态反应试验

皮肤的光变态反应是指某些化学物质在光照下所产生的抗原抗体皮肤反应。不通过肌体免疫机制，而由光能直接加强化学物质所致的原发皮肤反应，则称为光毒反应。

动物选用白色的豚鼠和家兔，每组动物 8～10 只。照射源一般采用治疗用的汞石英灯、水冷式石英灯作光源，波长在 290～320nm 范围的中波紫外线或波长在 320～400nm 范围内的长波紫外线，光源照射时间一般大于 30min，以确保试验物质有足够时间存留在皮肤上。

（二）致畸试验

致畸试验是鉴定化学物质是否具有致畸性的一种方法。通过致畸试验，鉴定化学物质有无致畸性，为化学物质在化妆品中的安全使用提供依据。

胚胎发育过程中，接触了某种有害物质会影响器官的分化和发育，导致形态和机能的缺陷，出现胎儿畸形，这种现象称为致畸作用。引起胎儿畸形的物质称为致畸原。

（三）致癌试验

经过一定途径长期给予实验动物不同剂量试验物质的过程中，观察其大部分生命期间肿瘤疾患的产生情况。致癌是指动物长期接触化学物质后，所引起的肿瘤危害。

（四）药理试验

近年来，焦油色素、防腐剂、亚硝胺等使细胞突然变异的致癌物质，引起了人们的重视和议论。对化妆品来说，用的人多，涉及面广，所以必须做一定的药理试验。特别是在应用新开发的原料时，须同时进行皮肤吸收、代谢、累积、排泄等试验。

第四节　化妆品的质量评价

好的化妆品应该使消费者能够长期安全地连续使用，并有好的感官质量。当消费者对产品的内在质量缺乏必要的检验手段和知识时，感官质量就显得非常重要，外观新颖美观和香气迷人的化妆品，消费者便乐于购买。外观好的化妆品，如果内在质量较差，消费者只会购买一次，而内在质量非常好的化妆品，虽然外包装差些，但消费者仍然乐于长期使用。化妆品的内在质量主要指产品的稳定性、使用性和有效性。

质量是化妆品稳定性最可信赖的依据，它包括设计质量和制造质量。设计质量在研制时可通过产品的稳定性试验（如耐热耐寒试验或日光贮存，观察其颜色、香气、形体的变化和强化试验）来确定产品保质期内的稳定性。影响稳定性的因素主要是微生物污染。制造质量是实际的商品质量，也是设计质量的验证。

本节主要介绍化妆品的感官评价、稳定性评价、使用性评价、有效性评价等。

一、感官评价

化妆品感官评价是对化妆品的使用肤感等主观宣称进行验证的评价方法，是通过视觉、嗅觉、味觉、触觉、听觉感知物质特征、性质的一种科学方法，感官质量是决定其受消费者喜爱程度的重要因素。如何确定一些可测定的物理性质和消费者感官反应之间的相关性是化妆品质量评价的重要问题。

化妆品感官评价的具体内容主要包括视觉评价、嗅觉评价和触觉评价，分别是依靠视觉、嗅觉和触觉对化妆品外观形态、色彩、气味、使用肤感等作出评价。不同种类化妆品的性能也各不相同，如膏霜乳液类产品的感官评价主要包括铺展性、滋润性、油润感、黏腻感等，洁肤用品及洗发用品的感官评价主要包括易冲洗程度、紧绷感等。

（一）感官评价的一般步骤

对化妆品的感官评价过程包括取样、涂抹和用后感觉几个阶段。

（1）取样

取样即将产品从容器内取出，包括从瓶中倒出或挤出、用手指将产品从容器中挑出，感知产品的稠度，评价产品从容器中取出的难易程度。稠度可分为低稠度、中等稠度和高稠度三级。

稠度与产品的黏稠性、触变性、黏弹性、黏度、屈服值有关。例如，屈服值较高的膏霜，其表观稠度也较大，触变性适中。从软管和塑料瓶中挤出时，会剪切变稀，可挤压性较好。这对产品灌装有利，也较好处理。

（2）涂抹

皮肤上涂抹化妆品后，用手指尖以每秒 2 圈的速度轻轻地做圆周运动，再摩擦皮肤一段时间，然后进行评价。主要包括吸收性和可分散性。

吸收性是指产品被皮肤吸收的速度。把产品分散在皮肤上后，可根据皮肤感触到的和可见的产品在皮肤上的残留量以及皮肤表面的变化进行评价，分为快、中、慢三级。吸收性主要与化妆品中油分的分子量大小、支链和特定的亲和基团、化妆品配方组分中的油水比例、渗透剂是否存在等有关。一般黏度较低的组分易于吸收。

产品的可分散性是指产品容易从涂抹处分散到面部的其他部位，根据涂抹时感知的阻力来评估，十分容易分散的为"滑润"，较易分散的为"滑"，难于分散的为"滞"，与产品的流型、黏度、黏弹性、触变性和黏着性等有关。剪切变稀程度较大的产品，可分散性较好。

（3）使用感

使用感评价是指产品涂抹于皮肤上后，利用指尖评估皮肤表面的触感变化、皮肤外表观察、使用后皮肤感觉的描述等。

评价的内容主要包括：膜（油性或油腻）、覆盖层（蜡状或干的）、片状或粉末粒子等残留物的种类。残留物的量分为小、中等、多三级。皮肤使用感分为干（紧绷）、润湿（柔软）、油性（油腻）。化妆品的使用感主要与产品的油分性质和组成、含粉末的颗粒度等有关。

（二）感官评价的内容

化妆品主要品种有护肤用品、洁肤用品及洗发产品，护肤用品多为乳化体系，而洁肤用品及洗发产品则是表面活性剂体系，针对不同种类的产品有不同的感官评价指标。

（1）护肤用品的感官评价

护肤用品的感官评价是通过对其使用性能的测定来评价的，膏霜、乳液类产品的感官评价主要包括以下几方面内容。

① 铺展性：主要是产品在涂抹过程中是否容易铺展，是否会起白条现象。

② 渗透性：护肤产品在使用过程中油脂、活性成分是否容易渗透进皮肤中。

③ 滋润性：护肤产品赋予皮肤的滋润感。

④ 油腻性：护肤产品在使用中是否有过度的油腻感。

⑤ 黏起感：用指头将膏体挑起时的难易程度及此时的膏体形状。

⑥ 直接使用性：膏体在使用时以上各性能指标的情况。

⑦ 后期使用性：膏体在使用 10min 以后以上各性能指标的情况。

针对以上各种性能的评价，要得到比较合理客观的结果，需要选择不同年龄、不同地区、不同皮肤类型以及不同性别的多数人群进行测评，运用数理统计的方法分析评价结果。不同的产品公司对产品可能会从不同的侧面来评价其使用性能，在评价产品的指标上也会有所不同。

（2）洁肤用品及洗发产品的感官评价

洁肤用品及洗发产品的感官评价主要有以下几方面。

① 分散性：在使用过程中样品是否容易分散于皮肤、头发上。

② 泡沫性：产品在使用中泡沫是否丰富、细腻且稳定。

③ 易冲洗程度：产品在使用后是否容易冲洗干净。

④ 紧绷感：洁肤产品在使用后是否有明显的紧绷感。

⑤ 脱脂性：产品使用后是否有过度脱脂现象。

二、稳定性评价

从热力学的角度，膏霜类化妆品和乳液类化妆品均是不稳定的体系，产品的稳定性和货架寿命是产品的质量标志。

（一）稳定性评价的实验条件

① 在 40℃下存放 1 个月、3 个月、6 个月，分别观察其是否分层或有浮油现象；

② 在 -5℃ 及 40℃下循环存放 3 次，每次存放 24h，即在 -5℃ 存放 24h 后，在室温下存放 24h，再放入 40℃恒温箱中存放 24h，依次循环 3 次，观察其稳定性；

③ 在 -5℃ 下存放 1 周，观察其稳定性；

④ 在 300r/min 下离心 60min、3000r/min 下离心 30min、10000r/min 下离心 10min，观察其稳定性。

（二）稳定性的判断

化妆品稳定性的判断主要通过以下方式进行：

① 肉眼观察产品色泽、膏体亮度的变化情况；

② 乳化粒子是否有泛粗现象，是否分层；

③ 通过显微镜观察体系乳化粒子的变化情况，以及是否有晶体析出；

④ 测量不同温度、不同剪切速率下样品的黏度及流动性；

⑤ 未老化样品与老化样品的 pH 比较；

⑥ 通过挑战性试验考察防腐剂的防腐性能。

三、使用性评价

化妆品直接涂敷于皮肤、头发时会产生不同的感觉，这种感官的使用效果只能靠人的感觉器官进行测试。使用感的评价对消费者来说是对产品使用时的直接感受。不同类型产品的使用性评价如下。

（一）洁肤产品

（1）洁面乳、洗面奶等乳液型产品

① 产品必须具有一定的流动性，瓶装产品应易于倒出，且倒出的（或挤出的）乳液表面光滑、乳化均匀。用食指、中指和拇指蘸取一些产品反复揉搓，应感觉细腻。

② 在手背皮肤上预先涂上一些彩妆化妆品，如粉底、粉饼或胭脂等，倒少许乳液在手背上，按摩一会儿，用纸巾擦去乳液，应能有效卸妆。亦可水洗后观察。

③ 质量好的洁肤乳液使用后不应有紧绷感，且有一定的护肤作用。

（2）洁面膏

① 多为珠光透明的凝胶产品。应易于从管中挤出，胶体均匀。

② 使用时可先用水湿润皮肤，然后将胶体涂抹在皮肤上按摩一会儿。用水洗，应能有效地洁肤卸妆。

③ 由于此类产品的去污力较乳液型要强，故使用后多少有点紧绷感，质量好的产品不应有明显的紧绷感，且皮肤洗后感觉滑爽。

（3）磨面膏、磨面霜

此类产品内多含固体微粒，其颗粒不能有明显棱角感。使用时先将皮肤湿润后，取适量产品轻轻按摩，时间不宜太长，然后用水洗，使用后皮肤应比用前柔软、光滑、细腻，质量好的产品使用后不应有明显紧绷感。

（4）面膜（多数为管装产品）

① 黏土型面膜

a. 从管中挤出一点于纸巾上，膏体外观应光洁，料体应细腻均匀。

b. 取适量膏体涂布于手背上，料体要易于涂抹，在手背上形成一层敷层，敷 2～3min，皮肤应有收敛感，也可有凉爽感。然后用纸巾抹去敷层，再用水洗，皮肤应光洁、有弹性，有滑爽感和清洁感。

② 剥离型面膜

a. 挤出少量产品于纸巾上，料体应均匀一致。

b. 取适量产品涂于手背上，形成一敷层，让其自然晾干，皮肤有明显的紧绷收敛感，待干燥成膜后，剥去膜，皮肤有明显的滑爽、弹性、清洁感，膜应有一定的撕片韧性。

（5）眼部卸妆露

无香精，清澈透明，能有效去除眼部的彩妆，同时对眼部无刺激性。

（二）护肤产品

（1）乳、蜜、奶液

具有一定的流动性，较易被皮肤吸收，有滋润保湿作用，使用后无油腻感，皮肤滋润。

（2）冷霜

膏体均匀细腻，能被皮肤吸收，在皮肤表面形成保护膜，使用后有油腻感。

（3）抗皱霜

膏体均匀细腻，使用时不起白条，易被皮肤吸收，渗透性较好，使用后稍有油腻感。

（4）营养霜

膏体应均匀细腻，使用时不起白条，应较易被皮肤吸收，有较好的渗透性，使用后皮肤应无明显的油腻感。

（5）精华素

料体均匀细腻，极易被皮肤吸收，对皮肤应有较明显的功效作用。

（6）化妆水

化妆水是由油分、香料、药剂、水和乙醇等经加溶后制成的，包括营养水、滋润露、柔肤露、护肤露、收敛水或紧肤水及均衡保湿露等。此类产品多为清澈透明液体，也有不透明的，但不可有分层现象。从热力学看，化妆水属较稳定的体系，是一种微乳液。这类多组分体系的稳定性也是相对的，温度、日光、微生物、金属离子、外界异物和容器材料等因素可破坏其相平衡，常会产生浑浊、变色、变味和沉淀等现象。品质优良的化妆水应具备的条件如下：

① 必须经过临床和实际使用评价，证实其安全性（如对皮肤刺激性试验等毒理学评价）。

② 对化妆水保湿性、柔软性和收敛作用进行各式各样的体内测试或体外评价试验，证实其使用效果，同时也需进行实际使用评价。

③ 在各种温度条件下（−10～50℃）的稳定性必须得到确认，通过冷冻-加热循环试验，确定透明性、浊度、pH 值、相对密度、黏度、色调和气味的稳定性。

④ 具有良好的外观和舒适爽快的肤感。多层化妆水应较容易摇匀。

洁肤后取少量化妆水于掌心，双手拍打至面部或手背（含乙醇的即有凉爽感），待稍干后用纸巾吸去多余部分，用手指接触皮肤，营养、柔肤、护肤类应使皮肤变得柔软细腻有弹性。收敛类应使皮肤紧密滑爽，毛孔有所收缩。

（三）美容产品

（1）粉底

粉底有粉底液、粉底霜及粉底条等。

① 进行使用性评价的皮肤最好与面部皮肤相同，为了便于观察，一般选择前臂内侧，此部位的皮肤与面部皮肤最为接近。

② 在使用前，可先在使用部位涂上一些滋润乳，用手指蘸取少许粉底点于皮肤上，然后用手指将其均匀抹开成一薄层，与未抹妆部位进行对比，粉底应有良好的遮盖力和调整肤色的功效。

③ 在抹开时应易于涂布，且涂布层厚薄均匀，不应有明显的薄厚和色差，优质的粉底不应有明显的上妆痕迹，甚至可使皮肤有透明感。

（2）粉饼

① 观察粉块的外观，色泽应均匀一致，无明显色斑及杂质，粉面花纹清晰，无缺损。

② 用所附粉扑均匀地轻轻抹去粉饼表面的花纹，抹下的粉屑应均匀细小，用手指指肚轻轻搓粉面以确定粉块的软硬及均匀细腻度，应摸不到明显的硬块，将手指上的粉捻开，应感觉粉质细腻滑爽。

③ 用粉扑抹粉并观察粉面，应无明显的油斑出现，手触无明显硬块。

④ 将粉扑上的粉拍去或换用新的粉扑，在粉面上一次性取粉，均匀涂抹于手臂内侧，粉应易于涂抹均匀。

（3）唇膏

① 将唇膏管上下旋转应感觉用力均匀流畅，有锁定功能并表现一定阻力。

② 唇膏外观色泽均匀一致，没有色泽差异，允许有珠光引起的条状或丝光状花纹。表面应光洁平滑，无明显的划伤、裂纹和气孔。将唇膏完全旋出，唇膏与管子成直线，无倾斜。

③ 将嘴唇上原有的唇膏用纸巾擦去，也可以加一些清洁乳或滋润乳辅助清洁，最好是在早晨未使用过唇部产品时进行此项评价。将唇膏完全旋出，在上下唇上一次性涂抹两层唇膏，观察和感觉唇膏的遮盖性、色泽均匀性、涂布性和软硬度。唇膏的整体色泽应均匀一致，无明显色斑；涂布时感觉流畅，应无明显的阻涩感，软硬适中。

将两唇上下开闭，应无明显的黏合和不适感，但不能太滑腻。可如此反复进行多次。

（4）指甲油

① 外观应色泽均匀，无明显分层。

② 使用前将指甲油摇匀，用刷子蘸取指甲油，在指甲上均匀涂布一层，应从指甲根部刷到尖端，先涂中间再涂两边，观察指甲油的遮盖性、涂布性和流平性，此时指甲色泽应均匀一致，表面光洁平滑，无明显色斑和刷子痕迹。

（5）睫毛膏

多数为管装，要求密封性良好。睫毛刷在拔出时应与管口有一定阻力，以保证密封性；刷杆上不会沾有太多的睫毛膏，防止使用时造成脏污。睫毛刷要求能蘸取适量的睫毛膏，使睫毛膏均匀刷于睫毛上，同时能防止睫毛之间相互粘连。睫毛膏要求色泽均匀，能涂布于睫毛。依据产品的不同功能，可有防水、增长、浓密等作用。

（6）化妆笔

笔尖外形应尖而不利。将笔在白纸上画出线条，颜色应与笔芯颜色相同。用卷笔器卷削时笔芯和笔杆应无缺损和断裂。在使用时，笔芯应软硬适度，易于上妆。

（7）喷雾香水

① 外观评价

a. 色泽　可将其与标准样分别装入两个相同的无色透明玻璃瓶中，进行目测比较。

b. 清澈度　装入无色透明玻璃瓶中，摇动后香水中应无明显的杂质和纤维物、絮状物或其他异物，待静置后，香水应清澈透明。

② 喷雾功能

喷雾泵的吸管长度适中，管端尽量接近瓶底，以便能将所有香水用完。管子不宜过长，以免因顶住瓶底后打折或弯曲过度而影响外观和堵塞。

③ 雾点大小及喷雾量

向空中喷出香水，雾滴应均匀细腻，能较好地分散于空气中，距皮肤 5～10cm，使用一次应均匀分布且无滴流。

（四）发用产品

（1）香波

此处所指香波包括洗发膏、各类香波。使用香波前先将头发用温水淋湿，以便减少用香波洗发时对头发的局部损伤。

① 涂布性

正确的洗发应采用二次清洗法。

a. 取洗发产品 3～5g 于手心，用双手匀开移至头上各部位并伴以按摩涂敷来清洗，手应明显感到涂布时产品容易均匀分散，无结团现象。

b. 第二次清洗是在上述操作后进行，用量为 1～2g。因已完成清洗，此次涂布极易，泡沫明显增多，手指清洗操作应由原来的抓洗调整为搽抹按摩。

② 漂洗性

配方由表面活性剂组成，故而清洁可完全保证。好的产品不但易清洗干净，更要求容易漂洗干净，过水漂洗 2～3 次应基本无泡，手感不黏。

③ 湿梳性

洗好的头发擦干后，用梳子进行梳理，手感应顺利，不应有明显打结、难梳通的感觉。

④ 干梳性

头发干燥状态时梳理，手感应顺利，无不易梳通的感觉。

⑤ 洗后发质

感觉头发有光泽、飘逸，但不可太蓬松，手感滑爽、柔软、无枯燥感。

（2）摩丝

① 泡沫持续性

经摇动挤出的产品泡沫不可迅速消泡，应能持续稳泡 1min 左右。

② 成膜速度

在涂布时，成膜干燥速度太快，会导致涂布不均匀；太慢，则成型性差。适中的挥发成膜速度能确保涂布均匀和成型较快。

③ 成型效果

涂膜干燥后，使发质定型，手感应软硬适中。成型后不可有发白感，更不可造成梳理时有头屑状的脱落物。

（3）护发素

护发素的作用是使头发柔软、抗静电、易于梳理。评价产品使用效果的原则是手感需柔软，干、湿梳理性好，发质柔软。产品可有免洗型和冲洗型之分。

（4）发油（包括双色头油）

外观应透明且无杂质，使用时光滑、无黏腻感。

（5）发乳、发蜡类

① 产品应具有一定的稳定性，至少在保质期内无分层、变色等现象。

② 用此类产品，尤其是发蜡，油感较强，但应少黏腻感，有定型感，且应易于清洗去除。

（6）焗油类

本产品功能已由单一发展至复合，如染色焗油、焗油摩丝、免蒸焗油、香波焗油等。

（五）防晒产品

防晒产品除具有同类产品的使用效果外，还可用标出的 SPF 值（见表 9-7）与使用后在皮肤上的情况来进行效果评价。SPF 称为防晒系数或日光保护系数，主要是用于评估防晒制品防护紫外线 UVB 的效率，防晒制品的 SPF 值越大，其保护作用越强。SPF 定义见式（9-12），其中 MED 为最小红斑量。

$$SPF = \frac{MED(PS)}{MED(US)} \tag{9-12}$$

式中　MED（PS）——引起已被保护的皮肤出现红斑所需的紫外线照射最低剂量；

　　　MED（US）——引起未被保护皮肤出现红斑所需的紫外线照射最低剂量。

表 9-7　防晒能力与 SPF 值范围

防晒化妆品等级	SPF	适用皮肤类型	作用（防护晒伤/晒黑）
轻微	2～4	Ⅵ（深色，不过敏）	最低防晒伤，允许晒黑
		Ⅴ（深棕，不过敏）	
中等	4～8	Ⅳ（棕色，中性皮肤）	中等防晒伤，允许部分晒黑
高级	8～12	Ⅲ（淡棕，中性皮肤）	高级防晒伤，有限制晒黑
特高	12～20	Ⅱ（敏感皮肤）	高级防晒伤，极少或无晒黑
超高	20～30	Ⅰ（敏感皮肤）	最大防晒伤，无晒黑

注：在 SPF 为 12～20 时，需有对 UVA 的防护。

从以上标准看到，SPF 是对 UVB 引起皮肤的反应（红斑）情况进行评价，所以 SPF 只是表示防晒制品对 UVB 的防御效果。对于 UVA 的防御效果的评价，尚无公认的评定标准，不少科学家都在寻求和制定防晒制品对 UVA 的防御效果的评价方法。如日本化妆品工业协会于 1996 年制定了 UVA 评价系统标准，标准采用 PFA（UVA 防护系数，欧洲采用 UVALPF）作为皮肤免受 UVA 损伤程度的定量指标，PFA 定义为

$$PFA（或 UVALPF）= \frac{已被保护皮肤的 MPPD}{未受保护皮肤的 MPPD} \tag{9-13}$$

其中 MPPD（欧洲用 MPD）指产生色斑的最小紫外线辐射剂量。

指标规定：当 PFA 值为 2～4，对 UVA 的防护级别为 PA＋，表示对 UVA 有防护作用；当 PFA 值为 4～8，对 UVA 的防护级别为 PA＋＋，表示对 UVA 有良好防护作用；当 PFA 值为 8 以上，对 UVA 的防护级别为 PA＋＋＋，表示对 UVA 有最大防护作用。

标准中对如何进行试验测定 MPPD 也有具体规定（方法与 MED 测定类似）。

目前对 UVA 的防护及其效果评价，还未引起人们足够的重视，人们普遍认为 UVA 对皮肤的伤害较轻微。专家指出，UVA 对人体皮肤的损伤是累积性的，必须充分认识 UVA 对皮肤伤害的严重性。

对于防晒化妆品，虽然 SPF 和 PFA 值越大，防晒效果越好，但依据人体皮肤类型的不同，适宜的制品 SPF 值有所不同。我国防晒化妆品的 SPF 在 8～15 为宜；欧洲、美国及日本也有 SPF 为 50 甚至为 65 的产品，但现在倾向于最大 SPF 为 30。为了配制高 SPF 的防晒制品，必须对多种防晒剂复配（单一防晒剂的 SPF 一般不超过 6～8），这些高含量的防晒剂

势必对皮肤有很大的刺激且油腻感重，因此超高 SPF 的防晒制品较少制备。

四、有效性评价

使用化妆品的最终目的，是达到一定的效果，例如皮肤的抗皱、保湿、增白，头发的光滑、易梳理、去屑止痒等，这些就是化妆品的有效性。对于消费者来说，通过使用化妆品，能使自己的身体（包括皮肤和头发）充满活力、保持魅力，在生活中保持心情舒畅、精神愉快。因此，生产厂家必须在产品的研制过程中，对产品的实际使用效果（即产品的有效性）进行试验，并在试验中不断改进产品的质量，提高产品的效果。

随着市场竞争的日益激烈，对于化妆品的有效性评估越来越被重视。

（一）皮肤表面状况的评价

（1）皮肤角质层功能的测定

皮肤表面有角质层存在，这是人体与外界进行生命活动所必需的组织。角质层由数层含有角蛋白和角质脂肪的无核角化细胞组成，细胞部分相互吻合，部分重叠，组成比较坚韧而有弹性的板层结构，能够承受一定的外力侵害和化学物质的渗透，是良好的天然屏障，其结构可以通过光学显微镜或者电子显微镜观察。

正常皮肤中，表皮的基底细胞是角化了的角质层细胞，其最上面的一层会经常剥落或起皮屑，这种皮肤易受刺激而引起炎症。对它的正确测试，是通过提取表皮细胞中已角化了的角质层细胞，用放射性同位素进行检测，但这种检测有一定的困难。现在，较简单的方法是采用荧光强度仪来判断皮肤角质层的皮屑情况。

正常的角质层中，含有一定量的水分，它能保持皮肤的柔软、滑爽，这就是皮肤的保湿功能。倘若保湿功能较差，则会引起皮屑、皲裂乃至皮炎。对于皮肤角质层中水分含有量的测试（即皮肤保湿功能的测试），可以采用红外吸收法和高频电导测试法进行，其中，高频电导测试法由于方法简单、测试快速，现已得到广泛应用。

高频电导测试法是通过电极直接与皮肤表面接触来进行测试的。对于正常皮肤及涂用水包油型膏体（包括水溶性保湿原料）的情况，是能够测出其保湿性的。而对于油包水型膏体（包括油溶性保湿原料），其油脂部分会部分或全部地隔断仪器电极与皮肤的接触，因此，不能正确测出其保湿性能。

另外，对于有皮屑、皲裂等炎症的皮肤，由于电极与皮肤表面的接触面减小，也会使测试值变小。随着皮肤表皮水分蒸发测定仪（即 TEWL 仪）的问世，上述问题迎刃而解。它是通过测定一定面积下的皮肤表面中水分的挥发量，来进行保湿性能测试的。不仅能用于水包油型膏体（包括水溶性原料）的测试，亦可用于油包水型膏体（包括油溶性原料）的测试。此仪器还可用于测定皮屑对皮肤角质层屏障作用的影响。在保湿性能的测试中，对精神性发汗的影响极为敏感，因此，此类测试必于恒温恒湿条件下进行。

（2）皮肤表面皱纹状况的测定

皱纹是皮肤衰老的体现。防止和延缓皱纹的加深，乃至减少皱纹，是人们梦寐以求的，因此，抗皱类护肤品备受人们的欢迎。对皮肤表面皱纹状况的测定，是检验抗皱类护肤品实际效果的较好方法。第一步是将皮肤表面的皱纹状况，用硝基纤维素、硅橡胶或树脂等进行复制，这个工作是整个测试工作的基础。第二步是对复制模进行测定，可采用光学显镜或电子显微镜进行观察，但这只能定性。

机械行业中用于测定金属表面光洁度的仪器，改造后可借用来测定复制模上皱纹的情况。仪器的指针在复制模上的皱纹中行走，通过测出皱纹的峰高和峰谷凹凸情况，可以求出皱纹的平均深度，再通过垂直方向的移动，构成三维测试体系，可以求出皱纹的平均粗糙度。

随着计算机的广泛应用，用于复制模上皱纹测定的图像分析系统业已问世。它是通过测定斜向照射光在复制模凹凸表面上所产生的阴影面积来反映皱纹粗糙度情况的，同时，它还能够对不同程度的皱纹情况（包括皱纹的深、浅、粗、细等），以及一定面积内皱纹的数量变化情况，加以分析处理。

（3）皮肤表皮的弹性测定

皮肤表皮的弹性状况，是反映皮肤衰老状况的一个重要指标，富有良好弹性的皮肤，是健康和充满活力的。对于皮肤弹性的测试，可以采用 SRB 检测器。它采用一个内外双层的圆筒式传感器，外筒固定在皮肤表面上，内筒则以一定的频率进行回转振动，通过测出皮肤应力的变化，来求取皮肤的弹性。现在，又有了一种更先进的测试仪器（真空吸入法），它采用一个空心圆筒，固定于皮肤表面，在圆筒中心的空心部位施以负压，使圆筒内的皮肤表皮被吸起，通过测定皮肤被吸起的过程和皮肤在失去负压后的恢复情况来求取皮肤的弹性。

（4）皮肤皮脂量的测定

人的皮肤表面覆盖了一层分泌的汗和皮脂混合物的膜。可以说，人的皮肤最理想的保护剂莫过于皮脂。皮脂覆盖于皮肤表面，既能防止皮肤的干燥和抵御外来的刺激，又能赋予皮肤柔软的弹性。过少的皮脂，会引起皮肤的干燥、皲裂；过多的皮脂，则会引起皮疹、痤疮等。对于皮肤皮脂量的测试，可以使用一种专用滤纸，将它置于被测部位，使皮肤的皮脂被吸附于专用滤纸上，再通过测出该滤纸的透光度来求取皮肤的皮脂量。现在，一种能直接测出皮脂量的仪器已经得到应用。

（5）皮肤色调的测定

皮肤的肤色是由皮肤组织中的黑色素和血红蛋白为主体构成的，随人种的不同、个人差异、部位差异、年龄差异、季节差异及情绪变化等，而发生肤色的变化。随着科学的发展，符合国际照明委员会（CIE）标准的色差计，可实现对皮肤色调的检测。

（二）头发用品的有效性评价

（1）头发损伤度的测试

头发经过一些处理后，会产生损伤，如化学处理（烫发、染发、漂白等）、物理处理（梳发、电吹风等）。对于头发损伤程度的评价，一般通过测定对头发作拉伸时的应力应变进行。主要方法有：通过测定屈服点处的应力来进行判断；通过测定头发根部和头发梢部的屈服点应力并比较来进行判断；通过测定头发伸长原长度的 20% 时的应力来进行判断；通过测定头发断裂点的应力进行判断。

如用铜吸收法测试，以头发的铜吸收量（mg）来表示头发的损害程度。

取经卷发剂卷曲后的头发样品 500mg，浸于 50mL（32℃）0.1mol/L 四氨合硫酸铜溶液中，15min 后，用蒸馏水洗涤头发，洗涤后的溶液用 0.1mol/L 硫代硫酸钠溶液滴定，测出头发的铜吸收量。吸收量小，则损害程度轻。未经卷发剂处理的头发的铜吸收量一般为 7.5mg。

（2）卷发剂、烫发剂的卷发效果评价

① 头发卷曲保持率

测试方法：取长度为 10cm、未经处理过的头发，洗净、晾干后，卷绕在直径为 6.5cm

的玻璃棒上，用卷发剂甲剂（俗称冷烫液或烫发水）浸渍 10min，水洗后再用卷发剂的氧化剂或固定剂浸渍 15min，然后用清水洗净。经上述处理的头发束呈卷状，测定发卷的直径，以确定卷发效果。

② 复原强度

将上述测量过发卷直径的头发束（卷状）风干 30min，测定发卷长度（λ 值），并将其作为复原强度指标。根据这一发卷长度（λ 值）来表示弹性，值越低，发卷的弹性越好。

③ 卷曲保持力

将一束质量为 2g 的头发卷于 0.635cm 的塑料卷发棒上，每次用 4mL 卷发剂处理，15min 后用温水冲洗，毛巾擦干，用中和剂保持 5min，冲洗后从卷发棒上移去，然后卷于 1.27cm 的塑料卷发棒上，用电吹风吹干后，置于恒温箱内，测定 30～120min 内卷曲程度的保持力，以保持卷曲头发圆周的平均直径计算百分率。

（3）洗发用品的去污力评价

香波的去污作用主要是对头发的清洁，故采用头发直接测定。

① 污垢的配制

各组分及配比见表 9-8，各组分经温热、搅匀后备用。

表 9-8　污垢配制用原料及其用量

组分	白油	十六醇	凡士林	炭黑	水
质量分数/%	20	20	8	1	51

② 染污方法

将配制的污垢加热至 40℃，搅拌 20min，把称量后的头发放入并浸泡 2 次，每次 30s，取出后放置阴凉处，自然风干一昼夜，称重，计算洗涤前的油污量。

③ 洗涤液的配制

用钙离子浓度为 150mg/L 的硬水将香波配成质量分数为 0.2% 的溶液。

④ 洗涤

将洗涤液加热至 (40±2)℃，20min 后把经染污的头发浸入，搅拌 5min，取出后在 40℃ 热水中漂洗 2 次，冷水中漂洗 1 次，取出后置于阴凉处自然风干一昼夜，称重，计算洗涤后的油污量。

⑤ 计算

$$香波的去污力 = \frac{m_1 - m_2}{m_1 - m_3} \times 100\% \tag{9-14}$$

式中　m_1——洗涤前油污头发质量，g；

　　　m_2——洗涤后油污头发质量，g；

　　　m_3——头发质量，g。

（4）洗发用品的泡沫力评价

① 皮脂污垢的配制

根据人体皮肤污垢的组分配制模拟的皮脂污垢，其配方组成如表 9-9 所示。

② 泡沫量的测定

在直径为 11cm、高为 15cm 的玻璃烧杯中，放入 5mg 的皮脂污垢，加 25mg 香波、16mg 碳酸钠及 47mg/L 的碳酸钙溶液 500mL。将该溶液用 5cm 的搅拌叶在 1000r/min 的搅拌速度下搅拌 1min，放置 30s 后测定泡沫量。

表 9-9 模拟人体污垢的配方组成

组分	质量分数/%	组分	质量分数/%
棕榈酸	14.0	胆甾醇硬脂酸酯	8.0
十四碳酸	5.0	胆甾醇	9.0
油酸	17.0	三硬脂酸甘油酯	15.5
角鲨烯	8.0	三油酸甘油酯	15.5
石蜡(熔点 52~54℃)	8.0		

将香波配成质量分数为 60% 的水溶液，取 20mL 放入 100mL 的具塞量筒中，加入脏污的脱水羊毛脂液体 0.2g，在 10s 内摇动 20 次，1min 后测定泡沫量（mL）。

（5）头发调理性评价

通过测定静摩擦系数、头发的光滑性综合评价并确定调理性。

① 静摩擦系数

用香波试样 1.0g，揉洗发束（5g，20cm 长）试样 1min，然后放入恒温恒湿干燥箱中干燥 24h（温度 25℃、相对湿度 65%），取出后，用摩擦系数仪测定头发的静摩擦系数。摩擦系数小于 0.17 时，表明头发的光滑性好。

② 头发的光滑性

以十二烷基硫酸钠（SDS）为对照，将两份发束试样（5g，20cm 长）分别用香波和 SDS 洗涤、干燥。取出后，由 20 人进行比较评价，评价标准如下。

＋：比 SDS 好。±：比 SDS 稍好。－：与 SDS 相同。

（三）防晒化妆品的有效性评价

（1）防晒能力

① 防晒系数法（SPF 法）

防晒化妆品的防晒效果用防晒系数 SPF 表示。防晒产品的 SPF 值是指在涂有防晒剂防护的皮肤上产生最小红斑所需的紫外线照射最低剂量与未加防护的皮肤上产生相同程度红斑所需的紫外线照射最低剂量之比。

国际上，FDA 对防晒产品的 SPF 值测定有较为明确的规定。它以人体为测试对象，采用氙弧日光模拟器模拟太阳光或用日光对 20 名以上被测试者的背部进行照射。先不涂防晒产品，以确定其固有的最小红斑量(MED)，然后在测试部位涂上一定量的防晒产品，再进行紫外线照射，得到防护部位的 MED，对每个受试者的每个测试部位，由式(9-12)计算 SPF 值，然后取平均值作为样品的 SPF 值。

② 紫外吸收法

日光中的紫外线对皮肤有伤害作用。如果大量接受波长为 280~320nm 的紫外线（UVB 段），就会引起皮肤损害，即日光性皮炎。而波长大于 320nm 的紫外线(UVA 段)，则会使皮肤色素沉着，产生黝黑现象。如果防晒剂在光波的 UVB 段及 UVA 段有最大吸收峰，就可起到良好的保护皮肤的作用。

测定时，称取防晒品 0.1~0.5g（视防晒效力而定），用无水乙醇将其溶解，用 100mL 容量瓶定容，用 7520 型紫外分光光度计，在上述两区分别测定吸收值。

测定时使用氢灯、紫敏管、1cm 石英比色皿。

紫外吸收法测定过程：将 $0.5mg/cm^2$ 的膏体均匀涂在三醋酸纤维素胶片上，用紫外分光光度计测定 $280\sim400nm$ 的吸收曲线。由于片基的厚度和表面的光洁度差异，以及涂抹均匀度的误差，要求测定分两步进行。

a. 选片　剪若干个 $0.9cm\times5cm$ 的三醋酸纤维素胶片，放入紫外分光光度计的暗盒中，将波长调到 $320nm$，调节狭缝使第一个胶片的透光率为 100%（$T=100$），然后检验第二片、第三片等，选择相对误差小于 2% 的胶片为一组，并在片子的上端做记号。在分析天平上称片基重，按规定量均匀涂上膏体。

b. 测定　将涂好膏体的胶片按记号放入暗盒中，测定吸收曲线。每一个涂好膏体的胶片均测 $3\sim5$ 组数据。在 $280\sim400nm$ 测定第一组数据 A_1 后，将片子左右稍动或将胶片底部稍剪，测出 A_2、A_3、A_4、A_5，其平均值为防晒膏体的实际吸收值。

(2) 光毒反应的防治作用

小鼠皮下注射氯丙嗪和腹腔注射血卟啉衍生物（HPD）后，黑光灯（长紫外线灯）照射 $24h$ 均可引起光毒反应，表现为鼠耳红肿、局部组织坏死甚至脱落。若鼠耳局部涂擦防晒护肤剂，则对由氯丙嗪和 HPD 所引起的光毒反应有防治作用。

① 试验动物

体重 $25\sim30g$ 的小鼠，雌雄不限，先在恒温 $(22\pm1)℃$ 人工光照实验室中适应 3 天。实验前仔细检查两耳，剔除有明显或可疑红斑和水肿现象的小鼠。

② 分组

中毒组：皮下注射 $30mg/kg$ 氯丙嗪或腹腔注射 $5\sim20mg/kg$ HPD。

防治组：氯丙嗪或 HPD 加防晒护肤剂。

空白对照组：以生理盐水代替氯丙嗪或 HPD。

③ 实验条件

光源：黑光灯，$220V$、$40W$。

波长：$320\sim450nm$，峰值 $360nm$，加窗玻璃（$3mm$）以滤去致红斑波长部分（$290\sim320nm$）。

④ 操作实验

在 $(22\pm1)℃$ 实验室中进行。每支黑光灯管下排列 15 个小鼠笼（$6cm\times6cm\times6cm$），每笼放 1 只小鼠。注射光毒剂后，立即用防晒护肤剂局部涂擦鼠耳（中毒组和空白对照组不涂），放入笼中，盖上窗玻璃，灯管调节至距小鼠耳部约 $12cm$ 处，小鼠耳部从黑光灯照射接受的紫外线强度为 $10\sim22\mu W/cm^2$，连续照射 $24h$。

笼内放干饲料块，供小鼠自由食用，禁水，只给少许含水苹果。照射后观察一周，每天检查一次，按光毒性测定标准记录变化情况。

⑤ 光毒性测定标准

阴性（－）：双侧耳与正常鼠耳无差别。

轻度（＋）：单侧或双侧耳出现红斑或水肿。

中度（＋＋）：单侧或双侧耳出现组织坏死。

重度（＋＋＋）：单侧或双侧耳出现溃烂并脱落。

(四) 美白化妆品的有效性评价

(1) 酪氨酸酶活性抑制率

用抑制酪氨酸酶活性和能力的大小来衡量一种物质的美白效果。其测定方法如下：

在 0.9mL 适当浓度的试样溶液中，加入 1mL 酪氨酸（0.3mol/L）和 1mL pH 为 6.8 的缓冲溶液（磷酸-柠檬酸缓冲液），在 37℃恒温水槽中预热 10min，再加入 0.1mL 酪氨酸酶水溶液（1.0mg/mL 缓冲液），充分搅拌，在 37℃反应 15min 后，测定此时该试样的吸光度（D_1）。另外，用上述磷酸-柠檬酸缓冲液代替试样进行同样的反应，测得吸光度（D_2）。为了对照，在不加试样和酪氨酸酶的条件下，测得吸光度（D_3）。用式(9-15)计算出酪氨酸酶活性抑制率。

$$酪氨酸酶活性抑制率 = \frac{D_2 - D_1}{D_2 - D_3} \tag{9-15}$$

（2）黑色素形成抑制试验

将黑色豚鼠（雄性，已生存约 8 周，平均体重 350g）的背部皮肤剃毛后，用脱毛膏除尽残毛。从次日起在脱毛皮肤部位涂布各试料，每日一次，每 $4cm^2$ 涂布 0.2g，贴附封闭，而且每种试料给以 10 只为一组的动物使用。黑色素形成的抑制评价在试验开始后和在 1 个月后进行，以高速分光色度计测出涂布部分明度（Y_T）与非涂布部分明度（Y_0）的比值（Y_T/Y_0）表示。评价所示的是平均值。

（3）皮肤明度回复试验

20 名试验者的背部皮肤以最小红斑量二倍量的 290～320nm 范围紫外线照射，一周后，在照射部位确定试样涂布部位和非涂布部位，测定各部位皮肤的基准明度（V_0 值、V_0' 值）。接着在涂布部位按 1 日 1 次用试样连续涂布 3 个月。3、7、13 周后在涂布部位和非涂布部位测定皮肤的回复明度（V_n 值、V_n' 值）。根据表 9-10 的判定基准进行肤色的回复评价。

表 9-10　肤色明度回复评价表

评价点	判定基准
0(当天)	$\Delta V - \Delta V' \geqslant 0.15$
1(第 1 周后)	$0.15 > \Delta V - \Delta V' \geqslant 0.10$
3(第 3 周后)	$0.10 > \Delta V - \Delta V' \geqslant 0.05$
7(第 7 周后)	$0.05 > \Delta V - \Delta V' \geqslant -0.05$
13(第 13 周后)	$-0.05 > \Delta V - \Delta V'$

注：ΔV 为涂布部位的回复值（$V_n - V_0'$）；$\Delta V'$ 为非涂布部位的回复值（$V_n - V_0'$）。

皮肤的明度（V 值）是根据高速分光色度计测定所得的 Munsell 色标值算出的，而且评价所示的是 20 名试验者评价点的平均值。

（五）膏霜类有效性评价

① 皮肤一次刺激性

化妆品与人体皮肤是较长期、连续、直接的接触，须对皮肤安全。因此，在人的皮肤上作贴敷试验前，一般要经过两种以上动物实验。

一次接触中的损伤程度的试验方法：将 0.5g 或 0.5mL 试样放在 2.5cm×2.5cm 的纱布上，贴于健康洗净的皮肤上，用油纸覆盖固定。24h 后将纱布取下，观察评定皮肤的红斑、浮肿、坏死等程度。同样在 48h、72h 再进行评定。

② 眼刺激性

在兔眼中滴入 0.1g 或 0.1mL 试样，经 1h、6h、24h、48h，观察其刺激的严重程度，记录试验物对结膜、角膜、虹膜的影响。同一兔子左眼或右眼滴样品，另一眼作为空白对照。

③ 保湿性

将各种化妆品产品半开盖置于恒温恒湿干燥箱（温度为 40℃、相对湿度为 60％）中，12h 后取出称重，计算失水率。

④ 吸湿性

将称量瓶置于干燥箱中，105℃下烘至恒重，分别加入样品及对照样，于装有五氧化二磷的干燥器中放置 24h，再分别置于恒温恒湿干燥箱（温度为 40℃、相对湿度为 80％）中，12h 后，分别测出放置后的吸水率。

⑤ 水合（滋润）作用

每种膏霜用 5 只雌鼠试验，在敷用膏霜前一天，在其背部 6cm² 处小心剃毛和拔毛。每天早晚各擦 50mg 膏霜并轻轻按摩 1min，连续 30 天，在最后一次敷用的 24h 后，在上述敷用过膏霜的皮肤上，用圆刀切取 10mm 圆形表皮，称量后干燥至恒重，计算增加的水分（x）。

另取 5 只雌鼠，不敷膏霜，其他操作与上述相同，作为空白对照。

$$x = \frac{敷用过的试样水分 - 空白试样水分}{空白试样水分} \tag{9-16}$$

⑥ 愈合作用

外科手术的愈合过程是评定皮肤营养的合适指标，愈合时间的长短，关系到敷料对皮肤细胞增殖所起的作用，在水合作用中敷过膏霜的皮肤上，划 2cm 长的一条线，立即缝两针，到第五天测定伤痕减短的长度，与空白组对比，计算愈合率，进一步计算增加的愈合率。

$$增加的愈合率 = \frac{涂敷料的愈合率 - 空白愈合率}{空白愈合率} \tag{9-17}$$

⑦ 弹性增长率愈合作用

试验用鼠，第七天拆线后，测试伤痕的拉力，可得弹性增长率。

$$弹性增长率 = \frac{敷料处拉破的力 - 空白处拉破的力}{空白处拉破的力} \tag{9-18}$$

⑧ 滋养性能

对涂敷膏霜 30 天后的鼠，每天用二甲苯的乙醇溶液（5％）搓擦，观察红斑落屑、产生粗糙的日期，记录从开始用二甲苯至出现症状的天数。

$$护肤滋养性能增长率 = \frac{敷膏霜鼠出现症状的时间 - 空白出现症状的时间}{空白出现症状的时间} \tag{9-19}$$

⑨ 减少皮脂作用

减少皮脂分泌活性的评定是在末次敷用膏霜 24h 后测试的，用卷烟纸吸收皮脂，连续 30h，吸收处理过的皮脂与空白组对比。

$$皮脂分泌量变化 = \frac{处理过皮肤上的皮脂 - 空白皮肤上的皮脂}{空白皮肤上的皮脂} \tag{9-20}$$

⑩ 粗糙程度

通过立体显微镜观察皮肤表皮进行测定，干燥皮肤的表皮细胞有向上翘起的边缘。这种表皮细胞与正常皮肤的反射或者折射能力不同。

选择 5 名干性皮肤的试验者，每天早晨用不加香料的牛油、椰子油制的肥皂洗手，隔 1h 洗 1 次，每天洗 5 次，连续洗 4 天。两只手均洗涤，每次 30s，冲洗后在空气中自然干燥。每天前 4 次洗涤中，每次洗后在 1 只手背上涂抹试验物，另一只手背作为对照。第 5 次把试验物冲洗后不再涂，过 1h，待皮肤含水量达到平衡后用立体显微镜读出数字。每个试验者得到的最大读数为 100。

　　用未处理的数值，减去处理后的数值，差值越大，试验物的效果越好，4 天后差值高于 40 的为优秀，30~40 的为良好。

参考文献

[1] 王培义. 化妆品——原理、配方、生产工艺 [M]. 4 版. 北京：化学工业出版社，2023.

[2] 张婉萍. 化妆品配方科学与工艺技术 [M]. 北京：化学工业出版社，2020.

[3] 王培义，徐宝财，王军. 表面活性剂——合成·性能·应用 [M]. 3 版. 北京：化学工业出版社，2019.

[4] 刘树文. 合成香料技术手册 [M]. 北京：中国轻工业出版社，2000.

[5] 董银卯，孟宏，马来记. 化妆品科学与技术丛书——皮肤表观生理学 [M]. 北京：化学工业出版社，2020.

[6] 唐冬雁，董银卯. 化妆品——原料类型·配方组成·制备工艺 [M]. 2 版. 北京：化学工业出版社，2020.

[7] 文瑞明. 香料香精手册 [M]. 长沙：湖南科学技术出版社，2000.

[8] 李强，万岳鹏，孙永，等. 浅析抗污染发用洗护产品发展新趋势 [J]. 香料香精化妆品，2017 (6)：78-80.

[9] 孔秋婵，张怡，刘薇，等. 天然来源复配防腐体系的功效研究 [J]. 香料香精化妆品，2017 (5)：46-51＋55.

[10] 董银卯，邓小锋. 化妆品植物原料现状、应用与发展趋势 [J]. 轻工学报，2016，31 (4)：30-38.

[11] 孔雪，赵华，唐颖. 皮肤模型在化妆品功效评价中的应用研究进展 [J]. 日用化学工业，2017，47 (4)：228-231＋236.

[12] 孟潇，许锐林，陈庆生，等. 基于多重乳化体技术制备中草药防晒霜 [J]. 日用化学工业，2017，47 (7)：394-397＋402.

[13] 孟潇，许锐林，陈庆生，等. 基于 BASF Sunscreen Simulator 初步评价 17 种常用化学防晒剂 [J]. 当代化工研究，2017 (5)：116-118.

[14] 孟潇，陈庆生，龚盛昭. 用于化妆品的稳定多重乳状体系的研发 [J]. 香料香精化妆品，2016 (6)：35-39＋43.

[15] 孙宝国，何坚. 香料化学与工艺学 [M]. 2 版. 北京：化学工业出版社，2004.

[16] 曾茜，龚盛昭，向琴，等. 一种氨基酸型无硅油洗发香波的研制 [J]. 香料香精化妆品，2016 (5)：37-39＋36.

[17] 王楠，吴金昊，李昂，等. 松茸化妆品的美白功效评价 [J]. 日用化学工业，2016，46 (5)：279-283.

[18] 裘炳毅，高志红. 现代化妆品科学与技术（上、中、下册）[M]. 北京：中国轻工业出版社，2016.

[19] 董银卯，李丽，孟宏，等. 化妆品配方设计 7 步 [M]. 北京：化学工业出版社，2020.

[20] 周兆清，曹蕊，王楠，等. 感官评价在化妆品中的应用 [J]. 日用化学品科学，2015，38 (10)：10-13.

[21] 刘洋，邓影妹，赵华. 化妆品抗皱功效评价方法 [J]. 日用化学品科学，2015，38 (4)：18-21.

[22] 孙宝国. 食用调香术 [M]. 北京：化学工业出版社，2003.

[23] 林翔云. 日用品加香 [M]. 北京：化学工业出版社，2003.

[24] 辛羚，俞苓，齐凤兰，等. 天然香精香料与生物技术 [J]. 食品科技，2004 (11)：49-51＋54.

[25] 张明明，刘文婷，何聪芬，等. 眼部皮肤常见问题及眼部护理化妆品的发展现状 [J]. 香料香精化妆品，2011 (3)：46-48.

[26] 蔡睿，何文丹，唐颖，等. 化妆品光刺激性和光致敏性的安全评价方法进展 [J]. 日用化学工业，2017，47 (10)：588-592.

[27] 周兆清，李亚男，尹月煊，等. 亲水性聚合物对膏霜化妆品感官及流变性质的影响 [J]. 化学世界，2017，58 (4)：228-234.

[28] 韩长日，刘红. 精细化工工艺学 [M]. 北京：中国石化出版社，2015.

[29] 孔秋婵，张怡，刘薇，等. 新型复配无防腐体系的功效研究 [J]. 香料香精化妆品，2015 (5)：40-44.

[30] 张凯，龚盛昭，孙永，等. 工业化生产的无患子皂苷在洗发水中的应用研究 [J]. 广东化工，2015，42 (19)：69-70.

[31] 孟潇，冯小玲，陈庆生，等. 高效保湿霜配方设计及其保湿性能研究 [J]. 香料香精化妆品，2015 (4)：63-67.

[32] 欧阳杰，韦立强，武彦珍，等. 利用生物技术方法生产天然香料香精 [C]//2006 年中国香料香精学术研讨会论文集. 上海：中国香料香精化妆品协会，2006：72-75.

[33] 陈海燕，姜梅. 美拉德反应及其在咸味香精生产中的应用 [J]. 中国调味品，2008，33 (10)：37-41.

[34] 毕良武，刘先章，许鹏翔，等. 有机电合成技术在香料合成中的应用 [J]. 林产化学与工业，2002，22 (3)：70-74.

[35] 陶丽莉，刘洋，吴金昊，等. 化妆品美白功效评价方法研究进展 [J]. 日用化学品科学，2015，38 (3)：15-21.

[36] 邓影妹，赵华，张珊，等. 化妆品抗皱功效评价研究进展 [J]. 香料香精化妆品，2014，42 (5)：53-56.

［37］ 李思玥，韩蕊，刘琦，等 . 化妆品控油功效评价方法研究进展［J］. 日用化学工业（中英文），2023，53（5）：560-566.

［38］ 周欣瑜，范梅梅，温雪华，等 . 化妆品风险物质检测方法的研究进展［J］. 日用化学工业，2022，52（4）：431-437.

［39］ 冯法晴，刘有停，董银卯 . 化妆品美白剂作用机制研究进展［J］. 香料香精化妆品，2019（6）：71-77.

［40］ 孟潇，陈庆生，赵金虎，等 . 一出水型色彩调控霜的制备［J］. 日用化学工业，2014，44（1）：35-38.

［41］ 李建，陈庆生，孙永，等 . 一种微囊包裹化学型紫外吸收剂技术研究［J］. 日用化学品科学，2014，37（5）：24-27＋46.

［42］ 陈庆生，孟潇，龚盛昭，等 . 复合广谱紫外线吸收剂在防晒化妆品中的应用研究［J］. 日用化学工业，2014，44（5）：273-277.

［43］ 舒鹏，孔胜仲，龚盛昭 . 一种美白乳液的制备与稳定性研究［J］. 日用化学工业，2014，44（11）：620-623＋637.

［44］ 龚盛昭，陈庆生 . 日用化学品制造原理与工艺［M］. 北京：化学工业出版社，2019.

［45］ 李东光 . 实用化妆品配方手册［M］.3 版 . 北京：化学工业出版社，2014.

［46］ ROSEN M J，KUNJA PPU J T. 表面活性剂和界面现象［M］. 崔正刚，蒋建中，译 . 北京：化学工业出版社，2014.

［47］ 周波 . 表面活性剂［M］.2 版 . 北京：化学工业出版社，2022.

［48］ 沈钟，赵振国，康万利 . 胶体与表面化学［M］.4 版 . 北京：化学工业出版社，2020.

［49］ 董万田，张燕山，薛博仁，等 . 绿色表面活性剂烷基糖苷（APG）的产业化［C］//2011 北京洗涤剂技术与市场研讨会论文集 . 北京：2011.

［50］ 郭俊华，段秀珍 . 微乳化香精在液体洗涤剂中的应用［J］. 中国洗涤用品工业，2011（2）：69-70.

［51］ 李杨，祝钧，董银卯，等 . 美白化妆品作用途径及其发展趋势［J］. 日用化学品科学，2013，36（7）：24-26.

［52］ 崔浣莲，曹蕊，尹家振，等 . 美白类化妆品的功效评价［J］. 香料香精化妆品，2012（2）：37-40.

［53］ 王军 . 功能性表面活性剂制备与应用［M］. 北京：化学工业出版社，2009.

［54］ 焦学瞬，张春霞，张宏忠 . 表面活性剂分析［M］. 北京：化学工业出版社，2009.

［55］ 王军 . 表面活性剂新应用［M］. 北京：化学工业出版社，2016.

［56］ 董银卯，何聪芬 . 现代化妆品生物技术［M］. 北京：化学工业出版社，2018.

［57］ 张俊敏，骆建辉 . 化妆品中 W/O 型乳化体性能的研究［J］. 广东化工，2009，36（4）：51-57.

［58］ 姜海燕，杨成 . 香波中硅油在头发上的沉积作用［J］. 江南大学学报（自然科学版），2009，8（3）：349-354.

［59］ 林建广 . 天然抗氧剂改性及应用研究［D］. 无锡：江南大学，2009.

［60］ 田震，李庆华，解丽丽，等 . 洗涤剂助剂的应用及研究进展［J］. 材料导报，2008（1）：58-61＋69.

［61］ 方波 . 日用化工工艺学［M］. 北京：化学工业出版社，2008.

［62］ 韩长日，宋小平 . 化妆品制造技术［M］. 北京：科学技术文献出版社，2008.

［63］ 邱轶兵 . 试验设计与数据处理［M］. 合肥：中国科学技术大学出版社，2018.

［64］ 章苏宁 . 化妆品工艺学［M］. 北京：中国轻工业出版社，2007.

［65］ 赖小娟 . 表面活性剂在个人清洁护理用品中的应用［J］. 中国洗涤用品工业，2007（5）：35-39.

［66］ 秦钰慧 . 化妆品管理及安全性和功效性评价［M］. 北京：化学工业出版社，2007.